DrMaster

知識文化

科技風華

深度學習資訊新領域

DrMaster

深度學習資訊新領域

http://www.drmaster.com.tw

FOURTH EDITION

LINUX®
FIREWALLS

第4版

善用NFTABLES等超強工具捍衛LINUX防火牆的安全性

STEVE SUEHRING

作　　者：Steve Suehring
譯　　者：王文燁
責任編輯：魏聲圩

董 事 長：蔡金崑
總 編 輯：陳錦輝

出　　版：博碩文化股份有限公司
地　　址：221 新北市汐止區新台五路一段 112 號 10 樓 A 棟
電話 (02) 2696-2869　傳真 (02) 2696-2867

發　　行：博碩文化股份有限公司
郵撥帳號：17484299　戶名：博碩文化股份有限公司
博碩網站：http://www.drmaster.com.tw
讀者服務信箱：DrService@drmaster.com.tw
讀者服務專線：(02) 2696-2869 分機 238、519
（周一至周五 09:30 ～ 12:00；13:30 ～ 17:00）

版　　次：2019 年 9 月初版一刷

建議零售價：新台幣 680 元
I S B N：978-986-434-423-9
律師顧問：鳴權法律事務所 陳曉鳴律師

本書如有破損或裝訂錯誤，請寄回本公司更換

國家圖書館出版品預行編目資料

LINUX FIREWALLS中文版：善用NFTABLES等超強工具捍衛LINUX防火牆的安全性 / Steve Suehring著；王文燁譯. -- 四版. -- 新北市：博碩文化, 2019.09

面；　公分

譯自：Linux firewalls : enhancing security with nftables and beyond, 4th ed.

ISBN 978-986-434-423-9(平裝)

1.作業系統

312.54　　108013448

Printed in Taiwan

✠

這本書要獻給 Jim Leu，

如果沒有他，我不可能寫出一本有關 Linux 的書。

✠

序

歡迎閱讀第 4 版的 Linux Firewalls 中文版。本書介紹在執行 Linux 的電腦上，建立防火牆所需要的各方面內容。在開始介紹 Linux 的防火牆 iptables、nftables 以及最新的軟體之前，本書會介紹一些基礎的內容，包括網路、IP 以及安全性。

本書讀者應該要準備一台執行 Linux 的電腦，不管該電腦是單機還是作為防火牆亦或是作為網際網路閘道器。本書講解了如何為單一客戶端電腦例如桌機來建構防火牆，同時也示範如何替託管多台電腦的本地網路，來建構防火牆。

本書最後除了 iptables 和 nftables 之外，還介紹電腦和網路安全相關的因素。這部分包括了入侵檢測、檔案系統監控以及監聽網路流量。本書大部分是與 Linux 版本無關，這意謂著任何流行的 Linux 發行版本都可以使用書中的內容，只需要很小的調整或無須調整。

致謝

我要感謝我的妻子、家庭以及朋友們，感謝他們無盡的支持。同時也感謝 Robert P.J. Day 和 Andrew Prowant，感謝他們審校本書的草稿。

關於作者

Steve Suehring 是一位擅長 Linux 和 Windows 系統以及開發的技術架構師。Steve 在技術領域著有多本書籍和雜誌，涉及方面頗廣。在他擔任《*LinuxWorld*》雜誌的編輯期間，他編著和修訂了關於 Linux 安全方面的文章和綜述，以及 Linux 在一級方程式賽車中的使用專題報導。

Part I 封包過濾以及基本安全措施

Chapter 1 封包過濾防火牆的預備知識 003

Chapter 2 封包過濾防火牆概念 029

Chapter 4 nftables:（新）Linux 防火牆管理程式 099

Chapter 5 建構和安裝獨立的防火牆 111

Part II 進階議題、多個防火牆和邊界網路

Chapter 7 封包轉發 219

PART 1
封包過濾以及基本安全措施

01
封包過濾防火牆的預備知識

一個小型站點可能會透過多種方式連接到網際網路，如 T1 專線、cable moden、DSL、無線、PPP、整合服務數位網路（ISDN）或者其他的方式。直接連接到網際網路的電腦通常是安全問題的焦點。無論是一台電腦還是由連接起來的多台電腦所組成的 LAN（區域網路），對於小型站點來說，最初的焦點將是直接連接到網際網路的那台電腦。該電腦將被用來搭建防火牆。

防火牆（firewall）這個術語根據實作方式和使用目的不同，而有多種不同的涵義。在本書中，防火牆意謂著直接連接到網際網路的電腦。防火牆也是針對 Internet 存取實施安全策略的地方。防火牆電腦的外部網卡便是連接到網際網路的連接點，或稱為閘道器（gateway）。防火牆存在的意義是保護閘道器內部的站點免受外部威脅。

一個簡單的防火牆設置有時被稱作「堡壘防火牆（bastion firewall）」，因為它是抵禦外部攻擊的主要防線。許多安全措施都建立在保衛領地的「防禦軟體」之上。它會盡一切可能來保護系統安全。

在這條防線之後是您的一台或一組電腦。充當防火牆的電腦所扮演的角色，可能只是簡單作為您 LAN 中其他電腦連接到網際網路的連接點。您可以在防火牆後的電腦上執行本地的私有服務，例如共享的印表機或者共享的檔案系統，或者讓您所有的電腦都能連接到網際網路。您的某台電腦上可能會存放著您的私人財務記錄。您也許想讓這台電腦存取 Internet，但您不會想讓任何人來存取這台電腦。有時，您可能希望向網際網路提供您自己的服務。LAN 中的某台電腦可能會託管著您的個人站點，另外一台電腦則可能會作為郵件伺服器或者閘道器。您的設置和目的將決定您的安全策略。

防火牆存在的目的是為了執行您定義的安全策略。這些策略反映了您所做出的決策：允許哪些 Internet 服務存取您的機器，透過您的電腦向外提供哪些服務，哪些服務只為特定的遠端用戶或站點提供，哪些服務和程式您只希望在本地執行以便僅供您私人使用。安全策略實際上就是存取控制，和授權使用私有及受保護的服務、程式以及您電腦上的檔案。

雖然家庭和小型企業系統，並不會遇到大型公司站點所面臨的全部安全問題，但設置安全策略的基本構思和步驟仍是相同的，只是無需考慮那麼多的因素，而且安全策略通常沒有大型企業站點那樣嚴格，其重點在於保護您的站點免受網際網路上不速之客的存取。封包過濾防火牆，是一種常用的保護網路安全和控制外部存取的方法。

當然，擁有防火牆並不意謂擁有了全面的防護。安全是一個過程，而不是一塊硬體。例如，儘管有防火牆的存在，仍有可能透過下載間諜軟體、廣告軟體或點擊惡意郵件，使電腦的防護之門大開，繼而招致外部對網路的攻擊。採取措施以消除外部攻擊所帶來的危害，與在防火牆上花費資源同樣重要。在您的網路中採取最佳實踐，將有助於減少您的電腦被惡意使用的機會，並給予您的網路彈性（resiliency）。

需要記住的一點是，網際網路範式（Internet paradigm）是基於端到端透明這個前提。對於正在通訊的兩台電腦來說，兩者通訊所使用的網路對二者來說是不可見的。實際上，如果通訊路徑上的某個網路設備失效，則兩台電腦之間的流量會在兩台電腦不知道的情況下，透過新的通訊線路繼續傳輸。

理想情況下，防火牆應該是透明的。然而，防火牆可以在兩台端點電腦之間的網路中引入單一故障點，來破壞網際網路範式（Internet paradigm）。而且，並不是所有的網路應用程式使用的通訊協定，都能輕易透過一個簡單的封包過濾防火牆。如果沒有額外的應用程式支援，或更加複雜的防火牆技術，則不可能使特定流量穿越防火牆。

更加複雜的問題就是網路位址轉換（Network Address Translation[NAT]，在 Linux 的說法則是位址偽裝）。NAT 可以轉換多台電腦的請求，並將它們轉發至相應的目的地，而使一台電腦能夠代表其他多數的電腦。NAT 和 RFC 1918 定義的私有

IP 位址，有效地減輕了即將出現的 IPv4 位址短缺。但 NAT 和 RFC 1918 私有位址空間的結合，會使得某些類型的網路流量不是難以傳輸，就是需要複雜的技術或昂貴的成本才能夠完成傳輸。

注意

很多路由器設備，尤其是那些用於 DSL、cable moden 和無線通訊設備，通常以防火牆的名義出售，但它們實際上頂多是一個啟用了 NAT 的路由器。它們並不會執行許多真正防火牆所能夠作到的功能，但它們確實將內部和外部的網路隔離開了。在購買路由器時，請警惕那些號稱是防火牆但只提供 NAT 功能的產品。儘管它們之中有些擁有不錯的功能，但通常沒有更為進階的設定。

最後一個複雜的地方來自於多媒體和點對點（P2P）協定的廣泛使用，它們在即時通訊軟體和網路遊戲中都有應用。這些協定與當今的防火牆技術相互對立。如今，特定的防火牆解決方案必須對每一個應用協定單獨進行建立和部署。而那種簡單地、經濟地處理這些協定的防火牆架構，仍處在標準委員會工作小組的討論中。

我們應該牢記，混合使用防火牆、DHCP 和 NAT 會引入複雜性，導致站點為了滿足用戶使用某些網路服務的要求，不得不對系統的安全性做出一定程度的讓步，理解這點非常重要。小型企業通常不得不部署多個 LAN 和更複雜的網路設定，以滿足不同本地用戶的多種安全需求。

在深入瞭解開發防火牆的細節之前，本章將先介紹封包過濾防火牆的基礎概念以及機制。這些概念包括網路通訊的參考架構、基於網路的服務是如何識別的、什麼是封包，以及網路上的電腦之間相互發送訊息和資訊的類型。

1.1 OSI 網路模型

開放系統互連（Open System Interconnection，OSI）模型代表了基於層次的網路框架。OSI 模型中的每一層都提供了不同於其他層的功能。如圖 1.1 所示，OSI 模型共包含 7 層。

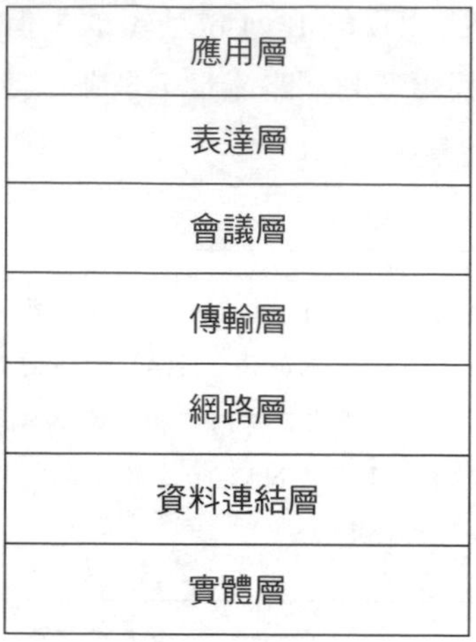

應用層
表達層
會議層
傳輸層
網路層
資料連結層
實體層

圖 1.1 OSI 模型的 7 層

這些層有時是以編號來標示的，最低層（實體層）是第一層，而最高階層（應用層）是第七層。如果您聽別人說過「三層交換機」，那對方指的就是 OSI 模型中的第三層。對於一個對安全和入侵檢測感興趣的人，您必須瞭解 OSI 模型的各層，以便完全理解那些會對您的系統造成危害的攻擊途徑。

OSI 模型中的每一層都很重要。那些您每天都在使用的協定，例如 IP、TCP、ARP 等也都分佈在 OSI 模型的不同層。每一層在通訊過程中都有它們各自不同的功能和角色。

OSI 模型中的實體層被傳輸介質佔據，例如 cable 規格和相關的訊號協定；換言之，它們傳輸位元資料。大多數情況下，除了保護設備和佈線，網路入侵檢測人員通常不會關心實體層。本書不會討論太多有關物理安全的內容（門鎖能多有趣？），因此我也不會投入太多的時間介紹 OSI 模型中的實體層。當然，保障物理線路安全的方式，不同於保障無線設備的安全。

緊接著在實體層上層的是資料連結層。資料連結層在給定的物理介質上傳輸資料，並負責傳輸過程中的錯誤檢測和恢復。物理硬體位址的定義也在這一層，例如乙太網卡的介質存取控制（Media Access Control，MAC）位址。

在資料連結層之上的便是 IP 網路裡非常重要的第三層—網路層。它負責邏輯尋址與資料路由。IP 協定是網路層的協定，這意謂著 IP 位址和子網路遮罩由網路層使用。路由器和一些交換機工作在第三層，它們在邏輯上或物理上分隔的網路之間傳遞資料。

第四層—傳輸層—是能夠建立可靠性的重要一層。傳輸層的協定包括 TCP 和 UDP。第五層是會議層（session layer），在該層上，session 在兩個端點之間建立。第六層是表達層，主要負責與其上的應用層進行通訊，還定義了使用的加密方式等。最後是應用層，它負責向用戶或應用程式顯示資料。

除了 OSI 模型之外，還存在另外一種模型，即 DARPA 模型（有時也被稱作 TCP/IP 參考模型），這種模型僅分為 4 層。在討論大多數有關網路的內容時，使用 OSI 模型是一種慣例。

當資料從應用程式處沿 OSI 模型的各層向下傳遞時，下一層的協定會在資料上添加一些它們自己的額外資訊。這些資料通常包括一個由上一層添加到資料上的標頭，有時還會添加尾部。這個過程稱為封裝（encapsulation）。封裝的過程會一直持續，直到資料在物理介質上傳輸。對於乙太網來說，資料在傳輸時被稱為幀（frame）。當乙太網幀到達它的目的地後，資料幀會開始沿 OSI 模型的各層向上傳遞，每一層都會讀取發送方相應各層的標頭（也有可能讀取尾部）資訊。這個過程稱為解封（demultiplexing[1]）。

1.1.1 連接導向和非連接的協定

在 OSI 模型的某些層中，協定可以根據它們其中某一項特性來定義，諸如非連接和連接導向。這個定義參考了協定所提供的包括錯誤控制、流量控制、資料分片和資料重組等功能。

讓我們從打電話的過程，來思考連接導向的協定。一般而言，這當中必然存在一種雙方都認可的協定，用於撥打電話並進行通話。撥出電話的人，即通訊的發起者，透過撥號來開啟對談。另一個人（或者一台機器，越來越多的情況是這樣）則接受請求並開始以電話交談。發起者的通話請求，通常由接收者端的電話鈴聲來表示。接收者拿起電話，說「你好」或者其他的問候語。這時，發起者便對接

1 原文中為 demultiplexing，「解重用」，意指將在同一訊道上的多路訊號，分解為單獨的各路訊號。這裡實際應該為 decapsulation（對應 encapsulation）。—譯者注

收者的問候致以禮貌的回覆。至此，我們可以確定會話已經成功建立了。接下來進行的便是會話的內容。在會話過程中，如果出現了一些問題，例如線路上有雜音，則一方會要求另一方重複對方剛才所說的話。通話結束時，大多數情況下雙方都會說「再見」來表明話已經說完，而這通電話也將在不久之後結束。

這個例子基本上顯示了連接導向協定（例如 TCP）的部分場景。規則總是有例外，而 TCP 協定也是一樣，可能會發生一些例外或錯誤。例如有時候，會話的發起會因為技術原因而導致失敗，而這通常在發起和接收雙方的掌控之外。

與連接導向協定不同的是，非連接的協定更像是透過郵局寄發明信片。在發信人將訊息寫在卡片上並將它丟進郵筒之後，發信人幾乎就失去了對訊息發出的控制。發信人並不會直接收到關於明信片是否被成功送達的確認訊息。範例中的非連接協定包括 UDP 和 IP。

1.1.2 下一步

接下來，我將開始對網際網路協定（IP）進行更加詳細的介紹。然而我強烈建議您再花些時間學習 OSI 模型以及相應的協定。協定和 OSI 模型的知識，對於安全專家而言非常重要。我強烈推薦一本由 Kevin R. Fall 和 W. Richard Stevens 合著的《*TCP/IP Illustrated, Volume 1, Second Edition*》，它幾乎是所有電腦專家桌上的必備之物。

1.2 IP 協定

IP 協定是網際網路執行的基礎。IP 層和其他層的協定一起為不計其數的應用程式提供通訊。IP 是非連接的協定，它提供第三層的路由功能。

1.2.1 IP 編址和子網劃分

也許您已經有所瞭解，但我覺得仍有必要介紹一下，IPv4 的 IP 位址由 4 個 8 位元的數字組成，它們用點進行分隔，即「點分十進制」記法。而 IPv6 的 IP 位址有 128 位元，通常以 8 組由冒號分隔的十六進制數表示。儘管看上去每個人都知道或至少見到過 IP 位址，但只有少之又少的人瞭解子網劃分和子網路遮罩，它們是 IP 編址方案中一個重要的組成部分。這節將簡要地介紹 IP 編址和子網劃分。

IPv4 位址空間被分為了不同的類型，而不是作為一整個位址空間來使用。IPv4 位址的類型如表 1.1 所示。

實際上，只有 A 類、B 類和 C 類位址才真正被網際網路所使用。然而，很多讀者對 D 類位址有些印象，這類位址常用於多播。E 類位址是實驗性的、未分配的位址範圍。

注意

特殊 IP 位址

一共有三類主要的特殊 IP 位址。

- 網路位址 0：作為 A 類位址的一部分，網路位址 0 並不會作為 IPv4 可路由位址的一部分使用。它在 IPv6 中表示為 ::/0。當作為來源位址使用時，它唯一合法的使用時機就是在初始化期間，當主機嘗試獲得一個由伺服器動態分配的 IP 位址的時候。而當它作為目的位址時，只有 0.0.0.0 才有意義，它只存在於本地電腦並代表它自己，或按慣例代表預設路由。
- 迴路網路位址 127：作為 A 類位址的一部分，網路位址 127 並不會被用作可路由位址的一部分。IPv6 迴路位址是 0:0:0:0:0:0:0:1，縮寫為 ::1。迴路位址指向由操作系統提供支援的一個私有的網路介面。這個介面被用於本地基於網路的服務的尋址。換言之，本地網路客戶端使用該位址來尋址到本地伺服器。迴路網路的流量一直存在於操作系統中，它不會被傳遞到物理網路介面。通常，127.0.0.1 是 IPv4 使用的唯一迴路位址，而 ::1 是 IPv6 使用的唯一迴路位址，它們都指向本地主機。
- 廣播位址：廣播位址是應用於網路中所有主機的特殊網路位址。廣播位址主要有兩種：受限廣播位址和直接廣播位址。受限廣播不會被路由，但會被傳遞到同一物理網段中連接的所有主機。IP 位址的網路部分和主機部分中的所有位元都被置為 1，即 255.255.255.255。直接廣播則會被路由，它將會被傳遞到指定網路的所有主機。其 IP 位址中的網路部分指定一個網路，而主機部分通常被設置為全 1，例如 192.168.10.255。或者，您可能有時會看到其位址指定為網路位址，如 192.168.10.0。IPv6 並不使用廣播位址，它是使用多播（Multicast）來與一組主機通訊。

表 1.1　網際網路位址

類別	位址範圍
A	0.0.0.0 ~ 127.255.255.255
B	128.0.0.0 ~ 191.255.255.255
C	192.0.0.0 ~ 223.255.255.255
D	224.0.0.0 ~ 239.255.255.255
E 和未分配	240.0.0.0 ~ 255.255.255.255

IPv4 標頭由很多欄位構成，共 20 位元組（不包括可作為標頭中一部分的可選欄位）。而 IPv6 標頭有 320 位元。IPv4 標頭如圖 1.2 所示。

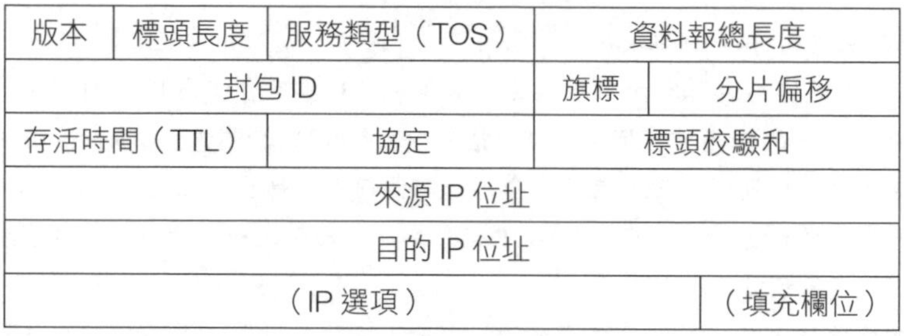

<table>
<tr><td>版本</td><td>標頭長度</td><td>服務類型（TOS）</td><td colspan="2">資料報總長度</td></tr>
<tr><td colspan="3">封包 ID</td><td>旗標</td><td>分片偏移</td></tr>
<tr><td colspan="2">存活時間（TTL）</td><td>協定</td><td colspan="2">標頭校驗和</td></tr>
<tr><td colspan="5">來源 IP 位址</td></tr>
<tr><td colspan="5">目的 IP 位址</td></tr>
<tr><td colspan="4">（IP 選項）</td><td>（填充欄位）</td></tr>
</table>

圖 1.2　IPv4 標頭

IPv4 標頭以 4 位元的版本欄位開始，目前的版本為 4，接下來的 4 位元指明標頭的長度。標頭通常為 20 位元組加一些可選欄位。IPv4 標頭的長度最大可為 60 位元組。標頭長度之後的欄位為 6 位元的差分服務代碼點（DSCP），隨後是 2 位元的顯式擁塞通知（ECN）。

IP 位址中的第一個數字指明了位址的類別。由於點分十進制的每個數字都是 8 位元長，因此每個數字可能的取值範圍是 0 ~ 255。網路位址類別指明了某一位址在預設情況下，用於網路部分的位元個數，以及用於主機部分的位元個數。網路位址和主機位址之間的劃分十分重要，因為它們是子網編址的基礎。

除了類別外，網際網路上一共有三種類型的位址：單播位址、多播位址和廣播位址。單播位址相當於網際網路上的一個網路介面。多播位址則代表被包括在那個組裡的多台主機。廣播位址通常由發送資料的主機使用，它發送的對象是某個特定子網中的每個主機。

每種類型的網路位址都有一個預設的子網路遮罩，它指定了 IP 位址裡，用於網路部分和用於主機部分的劃分。這聽起來有點拗口，所以我會在後面提出一些例子，之後會有一個小測驗——我是開玩笑的。

A 類到 C 類的預設子網路遮罩見表 1.2。

表 1.2 預設子網路遮罩

類型	預設子網路遮罩
A	255.0.0.0
B	255.255.0.0
C	255.255.255.0

您絕對看到過，並且在設定網路時輸入過這些數字。前面說過，子網路遮罩指出了 IP 位址中，網路部分和主機部分的劃分。子網路遮罩未掩蓋的部分是主機部分，這個子網裡的主機位址構成了邏輯上的網路。換句話說，C 類網路位址的子網路遮罩是 255.255.255.0，因此在 C 類網路中一共有 254 個主機。敏銳的讀者可能會注意到主機部分共有 256 個位址，但卻只能有 254 台主機。在任何一個邏輯網路中有兩個特殊的位址：網路位址和廣播位址。不論網路容量大小，它們都存在。就拿 C 類子網作為例子，網路位址以 .0 結尾，而廣播位址以 .255 結尾。

按表 1.2 的說明，在 IPv4 位址的 32 位元中，A 類子網路遮罩使用 8 位元，B 類子網路遮罩使用 16 位元，而 C 類子網路遮罩使用 24 位元。當網路依照傳統的位址分類方法，用預設的子網路遮罩被分成了不同的網路時，它便是分類網路（classful network）。使用更小的網路通常是有益的，就像您認為的那樣。例如兩個只需要向對方傳輸資料的 IP 路由器，在傳統的分類網路劃分中，將使用一個完整的 C 類網路。幸運的是，無分類的子網劃分也是可行的。

官方稱無分類子網劃分（classless subnetting）為無類別域間路由選擇（Classless Inter Domain Routing，CIDR），使用它可以根據需要，透過在子網路遮罩的末尾添加或移除位元來劃分網路。它對於 IP 位址的保留十分有益，相較於分類網路，它使得網路管理員可以充分地依據需要和方便程度自定義網路的大小，而不是依賴於分類網路的界限。再回到那個只有兩個互相通訊的路由器例子。透過使用 CIDR，網路管理員可以建立一個只包含兩個主機的網路，其子網路遮罩為 255.255.255.252。

將上面的例子再推廣一些。這兩個路由器只需要跟網路中的對方進行通訊，因此它們能夠路由兩個不同的 IP 網路中的流量。網路管理員可以將一個路由器的位址設置為 192.168.0.1，並將另一個路由器的位址設置為 192.168.0.2，並且設置二者的子網路遮罩為 255.255.255.252。使用這樣的子網路遮罩，則用於尋址主機的 IP 位址有兩個。這個邏輯網路的網路位址是 192.168.0.0，而廣播位址是 192.168.0.3。使用了 CIDR 後，網路管理員便可以在其他主機中，透過遵循 CIDR 規則的方式為其他主機使用 192.168.0 網路的其餘位址了。

您會經常見到子網的記法中使用 `/NN`，而 NN 是被掩蓋的位元的數量（網路欄位所佔的位數）。例如，一個 C 類網路位址的網路部分有 24 位元，這意謂著它能被表示為 `/24`。一個 B 類網路可以表示為 `/16`，一個 A 類網路可以表示為 `/8`。回到兩個路由器的例子，這個位址的 CIDR 記法是 `/30`，因為該位址中的 30 位元被子網使用。

為什麼子網劃分如此重要？簡單來說，子網定義了一個網路的最大可用廣播空間。在給定子網中，子網中的主機可以向所有該子網內的主機發送廣播。實際上，比起子網路遮罩所帶來的邏輯侷限，廣播在物理侷限上有更多的限制。您可能會在一個交換機上連接很多的設備（再次重申，我是說可能），接著您會觀察到性能的下降，然後您將會把該網路劃分為更小的邏輯部分。如果沒有子網，我們將會擁有一個非常巨大的、扁平的網路空間，它比我們現在使用的分層式尋址的方式要慢得多。

1.2.2 IP 分片

有時 IP 資料報的大小，比它將通過的物理介質所允許的最大尺寸要大。這個所允許的最大尺寸即是最大傳輸單元（Maximum Transmission Unit, MTU）。如果 IP 資料報大小比介質的 MTU 更大，這個資料報則需要在傳輸前被分為更小的塊。對於乙太網來說，MTU 是 1,500 位元組。將 IP 資料報分割成更小片的過程，被稱之為分片（fragmentation）。

分片在 OSI 模型中的 IP 層（網路層）進行，因此它對於高階層的協定諸如 TCP、UDP 而言是透明的。作為管理員，您應該關注分片，因為如果分片的某個大片段丟失了，那麼這將影響應用程式的性能。另外作為安全管理員，您應該理解分片，因為它在過去是一種攻擊的方式。然而，您應意識到在通訊路徑中的任何中介路由，或任何其他設備都可能導致分片，而且可能您根本不知道分片的發生。

1.2.3 廣播與多播

當一個設備想向該網段中的所有其他設備發送資料時，它可以發送資料到一個特定的位址以達到目的，這個位址便是廣播位址。另一方面，多播則是發送資料到屬於多播組的設備，它們有時被稱為訂閱者（subscriber）。

想像一個大型的、扁平的網路，在這個網路中所有的電腦和設備都互相連接。該環境下，每個網路設備都能看到其餘的網路設備的流量。在這類網路裡，每個設備在面對流量時都會決定是否讓這個流量進入。換言之，每個設備都會檢查該資料是發給它的，還是發給其他設備。如果資料是發送給自己的，則它會將資料按照 OSI 模型向上層傳遞。在乙太網的介面中，設備會檢查自己的 MAC 位址，或是與網路介面相關聯的硬體位址。要記住的是，IP 位址僅與 OSI 模型中更高階層次的協定相關。

除了尋址到這個設備本身的資料幀外，還有兩類特殊的情況會導致介面接受資料，並將資料傳遞到更高階的層次中。這兩類特殊的情況便是多播和廣播。多播可用於傳遞資料到訂閱了該多播的某一組設備子集。

另一方面，廣播則會被所有接收到廣播的設備所處理。通常有兩類廣播可用：直接廣播（directed broadcast）和受限廣播（limited broadcast）。目前，直接廣播更加常見。受限廣播在那些試圖透過 DHCP、BOOTP 以及其他預設定協定，設定自身的設備中使用。受限廣播被發送到位址 255.255.255.255，並且從不會被路由所轉發。對於控制路由器或其他路由設備（例如，路由防火牆）的人來說，這點非常重要。如果您在外部的、接往網際網路的介面中收到了一個尋址到 255.255.255.255 的封包，則可能存在一個錯誤設定的設備，或（更有可能）有一個潛在的攻擊者在嘗試刺探您的網路。如果您有設備在啟動時透過 DHCP 設定自身，那麼您在路由器的內部介面上看到受限廣播則不足為奇。

在任何網路中，直接廣播都是最常見的廣播形式。這是由於位址解析協定（ARP）使用廣播來獲得子網中一個 IP 位址對應的 MAC 位址。直接廣播受發送廣播的設備所在的網路或子網的限制。通常，當一個路由器介面遇到了一個直接廣播，它不會將該資料報傳遞到可路由的其它子網中。大多數路由器可以進行設定以允許此行為，然而您應當謹慎些，以免打開路由器中廣播的轉發，進而導致廣播風暴。一個子網廣播是一個發往給定子網的廣播位址的資料幀。該廣播位址依據所要發送到的子網的掩碼不同而不同。在一個 C 類網路中（255.255.255.0 或 /24），預設的廣播位址是該網路中最大的可用位址，因此結尾的數字為 .255。例如，在 192.168.1.0/24 網路中，廣播位址是 192.168.1.255。

1.2.4 ICMP

ICMP 位於 IP 層，有些人說它佔據了一個特殊的位置。您或許對 ICMP 較為熟悉，因為 ping 使用了 ICMP。ICMP 或 Internet 控制報文協定（Internet Control Message Protocol）有很多用途。包括 ping 指令的底層實作在內，ICMP 共有 15 種功能，每種功能都由一個類型碼表示。例如，ICMP 的 echo 請求（echo request，想想 ping）的類型碼是 8；請求的回覆，即 echo 響應的類型碼是 0。在不同的類型中，還存在代碼以指示該類型裡不同的狀態。ICMP 訊息的類型和代碼見表 1.3。

表 1.3 ICMP 訊息類型和代碼

類型	代碼	描述
0	0	echo 響應
3		目標不可達
	0	網路不可達
	1	主機不可達
	2	協定不可達
	3	埠不可達
	4	要求分段並設置 DF 旗標
	5	來源路由失敗
	6	目標網路未知
	7	目標主機未知
	8	來源主機隔離
	9	目標網路被管理性禁止

類型	代碼	描述
	10	目標主機被管理性禁止
	11	對特定的 TOS 網路不可達
	12	對特定的 TOS 主機不可達
	13	通訊被管理性禁止
	14	主機越權
	15	優先中止生效
4		來源端被關閉（已棄用）
5		重新導向
	0	網路重新導向
	1	主機重新導向
	2	服務類型和網路重新導向
	3	服務類型和主機重新導向
8	0	echo 請求
9	0	路由器通告
10	0	路由選擇
11		超時
	0	TTL 超時
	1	分片重組超時
12	0	參數問題
13	0	時間戳請求
14	0	時間戳應答
15	0	資訊請求（已棄用）
16	0	資訊應答（已棄用）
17	0	位址掩碼請求（已棄用）
18	0	位址掩碼應答（已棄用）

ICMP 訊息的類型和代碼位於 ICMP 的標頭部分，見圖 1.3。

<table>
<tr><td>訊息類型</td><td>子類型代碼</td><td>校驗和</td></tr>
<tr><td colspan="2">訊息 ID</td><td>序列號碼</td></tr>
<tr><td colspan="3">（ICMP 可選資料結構）</td></tr>
</table>

圖 1.3 ICMP 標頭

1.3 傳輸層機制

IP 協定定義了 OSI 模型中的網路層協定。其實仍有一些其他的網路層協定，但我只聚焦在 IP 上，因為它是目前最流行的網路層協定。OSI 模型中，網路層之上的是傳輸層。正如您所料，傳輸層有它自己的一組協定套組。我們對兩個傳輸層的協定比較感興趣：UDP 和 TCP。本節將分別詳細介紹這些協定。

1.3.1 UDP

用戶資料報協定（User Datagram Protocol，UDP）是非連接協定，用於 DNS 查詢、SNMP（簡單網路管理協定）和 RADIUS（遠端用戶撥號認證系統）等。作為非連接協定，UDP 協定的工作方式類似於「發送，然後遺忘」。客戶端發送一個 UDP 封包（有時稱為資料報），並假設伺服器將會收到該封包。它依賴更高階層的協定來將封包按順序組合。UDP 的標頭為 8 位元組，見圖 1.4。

來源埠	目的埠
UDP 封包長度	校驗和

圖 1.4 UDP 標頭

UDP 標頭以來源埠號和目的埠號開始。接下來是包括資料在內的整個封包的長度。顯然，由於 UDP 標頭的長度為 8 位元組，因此這部分的最小值為 8。最後的部分是 UDP 標頭的校驗和，它包括了資料和標頭（對資料和標頭一起計算校驗和）。

1.3.2 TCP

TCP 是傳輸控制協定（Transmission Control Protocol）的縮寫，它是常用的連接導向的協定，常和 IP 一起使用。TCP 作為連接導向的協定，意謂著它向上層提供可靠的服務。回想本章前面舉出的電話會話的例子。在這個模擬中，兩個應用程式想要使用 TCP 進行通訊則必須建立一個連接（有時被稱之為 session）。TCP 標頭見圖 1.5。

<table>
<tr><td colspan="3">來源埠</td><td>目的埠</td></tr>
<tr><td colspan="4">序列號碼</td></tr>
<tr><td colspan="4">確認號碼</td></tr>
<tr><td>資料偏移</td><td>未使用</td><td>旗標</td><td>窗口</td></tr>
<tr><td colspan="3">校驗和</td><td>緊急指標</td></tr>
</table>

圖 1.5 TCP 標頭

就像您在圖 1.5 中看到的那樣。20 位元組的 TCP 標頭，明顯比本章的其他協定標頭更加複雜。與 UDP 協定相似的是，TCP 標頭也以來源埠和目的埠開始。而來源埠、目的埠與發送者、接收者的 IP 位址相結合，可以明確識別這個連接。TCP 標頭有 32 位元的序列號碼和 32 位元的確認號碼。TCP 是連接導向的協定，並且提供可靠的服務。序列號碼和確認號碼是（但不是唯一）用於提供可靠性的基礎機制。隨著資料從傳輸層向下傳遞，TCP 會將資料劃分成它認為合適的大小。這些分片即是 TCP 資料區段（segment）。在 TCP 沿協定堆疊向下傳遞資料的過程中，它建立了序列號碼，指明了給定資料區段中的第一個位元組。在通訊的另一端，接收者發送一個確認訊息，指明它已經收到的資料區段。發送者則會維持一個定時器的運作，一旦一個確認號碼未按時接收，該資料區段則會被重新發送。

TCP 保障可靠性的另一個機制，是在標頭和資料上計算的校驗和。如果接收者接收到的標頭中，其校驗和與接收者計算的不吻合，則接收者將不會發送確認訊息。如果確認訊息在傳輸中丟失，則發送者可能會使用同樣的序列號碼，再發送一遍資料區段。在這種情況下，接收者將直接丟棄重複的資料區段。

一個 4 位元的欄位（此處指資料偏移）是用來表示包括所有選項在內的標頭長度（單位是 32 位元）。TCP 標頭中有許多獨立的位元旗標：`URG`、`ACK`、`PSH`、`RST`、`SYN`、`FIN`、`NS`、`CWR` 和 `ECE`。對於這些旗標的描述見表 1.4。

表 1.4 TCP 標頭旗標

旗標	描述
URG	表示應該檢查標頭中的緊急指標部分
ACK	表示應該檢查標頭中的確認號碼部分
PSH	表示接收者應該儘快將該資料向下層傳遞

旗標	描述
RST	表示應該重置連接
SYN	初始化一個連接
NE	顯式擁塞通知（ECN）隱蔽性保護
CWR	擁塞窗口減少旗標表示封包的 ECE 旗標已被設置，而且擁塞控制已被應答
ECE	如果 SYN 旗標設為 1，這個旗標表示 TCP 通訊的一方支援 ECN。如果 SYN 設置為 0，這個旗標表示收到的 IP 標頭中的擁塞通知被設置
FIN	表示發送者（可以是連接的另一方）已經將資料發送完畢

16 位元的窗口欄位提供了滑動窗口機制。接收者設置窗口值，以指明接收者準備接收的資料大小（從確認序號開始的大小）。這是 TCP 流量控制中的一種。

16 位元的緊急指標，表示緊急資料結束處的偏移量，該偏移量從序列號碼開始。它能讓發送者指明偏移量內的資料是緊急資料，應該以緊急方式進行處理。這個指標可以和 PSH 旗標結合使用。

現在您對 TCP 標頭有初步的概念了，是時候看看 TCP 連接是如何建立和終止的。

• TCP 連接

UDP 是非連接的協定，而 TCP 卻是連接導向的協定。UDP 中沒有連接的概念，在 UDP 資料報中只有發送者和接收者。對於 TCP 而言，連接的任一方都可以發送或接收資料，也可以同時接收和發送。TCP 是全雙工（full-duplex）的協定。建立一個 TCP 連接的過程有時被稱為三次握手（three-way handshake），很快您就會看到這個稱呼的由來。

由於是連接導向的協定，在建立 TCP 連接時，會發生一個特定的過程。在該過程中，存在許多 TCP 連接的狀態。連接建立的過程和相應的狀態，會在接下來的部分詳細介紹。

要發起通訊的一方（客戶端）會在發送的 TCP 資料區段中設置 SYN 旗標、初始序列號碼（Initial Sequence Number, ISN）以及它要通訊的另一方的埠號，通常連接的另一方是伺服器。它傳送的通常被稱為 SYN 封包或者 SYN 資料區段，此時該 TCP 連接處於 SYN_SENT 狀態。

此連接的伺服器一方會發送一個，同時設置 SYN 旗標和 ACK 旗標的 TCP 資料區段作為應答。此外，伺服器還會將確認號碼，設置為客戶端所發送的初始序列號碼加 1。所傳送的通常被稱為 SYN-ACK 封包或 SYN-ACK 資料區段，此時該 TCP 連接處於 SYN_RCVD 狀態。

接下來，客戶端會應答 SYN-ACK 封包：發送一個設置了 ACK 旗標，並且確認號碼為 SYN-ACK 序列號碼加 1 的資料區段。至此，三次握手已經結束，該連接已建立而進入 ESTABLISHED 狀態。

與初始化連接的協定（這裡的協定指的是建立連接的過程）相對應，還有一個終止連接的過程。用於終止 TCP 連接的過程與建立連接的三步相對，共有四個步驟。多出的一個步驟來自於 TCP 連接的全雙工特性，因為任何一邊都可能在任何時候發送資料。

透過發送設置 FIN 旗標的 TCP 資料區段，TCP 連接的某一方可以關閉該方向的連接。連接的任何一方都可以發送 FIN 旗標，以表明它已經將資料發送完畢。而連接的另一方則可以繼續發送資料。然而實際上，當 FIN 被接收時，連接的終止過程通常即將開始。在下面的討論中，我把想要終止連接的一方稱為客戶端。

終止過程從客戶端發送一個設置了 FIN 旗標的資料區段開始，此時伺服器端的狀態為 CLOSE_WAIT，而客戶端的狀態為 FIN_WAIT_1。在服務端接收到 FIN 後，服務端將向客戶端回覆 ACK，同時將序列號碼加 1。此時，客戶端進入 FIN_WAIT_2 狀態。服務端同時向它的高階層協定指出連接已終止。接下來，服務端將關閉連接，這會導致一個設置了 FIN 旗標的資料區段被發送到客戶端，然後服務端將進入 LAST_ACK 狀態，而客戶端則進入 TIME_WAIT 狀態。最後，客戶端發送資料區段確認此 FIN 旗標（設置 ACK 旗標，並將序列號碼加 1），然後該連接便進入了 CLOSED 狀態。由於 TCP 連接可以被任何一方終止，因此，一個 TCP 連接能夠以半關閉的狀態存在，此時一端已發起了 FIN 終止序列，但另一端則並沒有這樣做。

TCP 連接也能夠由任何一方發送一個設置了重置（RST）旗標的資料區段而終止。這通知連接的另一端使用一種中止的方式來釋放連接。它與通常的結束 TCP 連接的那種常被稱為有序釋放的方式不同。

TCP 連接序列中有一個可選擇部分是最大資料區段長度（Maximum Segment Size，MSS）。MSS 是通訊的雙方各自所能接收的最大的資料塊的大小。由於 MSS 是連接的兩方所能接收到的最大的大小，通常發送比 MSS 小一些的資料塊更合適。一般而言，您應該考慮使用一個大一些的 MSS，然而請牢記應避免分片（會在 IP 層進行），因為分片會增加系統開銷（封包分片需要額外的 IP 和 TCP 標頭的位元組）。

1.4 位址解析協定（ARP）

位址解析協定（Address Resolution Protocol），或稱為 ARP，用於連接一個物理設備（例如網卡）和一個 IP 位址。網路設備使用一個 48 位元的位址（稱為 MAC 位址），它在一個給定的網路中的設備裡是唯一的。儘管有時設備會有相同的 MAC 位址，但這在同一個網路中是極其罕見的。

當在一個網路中捕獲流量時，您將會以不同的頻率遇到 ARP 封包，這緣於設備在傳遞流量時需要定位另一個設備。然而，大多數 ARP 應答都是單播，因此只有發出請求的設備能看到這個應答。ARP 流量通常不會在網段之間被傳遞。因此，一個路由器可以被設定以提供代理 ARP 的服務，這樣它便可以在多個網段中應答 ARP 請求。

1.5 主機名稱和 IP 位址

人們喜歡使用詞語來命名事物，例如命名一個電腦為 mycomputer.mydomain.example.com。從技術上嚴格來說，這個命名並不指這台電腦，而是這台電腦中的網路介面。如果這台電腦有多個網卡，每個網卡將擁有不同的名字以及位址，看上去可能是在不同的網路和不同的子域中。

主機名稱的各部分之間，是使用點進行分割。例如 mycomputer.mydomain.example.com，最左邊的部分 mycomputer，是主機名稱，而 .mydomain、.example 以及 .com 分別是這個網卡所處的網域。網域是層次樹形。那麼什麼是網域呢？

它是一種命名的約定。層次網域樹代表了全球域名服務（Domain Name Service，DNS）資料庫的層級性特點。DNS 將符號名稱（人們為電腦和網路的命名）映射到數字位址（IP 層用來唯一標識網路介面，即 IP 位址）。

DNS 的映射是雙向的：IP 位址到主機名稱，主機名稱到 IP 位址。當您在瀏覽器中點擊一個 URL 時，會查詢 DNS 資料庫，以找到與該主機名稱關聯的唯一 IP 位址。該 IP 位址將被作為封包裡 IP 層的目的位址。

1.5.1 IP 位址和乙太網位址

IP 層透過 32 或 128 位元的 IP 位址來識別網路主機，而子網或鏈路層使用唯一的 48 位元乙太網位址或 MAC 位址，該位址可以由製造商燒進網卡，也可以由用戶設置。IP 位址在端點主機中被傳送以相互識別。乙太網位址在相鄰的主機和路由器間傳遞。

通常，在關於防火牆的討論中可以忽略乙太網位址。第二層的硬體乙太網位址，對於第三層 IP 層和第四層傳輸層是不可見的。您會在後面的章節中看到，Linux 防火牆管理程式已經擴充了存取和過濾 MAC 位址的功能。這樣的防火牆功能有一些特殊的用法，但重要的是牢記乙太網位址並不會跨網路在端到端間傳遞。乙太網位址只在臨近的網路介面、主機或路由器之間傳遞。它們不會不經改變地穿過路由器。

1.6 路由：將封包從這裡傳輸到那裡

住宅區和大多數商用站點，都不會執行諸如 RIP 或 OSPF 這樣的路由協定。在這些地方，路由表都是手工靜態設置的。提供一個小提示，如果您正在執行一個類別似 RIP 這樣的路由協定，那麼有一定概率是您根本不需要這樣做；沒有這些日常開銷，您可以讓網路更有效率。通常來說，大多數站點擁有預設的閘道器設備，它是該網路中，當目的位址的路由未知時，封包向外發出的介面。這種服務通常提供了一個單一的路由位址，即此站點中本地網路的預設網際網路閘道器。

1.7 服務埠：通向您系統中程式的大門

基於網路的服務是在電腦上執行程式，而該電腦可以讓其他網路上的電腦存取。其服務埠標識了某個 session 或連接所在的程式。對於不同的基於網路的服務來說，服務埠是不同的數字名稱。它們也發揮數字識別子的角色，在兩個程式的特定連接中標識不同的端點。服務埠號的範圍是 0 ～ 65535。

服務端程式（即常駐程式，daemon）在為它分配的服務埠上監聽到來的連接。依照長久以來的慣例，主要的網路服務都使用已被分配的公認埠，埠號是 1 ～ 1023。這些數字到服務的映射關係，由網際網路號碼分配局（IANA）協調並作為全球接受的慣例或標準。

一個廣告服務在網際網路上，僅僅可使用分配給它的埠號。如果您的電腦沒有提供一個特定的服務，而某人嘗試連接到和此服務相關的埠時，任何事都不會發生。就像有人在敲門，但沒有人在那裡應答。例如，HTTP 被分配的埠號是 80（當然，您可以將它執行在 8080、20943 或任何可用的埠上）。如果您的電腦沒有執行基於 HTTP 的 Web 伺服器，而某人嘗試連接到 80 埠，此時客戶端程式會從您的電腦處，收到一個連接關閉訊息和一個錯誤訊息，表示並未提供該服務。

1024 ～ 65535 這些更高的埠號被稱為非特權埠（unprivileged port）。它們的存在有兩個目的。大多數情況下，這些埠被動態分配給連接的客戶端。客戶端和服務端的一對埠號，外加兩個主機各自的 IP 位址，以及使用的傳輸協定來唯一識別該連接。

另外，1024 ～ 49151 的埠號是在 IANA 註冊的埠號。這些埠能夠被作為一般非特權埠號池中的一部分，但它們也綁定了一些特定的服務，例如 SOCKS 或 XWindow 服務。最初，那些執行在更高的埠號上的服務並不以 root 權限執行。這些埠被用戶級、非特權的程式使用。但這個慣例不適用於某些個別的特例。

注意

服務名稱到埠號的映射

Linux 發行版提供一系列的常用服務埠號。這個列表能在 /etc/services 中找到。

每個條目由一個服務名稱、分配給它的埠號、此服務使用的協定（TCP 或 UDP）和其他任何可選的服務別稱組成。表 1.5 列出了一些從 Red Hat Linux 中截取的常用的服務名稱到埠號的映射。

表 1.5 常用服務名稱到埠號映射

埠名	埠號 / 協定	別名
ftp	21/tcp	- -
ssh	22/tcp	- -
smtp	25/tcp	mail
domain	53/tcp	nameserver
domain	53/udp	nameserver
http	80/tcp	www www-http
pop3	110/tcp	pop-3
nntp	119/tcp	readnews untp
ntp	123/udp	- -
https	443/tcp	- -

請注意，與埠號相關聯的符號名稱，依 Linux 散佈和發行的版本而有所不同。此外，服務名稱和別稱不同，但埠號一致。

另外請注意埠號和一個協定相關聯。IANA 嘗試為同一個服務埠號同時分配 TCP 和 UDP 協定，而不論該服務是否使用兩種傳輸方式。大多數服務使用兩者其一的協定。而域名服務（DNS）則二者均使用。

1.7.1 一個典型的 TCP 連接：存取遠端站點

如圖中所示，一個常見的 TCP 連接是透過您的瀏覽器（連接到一個 Web 伺服器）來存取 Web 站點。本節將舉例說明連接的建立過程，以及通訊過程中與 IP 封包過濾（接下來的章節中會介紹）相關的各個方面。

這個過程中到底發生了什麼呢？如圖 1.6 所示，某處的電腦執行一個 Web 伺服器，等待著從 80 埠到來的 TCP 請求。您在 Web 瀏覽器中點擊一個 URL 時，URL 中的一部分被理解為主機名稱；該主機名稱被翻譯成 Web 伺服器的 IP 位址；然後，您的瀏覽器被分配了一個非特權埠號（例如，TCP 埠號 14000）以便用於連接。接下來，一個發往 Web 伺服器的 HTTP 訊息被建立了。它被封裝在一個 TCP 訊息中（並包裹著 IP 資料標頭），然後被發送出去。對於我們的目的而言，標頭所包含的欄位可見圖 1.6。

額外的資訊被包括在標頭中，它們對封包過濾層次來說是不可見的。然而，描述 SYN 旗標、ACK 旗標和相關的序列號碼，有助於弄清楚在三次握手中到底發生了什麼。當客戶端程式發送它的第一個連接請求訊息時，SYN 旗標和同步的序列號碼均被設置。在客戶端向伺服器請求連接時，它會傳遞一個序列號碼，此序列號碼會被作為所有客戶端發送的其餘資料的起始編號。

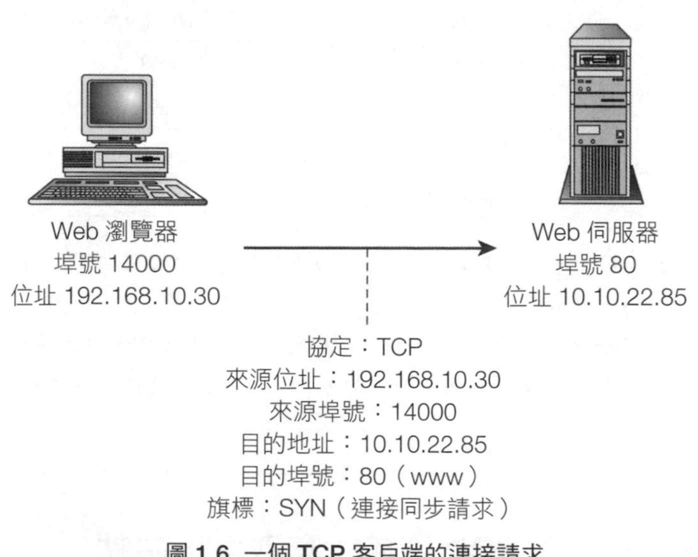

圖 1.6 一個 TCP 客戶端的連接請求

這個封包將在伺服器電腦處被接收。它被發送到 80 服務埠。由於伺服器在監聽 80 埠，因此有到來的連接請求（SYN 連接同步請求旗標）時，它將接到通知：一個請求從來源 IP 位址和某埠號組成的 Socket（您的 IP 位址，14000）處到來。伺服器會在分配一個新 Socket（Web 伺服器 IP 位址，80）並將此 Socket 與客戶端的 Socket 關聯在一起。

Web 伺服器會使用一個 ACK 的確認來應答該 SYN 訊息，同時會發起 SYN 同步請求。如圖 1.7 所示，連接目前處於半打開狀態。

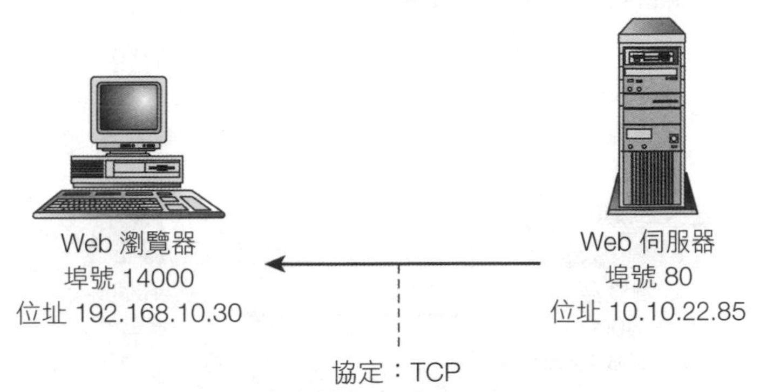

圖 1.7 一個 TCP 伺服器的連接請求確認

兩個對於封包過濾等級而言，不可見的網域均包含在 SYN-ACK 標頭中。伺服器發出的內容包括了 ACK 旗標，以及客戶端的序列號碼加上接收到的連續資料的位元組數。該確認的目的，是確認已收到客戶端序列號碼所標記的資料。伺服器透過增加客戶端的序列號碼來進行確認，有效地向客戶端表明它已收到了資料，而序列號碼加 1 便是伺服器期望收到的下一個位元組資料。由於伺服器已經確認收到了最初的 SYN 訊息，客戶端此時可以隨意丟棄它了。

伺服器也在它的第一個訊息中設置了 SYN 旗標。和客戶端的第一個訊息相同，這個 SYN 旗標也伴隨一個同步序列號碼一同發送。伺服器為這個半連接（譯按：從伺服器發送資料到客戶端，作者將此發送功能視為一個半連接）傳遞它自己的起始序列號碼。

只有伺服器發送的第一條訊息，是需要設置 SYN 旗標。這條訊息和以後的訊息均需要設置 ACK 旗標。因此所有伺服器訊息裡都會出現 ACK 旗標，而客戶端在相對之下，第一條訊息會缺乏 ACK 旗標。在我們獲得可用的資訊以建構防火牆時，這將會是一個關鍵性的差別。

在連接建立後，您的電腦接收到此訊息並以自己的確認進行應答。圖 1.8 以圖例顯示了這個過程。自此之後，客戶端和伺服器（發送的內容中）都會設置 ACK 旗標，但 SYN 旗標不會再被任何一方設置了。

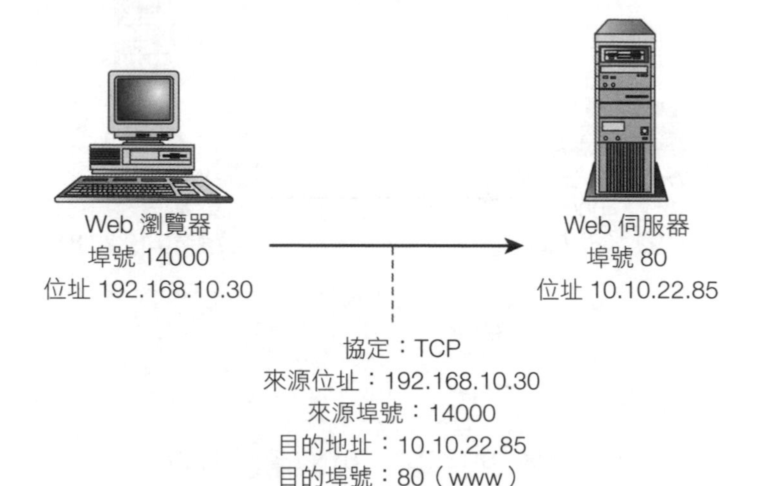

圖 1.8 TCP 連接的建立

隨著每一次的確認，客戶端和服務端程式遞增了對方處理序的序列號碼（接收到的訊息中的序列號碼），每收到一個連續的資料位元組，序列號碼加 1。這種確認號碼表明已收到了那些資料，並指明了程式想接收串流的下一個資料位元組。

在您的瀏覽器接收 Web 頁面時，您的電腦從 Web 伺服器接收了包括封包標頭在內的資料訊息，如圖 1.9 所示。

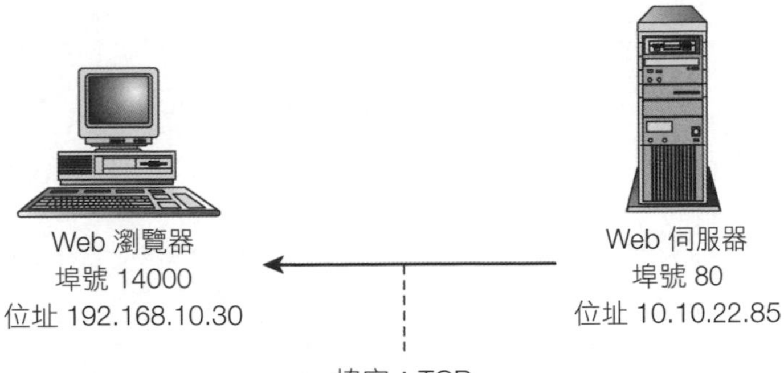

協定：TCP
來源位址：10.10.22.85
來源埠號：8080（www）
目的地址：192.168.10.30
目的埠號：14000
旗標：ACK（訊息確認）

圖 1.9 一個進行中的服務端到客戶端的 TCP 連接

1.8 小結

本章用這個簡單的例子，闡明了 IP 封包過濾防火牆所依據的資訊。第 2 章以這裡的知識為基礎，描述了如何使用 ICMP、UDP、TCP 訊息類型和服務埠號，定義一個封包過濾防火牆。

MEMO

02

封包過濾防火牆概念

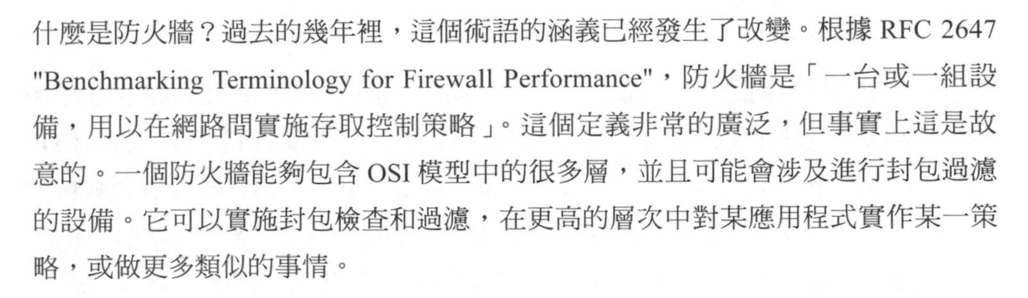

什麼是防火牆？過去的幾年裡，這個術語的涵義已經發生了改變。根據 RFC 2647 "Benchmarking Terminology for Firewall Performance"，防火牆是「一台或一組設備，用以在網路間實施存取控制策略」。這個定義非常的廣泛，但事實上這是故意的。一個防火牆能夠包含 OSI 模型中的很多層，並且可能會涉及進行封包過濾的設備。它可以實施封包檢查和過濾，在更高的層次中對某應用程式實作某一策略，或做更多類似的事情。

一個無狀態防火牆（nonstateful 或 stateless firewall）通常僅僅在 OSI 模型的 IP 層（第三層）中執行一些封包過濾，儘管有時這種類型的防火牆也會涉及更高階層的協定。一個這種設備類型的例子可能包括一個邊界路由器，它位於網路的邊緣，實作了一個或更多的存取列表來防止各種類型的惡意流量進入本網路。有些人可能會說這種設備根本不是防火牆。然而，它看上去的確與 RFC 的定義相符。

一個邊界路由器的存取列表，可能會依據封包所到達的介面的不同實作許多不同的策略。它通常會過濾連接到網際網路的網路邊界處的特定封包。這些封包將會在本章中稍後進行討論。

與無狀態的防火牆相對的是狀態防火牆（stateful firewall）。一個狀態防火牆會對看到的一個 session 中之前的封包進行追蹤，並基於此連接中已經看到的內容對封包應用存取策略。狀態防火牆隱含著它也擁有無狀態防火牆所擁有的基礎封包過濾能力。一個狀態防火牆會追蹤一個 TCP 三次握手的階段，並且會拒絕那些看上去對於三次握手來說失序的封包。作為非連接協定，UDP 對於狀態防火牆來說處理起來會比較棘手，由於該通訊程序中沒有狀態可言。然而，狀態防火牆會追蹤最近的 UDP 封包交換，以確定已經收到的某個封包，與一個近期發出的封包相關。

一個應用層閘道（Application-Level Gateway，ALG）有時被寫為 Application-Layer Gateway，它是另外一種形式的防火牆。與瞭解網路層以及傳輸層的無狀態防火牆不同，應用層閘道主要在 OSI 模型中的應用層（第七層）進行操作。應用層閘道通常對於被傳遞的應用程式資料有較為深刻的瞭解，因此它能夠找到任何檢驗之中的應用程式，其日常流量產生偏差的部分。

一個應用層閘道通常處在客戶端和真實的伺服器之間，並且主要目的是模仿伺服器到客戶端的行為。實際上，本地流量從不會離開本地 LAN，而遠處的流量也從不會進入本地 LAN。

應用層閘道有時也指的是一個模組，或是協助另一個防火牆的軟體。許多防火牆與 FTP ALG 一起執行以支援 FTP 的主動模式資料通道，這種模式下客戶端向 FTP 伺服器發送用於連接的本地埠，以便伺服器打開資料通道。伺服器初始化到來的資料通道（然而客戶端經常會初始化所有連接）。應用層閘道時常需要傳遞多媒體協定通過防火牆，因為多媒體 session 通常會使用由雙方初始化的多個連接，並且同時使用 TCP 和 UDP。

ALG 是一種代理。另一種形式的代理是電路層代理（circuit-level proxy）。電路層代理通常不具有應用層相關的知識，但它們能夠實施存取和授權策略，並且它們充當原本的端到端連接中的終端點的作用。SOCKS 是一個電路層代理的例子。代理伺服器會扮演連接中雙方的終端點的角色（既作為客戶端從真實伺服器處接收資料，又扮演伺服器發送資料到真實的客戶端），但伺服器並沒有任何應用程式相關的特定知識。

在這些例子中，防火牆的目的是實施您定義的存取控制或安全策略。安全策略對存取控制來說非常重要—在您的控制下，誰被允許而誰不被允許在伺服器和網路上執行一些動作。

雖然對於防火牆來說，並沒有明確的要求，但防火牆很多時候都執行了一些額外的任務，這些任務可能包含網路位址轉換（Network Address Translation，NAT）、反病毒檢測、事件通知、URL 過濾、用戶驗證以及網路層加密。

本書的內容涵蓋了封包過濾防火牆、靜態與動態防火牆、無狀態與狀態防火牆。所有這些提到的手段，都是用來控制哪個服務能夠由哪個用戶存取。每種方法都是根據 OSI 參考模型裡不同層次中的可用資訊，都有其各自的優勢和長處。

第 1 章介紹了防火牆所依據的概念和資訊。本章會介紹這些資訊在實作防火牆規則時是如何被使用的。

2.1 封包過濾防火牆

在最基本的層面上，封包過濾防火牆由一系列接受和拒絕的規則所組成。這些規則明確地定義了哪些封包允許，而哪些不允許通過網路介面。防火牆規則使用第 1 章所介紹的封包標頭，來決定是否將封包傳遞到它的目的地，還是靜默地丟棄它，或攔截封包並向發送的電腦返回一個錯誤狀態。這些規則能夠根據廣泛的因素，包括來源 IP 位址、目的 IP 位址、來源埠、目的埠（更常用）、單個封包的一部分如 TCP 標頭、協定類型、MAC 位址等。

MAC 位址過濾在連接到網際網路的防火牆中是不常見的。使用 MAC 位址過濾，防火牆可以阻擋或允許某些特定的 MAC 位址。然而，您十之八九可能僅僅看到一個 MAC 位址，而這個位址來自於您防火牆上游的路由器。這意謂著，只要您的防火牆可以看到，那麼網際網路上的所有主機看起來都有著相同的 MAC 位址。對於新任的防火牆管理員來說，一個常見的錯誤便是嘗試在網際網路防火牆中使用 MAC 位址過濾。

如果使用混合的 TCP/IP 參考模型，則封包過濾防火牆的工作性質位於網路層和傳輸層。如圖 2.1 所示。

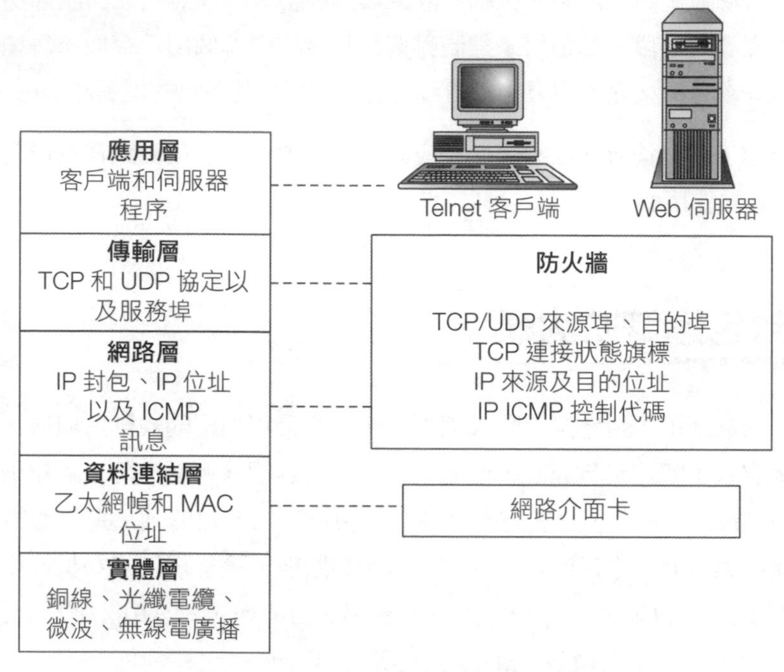

圖 2.1 TCP/IP 參考模型中的防火牆定位

管理防火牆的整體構思是：當您已經連接到網際網路時，您需要十分仔細地控制到底允許什麼在網際網路和電腦之間傳播。在連接到網際網路的外部介面中，您應盡可能準確和明確地單獨過濾，從外部進入的資料和從內部發出的資料。

對於單一電腦的設定來說，將網路介面想像成一組 I/O 對，可能會有所幫助。防火牆獨立地過濾介面上進入和發出的資料。輸入過濾器（input filter）和輸出過濾器（output filter）能夠且很有可能具有完全不同的規則。圖 2.2 描述了規則處理的流程圖。

這看上去威力十分強大，實際上也的確是如此，但它卻並不是絕對沒錯的安全機制。這只是情境故事的一部分，只是多層資料安全方法中的一層，並不是所有的應用程式通訊協定，都會提供自身以進行封包過濾。

這種類型的過濾對於細粒度的驗證，和存取控制來說太過於低階。這些安全服務必須在更高的層次中提供。IP 並不具有能力可以查證發送者，是否是對方所聲稱的身份。在這個層次中僅有的可用識別資訊，是 IP 資料標頭中的來源位址，而來源位址可以輕易被修改。再往上一層，網路層和傳輸層都無法檢查應用程式資料是否正確。然而，封包層次對於直接埠的存取、封包內容、正確通訊協定等方面的控制，允許使用較為強大、較為簡易的方式，比起在較高層次進行來說更加簡單也更加便利。

沒有了封包層次的過濾，更高階層的過濾以及代理安全措施將變得殘缺或不起作用。至少在某種程度上，它們必須依賴下層通訊協定的正確性。安全協定堆疊中的每一層，都提供了其他層所不能提供的能力。

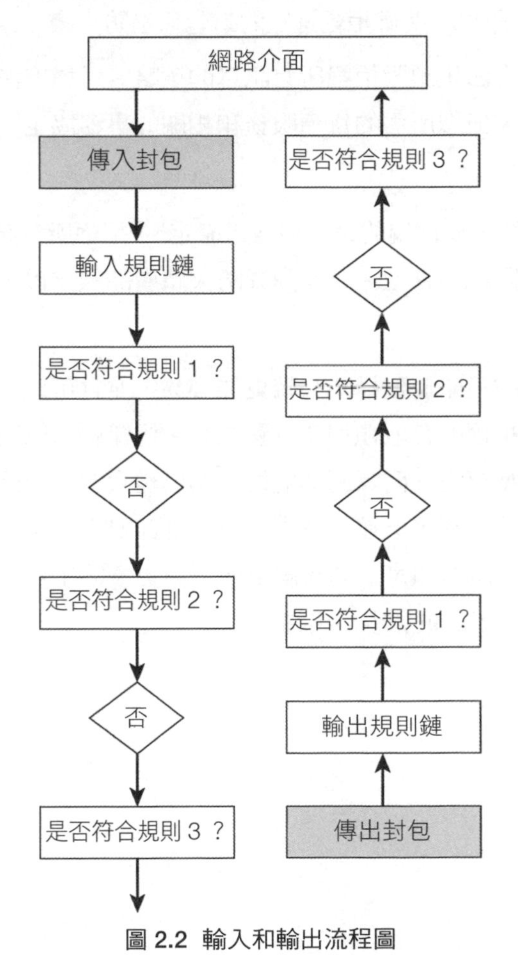

圖 2.2　輸入和輸出流程圖

2.2 選擇一個預設的封包過濾策略

就像本章前面所說的那樣，防火牆是一個實作存取控制策略的設備。這個策略的大部分決策是根據預設的防火牆策略。

實作一個預設的防火牆策略有兩種方法：

- 預設拒絕所有訊息，明確允許選定的封包通過防火牆；
- 預設接受所有訊息，明確拒絕選定的封包通過防火牆。

毫無疑問，推薦的方法是預設拒絕所有訊息的策略。這種方法可以更容易地建立一個安全的防火牆，但您所需的每項服務和相關的事務協定，都必須明確被啟用（見圖 2.3）。

這意謂著您必須瞭解，您啟用的每一項通訊協定。「拒絕所有訊息」的方法需要更多的工作來確保網際網路存取。一些商業防火牆產品只支援「拒絕所有訊息」的策略。

「接受所有訊息」的策略使建構防火牆更加容易，並且可以立即執行。但它迫使您接受所有您想要拒絕的存取類型（見圖 2.4）。這樣做的風險是您無法預知會有哪些危險的存取類型存在，而等到知道後一切已經太遲。或是您之後可能會不小心啟用一個不安全的服務，但並沒有事先阻止外部對它的存取。結果到最後，開發一個安全的「接受所有訊息」防火牆反而需要更多的工作，並且難度高得多，幾乎總是更不安全，因此更加容易出錯。

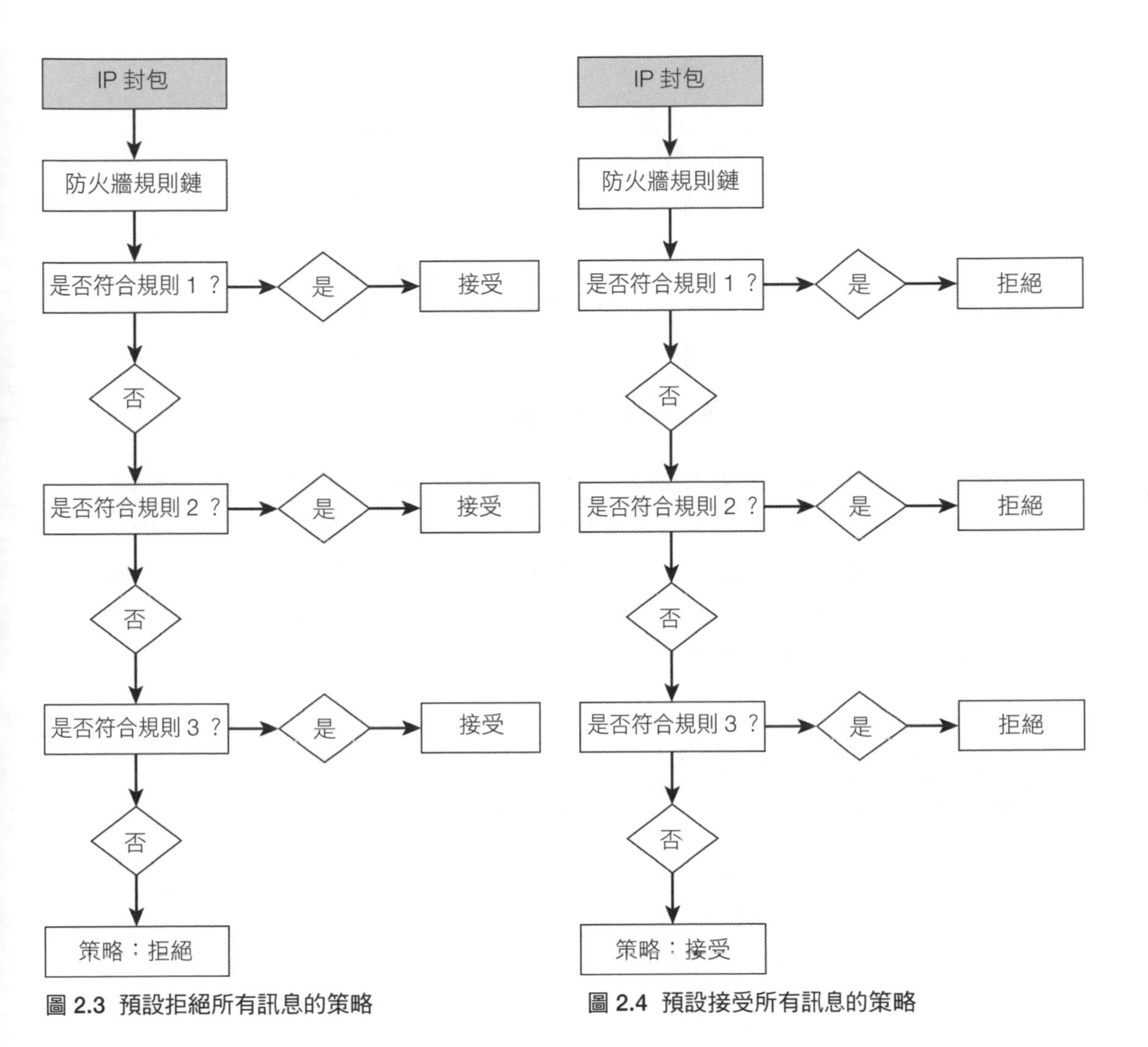

圖 2.3 預設拒絕所有訊息的策略

圖 2.4 預設接受所有訊息的策略

2.3 對一個封包的駁回（Rejecting）VS 拒絕（Denying）

在 iptables 和 nftables 中的 Netfilter 防火牆機制，給予您駁回或丟棄封包的選項。那麼，二者有何不同？如圖 2.5 所示，當一個封包被駁回（reject）時，該封包被丟棄，同時一個 ICMP 錯誤訊息將被返回到發送方。當一個封包被丟棄時，它僅僅是被簡單地丟棄而已，不會向發送者進行通知。

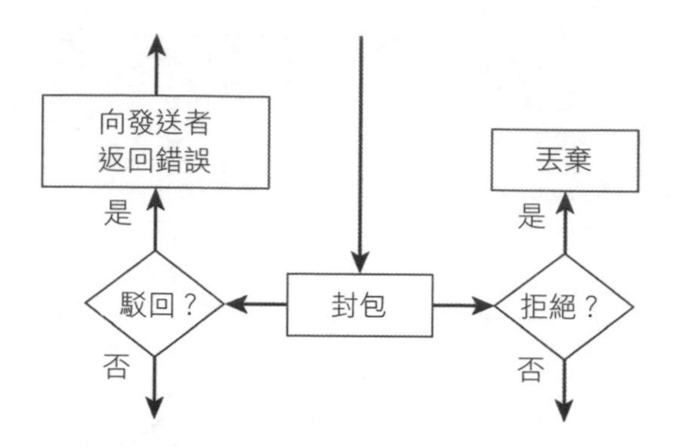

圖 2.5 對一個封包的駁回和否定的區別

靜靜地丟掉封包通常是更好的選擇，共有三個原因。第一，發送一個錯誤回應會增加網路流量。大多數被丟棄的封包被丟棄，是因為它們是惡意的，並不是因為它們只是無辜地嘗試存取您碰巧不能提供的服務。第二，一個您響應的封包可能被用於拒絕服務（Denial-of-Service，DoS）攻擊。第三，任何回應，甚至是錯誤訊息，都會給潛在的攻擊者提供可能有用的資訊。

2.4 過濾傳入的封包

外部網卡 I/O 對中的輸入端、輸入規則集，對於保護您的站點而言，是更值得注意的。就像前面提到的那樣，您能夠根據來源位址、目的位址、來源埠、目的埠、TCP 狀態旗標以及其他標準進行過濾。

您將在後面的章節中瞭解到這些資訊。

2.4.1 遠端來源位址過濾

在封包層面，唯一確定 IP 封包發送者的方式，便是封包標頭的來源位址。這個事實讓來源位址欺騙（source address spoofing）帶來了可能，亦即發送者將一個並非真實的錯誤位址，放在來源位址的欄位裡。該位址可能是一個不存在的位址，也可能是屬於另一個人的合法的位址。這會使得令人討厭的存取闖入您的系統，它們看起來是本地的、可信賴的流量；在攻擊其他站點時假扮成您；假裝他人來攻擊您；讓您的系統陷入向不存在的位址響應的困境；或讓您對傳入訊息的來源產生誤導。

重要的是要記住，您通常無法檢測出偽造的位址。這個位址可能是合法的並且是可路由的，但它並不屬於該封包的發送者。下面的章節將描述您可以檢測出的偽造位址。

• 來源位址欺騙和非法位址

有幾個種類的來源位址，不論任何情況下，您都應該在您的外部介面中拒絕它們。它們是聲稱來自下面位址傳入的封包。

- **您的 IP 位址**：您永遠也不會看到合法的傳入封包聲稱它們來自於您的電腦。由於來源位址是唯一的可用資訊，並且它可以被修改，這是一種您可以在封包過濾等級中檢測出來的合法位址欺騙。聲稱來自於您的電腦的封包是偽造的封包。您不能確定其他傳入的封包，是否都從他們所聲稱的地方被傳輸過來。（有些操作系統會在收到一個來源位址和目的位址都屬於主機的網路介面位址時崩潰）
- **您的 LAN 位址**：您很少會看到合法的傳入封包聲稱來自於您的 LAN，但卻在外部的網際網路介面上被接收。如果 LAN 有多個到網際網路的存取點，那麼看到這些封包是可能的，但這通常可能是 LAN 設定錯誤的訊號。在大多數情況下，這樣的封包是想利用您本地 LAN 的信任關係，嘗試進入您的站點。
- **A、B、C 類位址中的私有 IP 位址**：在以往的 A、B、C 類位址中，這三種類型的位址是為私有 LAN 而保留的。它們不適宜在網際網路上使用。就其本身而論，這些位址能夠被任何站點內部地使用，而無需購買註冊的 IP 位址。您的電腦應該永遠不會看到從這些來源位址流入的封包。
    - A 類私有位址被分配的範圍是 10.0.0.0 ～ 10.255.255.255。
    - B 類私有位址被分配的範圍是 172.16.0.0 ～ 172.31.255.255
    - C 類私有位址被分配的範圍是 192.168.0.0 ～ 192.168.255.255

- **D 類多播 IP 位址**：在 D 類位址範圍內的 IP 位址，被預留作為加入多播網路廣播的目的位址，例如聲音廣播或影像廣播。它們的範圍是 224.0.0.0 到 239.255.255.255。您的電腦應該永遠不會看到從這些來源位址發來的封包。
- **E 類的保留 IP 位址**：E 類範圍內的 IP 位址被保留以用於未來或實驗性使用，它們並沒有被公開地分配。它們的範圍從 240.0.0.0 到 247.255.255.255。您的電腦應該永遠不會看到來自這些來源位址的封包，基本上永遠不會。（由於整個直到 255.255.255.255 的位址範圍被永遠地保留，E 類位址實際上可以定義為 240.0.0.0 到 255.255.255.255。事實上，某些定義 E 類位址的範圍正是上面這樣。）
- **迴路介面位址**：迴路介面是一個私有網路介面，Linux 系統將其用於本地的、基於網路的服務。操作系統在迴路介面上為了性能的提升而走了捷徑，它並未透過網路介面驅動發送本地流量。按照定義，迴路流量的目標是產生它的系統。它不會走出至網路中。迴路位址的範圍是 127.0.0.0 到 127.255.255.255。您通常看到它被稱為 127.0.0.1、localhost 或迴路介面：lo。
- **畸形的廣播位址**：廣播位址是一類應用於網路中所有主機的特殊 IP 位址。位址 0.0.0.0 是一個特殊的廣播來源位址。一個合法的廣播來源位址可以是 0.0.0.0 或一個普通的廣播 IP 位址。DHCP 客戶端和伺服器會看到從 0.0.0.0 流入的廣播封包。這是該來源位址唯一合法的使用。它不是一個合法的點到點單播來源位址。當看到來源位址是一個普通的、點到點的非廣播位址時，要麼說明發送方沒有被完全設定，要麼該位址是偽造的。
- **A 類網路的 0 位址**：像前面建議所說的那樣，任何從 0.0.0.0 ～ 0.255.255.255 的來源位址都是非法的單播位址。
- **鏈路本地網路位址（Link local network addresses）**：DHCP 客戶端有時候在無法從伺服器獲得位址時，會為它們自身分配一個鏈路本地位址。這些位址的範圍是 169.254.0.0 到 169.254.255.255。
- **運營商級 NAT（Carrier-grade NAT）**：這些 IP 位址被標記為由網際網路服務供應商使用，並且應該永遠不會出現在公用網路裡。然而，這些位址可以在雲端環境中使用，因此，如果您的伺服器被託管在一個雲端服務供應商那裡，您可能會看到這些位址。運營商級 NAT 位址範圍從 100.64.0.0 ～ 100.127.255.255。

- **測試網路位址**：從 192.0.2.0 ～ 192.0.2.255 之間的位址空間被預留以測試網路。

● 阻止問題站點

另一個普遍但不常用的來源位址過濾策略是，阻止特定電腦的所有存取，或更典型地，阻止某個網路裡所有的 IP 位址。網際網路社群傾向於對問題站點，和不監管其用戶的 ISP 採取這種措施。如果一個站點有了「壞網路鄰居」的聲譽，那麼其他站點就可能全面阻止該站點。

在個人方面，當特定的遠端網路裡的人們習慣性地做一些令人討厭的事，那麼阻止該網路的所有存取則是方便快捷的。這種方法早已被用來對抗不請自來的郵件，有些人甚至會阻止某一個國家整個範圍的 IP 位址。

● 限制選中的遠端主機的傳入封包

您也許僅想從特定的外部站點或個人之處，接收某些類型的傳入封包。在這種情況下，防火牆規則將定義它接受的特定的 IP 位址或有限範圍的 IP 來源位址，然後只接受由這些位址發送的封包。

第一類傳入封包，是來自於響應您請求的遠端伺服器。儘管有一些服務，例如 Web 或 FTP 服務（的響應），可以預期來自任何地方，但其他服務（合理的情況下）只會合法地來自於您的 ISP 或特別指定的受信任的主機。那些可能僅僅透過您的 ISP 提供的服務包括 POP 郵件服務、域名服務（DNS）名稱伺服器響應、可能的 DHCP 或動態 IP 位址分配。

第二類傳入封包是來自於遠端客戶端，它們要存取您站點提供的服務。同樣的，儘管一些傳入的連接（例如連接到您的 Web 伺服器）可以預期來自於任何地方，但其他的本地服務將只對一部分受信任的遠端用戶或朋友們開放。這些受限的本地服務的例子可以是 ssh 和 ping。

2.4.2 本地目的位址過濾

根據傳入封包的目的位址來過濾封包，並不是太大的問題。在正常條件下，您的網路介面卡會忽略那些不發往自己的封包。但廣播封包則是一個例外，它會廣播到網路中的所有主機。

IPv4 位址 255.255.255.255 是一個普通的廣播目的位址。它被稱為受限廣播（limited broadcast），指的是直接物理網段裡的所有主機。廣播位址可以被更明確地定義為，某個給定的子網中最大的網路位址。例如，如果您的 ISP 網路位址是 192.168.10.0，而您的 IP 位址是 192.168.10.30，由於使用了 24 位元的子網路遮罩（255.255.255.0），您將會看到從您的 ISP 處發往 192.168.10.255 的廣播封包。另一方面，如果您有一個更小範圍的 IP 位址，例如 /30（255.255.255.252），那麼您一共擁有四個位址：一個表示網路，兩個可用於主機，另一個則是廣播位址。例如，考慮網路 10.3.7.4/30。在這個網路裡，10.3.7.4 是網路位址，而兩個主機位址則是 10.3.7.5 和 10.3.7.6，廣播位址則是 10.3.7.7。這個 /30 的子網設定類型通常在路由器間使用，儘管它們各自使用的實際位址可能不同。唯一得到特定子網的廣播位址的方式，即是同時獲得一個該子網中的 IP 位址和該子網的子網路遮罩。這種類型的廣播被稱為直接子網廣播（directed subnet broadcasts），它們傳遞給那個網路中的所有主機。

廣播到目的位址 0.0.0.0 的情況類似於「來源位址欺騙和非法位址」小節中，提到的聲稱來自於之前提到的（0.0.0.0）這個廣播來源位址的點到點封包。這裡，廣播封包指向來源位址 0.0.0.0 而不是目的位址 255.255.255.255。這種情況下，該封包的意圖毫無疑問。它在嘗試識別您的系統是否是一台執行 Linux 的電腦。由於歷史原因，從 BSD UNIX 衍生的系統在回應以 0.0.0.0 作為廣播目的位址的封包時，會返回類型為 3 的 ICMP 錯誤訊息。其他系統會靜默地丟棄這個封包。同樣地，這是一個很好的例子，關於為什麼丟棄封包和駁回封包會有所不同。在這種情況下，錯誤訊息本身就是探測活動要找的東西。

2.4.3 遠端來源埠過濾

從遠端客戶端到達您本地伺服器的請求和連接，將使用一個處於非特權範圍的來源埠號。如果您正託管一個 Web 伺服器，所有到來的連接的來源埠號應該在 1024 到 65535 之間。（而服務埠號則標識了請求某服務的意圖，並不保證成功。您不能確定您期望存取的服務，執行在您期望的埠上。）

從您聯繫的遠端伺服器到來的響應和連接，將使用分配給該服務的來源埠。如果您連接到一個遠端站點，那麼所有從該遠端站點到來的訊息的來源埠都是 80（或任何本地客戶端指定的埠號），即 HTTP 服務埠號。

2.4.4 本地目的埠過濾

傳入封包的目的埠，標識了該封包意圖存取您電腦上的程式或服務。正如來源埠一樣，所有從遠端客戶端傳入到您服務的請求，通常會遵循同樣的模式，而所有從遠端服務傳入到您的本地客戶端的響應則會遵循另一個不同的模式。

從遠端客戶端傳入到您本地伺服器的請求和連接，會將目的埠設置為您為特定的服務所分配的埠號。例如，有一個傳入封包的目標是您的本地 Web 伺服器，則它通常會設置目的埠為 80，即 HTTP 服務埠號。

從您聯繫的遠端伺服器到來的響應，將會把目標埠設置為非特權範圍內的埠號。如果您連接到一個遠端站點，所有從遠端伺服器到來的訊息的目的埠，其範圍將在 1024 ～ 65535 之間。

2.4.5 傳入 TCP 的連接狀態過濾

傳入 TCP 封包的接受規則，可以使用與 TCP 連接相關的狀態旗標。所有的 TCP 連接都會遵循同樣的連接狀態集。由於連接建立過程中的三次握手程序，客戶端和服務端上的狀態會有不同。同樣地，防火牆能夠將從遠端客戶端到來的流量，與從遠端伺服器到來的流量區分開來。

從遠端客戶端傳入的 TCP 封包，會在接收到的第一個封包中設置 SYN 旗標，以作為三次握手的一部分。第一次連接請求會設置 SYN 旗標，但不會設置 ACK 旗標。

從遠端伺服器傳入的封包，總是會回應從您本地客戶端程式發起的最初連接請求。每個從遠端伺服器接收的 TCP 封包，都已被設置 ACK 旗標。您的本地客戶端防火牆規則將要求所有從遠端伺服器傳入的封包設置 ACK 旗標。伺服器通常不會嘗試向客戶端發起連接。

2.4.6 探測和掃描

探測（probe）通常指嘗試連接，或嘗試從一個單獨的服務埠獲得響應。掃描（scan）是對一組不同的服務埠進行的一系列探測。掃描通常是自動的。

不幸的是，探測和掃描極少是無辜的。它們更像是最初的資訊收集步驟，在發起攻擊前尋找感興趣的漏洞。自動的掃描工具是非常普遍的，而且通常由一群駭客互相合作努力完成。網際網路上有很多主機不管安全或不安全，隨著蠕蟲、病毒和殭屍機器的擴散，掃描變成了網路上一個永恆的問題。

• 常規埠掃描

常規埠掃描是對一大塊，也許是整塊範圍（見圖 2.6）內服務埠的無差別的探測。由於存在更複雜的、有針對性的隱形工具，這些掃描通常不太頻繁或至少不太明顯。

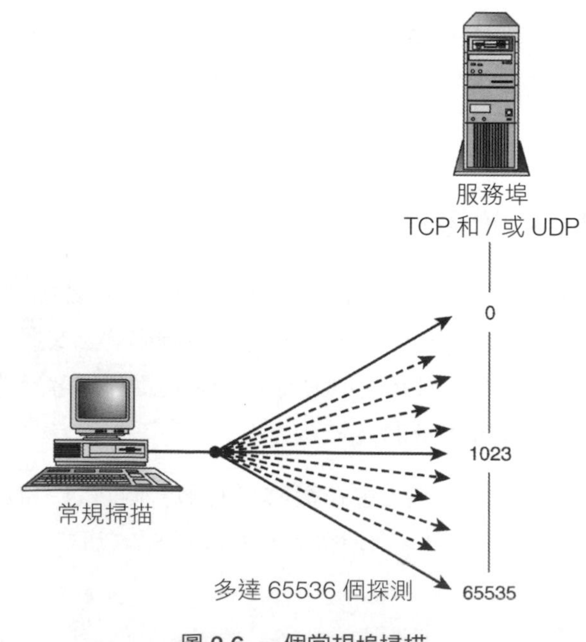

圖 2.6 一個常規埠掃描

• 定向埠掃描

目標埠尋找特定的漏洞（見圖 2.7）。更新的、更複雜的工具會嘗試識別硬體、操作系統和軟體版本。這些工具被設計用來確認目標，是否可能存在一個特定的漏洞。

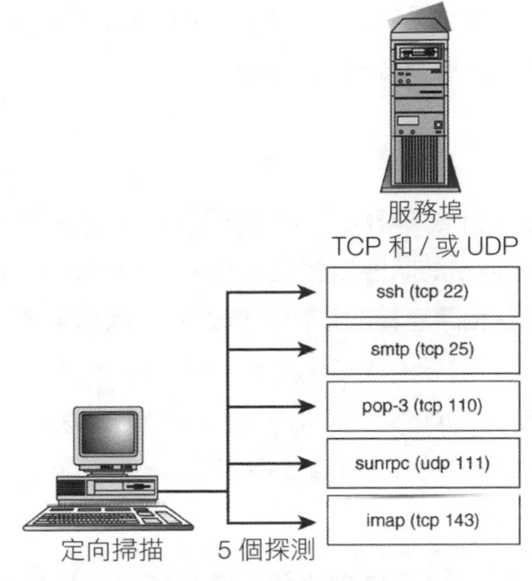

圖 2.7 一個定向埠掃描

• 常用服務埠目標

常用的目標通常會成為獨立探測以及掃描的對象。攻擊者可能在尋找一個特定的漏洞，例如一個不安全的郵件伺服器、一個未用修補程式的 Web 伺服器，或一個開放的遠端程式呼叫（Remote Procedure Call，RPC）portmap 常駐程式。

一個範圍更廣的關於埠的列表，能夠在 http://www.iana.org/assignments/port-numbers 找到。這裡只會提到一部分常用埠，下面是給你的一些想法。

- 從保留埠號 0 傳入的封包總是偽造的。這個埠是不能被合法使用的。
- 對 TCP 埠號 0 ～ 5 的探測是埠掃描程式的旗標。
- ssh (22/tcp)、smtp (25/tcp)、dns (53/tcp/udp)、pop-3 (110/tcp)、imap (143/tcp) 和 snmp (161/udp) 都是最受歡迎的目標埠。它們代表了系統裡一些最可能存在潛在漏洞的入口。不論本質上，是因為常見的設定錯誤，或是軟體中的已知瑕疵。因為這些服務過於普遍，因此它們是個絕好的例子：為什麼您應該不向外部世界提供這些服務，或十分小心地向外提供服務並控制外部的存取。針對 NetBIOS (埠號 137-139/tcp/udp) 和執行在 Windows（445/tcp）的伺服器訊息區塊（SMB）的探測是極其常見的。它們通常並不會對 Linux 系統構成威脅，除非 Linux 系統使用了 Samba。這種情況下，探測的典型目標是 Windows 系統，但這種掃描太過普遍了。

- **隱形掃描**

從定義來看，隱形埠掃描，意謂著它不會被檢測到。它們依據 TCP 協定堆疊響應非預期的封包，或設置非法的狀態旗標組合的封包。例如，一個傳入的封包設置了 ACK 旗標，但卻沒有相關連接的情況。如果有一個伺服器正在監聽這個 ACK 被發送到的埠，TCP 協定堆疊由於無法找到一個相關的連接，它將返回一個 TCP 的 RST 訊息給發送方，告訴它重置連接。如果 ACK 被發送到了未使用的埠，系統將簡單地返回一個 TCP 的 RST 訊息以指明錯誤，就像防火牆預設可能會返回一個 ICMP 錯誤訊息一樣。

這個問題其實更加複雜，因為一些防火牆僅僅測試 SYN 旗標和 ACK 旗標。如果二者都未設置，或者如果封包包含一些其他旗標組合，則防火牆實作可能會傳遞該封包到 TCP 的程式碼。依據 TCP 狀態旗標組合以及接收封包的操作系統的不同，系統會使用 RST 訊息響應或保持沉默。這個機制能夠被用於辨識目標系統所執行的操作系統。在任何這些情況下，接收到封包的操作系統都不會在日誌中記錄這些事件。

這種誘導目標主機生成一個 RST 封包的方式，也可以被用於映射一個網路，決定網路裡系統在監聽的 IP 位址。如果目標系統不是伺服器，並且它的防火牆被設置為預設丟棄無用的封包時，這種方法格外有效。

- **避免偏執：響應埠掃描**

防火牆日誌通常會顯示所有類型失敗的連接嘗試。探測將是您在日誌報告中看到的最常見的東西。

人們真的有這麼頻繁地探測您的系統嗎？是的。您的系統是否缺乏抵抗力呢？不，不會的。好吧，其實未必。是這些埠被阻止了，防火牆做了這一切。這些是已被防火牆拒絕的失敗的連接嘗試。

在什麼樣的時機，讓您個人會決定呈報一個探測？是什麼樣的情況讓您值得花時間去呈報一個探測？是什麼樣的情形，讓您的忍耐達到極限，然後選擇繼續面對生活，或您應該每次都向 abuse@some.system 寫信？這裡並沒有「正確」的答案。您如何應對是個人的判斷，並且部分依賴於您可用的資源，您站點上的資料有多敏感，以及您站點的網路連接有多麼重要。對於那些明顯的探測和掃描，這並沒有明確的答案。這取決於您的個性和舒適等級，您個人如何定義一個嚴重的探測以及您的社會道德心。

關於這個問題，下面是一些切實可行的指導方針。

最常見的企圖其實是由自動化探測、錯誤、依據網路歷史的合法嘗試、無知、好奇心和行為不當的軟體組合而成的。

您幾乎總是可以安全地忽略由個人、獨立的單一連接發起的像是 telnet、ssh、ftp、finger 或任何其他您未提供的公用埠的請求。探測和掃描是網際網路上無法更改的事實，二者的發生都很頻繁，但通常不會構成危險。它們有點像挨家挨戶推銷的銷售人員、商業電話、錯誤的電話號碼以及垃圾郵件。對於我來說，至少在一天裡沒有足夠的時間對它們一一回應。

另一方面，有些探測者會更執著一些。您可以決定增添一些防火牆規則以完全阻擋它們，或者甚至阻擋它們的整個 IP 位址空間。

如果一個開放的埠被發現的話，那麼對一個子網中已知可能存在安全漏洞的埠進行掃描的行為，通常是一次攻擊的前兆。而較為包容性（inclusive scan）的掃描，通常是廣泛掃描（broader scan）的一部分，而廣泛掃描是為了搜尋網域或子網的邊界空缺。現在的駭客工具會逐一探測子網中的這些埠。

您偶然會看到嚴重的駭客企圖。這毫無疑問是該採取行動的時候了。記下它們並報告它們。再次檢查您的安全性。觀察它們在做什麼，阻止它們，阻止它們的 IP 位址區塊。

一些系統管理員將每次事件都看得很嚴重，因為即使他們的電腦是安全的，但他人的電腦可能並不安全。下一個人可能並不具有知曉自己正被人探測的能力。為了每個人的利益，報告探測行為是一個應當負起的社會責任。

您應該如何回應埠掃描呢？如果您記錄了這些人、他們的郵件管理者、他們上行線路的服務提供者網路運營中心（NOC）或網路位址區塊協調器，請儘量保持禮貌。在未完全瞭解之前，不要輕易下結論。過激的反應往往是錯誤的。看上去像一個嚴肅的駭客進行的攻擊，常常是一個好奇的孩子在和一個新程式玩耍。對於濫用者、root 用戶或郵件管理員的一句好話有時候更有利於問題的解決。更多的人需要關於網路禮節的教育，而不是撤回它們的網路帳號。它們可能真的是無辜的。就像通常發生的那樣，某人的系統被盜用了，而那個人完全不知道發生的事情，它們會感謝您提供的資訊。

然而，探測並不是僅有的不懷好意的流量。探測行為本身是無害的，但 DoS 攻擊卻不是。

2.4.7 拒絕服務攻擊

DoS 攻擊是基於這樣的想法：用封包淹沒您的系統，以打擾或嚴重地使您的網際網路連接降級，捆綁本地服務以導致合法的請求不能被響應，或更嚴重地，使您的系統一起崩潰。兩個最常見的結果便是使系統過於忙碌，而不能執行任何有用的業務並且佔盡關鍵系統資源。

您不能完全地保護自己免受 DoS 攻擊。它們能使用攻擊者能想像到的各種形式。任何會導致您的系統進行響應、任何導致您的系統分配資源（包括在日誌中記錄攻擊）、任何誘使一個遠端站點停止與您通訊的方法都能夠在 DoS 攻擊中使用。

注意

拒絕服務攻擊的更多資訊

關於拒絕服務攻擊更進一步的資訊，可以查看 http://www.cert.org 中關於「拒絕服務」頁面。

這些攻擊通常包含多種類型中的一種，包括 TCP SYN 洪流攻擊（SYN Flood）、ping 洪流攻擊（ping-Flood）、UDP 洪流攻擊（UDP-Flood）、分片炸彈（fragmentation bombs）、緩衝區溢出（buffer overflow）和 ICMP 路由重新導向炸彈（ICMP routing redirect bomb）。

• TCP SYN 洪流攻擊

TCP SYN 洪流攻擊會消耗您的系統資源，直到無法接收更多的 TCP 連接（見圖 2.8）。這種攻擊利用連接建立程序中基本的三次握手協定，並結合 IP 來源位址欺騙。

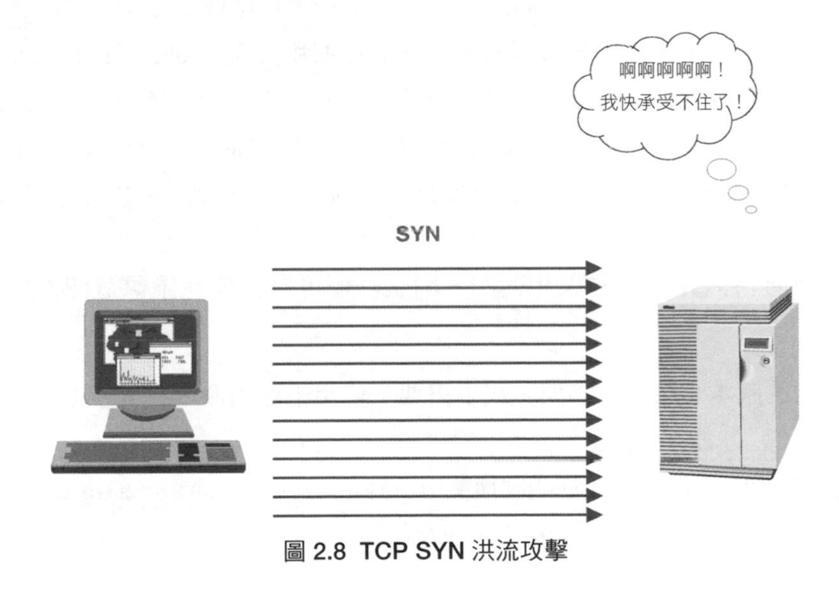

圖 2.8 TCP SYN 洪流攻擊

攻擊者將其來源位址偽裝為一個私有位址，並向您基於 TCP 的服務發起一個連接請求。看上去像是一個客戶端在嘗試開始一個 TCP 連接，攻擊者會向您發送一個人為生成的 SYN 訊息。您的電腦會回覆一個 SYN-ACK 作為響應。然而在這種情況下，您應答發往的位址並不是攻擊者的位址。事實上，由於該位址是私有的，並沒有人會進行響應。偽裝的主機不會返回一條 RST 訊息以拆除這個半打開的連接。

TCP 連接建立程序中的最後一個階段，接收一個 ACK 回應，永遠不會發生。因此，有限的網路連接資源被消耗了。連接一直保持半打開的狀態，直到連接嘗試超時。攻擊者用一次又一次的連接請求淹沒了您的埠，連接請求的到來比 TCP 超時釋放資源更快。如果這個過程不斷持續，所有的資源將被使用，以致無法接收更多的連接請求。這不僅僅適用於被探測的服務，而且適用於所有新的連接。

對於 Linux 用戶來說，有一些急救方法可用。第一個便是之前介紹過的來源位址過濾。它會過濾掉最常用於欺騙的來源位址，但不能保證可以過濾在合法分類中偽造的位址。

第二個便是啟用核心的 SYN cookie 模組，它能顯著地延緩由 SYN 洪流攻擊造成的資源短缺。當連接佇列被填滿時，系統開始使用 SYN cookies 而非 SYN-ACK 來應答 SYN 請求，它會釋放佇列中的空間。因此，佇列永遠不會完全被填滿。cookie 的超時時間很短暫；客戶端必須在很短的時間內進行應答，接下來伺服器才會使用客戶端期望的 SYN-ACK 進行響應。cookie 是一個根據 SYN 中的原始序列號碼、來源位址、目的位址、埠號、密值而產生的序列號碼。如果對此 cookie 的響應與雜湊演算法的結果相匹配，伺服器便可以合理地確信這個 SYN 是合法的。

根據特定的版本，您可能需要（或不需要）使用下面的命令打開核心中的 SYN cookie 保護功能：echo 1>/proc/sys/net/ipv4/tcp_syncookies。一些發行版和核心版本需要您明確地使用 make config, make menuconfig 或 make xconfig 設定此選項到核心，並重新編譯和安裝新核心。

> **注意**
>
> **SYN 洪流攻擊和 IP 位址欺騙**
>
> 請在 CERT 公告 CA-96.21, ” TCP SYN Flooding and IP Spoofing Attacks” 中查看更多關於 SYN 洪流攻擊和 IP 位址欺騙的資訊。(http://www.cert.org)

• ping 洪流攻擊

任何會引起您的電腦發出響應的訊息，均可以用來降低您的網路表現，其原理是強制系統消耗大多數時間進行無用的應答。透過 ping 發送的 ICMP 的 echo 請求訊息也是一個常見的元兇。一種叫做藍精靈（Smurf）的攻擊和它的變形會強制系統消耗資源在 echo 應答上。完成此任務的一種方法是將來源位址偽裝成受害者的，並向整個主機所在的網路廣播 echo 請求。一條欺騙性的請求訊息，能夠造成數百或數千計的響應被發送到受害者處。另一種達成相似結果的方法是在網際網路上被盜用的主機裡安裝木馬程式，並定時同時向一台主機發送 echo 請求。最後，攻擊者發送更多簡單的 ping 洪流攻擊，來淹沒資料連接是 DoS 攻擊的另一種方式，儘管它越來越少見。一個典型的 ping 洪流攻擊見圖 2.9。

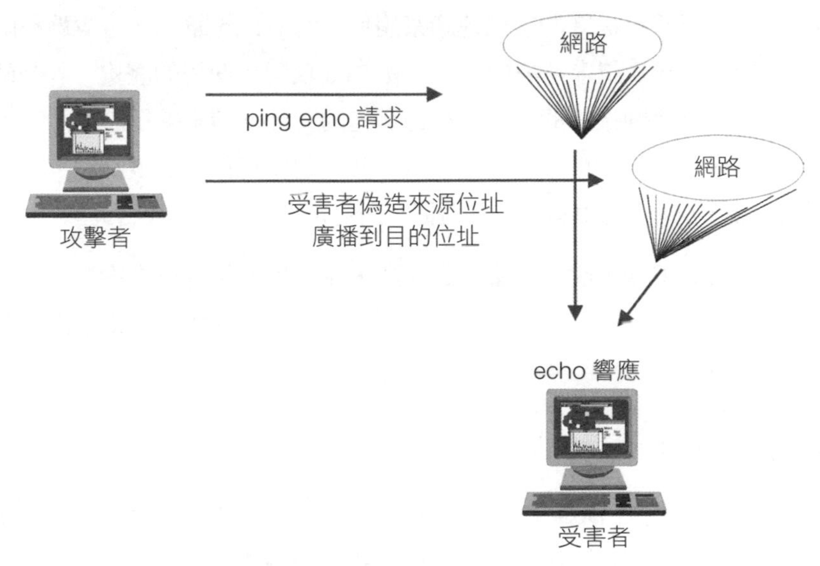

圖 2.9 一個 ping 洪流攻擊

• 死亡之 ping

一種更老些的攻擊方式（exploit[1]）叫做死亡之 ping（Ping of Death），它會發送非常大的 ping 封包。易受攻擊的系統可能因此崩潰。Linux 中並沒有此漏洞，其他當代的類 UNIX 操作系統也不存在此漏洞。如果您的防火牆在保護老式的系統或個人電腦，那麼這些系統可能存在此漏洞。

---

1 exploit 意指漏洞，或利用漏洞的程式，這裡死亡之 ping 應該是一個利用漏洞的程式，後面有很多這樣的用法，均譯為攻擊或攻擊方式，之後不一一指出。一譯者注

死亡之 ping 的攻擊方式給了我們一個省思，這些最簡單的協定和訊息互動，是可以被具有創造力的駭客所利用的。並不是所有的攻擊都在嘗試闖入您的電腦。有一些僅僅是破壞您的系統。在這種情況下，攻擊的目的便是令您的電腦崩潰（系統崩潰也是一個指標，它意謂著您需要檢查您的系統是否安裝了木馬程式。您可能已經被欺騙加載了一個木馬程式，但這個程式需要系統重新開機以啟動自己）。

ping 是一個非常有用的基本網路工具。您可能不想連 ping 一起禁用掉。在今天的網際網路環境裡，保守的人們建議禁用傳入的 ping 訊息或至少嚴格限制您接收哪些用戶的 echo 請求。由於 ping 在 DoS 攻擊中使用的歷史，許多站點不再對任何（除部分特別挑選的）外部來源發送的 ping 請求進行響應。不過對基於 ICMP 的 DoS 這種相對較小的威脅來說，這看起來總像是過度反應，畢竟它的程度不如在堆疊之中，應用程式及其他協定所經常遇到且具有危害的威脅。

然而，對於受害的主機來說，丟棄 ping 請求並不是一個解決方案。不論對到來的氾濫封包做何反應，系統（或網路）依舊會被淹沒在檢測，和丟棄洪流攻擊之請求的過程當中。

• UDP 洪流攻擊

UDP 協定格外適合用於 DoS 工具。不同於 TCP，UDP 是無狀態的。由於沒有流量控制的機制，它不存在連接的狀態旗標。資料報序號也沒有。沒有任何資訊被維護以指明下一個期望到來的封包。並不總是有方法根據埠號，將伺服器流量和客戶端的流量區分開來。由於不存在狀態，也沒有方法把期望到來的響應，和出乎意料的來路不明封包區分開來。很容易使系統忙於對傳入的 UDP 探測進行響應，以致沒有頻寬留給正當的網路流量。

由於 UDP 服務易受這些類型攻擊的影響（與基於連接的 TCP 服務不同），許多站點禁用了所有非必要的 UDP 埠。就像之前提到的那樣，幾乎所有常見的網際網路服務都基於 TCP。我們將在第 5 章建立的防火牆中仔細地限制 UDP 流量，只允許那些提供必要 UDP 服務的遠端主機。

經典的 UDP 洪流攻擊涉及兩個受害的電腦，或是像 Smurf 的 `ping` 洪流攻擊那樣工作（見圖 2.10）。一條從攻擊者的 UDP `echo` 埠發出的，定向到某個主機的 UDP `chargen` 埠的欺騙封包，會導致無限循環的網路流量。`echo` 和 `chargen` 都是網路測試服務。`chargen` 生成一個 ASCII 的字串。`echo` 返回發送到此埠的資料。

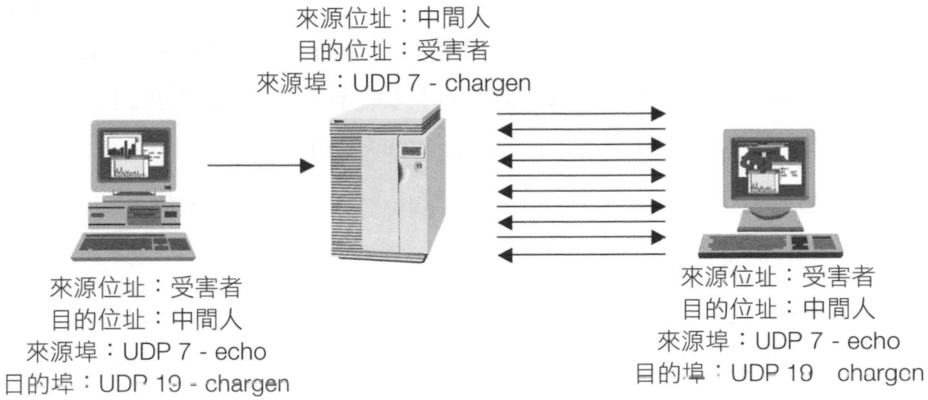

來源位址：中間人
目的位址：受害者
來源埠：UDP 7 - chargen

來源位址：受害者
目的位址：中間人
來源埠：UDP 7 - echo
目的埠：UDP 19 - chargen

來源位址：受害者
目的位址：中間人
來源埠：UDP 7 - echo
目的埠：UDP 19 - chargen

圖 2.10 一個 UDP 洪流攻擊

注意

UDP 埠拒絕服務攻擊

想要基於 UDP 服務的 DoS 攻擊之更詳細的描述，請查閱 CERT 公告 CA-96.01, "UDP Port Denial-of-Service Attack" 網址為 http://www.cert.org。

• 分片炸彈

不同的底層網路技術（例如乙太網、非同步傳輸模式 [ATM] 和令牌環）定義了第二層資料幀不同的大小限制。在封包從一個路由器沿著路徑（從來源電腦到目的電腦）到下一個路由器時，網路閘道路由器可能需要在將它們傳遞到下一個網路前，將封包分切為更小的片段，稱為分片。在合理的分片裡，第一個分片會包含 UDP 或 TCP 標頭中通常的來源埠號和目的埠號。而接下來的分片則不包含。

例如，儘管最大理論封包長度是65,535位元組，但乙太網最大幀長度（MaximumTransmission Unit，MTU）為1,500位元組。

當資料被分片時，中間路由器不會重組封包。而封包會被目的主機或鄰近的路由器重新組裝。

由於中間進行的分片基本上比發送更小的、無需分片的封包代價更高，目前的系統通常會在向目的主機發起連接前進行MTU發現。這是透過發送在IP標頭選項欄位中設置了不分片（Don't Fragment）旗標（目前通常唯一的合法使用的IP選項欄位）實作的。如果中間路由器必須對封包進行分片，它會丟棄封包並返回ICMP 3錯誤訊息，即「需要分片」(fragmentation-required)。

一種分片攻擊涉及人為建構的極小封包。一個位元組的封包，會導致一些操作系統的崩潰。當今的操作系統通常會對該情況進行測試。

另一個對小型分片的運用是建構初始分片，使得UDP或TCP的來源埠和目的埠都包含在第二個分片中。(所有網路的MTU大小都足夠傳遞標準的40位元組IP和傳輸層標頭。) 封包過濾防火牆通常會允許這些分片通過，因為它們過濾時所根據的資訊還不存在。這種攻擊很有用，它可以使封包穿過本不被允許穿過的防火牆。

之前提到的死亡之`ping`便是使用分片攜帶非法的超大ICMP訊息的例子。當`ping`請求被重構時，整個封包的大小超過65,535位元組，因此導致一些系統的崩潰。

利用分片的經典例子是淚滴攻擊（Teardrop attack）。這種方法能夠被用於穿過防火牆或使系統崩潰。第一個分片被建構並被送到一個可用的服務（許多防火牆並不檢查第一個封包之後的分片）。如果它被允許，接下來的分片將穿過防火牆並被目標主機重新組裝。如果第一個封包被丟棄，那麼隨後的封包將穿過防火牆，但最終主機不會重新組裝該部分封包，並在最後丟棄它們。

接下來分片中的資料偏移欄位可以被更改，透過覆蓋第一個分片中的埠資訊，可以存取不被允許的服務。這個偏移量可以被修改，以致封包重新組裝時使用的偏移量可以變成負數。由於核心位元組複製程式通常使用無正負號的數字，這個負值被當作一個非常大的正數。複製的結果是污染了核心記憶體和系統崩潰。

防火牆電腦和為其他本地主機充當 NAT 的主機，應該設定為將封包交付給本地目的主機之前進行重新組裝的方式。一些 iptables 的功能需要系統在轉發封包到目的主機前重組封包，而重組是自動進行的。

• 緩衝區溢出

緩衝區溢出攻擊無法運用過濾防火牆進行保護。這種攻擊主要分兩類。第一類是簡單地透過覆蓋其資料空間或執行時期堆疊導致系統或服務崩潰。第二類則需要專業技術以及對硬體、系統軟體或被攻擊的軟體版本的瞭解。溢出的目的是為了覆蓋程式的執行時期堆疊，因此呼叫的返回堆疊會包含一個程式，並且會跳轉到那裡。這個程式通常以 root 權限啟動一個 shell。

伺服器中許多當前的隱患都是緩衝區溢出的結果。因此，安裝並且保持所有最新的修補程式和軟體版本十分重要。

• ICMP 重新導向炸彈

ICMP 重新導向訊息類型 5，會告知目標系統改變記憶體中的路由表，以獲得更短的路由。重新導向由路由器發送到它的鄰居主機。它們的目的是通知主機有更短的路徑可用（即，主機和新的路由器在同一個網路中，並且原來的路由器會路由資料到新的路由器的下一跳）。

重新導向幾乎每天都會到來。它們很少發源於附近的路由器。對於連接到一個 ISP 的住宅或商用站點來說，您附近的路由器產生一個重新導向訊息的可能性非常小。

如果您的主機使用靜態路由，並且收到了重新導向訊息，這可能是有人在愚弄您的系統，使它認為一個遠端電腦是您的本地電腦或您的 ISP 的電腦，甚至欺騙您的系統以轉發所有的流量到另一個遠端主機處。

• 拒絕服務攻擊和其他系統資源

網路連通性並不是 DoS 攻擊唯一考慮的。這裡有一些其他領域的例子，在設定您的系統時應當要牢記。

- 如果您的系統強制寫大量的訊息到錯誤日誌，或被許多很大的郵件訊息淹沒時，那麼您的檔案系統可能會溢出。您或許可以設定資源限制，並為快速增長的需求設置獨立的分區或改變檔案系統。
- 系統記憶體、處理序表槽（table slots）、CPU 週期以及其他資源可以被重複、快速的網路服務呼叫消耗殆盡。除了為每個獨立的服務設置限制，您對此能做的實在有限：啟用 SYN cookies，丟棄而不是駁回那些發往不被支援的服務埠的封包。

注意

郵件拒絕服務攻擊

關於使用郵件進行的 DoS 攻擊的更詳細資訊，請參照「Email Bombing and Spamming」，網址為 http://www.cert.org。

2.4.8 來源路由封包

來源路由封包使用一個很少用的 IP 選項，該選項允許定義兩台電腦之間的路由選擇，而不是由中間路由器定義路徑。正如 ICMP 重新導向一樣，這個功能可以允許某人愚弄您的系統：讓它認為它在與一台本地電腦、ISP 電腦或其他可信賴的主機通訊，或為中間人攻擊（man-in-the-middle attack）產生必要的封包流。

來源路由在目前的網路中很少有合理的使用。有些路由器會忽略該選項。一些防火牆則丟棄包含此選項的封包。

2.5 過濾傳出封包

如果您的環境代表了一個可信賴的環境，那麼過濾傳出封包可能看上去，並不像過濾傳入封包那樣重要。您的系統不會對無法穿過防火牆的訊息進行響應。住宅站點通常採用這種方式。然而，哪怕是對住宅站點來說，對稱的過濾也很重要，尤其是當防火牆保護著執行微軟公司 Windows 系統的電腦。對於商用站點來說，傳出過濾的重要性是毫無爭議的。

如果您的防火牆保護著由微軟公司 Windows 系統構成的 LAN，那麼控制傳出流量將變得更加重要。被盜用的 Windows 電腦過去一直以來總是（並將持續）被用於協助 DoS 攻擊和其他對外部的攻擊。特別是基於這個原因，對離開您的網路的封包進行過濾是十分重要的。

過濾傳出訊息也能夠讓您執行 LAN 服務，而不致將它洩漏到網際網路中，這些封包不屬於那裡。這不僅僅是禁止外部存取本地 LAN 服務的問題。也是不要將本地系統的資訊廣播到網際網路的問題。例子是如果您在執行本地的 DHCPD、NTP、SMB 或者其他用於內部的服務。其他令人討厭的服務可能在廣播 `wall` 或 `syslogd` 訊息。

一個相關的源頭是某些個人電腦軟體，它們有時會忽略網際網路服務埠協定和保留的分配。這相當於一個連接到網際網路的電腦上執行著面向 LAN 使用而設計的程式。

最後的原因就是簡單地保持本地的流量本地化，那些不應離開 LAN 但卻可以這樣做的流量。保持本地流量本地化從安全角度來說是一個好主意，但也是保護頻寬的一種手段。

2.5.1 本地來源位址過濾

根據來源位址進行傳出封包過濾是容易的。對於小型站點或連接到網際網路的單一電腦來說，來源位址總是您電腦正常使用時的 IP 位址。沒有原因應該允許一個擁有其他來源位址的傳出封包傳出，防火牆應該阻止它。

對於那些 IP 位址由他們的 ISP 動態分配的人來說，在位址分配階段存在短暫的例外。這個例外是針對 DHCP，主機廣播訊息時使用 0.0.0.0 作為它的來源位址。

對於那些在 LAN 中，而防火牆電腦使用動態分配的 IP 位址的人來說，限制傳出封包包含防火牆電腦來源位址的行為是強制性的。它能避免許多常見的設定錯誤，這些錯誤對於遠端主機來說像是來源位址欺騙或非法來源位址。

如果您的用戶或他們的軟體不是 100% 值得信賴的，那麼確保本地流量僅包含合法的、本地的位址是很重要的，它能避免被用來作為來源位址欺騙並參與到 DoS 攻擊之中。

最後一點尤其重要。RFC 2827，"Network Ingress Filtering：Defeating Denial of Service AttacksWhich Employ IP Source Address Spoofing"（更新的 RFC 3704, "Ingress Filtering for Multihomed Networks"）是目前討論這點的「最佳實踐」。理想情況下，每個路由器都應過濾明顯非法的來源位址，並確保離開本地網路的流量，僅包含屬於本地網路的可路由來源位址。

2.5.2 遠端目的位址過濾

和傳入封包過濾一樣，您可能想要只允許特定種類的傳出封包，尋址到特定遠端網路，或個人電腦。這種情況下，防火牆規則將定義特定的 IP 位址，或一個目的 IP 位址的有限範圍，僅有這些封包能夠被允許通過。

第一類由目的位址過濾的傳出封包，是去往您所聯繫的遠端伺服器的封包。儘管有些封包，例如那些發往 Web 或 FTP 伺服器的，可能去往網際網路的任何角落，但其他遠端服務只會由您的 ISP 或特定受信任的主機合法地提供。僅由您的 ISP 所提供的服務例子可能是郵件服務（例如 SMTP 或 POP3）、DNS 服務、DHCP 動態 IP 位址分配和 Usenet 新聞服務。

第二類由目的位址過濾的傳出封包，是發往遠端客戶端的封包，這些客戶端存取您的站點提供的服務。再次的，儘管一些傳出服務連接，例如從您本地 Web 服務發出的響應可能會到達任何地方，但其他本地服務只會向一少部分受信任的遠端站點或朋友們提供。受限制的本地服務的例子是：telnet、SSH、基於 Samba 的服務、透過 portmap 存取的 RPC 服務。防火牆規則不僅拒絕針對這些服務的到來的連接，而且會拒絕從這些服務向任何人傳出的響應。

2.5.3 本地來源埠過濾

「顯式地定義您網路中的哪個服務埠，能夠用於傳出連接」有兩個目的：一個是針對您的客戶端程式，另一個則是針對您的伺服器程式。指定您傳出連接允許的來源埠，有助於確保您的程式正確地工作，它也能保護其他人，使其不受任何本地網路流量的影響，且那些流量不應傳遞至網際網路。

從您的本地客戶端發起的傳出連接，將總是從非特權來源埠號發出。在防火牆規則中將您的客戶端限制為非特權埠，有助於確保您的客戶端程式按照預期執行，以保護其他人免於因為該客戶端而發生潛在的錯誤。

從您的本地伺服器程式發出的傳出封包，將總是從分配給它們的服務埠號發出，並且只響應接收到的請求。「在防火牆層次裡限制您的伺服器，僅使用分配給它們的埠」可以確保您的伺服器在協定層面正確地工作。更重要的是，它能幫助保護任何您可能從外部存取的私有的本地網路服務。它還能保護遠端站點，免受本應限制在您的本地系統的網路流量的打擾。

2.5.4 遠端目的埠過濾

您的本地客戶端程式被設計用來連接到網路伺服器，而該伺服器是透過已分配的服務埠提供服務。從這個角度來看，限制您的本地客戶端僅連接到相關的伺服器服務埠號，能夠確保協定的正確性。限制您的客戶端連接到特定的目標埠，還有一些其他的目的：第一，它幫助防止本地的、私有的網路客戶端無意中試圖存取網際網路上的伺服器。第二，它能禁止傳出的錯誤，埠掃描和其他可能來源於您的站點的惡作劇。

您的本地伺服器程式將幾乎總是參與到由非特權埠發起的連接中。防火牆規則將限制您伺服器的流量，僅能傳出到非特權目的埠。

2.5.5 傳出 TCP 連接狀態過濾

傳出的 TCP 封包接受規則，可以使用 TCP 連接相關的連接狀態，就像傳入規則做的那樣。所有的 TCP 連接都遵循同樣的連接狀態集合，這在客戶端和伺服器之間可能會有不同。

從本地客戶端傳出的 TCP 封包，將在第一個發出的封包中設置 SYN 旗標，這是三次握手的一部分。最初的連接請求將設置 SYN 旗標，但不設置 ACK 旗標。您的本地客戶端防火牆規則將允許設置了 SYN 旗標或 ACK 旗標的傳出封包。

從本地伺服器傳出的封包，將總是響應由遠端客戶端程式發起的連接請求。每個從您的伺服器發出的封包都會設置 ACK 旗標。您的本地伺服器防火牆規則，將要求所有從您的伺服器傳出的封包都設置了 ACK 旗標。

2.6 私有網路服務 VS 公有網路服務

最容易因疏忽導致未經請求的入侵，即是允許外部存取那些被設計為只用於 LAN 的本地服務。一些服務，如果僅僅在本地提供，絕不應該跨越您的本地 LAN 和網際網路的界限。如果這樣的服務在您的 LAN 外可用，那麼有些服務會騷擾您的鄰居，有些會提供您應該保密的資訊，有些則代表著明顯的安全漏洞。

一些最早期的網路服務，尤其是基於 `r-*` 的指令，它是設計用於本地的分享，並且在受信任的環境中跨越多個實驗室的電腦間協助存取的過程。即使後來有一些服務都傾向用於接入網路，但那是因為在設計之初，網際網路基本上是學術界和研究者的延伸社群。那時，網際網路是相對開放、安全的地方。由於網際網路成長為一個包含普羅大眾存取的全球性的網路，它已發展成為一個完全不受信任的環境。

許多 Linux 網路服務被設計用於提供系統中的一些本地資訊：關於用戶的帳號、哪個程式在執行哪個資源正被使用、系統狀態、網路狀態、透過網路連接的其他電腦的相似的資訊。並不是所有的這些資訊化服務本身代表了安全漏洞。並不是說某人可以用它們直接對您的系統獲得非授權的存取。它們只是提供了您系統的資訊以及用戶帳號，這些資訊對某些在尋找已知漏洞的人來說十分有用。它們可能還提供了例如用戶名稱、地址、電話號碼等等，您絕對不希望輕易地被任何詢問的人瞭解資訊。

一些更危險的網路服務被設計用於提供 LAN 內，對共享檔案系統和設備的存取，例如網路印表機或傳真機。

一些服務難於正確的設定，一些則難於安全的設定。整本書都致力於設定一些更複雜的 Linux 服務。特定的服務的設定，則超出了本書的範圍。

有些服務僅僅在家庭或小型辦公室環境是沒有意義的。一些則傾向於管理大型網路，提供網際網路路由服務，提供大型資料庫資訊服務，支援雙向的加密和認證，等等。

2.6.1 保護不安全的本地服務

最簡單的保護自己的方式就是不提供服務。但如果您在本地需要其中一項服務呢？並不是所有的服務都能夠在封包過濾層被充分地保護。檔案共享軟體、即時通訊服務和基於 UDP 的 RPC 服務，都是眾所周知難以在封包過濾層保障安全的。

一種保衛您的電腦的方式，是不要在防火牆電腦上託管您不希望公眾使用的網路服務。如果服務不可用，那麼遠端的客戶端也就無法連接到它。讓防火牆只做防火牆。

一個封包過濾防火牆並不能提供絕對的安全。一些程式需要比封包過濾層所能提供的安全措施還要更高階層。一些程式則有太多問題，以至於不應冒險執行在防火牆電腦，甚至不安全的住宅主機上。

小型站點（例如在家庭站點）通常沒有多餘的電腦去進行「在其他電腦上執行私有服務」之類的存取安全策略。這裡必須做出些折衷，尤其是所需的服務僅由 Linux 提供。然而，在 LAN 中的小型站點不應該在防火牆機器上執行檔案共享或其他私有的 LAN 服務，例如 Samba。這台電腦不應該有任何不必要的用戶帳號。不需要的系統軟體應該從該系統中移除。此電腦除了安全的閘道器外不應該擁有任何其他功能。

2.6.2 選擇執行的服務

當上面說到的都已做完時，您唯一可以決定的便是哪些服務是您需要或想要的。保障系統安全的第一步便是決定您打算在防火牆電腦上以及在防火牆後的私有網路中執行哪些服務和常駐程式。每個服務都有它自己安全的考量。在選擇執行於 Linux 下或其他操作系統下的服務時，一般的規則是「僅執行那些您瞭解和需要的網路服務」。瞭解一個網路服務，在執行它之前知道它做了什麼、供誰使用十分重要—尤其是它執行在直接連接到網際網路的電腦上。

2.7 小結

本章和之前的章節列出了網路和防火牆的基礎知識。下一章會更深入地講解 iptables。

03

iptables：傳統的 Linux 防火牆管理程式

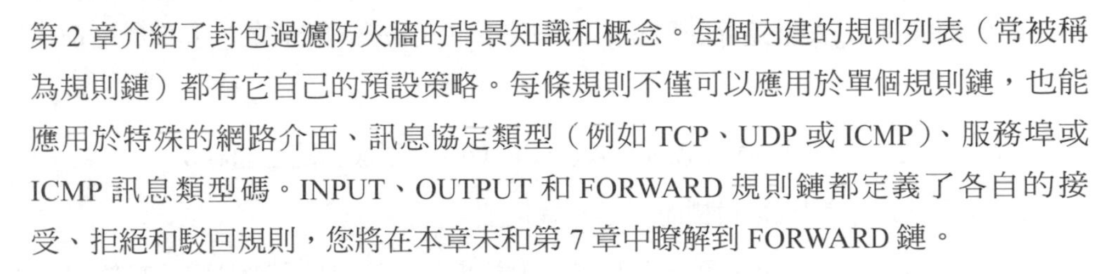

第 2 章介紹了封包過濾防火牆的背景知識和概念。每個內建的規則列表（常被稱為規則鏈）都有它自己的預設策略。每條規則不僅可以應用於單個規則鏈，也能應用於特殊的網路介面、訊息協定類型（例如 TCP、UDP 或 ICMP）、服務埠或 ICMP 訊息類型碼。INPUT、OUTPUT 和 FORWARD 規則鏈都定義了各自的接受、拒絕和駁回規則，您將在本章末和第 7 章中瞭解到 FORWARD 鏈。

本章包含了用於建構 Netfilter 防火牆的 `iptables` 防火牆管理程式。`iptables` 防火牆管理工具，是 Linux 核心中傳統的防火牆程式碼中的一部分。從 3.13 版本的核心開始，一個新的過濾機制被加入，它是 `nftables`。下一章會介紹 `nftables`。本章則聚焦於傳統的管理工具，因為它在 Linux 系統裡仍被廣泛地使用。對於那些熟悉或習慣了使用老式的 IPFW 技術的 `ipfwadm` 和 `ipchains` 程式的人來說，`iptables` 看起來與這些程式非常相似。然而，它的功能更加豐富、更加靈活，並且在細節層次上非常不同。

儘管您會經常聽到 `iptables` 和 Netfilter 使用的術語可以互換，但二者確實有一些不同。Netfilter 是 Linux 核心空間的程式碼，它在 Linux 核心裡實作了防火牆。它要麼被直接編譯進核心，要麼被包含在模組集中。另一方面，`iptables` 是用於管理 Netfilter 防火牆的用戶程式。在本書中，`iptables` 包括 Netfilter 和 `iptables`，除非另有註明。

3.1 IP 防火牆（IPFW）和 Netfilter 防火牆機制的不同

由於 iptables 和以前的 ipchains 有很大不同，所以本書不會介紹這個比較舊的實作。

下一節為那些熟悉 ipchains 或正在使用 ipchains 的讀者而準備的。如果 iptables 是您接觸到的第一個 Linux 防火牆，那麼可以直接跳到「Netfilter 封包傳輸」一節。

如果您正從 ipchains 轉換過來，您會注意到 iptables 語法中一些細微的區別，最明顯的是 input 網路介面和 output 網路介面是被分別指定的。其他的區別包括：

- iptables 是高度模組化的，個別模組有時必須被明確地加載；
- 日誌記錄是一個規則目標而不是命令選項；
- 連接狀態追蹤可以被維護。位址和埠轉換與封包過濾是邏輯分離的功能；
- 實作了完全的來源位址和目的位址轉換；
- 偽裝（Masquerading）是一個術語，用來指一種特殊形式的來源位址 NAT；
- 無須 ipmasqadm 這樣的第三方軟體，直接支援埠轉發和目的位址轉換。

注意

Linux 早期版本中的偽裝

對於剛接觸 Linux 的人來說，網路位址轉換（NAT）完全是由 iptables 實作的。在這之前，NAT 在 Linux 中被稱為偽裝。來源位址轉換的一個簡單、部分實作的版本（即偽裝），被站點的所有者所使用，他們有一個公網 IP 位址，並希望私有網路中的其他主機也能夠存取網際網路。從這些內部主機發出的封包的來源位址被偽裝為那個公用的、可路由的 IP 位址。

最重要的區別是封包如何被操作系統所路由或轉發出去的，這構成了防火牆規則集如何被建立的細微的差別。

對於 ipchains 的用戶來說，理解將在接下來的兩節中討論的關於封包傳輸的差別十分重要。iptables 和 ipchains 表面上看起來非常相似，但實際應用上卻有很大不同。寫出一個語法正確的 iptables 規則很容易，但相似的規則在 ipchains 中卻有不同的效果。這可能會令人困惑。如果您已經知道了 ipchains，請牢記二者的區別。

3.1.1 IPFW 封包傳輸

IPFW 下（ipfwadm 和 ipchains），有三種內建過濾規則鏈被使用。所有到達介面的封包都按照 INPUT 規則鏈被過濾。如果封包被接受，它將被傳遞到路由模組。路由功能決定封包是被傳遞到本地還是被轉發到另一個傳出（outgoing）介面。IPFW 封包的流動如圖 3.1 所示。

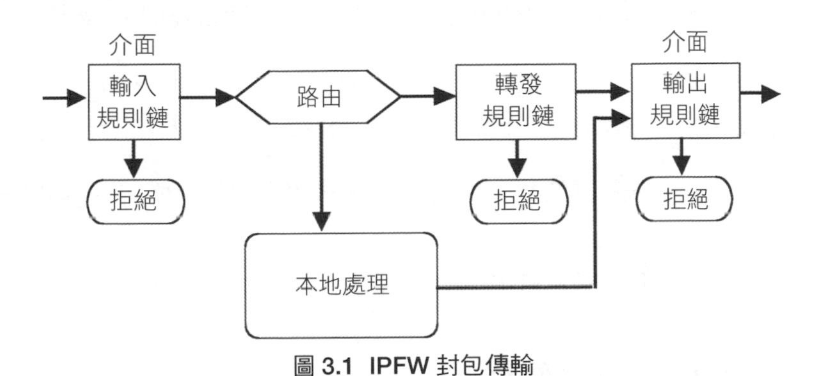

圖 3.1 IPFW 封包傳輸

（本圖根據"Linux IPCHAINS-HOWTO"，Rusty Russel, v1.0.8.）

如果被轉發，封包將由 FORWARD 規則鏈進行第二次過濾。如果封包被接受，它將被傳遞到 OUTPUT 規則鏈。

所有本地產生的傳出封包，和將被轉發的封包都被傳遞到 OUTPUT 規則鏈。如果封包被接受，它將從介面被發出。

收到並被發送的本地（迴路，loopback）的封包會透過兩個過濾器，而轉發封包則透過了三個過濾器。

迴路路徑包含了兩個規則鏈。如圖 3.2 所示，每個迴路封包在「傳出」迴路介面之前會經過輸出過濾器，它接下來便被傳遞到迴路的輸入介面，接著再發揮輸入過濾器的作用。

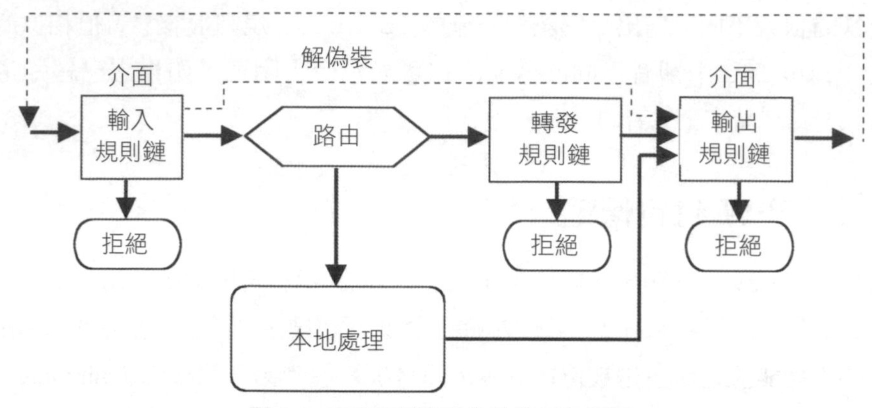

圖 3.2 IPFW 迴路和偽裝的封包傳輸

（本圖根據 "Linux IPCHAINS-HOWTO"，Rusty Russel, v1.0.8.）

注意，迴路路徑示範了：為什麼 X Windows session 會在啟動「不允許迴路流量」防火牆腳本時掛起，或在使用「預設拒絕一切策略」之前失敗。

經過偽裝的響應封包在被轉發到 LAN 之前，輸入規則鏈將發揮作用。如果不經過路由功能，封包將被直接交給 OUTPUT 過濾器鏈。因此，偽裝傳入封包被過濾了兩次。傳出的偽裝封包則被過濾了三次。

3.1.2 Netfilter 封包傳輸

Netfilter（iptables）使用了三個內建的過濾器鏈：INPUT、OUTPUT、FORWARD。傳入封包需要經過路由功能，它決定了是將封包傳遞到本地主機的 INPUT 規則鏈還是傳遞到 FORWARD 規則鏈。Netfilter 封包流如圖 3.3 所示。

如果目的位址為本地的封包被 INPUT 規則鏈的規則所接受，則封包會被傳遞到本地。如果發往遠端的封包被 FORWARD 規則鏈的規則所接受，則封包會從適當的介面被送出。

從本地程式傳出的封包會被傳遞到 OUTPUT 規則鏈的規則處。如果封包被接受，它將被送到適當的介面。因此，每個封包都被過濾了一次（除迴路封包外，它被過濾了兩次）。

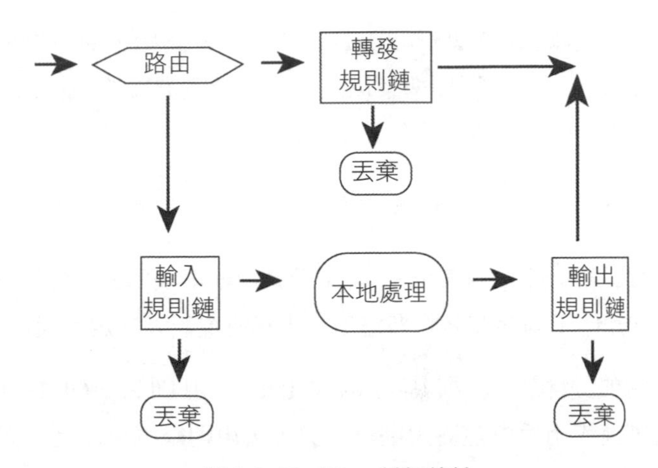

圖 3.3 Netfilter 封包傳輸

（本圖根據“Linux 2.4 Packet Filtering HOWTO”，Rusty Russel, v1.0.1.）

3.2 iptables 基本語法

依據 Netfilter 所建立的防火牆，是使用 iptables 防火牆管理命令進行建構。iptables 命令實作了您建立的防火牆策略並管理的防火牆行為。Netfilter 防火牆有三個獨立的表：filter、nat 和 mangle。在這些表中，防火牆透過規則鏈來建構，鏈中每一項都是一條獨立的 iptables 命令。

在預設的 filter 表中，有一條用於處理輸入或即將傳入防火牆的資料的規則鏈，一條用於處理輸出或即將離開防火牆的資料的規則鏈，一條用於處理轉發或透過防火牆送出的資料的規則鏈，和其他由用戶命名並設定的規則鏈，通常稱為用戶自定義規則鏈（user-defined chains）。nat 表和 mangle 表有專門的規則鏈，它們將在稍後進行討論。filter 表是實作基本的防火牆的預設表，nat 表用來提供 NAT 和相關的功能，mangle 在封包被防火牆修改時使用，目前瞭解到這些就已經足夠了。

iptables 命令使用非常精確的語法。很多時候，加在 iptables 上的選項的順序，會決定此命令是一條成功的命令還是一個語法錯誤。iptables 的命令從前往後執行，因此當一條允許特定封包的指令後若跟著一條拒絕同樣封包的命令，將會導致資料最終被防火牆丟棄。

iptables 命令的基礎語法以 iptables 命令本身開始，接下來是一個或多個選項，一個規則鏈，一個匹配標準集以及一個目標或處置（disposition）。命令的佈局很大程度上取決於要執行的操作。下面是語法：

```
iptables<option><chain><matching criteria><target>
```

在建構防火牆時，選項部分通常是 -A，用於在規則集後追加一條規則。當然，依據目標和執行的操作不同存在著許多選項。本章將覆蓋大多數的選項。

如同之前陳述的那樣，規則鏈可以是 INPUT 規則鏈、OUTPUT 規則鏈、FORWARD 規則鏈或用戶自定義規則鏈。另外，規則鏈也可以是一個包含在 nat 表或 mangle 表中的專用規則鏈。

iptables 命令中的匹配標準設置了規則被應用的條件。例如，匹配準則可以用於告訴 iptables：所有指向 80 埠的 TCP 流量均被允許通過防火牆。

最後，目標規定了對於匹配的封包所執行的動作。目標可以簡單地設置為 DROP，即靜默地丟棄封包，也可以發送匹配的封包到用戶自定義規則鏈，抑或執行 iptables 中其他可設定操作。

本章接下來的小節會示範一些根據不同的任務用 iptables 實作真實規則的例子。一些例子包括之前未介紹過的語法和選項。如果您一時找不到方向，請參考本節或 iptables 手冊頁面以獲得使用語法的更多資訊。

3.3 iptables 特性

iptables 的概念是在處理不同類型的封包時使用各自不同的規則表。這些規則表被實作為功能相互獨立的表模組。三個主要的模組分別是規則 filter 表、NAT 轉換 nat 表以及對封包進行特殊處理的 mangle 表。這三個表的每個模組都有自己相應的擴展模組，它們會在首次參照時被動態載入，除非您已經直接將它們建構在核心之中。其他包括 raw 表和 security 表在內的表都有特殊的用途。

filter 表是預設的表。其他的表需要使用命令行選項指定。基礎的 filter 表的功能包括：

- 對三個內建規則鏈（INPUT、OUTPUT 和 FORWARD）和用戶自定義規則鏈的操作；
- 功能說明；
- 目標處置（接受 ACCEPT 或丟棄 DROP）；
- 對 IP 標頭協定欄位、來源位址和目的位址，輸入和輸出介面，以及分片處理的匹配操作；
- TCP、UDP、ICMP 標頭欄位的匹配操作。

filter 表有兩種功能擴展：目標（target）擴展和匹配（match）擴展。目標擴展包括 REJECT 封包處置；BALANCE、MIRROR、TEE、IDLETIMER、AUDIT、CLASSIFY 和 CLUSTERIP 目標；以及 CONNMARK、TRACE、LOG 和 ULOG 功能。匹配擴展支援以下匹配：

- 目前的連接狀態；
- 埠列表（由多埠模組支援）；
- 硬體乙太網 MAC 來源位址或物理設備；
- 位址類型，鏈路層封包類型或 IP 位址範圍；
- IPsec 封包的各個部分或 IPsec 策略；
- ICMP 類型；
- 封包的長度；
- 封包的到達時間；
- 每第 n 個封包或隨機的封包；
- 封包發送者的用戶、群組、處理序或處理序群組 ID；
- IP 標頭的服務類型（TOS）欄位（可在 mangle 表中被設置）；
- IP 標頭的 TTL 部分；
- iptables mark 欄位（由 mangle 表設置）；
- 限制頻率的封包匹配。

mangle 表有兩個目標擴展。MARK 模組支援為 iptables 維護的封包的 mark 欄位分配一個值。TOS 模組則支援設置 IP 標頭中 TOS 欄位的值。

nat 表有用於來源位址和目的位址轉換以及埠轉換的目標擴展模組。這些模組支援以下形式的 NAT。

- SNAT：來源 NAT。
- DNAT：目的 NAT。
- MASQUERADE：來源 NAT 的一種特殊形式，用於被分配了臨時的、可改變的、動態分配 IP 位址的（例如電話撥號連接）連接。
- REDIRECT：目的 NAT 的一種特殊形式，重新導向封包到本地主機，而不考慮 IP 標頭的目的位址欄位。

所有 TCP 狀態旗標都能被檢測，並可以根據檢查結果做出過濾的決定。例如，iptables 能夠檢查隱形掃描（stealth scan）。

TCP 能夠反過來有選擇地指定，發送者希望接收的最大分段大小。除了這個，單一的 TCP 選項是很特殊的情況。IP 標頭的 TTL 欄位也可以被匹配，它也同樣是一個特殊的例子。

TCP 連接狀態和正在進行的 UDP 交換資訊可以被維護，這使得封包的識別可以基於正在進行的交換，而不是無狀態的，一個接一個封包的方式。接受被識別為已建立連接中一部分的封包，能夠避免對每一個封包都檢查規則列表的日常開銷。當最初的連接已被接受，接下來的封包便可以被識別並接受。

通常，TOS 欄位僅僅具有歷史價值。如今 TOS 欄位會被中間路由器忽略，或與新的差異化服務（Differentiated Services，DS）定義一起使用。IP TOS 過濾在本地封包的優先級設置方面有所使用—在本地主機和本地路由器間進行路由和轉發。

傳入封包可以透過 MAC 來源位址進行過濾。它只是有限地、特別地用於本地認證，因為 MAC 位址只在相鄰的主機和路由之間傳遞。

個別的過濾器日誌訊息，可以使用用戶定義的字串作為前綴。可以依據系統日誌常駐程式設定的定義為訊息分配核心日誌等級。它允許日誌記錄被開啟或關閉，以及對於一個給定的系統定義日誌輸出檔案。另外，ULOG 選項發送日誌到用戶空間的常駐程式 ulogd，以允許記錄封包更加詳細的資訊。

透過設置每秒允許匹配的數量限制，封包匹配會受到這個初始峰值的限制。如果匹配限制被啟用，預設情況是：在初始峰值的五個匹配封包後，將會啟用一個每小時三個匹配的速率限制。換句話說，如果系統湧入大量 ping 封包，最初的五個 ping 會被匹配。在那之後，只能在 20 分鐘後匹配一個 ping 封包，再過 20 分鐘後匹配另一個封包，而不管收到了多少個 echo 請求。這種對封包的處置方式，不論記錄日誌與否，將依賴於關於該封包隨後的規則。

REJECT 目標能夠隨意地指定返回哪個 ICMP（或 TCP 的 RST）的錯誤訊息。IPv4 標準要求 TCP 接受 RST 或 ICMP 作為錯誤指示，儘管 RST 是 TCP 的預設行為。iptables 的預設策略是什麼都不返回（DROP，丟棄）或返回一個 ICMP 錯誤訊息（REJECT，駁回）。

與 REJECT 一起的另一個具有特殊用途的目標是 QUEUE。它的用途是透過網路連結設備轉換封包到一個用戶空間程式進行進一步處理。如果沒有程式在那裡等待（封包），則封包將被丟棄。

RETURN 是另一個有特殊用途的目標。它的用途是在（用戶自定義規則鏈中進行的）規則匹配完成之前從用戶自定義鏈中返回。

本地產生的傳出封包能夠根據用戶、群組、處理序、生成封包的處理序的處理序群組 ID 進行過濾。因此存取遠端服務能夠在封包過濾層根據每位用戶進行授權。它是一個多用戶導向、多用途主機的特殊選項，因為防火牆路由器不應該擁有普通的用戶帳號。

匹配能夠在 IPsec 標頭的各個部分上進行，包括標頭認證（Authentication Header，AH）的安全參數指標（security parameter indices，SPIs）和封裝安全負載（Encapsulating Security Payload，ESP）。

封包的類型，廣播、單播或多播，是另一種匹配的形式。它會在鏈路層完成。

某個範圍的埠和某個範圍的位址也能使用 iptables 進行有效的匹配。位址類型是另一種合法的匹配。與類型匹配相關的是 ICMP 封包類型。ICMP 封包有多種類型，而 iptables 可以根據這些類型進行匹配。

封包的長度和封包到達的時間也是一個有效匹配。時間匹配是很有趣的。透過使用時間匹配，您能夠設定防火牆「在營業時間外駁回特定的流量」或「只在一天的特定時間裡允許該流量」。

隨機封包匹配在 iptables 也是可用的，它很適合於稽核。透過這個匹配，您可以捕捉每第 n 個封包並對其記錄日誌。它是一種用於稽核防火牆規則但不會記錄過多資訊的方法。

3.3.1 NAT 表特性

NAT 有三種常見的形式。

- **傳統的、單向傳出的 NAT**：在使用私有位址的網路中使用。
  - **基本的 NAT**：僅轉換 IP 位址。通常用於本地私有來源位址到一批公網位址中某一位址的映射。
  - **NAPT（網路位址和埠轉換）**：通常用於本地私有來源位址到單一公網位址的映射（例如，Linux 中的偽裝）。
- **雙向 NAT**：雙向的位址轉換，同時允許傳入和傳出連接。其中一個例子便是在 IPv4 與 IPv6 位址空間，所進行的雙向位址映射。
- **兩次 NAT**：雙向的來源和目的位址轉換，同時允許傳入和傳出連接。兩次 NAT 能夠在來源和目的網路位址空間衝突時使用。這可能是由於某個站點錯誤地使用了分配給別人的公網位址。兩次 NAT 還可以用於當某個站點被重新編號，或被分配了新的公用位址區塊，而站點管理員不希望在當下，管理本地新網路位址的分配。

iptables 的 NAT 支援來源 NAT（SNAT）和目的 NAT（DNAT）。nat 表允許修改一個封包的來源位址或目的位址以及埠。它有三個內建規則鏈。

- PREROUTING 規則鏈在將封包傳遞到路由功能前，修改傳入封包的目的位址（DNAT）。目的位址可以更改為本地主機（透明代理、埠重新導向）或用於主機轉發的其他主機（Linux 中的 ipmasqadm 功能、埠轉發）或均分負載。

- OUTPUT 規則鏈在做出路由決定（DNAT、REDIRECT）前為本地產生的傳出封包指定目的地更改。這樣做通常是為了透明地重新導向一個傳出封包到一個本地代理，但它也能用於到不同主機的埠轉發。
- POSTROUTING 規則鏈指定將要透過盒子（SNAT、MASQUERADE）路由出去的傳出封包的來源位址更改。此更改在路由決定之後才被應用。

注意

iptables 中的偽裝

在 iptables 中，偽裝是一種特殊的來源 NAT，如果連接丟失，那麼偽裝的連接狀態就會立刻被遺忘。它用於 IP 位址是臨時分配的連接（例如，撥號連接）。用戶若立刻重新連接，則可能被分配一個與上次連接不同的 IP 位址。（這通常與許多 cable moden 和 ADSL 服務供應商不同。通常在連接丟失後，同一個 IP 位址會被分配給新的連接。）

對於普通 SNAT 來說，連接狀態會在生存期內被維護著。如果一個連接能夠足夠快地被重新建立，那麼任何與目前網路相關的程式能夠不被打擾地繼續，因為 IP 位址並未改變，中斷的 TCP 流量將被重新傳輸。

MASQUERADE 和 SNAT 之間的區別在於試圖避免一種出現在以前 Linux NAT/MASQUERADE 實作中的情形。當一個撥號連接已丟失時，用戶立刻重新連接則會被分配一個全新的 IP 位址。新的位址不能被立刻使用，因為舊的 IP 位址和 NAT 資訊直到生存期到期前一直留在記憶體中。

圖 3.4 顯示了 NAT 規則鏈和路由功能、INPUT、OUTPUT、FORWARD 規則鏈的關係。

請注意，對於傳出封包來說，路由功能隱含在本地處理序和 OUTPUT 規則鏈之間。靜態路由用於決定在 OUTPUT 規則鏈的過濾規則被應用之前，封包將從哪個介面發出。

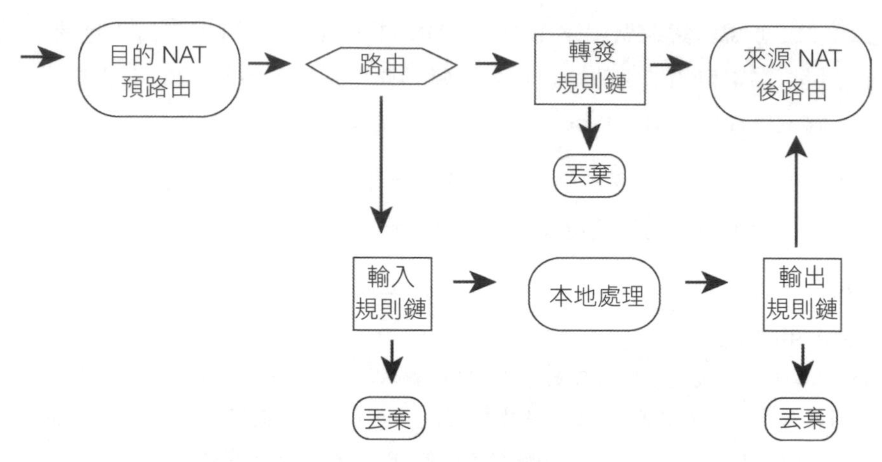

圖 3.4 NAT 封包傳輸

（本圖根據“Linux 2.4 Packet Filtering HOWTO”，v1.0.1 和“Linux 2.4 NAT HOWTO”，v1.0.1.）

3.3.2 mangle 表特性

mangle 表允許對封包進行標記（marking）或將由 Netfilter 維護的值與封包進行關聯，以及在發送封包到目的位址前，對封包進行修改。mangle 表有 5 個內建的鏈。

- PREROUTING 規則鏈指定了對到達介面的傳入封包所做的修改，它在任何路由或本地交付決定做出之前進行。
- INPUT 規則鏈指定了對封包進行處理時所做的修改，但這要在 PREROUTING 規則鏈被巡訪之後。
- POSTROUTING 規則鏈指定了對離開防火牆的封包所做的修改，它在 OUTPUT 鏈之後進行。
- FORWARD 規則鏈指定了對透過防火牆進行轉發的封包所做的修改。
- OUTPUT 規則鏈指定了對本地產生的傳出封包所做的修改。

對於 TOS 欄位來說，本地 Linux 路由器能夠被設定用以支援 mangle 表或本地主機設置的 TOS 旗標。

在 iptables 檔案中關於封包標記的資訊很少，除此之外，它也被用於 Linux 服務品質（Quality of Service，QoS）的實作，且被用作 iptables 模組間的通訊旗標。

前面的幾節概述了 iptables 的可用特性、基本結構以及每個表模組的功能。下面的小節將介紹呼叫這些特性的語法。

3.4 iptables 語法

如同之前介紹的那樣，iptables 使用了這樣的概念：對不同的封包處理功能，使用不同的規則表。非預設的表可以透過命令行中的選項指定。主要的表有三個，其他的表例如 security 和 raw 有著特殊的用途。三個主要的表分別如下：

- filter—filter 表是預設的表。它包含了實際的防火牆過濾規則。其內建的規則鏈包括：
  - INPUT；
  - OUTPUT；
  - FORWARD。
- nat—nat 表包含了來源位址和目的位址轉換，以及埠轉換的規則。這些規則在功能上與防火牆 filter 規則不同。內建的規則鏈包括：
  - PREROUTING—DNAT/REDIRECT；
  - OUTPUT—DNAT/REDIRECT；
  - POSTROUTING—SNAT/MASQUERADE。
- mangle—mangle 表包含了設置特殊封包路由旗標的規則。這些規則接下來將在 filter 表中進行檢查。其內建的規則鏈包括：
  - PREROUTING—被路由的封包；
  - INPUT—到達防火牆並透過 PREROUTING 規則鏈的封包；
  - FORWARD—修改透過防火牆路由的封包；

- POSTROUTING—在封包透過 OUTPUT 規則鏈之後但在離開防火牆之前修改封包；
- OUTPUT—本地生成的封包。

> **注意**
>
> **語法格式的慣例**
>
> 用於展示命令行語法選項的約束，相當於電腦世界的標準。為了給那些剛接觸 Linux 或電腦說明文件的新手，表 3.1 顯示了約束中會用到的語法描述。

表 3.1 命令行語法選項的約束

元素	描述
|	豎線或管道符號將可替換的語法選項分隔開來。例如，許多 `iptables` 命令同時有縮寫和完整形式，例如 `-L` 和 `--list`，它們將作為可替換的選項，因為您僅可以使用它們其中之一，`-L` 或— `list`。
<value>	角括號表示一個用戶提供的值，例如一個字串或數值
[ ]	中括號指明了它所包含的命令、選項或值是可選的。例如，大多數匹配符號可以使用否定符號！，這將匹配任何除匹配值之外的值。否定符號通常放在匹配符號和用於匹配的值之間。
<value>:<value>	冒號指明了某個值的範圍。這兩個值定義了範圍內的最大值和最小值。由於範圍本身是可選的，因此常見的形式為 `<value>[:<value>]`。

3.4.1 filter 表命令

`filter` 表的命令由 `ip_tables` 模組提供。其功能透過加載該模組啟用，加載可以透過第一次呼叫 `iptables` 命令自動完成，或直接將它編譯進核心本身，這樣您便完全無需關心模組是否已被加載。

- **filter 表對整個規則鏈的操作**

表 3.2 示範了 `iptables` 對整個規則鏈的操作。

表 3.2 filter 表對整個規則鏈的操作

選項	描述
-N | --new-chain <chain>	建立一個用戶自定義的規則鏈。
-F | --flush [<chain>]	清空此規則鏈中的規則，如果沒有指定規則鏈，則清空所有規則鏈中的規則。
-X | --delete-chain [<chain>]	刪除用戶自定義規則鏈，如果沒有指定規則鏈，則刪除所有的用戶自定義規則鏈。
-P | --policy <chain><policy>	為內建規則鏈 `INPUT`、`OUTPUT`、`FORWARD` 中的一個設置預設策略，策略可以是接受（`ACCEPT`）或拒絕（`DROP`）。
-L | --list [<chain>]	列出此規則鏈中的規則，如果沒有指定規則鏈，則列出所有規則鏈中的規則。
-S | --list-rules [<chain>]	以 `iptables save` 格式列印特定規則鏈中的規則。
-Z | --zero	重置與每個規則鏈相關的封包和位元組計數器。
-h | <some command> -h	列出 `iptables` 的命令和選項，如果 `-h` 後面跟著某個 `iptables` 命令，則列出此命令的語法和選項。
--modprobe=<command>	在向規則鏈中增加或插入規則時使用 `<command>` 來加載必要的模組。
-E | --rename-chain <old chain>	將用戶自定義規則鏈 `<old chain>` 重新命名為新的用戶自定義規則鏈 `<new chain>`。

`-h` 幫助命令顯然不是對於鏈的操作，`--modprobe=<command>` 也不是，但我不知道還應該把它們列在哪裡。

`list` 命令使用額外的選項，如表 3.3 所示。

表 3.3 列出規則鏈命令的選項

選項	描述
-L -n | --numeric	以數字形式而不是以名稱形式列出 IP 位址和埠號。
-L -v | --verbose	列出每條規則的額外資訊，例如位元組和封包計數、規則選項以及相關的網路介面。
-L -x | --exact	列出計數器的精確值，而不是四捨五入後的估值。
-L --line-numbers	列出規則在規則鏈中的位置。

• filter 表對規則的操作

最常用的建立或刪除規則鏈中規則的命令如表 3.4 所示。

表 3.4 與規則相關的規則鏈命令

命令	描述
-A | --append <chain><rule specification>	將一條規則附加到一個規則鏈末尾。
-I | --insert <chain> [<rule number>] <rule specification>	在規則鏈開始處插入一條規則。
-R | --replace <chain><rule number> <rule specification>	替換規則鏈中的一條規則。
-D | --delete <chain><rule number> | <rule specification>	刪除規則鏈中「<rule number>處」或「匹配特定規則」的一條規則。
-C | --check <chain><rule specification>	檢查規則鏈中是否有某條規則匹配 <rule specification>。

• filter 表的基本匹配操作

iptables 的預設表 filter 所支援的基本過濾匹配操作如表 3.5 所示。

表 3.5 filter 表的規則操作

選項	描述
-i | --in-interface [!] [<interface>]	在 INPUT、FORWARD 或用戶自定義子規則鏈中，對傳入封包指定規則將應用到的介面名稱，如果沒有指定介面名稱，則規則應用於所有的介面。
-o | --out-interface [!] [<interface>]	在 OUTPUT、FORWARD 或用戶定義子規則鏈中，對傳出封包指定規則將應用到的介面名稱，如果沒有指定介面名稱，則規則應用於所有的介面。
-p | --protocol [!] [<protocol>]	指定規則應用到的 IP 協定。內建的協定包括 TCP、UDP、ICMP 等等。協定值可以是名稱或數值，均在 /etc/protocols 中列出。
-s | --source | --src [!] <address>[</mask>]	指定 IP 標頭中的主機或網路來源位址。
-d | --destination | --dst [!] <address>[</mask>]	指定 IP 標頭中的主機或網路目的位址。

選項	描述
-j | --jump <target>	如果封包匹配規則，則設置此封包的處置策略。預設的目標包括內建的策略、擴展策略，或用戶自定義規則鏈。
-g | --goto <chain>	指明此程序應該在指定的規則鏈中繼續，但不必發回處理（類似 jump 選項）。
-m | --match <match>	使用擴展來測試是否匹配。
[!] -f | --fragment	指定封包的第二個和其餘的分片。否定的版本指定了非分片的封包。
-c | --set-counters <packets><bytes>	初始化封包和位元組計數器。

注意

規則目標是可選的

如果封包匹配了沒有目標處置的某規則，則封包計數器會被更新，但規則鏈的巡訪則會繼續進行。

• tcp filter 表匹配操作

TCP 標頭匹配選項在表 3.6 中列出。您也可以透過在 -p -tcp 選項後添加 -h 旗標，即 iptables -p tcp -h 來查看這些選項。

表 3.6 tcp filter 表匹配操作

-p tcp 選項	描述
--source-port | --sport [[!] <port>[:<port>]]	此命令指明了來源埠。
--destination-port | --dport <port>[:<port>]	此命令指明了目的埠。
--tcp-flags [!] <mask> [,<mask>] <set> [,<set>]	對遮罩列表（mask list）位元進行測試，其中下列位元必須設置為 1，才能夠實作匹配。
[!] -syn	在初始連接請求中，必須設置 SYN 旗標。
--tcp-option [!] <number>	tcp 唯一的合法選項是發送方能夠接受的封包的最大值。

• udp filter 表匹配操作

UDP 標頭匹配選項在表 3.7 中列出。您也可以透過在 -p -udp 選項後添加 -h 旗標，即 iptables -p udp -h 來查看這些選項。

表 3.7 udp filter 表匹配操作

-p udp 選項	描述
--source-port | --sport [!] <port>[:<port>]	指定來源埠。
--destination-port | --dport [!] <port>[:<port>]	指定目的埠。

• icmp filter 表匹配操作

ICMP 標頭匹配選項在表 3.8 中列出。

表 3.8 icmp filter 表匹配操作

選項	描述
--icmp-type [!] <type>	指定 ICMP 類型名稱或類型號碼。ICMP 類型被用於代替來源埠號。

主要支援的 ICMP 類型名稱和數值如下：

- echo-reply (0)
- destination-unreachable (3)
    - network-unreachable
    - host-unreachable
    - protocol-unreachable
    - port-unreachable
    - fragmentation-needed
    - network-unknown
    - host-unknown
    - network-prohibited
    - host-prohibited
- source-quench (4)
- redirect (5)
- echo-request (8)
- time-exceeded (10)
- parameter-problem (11)

注意

對 ICMP 和 ICMP6 的額外支援

iptables 支援許多額外的、不常見的、針對路由的 ICMP 訊息類型和子類型，並且可以透過 ICMP6 擴展與 IPv6 ICMP 封包一起工作。請使用下面的 iptables 命令說明查看完整的列表：

```
iptables -p icmp -h
```

3.4.2 filter 表目標擴展

filter 表目標擴展包括日誌記錄功能以及駁回封包（而不是丟棄它）的功能。

表 3.9 列出了 LOG 目標的可用選項。表 3.10 列出了 REJECT 目標可用的一個選項。對於其他選項，您可以透過添加 -h 旗標到 -j <TARGET> 來查看更多選項，例如：iptables -j <TARGET> -h。

表 3.9 LOG 目標擴展

-j LOG 選項	描述
--log-level <syslog level>	日誌等級是數值或符號性的登錄優先級（在 /usr/include/sys/syslog.h 中列出）。在 /etc/syslog.conf 中也使用了同樣的日誌等級。等級包括 emerg (0)、alert (1)、crit (2)、err (3)、warn (4)、notice (5)、info (6)、memerg (0)、alert (1)、crit (2)、err (3)、warn(4)、notice (5)、info (6) 和 debug (7)。
--log-prefix <"descriptive string">	前綴是被參照的字串，它將被列印在日誌訊息的開頭。
--log-ip-options	此命令在日誌輸出中記錄了所有的 IP 標頭選項。
--log-tcp-sequence	此命令在日誌輸出中記錄了 TCP 封包的序列號碼。
--log-tcp-option	此命令在日誌輸出中記錄了 TCP 標頭選項。
--log-uid	此命令在日誌輸出中記錄了生成封包的用戶 ID。

表 3.10 REJECT 目標擴展

-j REJECT 選項	描述
--reject-with <ICMP type 3>	預設情況下駁回一個封包會導致一個類型為 3 的 icmp-port- unreachable 訊息返回給發送方。其他類型為 3 的錯誤訊息也可以被返回，包括 icmpnet-unreachable、icmp-host-unreachable、icmp-proto- unreachable、icmp-netprohibited 和 icmp-host-prohibited。
--reject-with tcp-reset	傳入 TCP 封包可以透過更加標準的 TCP RST 訊息來拒絕，而不是 ICMP 錯誤訊息。

• ULOG 表目標擴展

與 LOG 目標相關的是 ULOG 目標，它會發送日誌訊息到用戶空間的程式以進行日誌記錄。在 ULOG 的幕後，封包會被核心透過您選擇的 netlink socket（預設是 socket 1）多播。用戶空間的常駐程式將從 socket 讀取訊息並做相應的處理。ULOG 目標典型用於提供相比標準的 LOG 目標更具擴展性的日誌記錄功能。

正如 LOG 目標一樣，在匹配 ULOG 目標規則之後，處理依舊會繼續進行。

ULOG 目標有四個設定選項，如表 3.11 所示。

• 表 3.11 ULOG 目標擴展

選項	描述
--ulog-nlgroup <group>	定義接受封包的 netlink 群組。預設組是 1 。
--ulog-prefix <prefix>	訊息將以這個值作為前綴，最大長度是 32 個字元。
--ulog-cprange <size>	發送到 netlink socket 的位元組數。預設是 0，即整個封包。
--ulog-qthreshold <size>	核心佇列中封包的數量。預設是 1，意謂著佇列中每到一個封包就發送一個訊息到 netlink socket。

3.4.3 filter 表匹配擴展

filter 表匹配擴展提供了存取 TCP、UDP、ICMP 標頭欄位的能力，以及 iptables 中可用的匹配功能，例如：維護連接狀態、埠列表、存取硬體 MAC 來源位址以及存取 IP 的 TOS 欄位。

> **注意**
>
> **匹配語法**
>
> 匹配擴展需要在 -m 或—match 的命令之後，接續相關的匹配選項以加載模組。

• multiport filter 表匹配擴展

multiport 埠每個列表最多能夠包含 15 個埠。埠不能為空白。在逗號和埠值之間不允許有空格。列表中不能使用埠範圍。而且 -m multiport 命令必須緊跟在 -p <protocol> 說明符後。

表 3.12 列出了 multiport 匹配擴展的可用選項。

表 3.12 multiport 匹配擴展

m | --match multiport 選項	描述
--source-port <port>[,<port>]	指定來源埠。
--destination-port <port>[,<port>]	指定目的埠。
--port <port>[,<port>]	來源埠和目的埠相同，並且它們會和列表中的埠進行匹配。

multiport 語法可能有點難以捉摸。這裡有一些例子和注意事項。下面的規則阻擋了從 eth0 介面到達的傳入封包，它指向了綁定到 NetBIOS 和 SMB 的 UDP 埠，這是常見的 Microsoft Windows 電腦的埠漏洞和蠕蟲攻擊的目標：

```
iptables -A INPUT -i eth0 -p udp\
        -m multiport --destination-port 135,136,137,138,139 -j DROP
```

下面的規則阻擋了從 eth0 介面發往與 TCP 服務 NFS、SOCKS 和 squid 綁定的高端埠的傳出連接請求：

```
iptables -A OUTPUT -o eth0 -p tcp\
        -m multiport --destination-port 2049,1080,3128 --syn -j REJECT
```

這個例子裡值得注意的是 multiport 命令必須緊跟在協定定義後面。如果 --syn 被放在 -p tcp 和 -m multiport 之間則會導致語法錯誤。

下面的例子示範了關於 --syn 放置的相似的例子，它是正確的：

```
iptables -A INPUT -i <interface> -p tcp \
        -m multiport --source-port 80,443 ! --syn -j ACCEPT
```

然而，這樣則會導致一個語法錯誤：

```
iptables -A INPUT -i <interface> -p tcp !--syn \
        -m multiport --source-port 80,443 -j ACCEPT
```

此外，來源和目的參數的放置並無嚴格要求。下面的兩個變形是正確的：

```
iptables -A INPUT -i <interface> -p tcp -m multiport \
        --source-port 80,443 \
        !--syn -d $IPADDR --dport 1024:65535 -j ACCEPT
```

和

```
iptables -A INPUT -i <interface> -p tcp -m multiport \
        --source-port 80,443 \
        -d $IPADDR !--syn --dport 1024:65535 -j ACCEPT
```

然而，這樣則會導致一個語法錯誤：

```
iptables -A INPUT -i <interface> -p tcp -m multiport \
        --source-port 80,443 \
        -d $IPADDR --dport 1024:65535 !--syn -j ACCEPT
```

這個模組有一些令人驚訝的語法副作用。如果對 SYN 旗標的參照被移除，則前面兩條正確的規則都會產生語法錯誤：

```
iptables -A INPUT -i <interface> -p tcp -m multiport \
        --source-port 80,443 \
        -d $IPADDR --dport 1024:65535 -j ACCEPT
```

然而，下面的一對規則卻不會產生錯誤：

```
iptables -A OUTPUT -o <interface> \
        -p tcp -m multiport --destination-port 80,443 \
        !--syn -s $IPADDR --sport 1024:65535 -j ACCEPT
```

```
iptables -A OUTPUT -o <interface> \
        -p tcp -m multiport --destination-port 80,443 \
        --syn -s $IPADDR --sport 1024:65535 -j ACCEPT
```

請注意 `multiport` 模組的 `--destination-port` 參數不同於對 `-p tcp` 參數執行匹配的模組中的 `--destination-port` 或 `--dport` 參數。

• limit filter 表匹配擴展

當湧來一大批需要日誌記錄的封包時，將會產生許多的日誌訊息，限制比率的匹配對於抑制日誌訊息的數量很有用。

表 3.13 列出了 limit 匹配擴展可用的選項。

表 3.13 limit 匹配擴展

-m | --match limit 選項	描述
--limit <rate>	在給定的時間內匹配封包的最大值。
--limit-burst <number>	在應用限制前匹配的初始封包的最大值。

峰值定義了透過初始匹配的封包的數量。預設的值是 5。當達到限制後，之後的匹配則會限制在限制頻率處。預設的限制頻率是每小時 3 次匹配。可選的時間幀識別子包括 `/second`、`/minute`、`/hour` 和 `/day`。

換句話說，預設情況下，當時間限制內的初始峰值即 5 個匹配滿足後，在接下來的一小時內，最多只會有三個封包被匹配，不論有多少封包已到達，每 20 分鐘只會匹配一個。如果在頻率限制內未發生匹配，則峰值會變為 1。

示範頻率限制的匹配比用語言描述它要更加容易。下面的規則當在給定的一秒內接收到初始的 5 個 `echo` 請求後，對傳入的 `ping` 訊息的日誌記錄限制為每秒 1 個：

```
iptables -A INPUT -i eth0 \
        -p icmp --icmp-type echo-request \
        -m limit --limit 1/second -j LOG
```

對封包進行限制頻率的接受也是可行的。下面的兩條規則合起來，當在給定的一秒內接收到初始的 5 個 echo 請求後，將對傳入的 ping 訊息的日誌記錄限制為每秒 1 個：

```
iptables -A INPUT -i eth0 \
         -p icmp --icmp-type echo-request \
         -m limit --limit 1/second -j ACCEPT

iptables -A INPUT -i eth0 \
         -p icmp --icmp-type echo-request -j DROP
```

下一條規則限制了由響應丟棄 ICMP 重新導向訊息所產生的日誌訊息的數量。當初始的五個訊息已在 20 分鐘的時間內被記錄，則在接下來的一小時裡，至多會記錄三條日誌訊息，每 20 分鐘一條：

```
iptables -A INPUT -i eth0 \
         -p icmp --icmp-type redirect \
         -m limit -j LOG
```

在最後的例子中的假設是，封包和任何額外的未匹配的重新導向封包，透過 INPUT 規則鏈中預設的 DROP 策略被靜默地丟棄。

• state filter 表匹配擴展

靜態過濾器查看流量是以一個封包接一個封包的形式進行的。檢查是根據每個封包的來源位址、目的位址、埠、傳輸層協定、目前 TCP 狀態旗標的結合，而不涉及任何持續的上下文。ICMP 訊息被當作無關的（unrelated）、外帶的（out-of-band）第三層 IP 層事件。

state 擴展相對於無狀態的、靜態封包過濾技術，提供了額外的監控和記錄技術。當一個 TCP 連接或 UDP 交換開始時，狀態資訊即被記錄。接下來的封包的檢測不僅根據靜態元組資訊，而且還根據持續交換的上下文。換句話說，一些通常與上層的 TCP 傳輸層或 UDP 應用層相關聯的上下文知識，被向下帶到了過濾層。

在交換開始和接受之後，隨後的封包將被識別為已建立交換的一部分。相關的 ICMP 訊息也被識別為與特定的交換相關。

注意

在電腦的術語裡，一個集合的值或屬性可以用來識別唯一的事件或物件，則該集合被稱之為元組（tuple）。一個 UDP 或 TCP 的封包，則是被協定、UDP 或 TCP、來源位址和目的位址、來源埠和目的埠所組成的元組來唯一識別。

對於 session 監控來說，維護狀態資訊的優點對於 TCP 來說不太明顯，因為 TCP 顯然已經在維護狀態資訊。對於 UDP 來說，直接的優點是區分來自其他資料報響應的能力。至於傳出的 DNS 請求，它代表了一個新的 UDP 交換，一個已建立的 session 在確定的時間窗口內將允許從原始訊息被發往的主機和埠處傳入的 UDP 響應資料報。從其他主機或埠傳入的 UDP 資料報是不被允許的。它們不是這個獨特的交換所建立的狀態的一部分。當應用到 TCP 和 UDP 時，如果錯誤訊息與特定的 session 相關，則 ICMP 錯誤訊息會被接受。

考慮到封包性能和防火牆複雜性，對於 TCP 流量（flow）來說其優勢更加明顯。流量主要是用於防火牆性能最佳化的技術。流量的主要目的是允許封包繞過防火牆的檢查路徑。如果 TCP 封包被立刻識別為已允許的、正在進行的連接的一部分，則剩下的防火牆過濾器可以直接跳過，這樣在某些情況下可以獲得更快的 TCP 封包處理能力。對於 TCP 來說，流量狀態是過濾性能方面的一個重大收益。而且，標準的 TCP 應用協定規則能夠縮減為一個初始允許規則。過濾器規則的數量可以得到減少（理論上是這樣，但實際上並無此必要，您將在本書後面看到）。

主要的缺點是維護一個狀態表，比單獨使用標準的防火牆規則需要更多的記憶體。例如，同時擁有 70,000 個連接路由器，將需要龐大的記憶體為每個連接維護狀態表條目。基於性能原因，狀態維護也經常在硬體層面完成。在硬體層面上，相關的表搜尋可以同時並行完成。無論是使用硬體還是軟體實作，狀態引擎必須擁有當記憶體上的狀態表條目不可用時，將封包復原到傳統路徑的能力。

而且，軟體實作的表的建立、查詢、刪除都會花費時間。額外的處理開銷在很多情況下都是一種損失。狀態維護對於正在進行的交換如 FTP 傳輸或 UDP 多媒體串流 session 來說是有益的。兩種類型的資料串流均代表了潛在的大量封包（以及過濾器規則匹配測試）。然而，對於簡單的 DNS 或 NTP 客戶端 / 伺服器交換來說，狀態維護並不是防火牆的性能收益。對於封包來說，狀態建立和銷毀相對於簡單的過濾器規則巡訪，很容易需要大量的運算和記憶體。

對於主要過濾 Web 流量的防火牆來說，其優點也是有疑問的。Web 客戶端 / 伺服器交換往往是簡短而短暫的。

Telnet 和 SSH session 則處在灰色地帶。在擁有許多此類 session 的繁忙路由器中，狀態維護開銷透過繞開防火牆檢測可能會有收益。然而，對於相對沉寂的 session，連接狀態條目更可能進入超時並且被丟棄。當下一個封包出現時，在它穿過了傳統的防火牆規則後，狀態表條目將被重新建立。

表 3.14 列出了 state 匹配擴展的可用選項。

表 3.14 state 匹配擴展

-m | --match state 選項	描述
--state <state>[,<state>]	如果連接狀態在列表中，則進行匹配。合法值有 NEW、ESTABLISHED、RELATED 和 INVALID。

TCP 連接狀態和進行中的 UDP 交換資訊可以被維護，以允許網路交換被作為 NEW、ESTABLISHED、RELATED 或 INVALID 進行過濾：

- NEW 與初始的 TCP SYN 請求或第一個 UDP 封包等價。
- ESTABLISHED 指的是連接初始化後進行中的 TCP ACK 訊息，以及接下來發生在同一主機和埠間的 UDP 資料報交換，以及對之前 echo 請求回應的 ICMP echo 響應訊息。
- RELATED 目前指的僅僅是 ICMP 錯誤訊息。FTP 的二級連接由額外的 FTP 連接追蹤支援模組進行管理。透過此額外的模組，RELATED 的意義被擴展包括 FTP 的二級連接。
- INVALID 封包的例子是：一個並不響應目前 session 的傳入的 ICMP 錯誤訊息，或並不回應之前 echo 請求的 echo 響應。

理想情況下，使用 ESTABLISHED 匹配允許一項服務的一對防火牆規則縮減為一條允許第一個請求封包的規則。例如，透過使用 ESTABLISHED 匹配，一個 Web 客戶端規則只需要允許最初的傳出 SYN 請求。DNS 客戶端請求只需要「允許初始的 UDP 傳出請求封包」的規則。

透過使用預設拒絕的輸入策略，連接追蹤（理論上）可以使兩個普通規則替換所有協定相關的過濾器，這些封包是一個已建立的連接的一部分或與連接相關。針對特定應用相關的規則只對初始封包是必需的。

儘管這樣的防火牆設置在大多數情況下，對於小型站點或住宅站點來說可能得以充分地工作，但它不可能很好地服務於大型站點，或同時處理許多連接的防火牆。原因可以返回到狀態表條目超時的情形，由於表的大小和記憶體的限制，靜止的連接狀態條目會被替換。下一個本應被已刪除的狀態條目所接受的封包，需要一條規則去允許通過，因此該狀態表條目必須被重建。

一個簡單的例子是本地 DNS 伺服器的規則對（rule pair），而該伺服器用於 cache-and-forward 的名稱伺服器。DNS 轉發名稱伺服器，使用伺服器到伺服器的通訊。DNS 流量在雙方主機中的來源埠和 53 號目的埠間被交換。UDP 客戶端 / 伺服器關係可以被明確地建立起來。下面的規則明確地允許傳出（NEW）請求、傳入（ESTABLISHED）響應和任何（RELATED）ICMP 錯誤訊息。

```
iptables -A INPUT -m state \
         --state ESTABLISHED,RELATED -j ACCEPT

iptables -A OUTPUT --out-interface <interface> -p udp \
         -s $IPADDR --source-port 53 -d $NAME_SERVER --destination-port 53 \
         -m state --state NEW,RELATED -j ACCEPT
```

DNS 使用簡單的查詢和響應（query-and-response）協定。但對於一個可以在擴展週期內維護進行中的連接的應用程式呢？例如 FTP 控制 session、telnet 或 SSH session？如果狀態表條目由於某些原因被永久地清除，未來的封包將不會擁有用於進行匹配的「識別為 ESTABLISHED 交換一部分」的狀態表條目。

下面用於 SSH 連接的規則允許這種可能性：

```
iptables -A INPUT -m state \
         --state ESTABLISHED,RELATED -j ACCEPT

iptables -A OUTPUT -m state \
         --state ESTABLISHED,RELATED -j ACCEPT
```

```
iptables -A OUTPUT --out-interface <interface> -p tcp \
        -s $IPADDR --source-port $UNPRIVPORTS \
        -d $REMOTE_SSH_SERVER --destination-port 22 \
        -m state --state NEW, -j ACCEPT

iptables -A OUTPUT --out-interface <interface> -p tcp !--syn \
        -s $IPADDR --source-port $UNPRIVPORTS \
        -d $REMOTE_SSH_SERVER --destination-port 22 \
        -j ACCEPT

iptables -A INPUT --in-interface <interface> -p tcp !--syn \
        -s $REMOTE_SSH_SERVER --source-port 22 \
        -d $IPADDR --destination-port $UNPRIVPORTS \
        -j ACCEPT
```

• mac filter 表匹配擴展

表 3.15 列出了 mac 匹配擴展的可用選項。

表 3.15 mac 匹配擴展

-m | --match mac 選項	描述
--mac-source [!] <address>	匹配二層的乙太網硬體來源位址，在傳入乙太幀中以 xx:xx:xx:xx:xx:xx: 的形式指定。

請記住 MAC 位址並不會跨越路由器邊界（或網路段）。還請記住只有來源位址可以被指定。mac 擴展只能用在傳入的介面，例如 INPUT、PREROUTING 和 FORWARD 規則鏈。

下面的規則允許從一個本地主機傳入的 SSH 連接：

```
iptables -A INPUT -i <local interface> -p tcp \
        -m mac --mac-source xx:xx:xx:xx:xx:xx \
        --source-port 1024:65535 \
        -d <IPADDR> --dport 22 -j ACCEPT
```

• owner filter 表匹配擴展

表 3.16 列出了 owner 匹配擴展可用的選項。

表 3.16 owner 匹配擴展

-m | --match owner 選項	描述
--uid-owner <userid>	依建立者的 UID 進行匹配。
--gid-owner <groupid>	依建立者的 GID 進行匹配。
--pid-owner <processid>	依建立者的 PID 進行匹配。
--sid-owner <sessionid>	依建立者的 SID 或 PPID 進行匹配。
--cmd-owner <name>	用命令名 `<name>` 匹配處理序建立的封包。

此匹配對應的是封包的建立者。此擴展僅可用於 OUTPUT 規則鏈。

這些匹配選項對防火牆路由器來說沒有多大意義；它們在終端主機上更有意義。

因此，假設您有一台防火牆閘道器，也許有顯示器，但沒有鍵盤。管理可以由一臺本地的多用戶主機完成。用戶帳號允許從此主機登錄到防火牆。在多用戶主機上，到達防火牆的管理存取可以按以下方式進行本地過濾：

```
iptables -A OUTPUT -o eth0 -p tcp \
         -s <IPADDR> --sport 1024:65535 \
         -d <fw IPADDR> --dport 22 \
         -m owner --uid-owner <admin userid> \
         --gid-owner <admin groupid> -j ACCEPT
```

• mark filter 表匹配擴展

表 3.17 列出了 mark 匹配擴展的可用選項。

表 3.17 mark 匹配擴展

-m | --match mark 選項	描述
--mark <value>[/<mask>]	匹配帶有 Netfilter 分配的 mark 值的封包。

mark 值以及掩碼均為無符號長整數。如果指定了掩碼，就將 mark 值和掩碼進行邏輯與操作。

在下面的例子中，假設在指定的來源和目的之間傳入的 telnet 客戶端封包已經被分配了 mark 值：

```
iptables -A FORWARD -i eth0 -o eth1 -p tcp \
         -s <some src address> --sport 1024:65535 \
         -d <some destination address> --dport 23 \
         -m mark --mark 0x00010070 \
         -j ACCEPT
```

在這裡被測試的 mark 值在之前的某個封包處理節點被設置。mark 值是一個旗標，指示此封包的處理不同於其他封包。

• tos filter 表匹配擴展

表 3.18 列出了 tos 匹配擴展的可用選項。

tos 值可以是字串或數值中的一個：

- minimize-delay, 16, 0x10
- maximize-throughput, 8, 0x08
- maximize-reliability, 4, 0x04
- minimize-cost, 2, 0x02
- normal-service, 0, 0x00

表 3.18 tos 匹配擴展

-m | --match tos 選項	描述
--tos <value>	對 IP TOS 設置進行匹配。

TOS 欄位已經被重定義為由差分服務代碼點（Differentiated Services Code Point，DSCP）使用的差分服務域。

請從下面的來源處查看關於差分服務的更多資訊。

- RFC 2474,“Definition of the Differentiated Services Field (DS Field) in the IPv4 and IPv6 Headers”。
- RFC 2475,“An Architecture for Differentiated Services”。
- RFC 2990,“Next Steps for the IP QoS Architecture”。
- RFC 3168,“The Addition of Explicit Congestion Notification (ECN) to IP”。
- RFC 3260,“New Terminology and Clarifications for Diffserv”。

• unclean filter 表匹配擴展

由 unclean 模組執行的特定封包的有效性檢測功能並未被記入檔案。此模組被認為是實驗性的。

下面的幾行顯示了 unclean 模組的語法，此模組不包含任何參數：

```
-m | --match unclean
```

unclean 擴展可能會在本書出版時獲得「祝福」。與之同時，該模組於 LOG 選項搭配的一個例子如下：

```
iptables -A INPUT -p ! tcp -m unclean \
         -j LOG --log-prefix "UNCLEAN packet: " \
         --log-ip-options
iptables -A INPUT -p tcp -m unclean \
         -j LOG --log-prefix "UNCLEAN TCP: " \
         --log-ip-options \
         --log-tcp-sequence --log-tcp-options
iptables -A INPUT -m unclean -j DROP
```

• addrtype filter 表匹配擴展

addrtype 匹配擴展用於根據位址類型的封包匹配，例如單播、廣播和多播。位址的類型包括在表 3.19 中列出的那些種類。

表 3.19 addrtype 匹配使用的位址類型

名稱	描述
ANYCAST	任播封包
BLACKHOLE	黑洞位址
BROADCAST	廣播位址
LOCAL	本地位址
MULTICAST	多播位址
PROHIBIT	禁止位址
UNICAST	單播位址
UNREACHABLE	不可達位址
UNSPEC	未指明的位址

如表 3.20 列出的那樣，兩個命令是用於 addrtype 匹配的。

表 3.20 addrtype 匹配命令

選項	描述
--src-type <type>	用類型 <type> 匹配來源位址。
--dst-type <type>	用類型 <type> 匹配目的位址。

• iprange filter 表匹配

有時，使用 CIDR 記法定義的一個 IP 位址的範圍不能夠滿足您的需求。例如，如果您需要限制某一特定範圍的 IP 位址，它不落在某個子網邊界內或只有一對位址跨過了子網邊界，iprange 匹配類型將完成此類工作。

透過使用 iprange 匹配，您可以指定使匹配生效的任意範圍的 IP 位址。iprange 匹配也可以被否定。表 3.21 列出了 iprange 匹配的命令。

表 3.21 iprange 匹配命令

命令	描述
[!] --src-range <ip address-ip address>	指定（或否定）將匹配的來源 IP 位址範圍。這個範圍透過一個連字元指定，中間沒有空格。
[!] --dst-range <ip address-ip address>	指定（或否定）將匹配的目的 IP 位址範圍。這個範圍透過一個連字元指定，中間沒有空格。

• length filter 表匹配

length filter 表的匹配擴展檢測封包的長度。如果封包的長度匹配給定的值，或任意地落在給定的範圍內，此規則即被呼叫。

表 3.22 列出了與 length 匹配相關的唯一命令。

表 3.22 length 匹配命令

命令	描述
--length <length>[:<length>]	匹配長度為 <length> 或在 <length:length> 範圍內的封包。

3.4.4 nat 表目標擴展

像之前提到過的那樣，iptables 支援四種常用的 NAT：來源 NAT（SNAT）；目的 NAT（DNAT）；偽裝（MASQUERADE），一種來源 NAT 實作的特例；以及本地埠指向（重新導向）本地主機。作為 nat 表的一部分，當一條規則透過使用 -t nat 表說明符指定 nat 表時，這些目標都是可用的。

- **SNAT nat 表目標擴展**

網路位址和埠轉換（Network Address and Port Translation，NAPT）是人們最熟悉的一種 NAT。如圖 3.5 所示，來源位址轉換在路由決定做出之後實施。SNAT 目標只在 POSTROUTING 規則鏈中使用。由於 SNAT 應用於封包被發出的前一刻，因此它只能指定傳出介面。

一些檔案將這種形式的 NAT（最常見的形式）稱為 NAPT，以確認對埠號所做的更改。其他形式的傳統的、單向的 NAT 是基礎的 NAT，不會觸及來源埠。這種形式在私有 LAN 與公用位址池之間轉換時使用。

NAPT 是在您只有一個公用位址的時候使用。來源埠會被替換為防火牆 /NAT 電腦上的一個空閒埠，因為它正為任意數量的內部網路電腦進行轉換，而某台內部電腦使用的埠可能已經被 NAT 電腦使用了。當響應返回時，NAT 電腦便要依據埠決定此封包是發往內部網路的電腦還是它自己，然後決定此封包將發往哪台內部電腦。

SNAT 的一般語法如下：

```
iptables -t nat -A POSTROUTING --out-interface <interface> ...\
        -j SNAT --to-source <address>[-<address>][:<port>-<port>]
```

如果有多於一個的位址可用，則來源位址可以被映射到一個可用的 IP 位址範圍。

來源埠可以被映射到路由器中指定的來源埠的範圍。

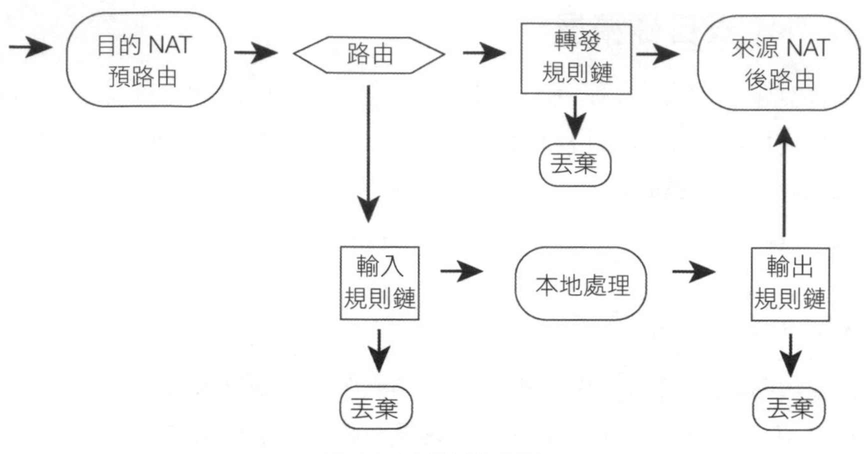

圖 3.5 NAT 封包傳輸

• 偽裝 nat 表目標擴展

在 iptables 中，來源位址轉換已經以 SNAT 和 MASQUERADE 兩種不同的方式實作。區別在於 MASQUERADE 目標擴展傾向用於動態分配 IP 位址的介面上的連接，尤其是連接是臨時的並且新連接的 IP 位址分配可能是不同的。如之前所討論的那樣，在「NAT 表特性」一節中，MASQUERADE 對於動態 IP 或移動連接尤其有用。

由於位址偽裝是一種 SNAT 的特例，它同樣也僅在 POSTROUTING 規則鏈中是合法的目標，而且規則僅可以指向傳出介面。不同於更普通的 SNAT，MASQUERADE 並不帶參數以指定應用到封包的來源位址。傳出介面的 IP 位址被自動使用。

MASQUERADE 的通用語法如下：

```
iptables -t nat -A POSTROUTING --out-interface <interface> ...\
        -j MASQUERADE [--to-ports <port>[-<port>]]
```

來源埠可以映射到路由器上一個特定範圍內的來源埠。

• DNAT nat 表目標擴展

目標位址和埠轉換是 NAT 的一種高度特化的形式。如果一個住宅站點或小型商用站點的公用 IP 位址是被動態分配的或只有一個 IP 位址並且站點管理者希望轉發傳入連接到非公用可見的內部伺服器，那麼這個功能最有可能有用。換句話說，DNAT 功能可以用於替換從前需要的第三方埠轉發軟體，例如 ipmasqadm。

目的位址和埠轉換在路由決定做出前被完成，請參閱前面的圖 3.5。DNAT 是 PREROUTING 規則鏈和 OUTPUT 規則鏈中的合法目標。在 PREROUTING 規則鏈中，當傳入介面被指定時，DNAT 可以作為目標。在 OUTPUT 規則鏈中，當傳出介面被指定時，DNAT 可以作為目標。

DNAT 的一般語法如下：

```
iptables -t nat -A PREROUTING --in-interface <interface> ... \
        -j DNAT --to-destination <address>[-<address>][:<port>-<port>]
iptables -t nat -A OUTPUT --out-interface <interface> ... \
        -j DNAT --to-destination <address>[-<address>][:<port>-<port>]
```

如果多個 IP 位址可用，則目的位址可以被映射到可用的 IP 位址範圍。

目的埠可以被映射到目的主機上特定範圍的其他埠。

• REDIRECT nat 表目標擴展

埠重新導向是 DNAT 的一種特例。封包被重新導向到本地主機的某個埠。傳入封包被重新導向到傳入介面的 INPUT 規則鏈，否則將被轉發。由本地主機產生的傳出封包被重新導向到本地主機迴路介面上的一個埠。

REDIRECT 僅僅是一個別名，為了方便說明重新導向一個封包到此主機的特殊情況。它不提供額外的功能。可以簡單地被使用 DNAT 以達到相同的效果。

REDIRECT 同樣也是 PREROUTING 規則鏈和 OUTPUT 規則鏈中的合法目標。在 PREROUTING 規則鏈中，當傳入介面被指定時，REDIRECT 可以作為目標。在 OUTPUT 規則鏈中，當傳出介面被指定時，REDIRECT 可以作為目標。

REDIRECT 的一般語法如下：

```
iptables -t nat -A PREROUTING --in-interface <interface> ...\
        -j REDIRECT [--to-ports <port>[-<port>]]
iptables -t nat -A OUTPUT --out-interface <interface> ...\
        -j REDIRECT [--to-ports <port>[-<port>]]
```

目標埠可以被映射到一個不同的埠或本地主機上一個指定的範圍內的其他埠。

3.4.5 mangle 表命令

mangle 表的目標和擴展應用與 OUTPUT 規則鏈和 PREROUTING 規則鏈。請記住，filter 表是隱含的預設表。要使用 mangle 表的功能，您必須使用 -t mangle 指令指定 mangle 表。

• mark mangle 表目標擴展

表 3.23 列出了 mangle 表可用的目標擴展。

表 3.23 mangle 目標擴展

-t mangle 選項	描述
-j MARK --set-mark <value>	為封包設置 Netfilter 的標記值。
-j TOS --set-tos <value>	設置 IP 標頭中的 TOS 值。

mangle 表的目標擴展有兩個：MARK 和 TOS。MARK 包含設置非符號長整型 mark 值的功能，這些值在由 iptable mangle 表維護的封包中。

用法的範例如下：

```
iptables -t mangle -A PREROUTING --in-interface eth0 -p tcp \
        -s <some src address> --sport 1024:65535 \
        -d <some destination address> --dport 23 \
        -j MARK --set-mark 0x00010070
```

TOS 包含了設置 IP 標頭中 TOS 欄位的功能。用法的範例如下：

```
iptables -t mangle -A OUTPUT ...-j TOS --set-tos <tos>
```

tos 值的可用值與 filter 表的 TOS 匹配擴展模組中的可用值相同。

3.5 小結

本章包含了 iptables 中的許多可用功能，當然，這些功能也是最常用的。我已經嘗試提出一般意義上 Netfilter 和 IPFW 的區別，目的就是為您理解在之後章節中介紹的它們在實作上的不同打下一個基礎。三大獨立的表 filter、mangle 和 nat 的模組化實作部分均已介紹。在這些主要的部分中，功能被進一步分解到提供目標擴展的模組和提供匹配擴展的模組。

第 5 章使用了一個簡單的獨立防火牆的實例。基礎的反欺騙、拒絕服務以及其他基本規則都被介紹。本章介紹一般防火牆的目的對用戶來說並不是透過「複製和貼上」來進行練習，而是盡可能地以功能的方式示範本章呈現的語法。第 4 章介紹了新的 Netfilter 表系統，它將作為 iptables 的替代品。後面的章節更多地介紹諸如用戶自定義規則鏈、防火牆最佳化、LAN、NAT 和多宿主主機等特性。

MEMO

04 nftables:（新）Linux 防火牆管理程式

第 3 章介紹了 iptables——長久以來 Linux 的防火牆管理程式。其中包括了 iptables 的語法和很多選項。本章將介紹新的 Netfilter 表（nftables）程式。從 Linux 核心 3.13 版本開始，nftables 已經成為 Linux 核心主線的一部分。

4.1 iptables 和 nftables 的差別

在核心中，nftables 與 iptables 的過濾系統有重大的差異。nftables 不僅替代了 iptables 的功能，而且替代了 ip6tables 用於 IPv6、arptables 用於 ARP 過濾、etables 用於乙太網橋過濾的功能。nftables 的命令語法與 iptables 的命令語法有所不同，nftables 擁有使用額外腳本的能力。nftables 的管理程式叫做 nft，防火牆建構於此命令基礎之上。

不同於 iptables，nftables 並不包含任何的內建表。由管理員決定需要哪些表並添加這些表的處理規則。本章的其餘內容將介紹 nftables 的語法，以及使用它建立防火牆的用法。

4.2 nftables 基本語法

nft 命令提供了用於建構防火牆的管理程式。nftables 命令的基本語法是以 nft 程式本身開頭，接下來是命令和子命令，以及各式各樣的參數和表達式。下面是一個例子：

```
nft<command><subcommand><chain><rule definition>
```

典型的命令有 add、list、insert、delete 和 flush。

典型的子命令包括 table、chain 和 rule。

4.3 nftables 特性

nftables 擁有一些進階的類別似程式語言的能力，例如定義變數和包含外部檔案。nftables 也可以用於多種位址族（address family）的過濾和處理。這些位址族如以下所示。

- ip：IPv4 位址。
- ip6：IPv6 位址。
- inet：IPv4 和 IPv6 位址。
- arp：位址解析協定（ARP）位址。
- bridge：處理橋接封包。

當沒有指定位址族時，預設的是 IP。能夠處理不同位址族的能力意謂著 nftables 打算替代其他過濾機制，例如 etables 和 arptables。

nftables 的整個處理架構用於決定規則將應用於哪個位址族。然後，nftables 會使用一個或多個表，其中包含了一個或多個規則鏈，規則鏈則包含了處理規則。nftables 的處理規則由位址、介面、埠或包含在目前處理封包中的其他資料等表達式以及諸如 drop、queue 和 continue 等宣告組成。

注意

表包含規則鏈；規則鏈包含規則。

特定的位址族包含鉤子，它使得 nftables 可以當封包在 Linux 的網路堆堆疊中傳輸時存取到封包。這意謂著您可以在封包被傳遞到路由之前或在它處理完畢之後對封包執行一些操作。對 ip、ipv6 和 inet 位址族來說，可以應用下面的鉤子。

- prerouting：剛到達且並未被 nftables 的其他部分所路由或處理的封包。
- input：已經被接收並且已經經過 prerouting 鉤子的傳入封包。
- forward：如果封包將被發送到另一個設備，它將會通過 forward 鉤子。
- output：從本地系統傳出的封包。
- postrouting：僅僅在離開系統之前，postrouting 鉤子使得可以對封包進行進一步的處理。

ARP 位址族只能使用 input 鉤子和 output 鉤子。

4.4 nftables 語法

nft 命令本身有一些可以從命令行傳入的選項，它們並不直接與定義過濾規則相關。這些命令行選項包括如下：

- --debug <level, [level]>：在 <level> 處（例如 scanner、parser、eval、netlink、mnl、segtree、proto-ctx、或全部）添加除錯。
- -h | --help：顯示基本幫助。
- -v | --version：顯示 nft 的版本號。
- -n | --numeric：以數字方式顯示位址和埠號資訊而不執行名稱解析。
- -a | --handle：顯示規則控制代碼。
- -I | --includepath<directory>：將 <directory> 添加到包含檔案的搜尋路徑中。

- -f | --file <filename>：將 `<filename>` 檔案的內容包含進來。
- -i | --interactive：從命令行讀取輸入。

如之前闡述的那樣，`nftables` 中沒有預定義的表。同樣地，由您定義希望在 `nftables` 系統中使用的表。定義一個規則的命令依賴於您是在表、規則鏈還是在規則上進行操作。

4.4.1 表語法

在表上進行操作時，有下述四個命令可用。

- add：添加一個表。
- delete：刪除一個表。
- list：顯示一個表中的所有規則鏈和規則。
- flush：清除一個表中的所有規則鏈和規則。

您可以使用下面的命令列出那些可用的表（以 root 權限執行）：

```
nft list tables
```

記住，與 iptables 不同，nftables 中並沒有預設表。因此，如果沒有任何表被定義，則 list tables 命令則沒有返回值。如果您剛剛建立了 nftables 並且還沒有用它定義防火牆，那麼這將會是預期內的行為。您可以定義一個擁有普通防火牆規則鏈和規則的表，像這樣：

```
nft add table filter
```

一旦防火牆的表被添加，list tables 命令將返回表的名稱：

```
table filter
```

更多關於表的資訊可以透過下面的命令收集：

```
nft list table filter
```

這樣做會顯示關於表的資訊，包括任何定義在表中的規則鏈：

```
tableip filter{
}
```

如例所示，filter 表使用 IP 位址族，並且它目前為空。

此例子中的表叫做 filter，但它也可以被叫做任何名稱，例如將其替換為 firewall。然而，通常的使用和 nftables 檔案中的名稱，以及這裡的例子都把該表稱為 filter。

當要列出規則時，添加 -a 選項以查看控制代碼號是很有用的。控制代碼可以很容易地被用於修改或刪除一條規則。這種用法將在本章的後面當添加規則到防火牆時進行介紹。

當列出防火牆規則時，nftables 將執行位址和埠解析。這個行為可以使用 -n 選項修改。添加兩個 -n 選項可以同時防止位址和埠的解析，如以下所示：

```
nft list table filter-nn
```

4.4.2 規則鏈語法

當在規則鏈上進行操作時，共有下述六個命令可用。

- add：將一條規則鏈添加到一個表中。
- create：在一個表中建立一條規則鏈，除非該表中已經存在同名的規則鏈。
- delete：刪除一條規則鏈。
- flush：清除一條規則鏈中的所有規則。
- list：顯示一條規則鏈中的所有規則。
- rename：修改一條規則鏈的名稱。

在添加一條規則鏈時，可以定義之前提到過的鉤子。而且，可以將可選的優先級添加到規則鏈的定義中。

有三種基本的規則鏈類型，它們可以包含規則並且可以連接到之前描述過的鉤子。規則鏈類型和鉤子類型需要在規則鏈建立期間被定義，在通常的防火牆情境中，它們對規則鏈操作來說非常重要。如果規則鏈類型和鉤子類型未被定義，封包將不會被路由到此規則鏈。

三種基本的規則鏈類型如下：

- filter：用於封包過濾層。
- route：用於封包路由。
- nat：用於網路位址轉換（Network Address Translation，NAT）。

可以添加其他規則鏈以使用相似的規則群組。當封包在基礎規則鏈中傳輸時，處理程序可以被路由到一個或多個用戶定義的規則鏈以進行額外的處理。

當添加一條規則鏈時，必須指定規則鏈將要添加到的表。例如，下面的命令添加 `input` 規則鏈到 `filter` 表（在之前的小節中定義的）：

```
nft add chain filter input { type filter hook input priority 0 \; }
```

這條命令宣告一條叫做 `input` 的規則鏈，將被添加到名為 `filter` 的表中。規則鏈的類型是 `filter`，並且它將以優先級 0 被附加到 `input` 鉤子。當從命令行中輸入此命令時，需要在括號之間加一個空格跟一個分號。當此命令在本地 `nft` 腳本中使用時，空格和反斜線可以被忽略。

添加 `output` 規則鏈看上去很類似，只需要將合適位置的 `input` 更改為 `output` 即可：

```
nft add chain filter output { type filter hook output priority 0 \; }
```

4.4.3 規則語法

規則是過濾操作發生的地方。當操作規則時，有三個命令可用。

- add：添加一條規則。
- insert：在規則鏈中加入一個規則，可以添加在規則鏈開頭或指定的地方。
- delete：刪除一條規則。

在規則中您需要指定匹配的準則，以及對於匹配此規則的封包應採取的裁決或決定。nftables 和在其中建立的規則，使用各式各樣的宣告和表達式來建立定義。

nftables 宣告與 iptables 的宣告相類似，並且通常影響封包如何被處理、如何被停止處理、發送到另外的規則鏈進行處理或簡單地記錄該封包。宣告和裁決包括以下命令。

- accept：接受封包並且停止處理。
- continue：繼續處理此封包。
- drop：停止處理並靜默地丟棄此封包。
- goto：發送到指定的規則鏈進行處理但不返回到呼叫的規則鏈。
- jump：發送到指定的規則鏈進行處理，並且當完成時或執行了返回的宣告時，返回到呼叫的規則鏈。
- limit：如果達到了接收封包的匹配限制，則根據規則處理封包。
- log：日誌記錄該封包並繼續處理。
- queue：停止處理並且發送封包到用戶空間的程式。
- reject：停止處理並駁回封包。
- return：發送到呼叫的規則鏈進行處理。

nftables 表達式中可以指定位址族或所處理的封包類型。nftables 使用有效載體表達式（payload expressions）以及元表達式（meta expressions）。有效載體表達式是從封包資訊那裡收集的。一些特定的標頭表達式，例如，sport 和 dport（分別是來源埠和目的埠）會被應用到 TCP 和 UDP 封包，但它們對於 IPv4 和 IPv6 層來說沒有意義，因為這些層不使用埠。元表達式可以在廣泛應用的規則，或與常用封包或介面屬性相關的規則中使用。

表 4.1 介紹了可用的元表達式。

表 4.1 nftables 的元表達式

表達式	描述
iif	接收封包的介面的索引
iifname	接收封包的介面的名稱
iiftype	接收封包的介面的類型
length	封包的位元組長度
mark	封包標記
oif	傳出封包的介面的索引
oifname	傳出封包的介面的名稱
oiftype	傳出封包的介面的類型
priority	TC 封包的優先級
protocol	乙太網類型協定
rtclassid	路由封包的領域
skgid	原始 socket 的群組識別子
skuid	原始 socket 的用戶識別子

連接追蹤（有時被稱為 conntrack）表達式使用封包處的元資料為接下來的規則處理提供資訊。連接追蹤表達式可以透過關鍵字 `ct` 後跟一個下面的選項被包含進來：`daddr`、`direction`、`expiration`、`helper`、`l3proto`、`mark`、`protocol`、`proto-src`、`proto-dst`、`saddr`、`state` 和 `status`。

狀態表達式是防火牆使用中重要的一項。普通的封包檢查和規則處理是無狀態的，這意謂著處理程序不知道之前處理過的封包的任何資訊。每個封包都是依據其自身的來源和目的位址、埠以及其他標準被檢查的。下面列出的狀態表達式使得與封包相關的資訊被記錄，因此，進行處理的規則會得到相關流量正在進行交換的上下文。

- new：一個新的封包到達防火牆，例如一個設置了 SYN 旗標的 TCP 封包。
- established：封包是已經被處理或追蹤的連接的一部分。
- invalid：一個不符合協定規則的封包。
- related：一個封包與某個連接相關，該連接的協定不使用其他手段追蹤其狀態，例如 ICMP 或被動 FTP。
- untracked：一個用於繞開連接追蹤的管理員狀態，典型用於特殊情況。

實際上，new、related、established 狀態的使用都很頻繁，invalid 狀態會在合適的地方被使用。例如，下面是一個允許 established 和 related 的 SSH 連接的規則。允許相關的連接是很重要的，以防因為記憶體被清除，而否定所有已建立連接的狀態。

```
nft add rule filter input tcpdport 22 ct state established,related accept
```

第 3 章中名為「state filter 表匹配擴展」的小節詳細地討論了狀態機制。

載體表達式用於建構匹配特定標準的規則，並且與被處理的封包的類型緊密相關。

表 4.2 描述了 IPv4 標頭的表達式。表 4.3 描述了 IPv6 標頭的表達式。表 4.4 描述了 TCP 標頭的表達式。

表 4.2 IPv4 的載體表達式

表達式	描述
checksum	IP 標頭的校驗和
daddr	目的 IP 位址
frag-off	分片偏移
hdrlength	包括選項在內的 IP 標頭長度
id	IP 識別子
length	封包的總長度
protocol	IP 層以上的層所使用的協定
saddr	來源 IP 位址
tos	服務類型值
ttl	生存期值
version	IP 標頭版本，在 IPv4 表達式中該值總是 4

表 4.3 IPv6 標頭表達式

表達式	描述
daddr	目的 IP 位址
flowlabel	流標籤
hoplimit	跳數限制
length	載體的長度

表達式	描述
nexthdr	下一標頭協定
priority	優先級值
saddr	來源 IP 位址
version	IP 標頭版本，在 IPv6 表達式中該值總是 6

表 4.4 TCP 標頭表達式

表達式	描述
ackseq	確認號
checksum	封包的校驗和
doff	資料偏移
dport	封包所發往的埠（目的埠）
flags	TCP 旗標
sequence	序列號碼
sport	封包發出的埠（來源埠）
urgptr	緊急指標值
window	TCP 窗口值

如表 4.5 所示，由於 UDP 是一個相對簡單的協定，因此幾乎沒有用於 UDP 標頭的表達式。

表 4.5 UDP 標頭表達式

表達式	描述
checksum	封包的校驗和
dport	封包所發往的埠（目的埠）
length	封包的總長度
sport	封包發出的埠（來源埠）

表 4.6 顯示了用於 ARP 標頭的可用表達式。

表 4.6 ARP 標頭表達式

表達式	描述
hlen	硬體位址長度
htype	ARP 硬體類型

表達式	描述
op	操作
plen	協定位址長度
ptype	乙太網類型

4.4.4 nftables 的基礎操作

在添加一條規則時，表和規則鏈需要與匹配標準一同被指定。例如，添加一個用以接受從特定主機到來的 SSH 連接的規則如以下所示。此規則被添加到前面建立的 filter 表中的 input 規則鏈：

```
nft add filter input tcp dport 22 accept
```

各式各樣的宣告，例如 accept、drop、reject、log 和其他宣告（在本節前面列出的）在 iptables 中被稱為擴展（extensions）。用於擴展的許多選項和操作模式在 nftables 中也同樣適用。例如，記錄傳入連接時，需要使用 log 宣告。此宣告可以與連接追蹤聯合使用，以僅僅記錄到達 22 號埠的新連接。另外，還可以添加一個限制以防止日誌記錄機制不堪重負。

nftables 中的日誌記錄需要 nfnetlink_log 或 xt_LOG 核心模組或核心的支援。而且，您需要將「ipt_LOG」寫入 proc 檔案中的 nf_log，以啟用日誌記錄：

```
echo "ipt_LOG" > /proc/sys/net/netfilter/nf_log/2
```

記錄新 SSH 連接（頻率限制）的 nftables 命令最終看起來是這樣的：

```
nft add filter input tcp dport 22 ct state new limit rate 3/second log
```

元表達式，例如那些選擇傳入或傳出介面的元表達式，被用為一個規則中更進一步的選擇器。例如，記錄到達 eth0 介面的新連接的命令看起來是這樣的：

```
nft add filter input iif eth0 ct state new limit rate 10/minute log
```

第 3 章包含了各種表達式的語法規則和選項。

4.4.5 nftables 檔案語法

nftables 最好的一個特性便是支援讀取包含 nftables 規則的外部檔案。這些檔案可以保存導入的規則，在使用時無需建立又長又複雜的 shell 腳本。即便如此，shell 腳本作為防火牆規則檔案的容器，在導入規則時依舊很有用。

nftables 使用 -f 選項來導入檔案。例如，此檔案建立了一個基礎的過濾防火牆，以記錄新的 SSH 封包（頻率限制）：

```
table filter {
        chain input {
                type filter hook input priority 0;
                tcpdport 22 ct state new limit rate 3/second log prefix
                "NEWpacket: "
        }

        chain output {
                type filter hook input priority 0;
        }
}
```

假設此檔案被保存為 firewall.nft，它便可以使用下面的命令進行加載：

```
nft -f firewall.nft
```

4.5 小結

nftables 與 iptables 很相似，規則和選項在建構防火牆時通常可以互相兼容。nftables 利用表，表包含了規則鏈，而規則鏈包含了許多規則。規則會告訴 nftables 在處理封包時應該做什麼。像 iptables 一樣，nftables 可以在封包上執行 accept、drop、reject、log 以及相似的動作。nftables 也可以包括根據狀態的處理。nftables 取代了 arptables、iptables 和 ebtables。

因為 nftables 的許多規則和操作與 iptables 相似，對於本章未覆蓋到的那些表達式，您可以使用第 3 章作為參考。

05

建構和安裝獨立的防火牆

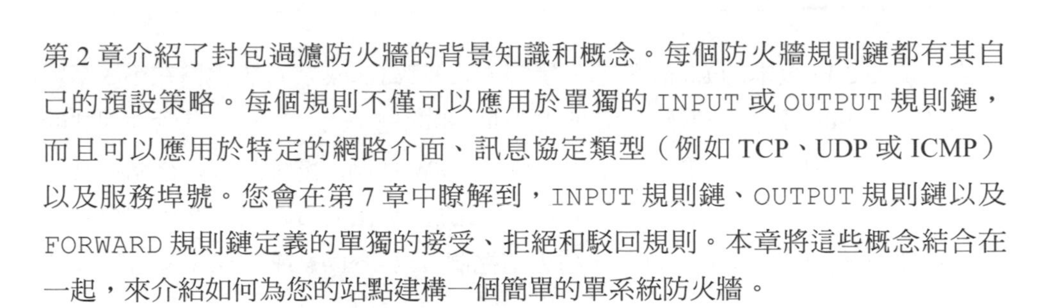

第 2 章介紹了封包過濾防火牆的背景知識和概念。每個防火牆規則鏈都有其自己的預設策略。每個規則不僅可以應用於單獨的 `INPUT` 或 `OUTPUT` 規則鏈，而且可以應用於特定的網路介面、訊息協定類型（例如 TCP、UDP 或 ICMP）以及服務埠號。您會在第 7 章中瞭解到，`INPUT` 規則鏈、`OUTPUT` 規則鏈以及 `FORWARD` 規則鏈定義的單獨的接受、拒絕和駁回規則。本章將這些概念結合在一起，來介紹如何為您的站點建構一個簡單的單系統防火牆。

您將在本章建立的防火牆根據「預設拒絕一切」的策略。所有的網路流量預設都是被阻擋的。服務均是根據例外策略被一一啟用的。

在建立單系統防火牆後，第 7 章和第 8 章講解了如何將獨立的防火牆擴展為雙宿主防火牆。一個多宿主防火牆至少擁有兩個網路介面。它使得一個內部 LAN 與網際網路隔離。它使用兩種方式保護您的內部 LAN：透過兩個轉發介面上應用封包過濾規則以及透過網路位址轉換，扮演 LAN 和網際網路之間的代理閘道器。NAT 並不是代理服務，因為它並沒有為連接提供中間的終止點。NAT 是類似代理的，從網際網路角度來看，它使得本地主機被隱藏了起來。

單系統和雙宿主防火牆是防火牆架構裡「最小安全」（least secure）的兩種形式。如果防火牆主機被攻破，任何本地電腦將變成活靶子。作為獨立防火牆，它是一種孤注一擲（要麼完全安全，要麼全被攻破）的提議。單宿主主機通常在隔離區（demilitarized zone，DMZ）中負責託管一個公用網際網路服務，或用在家庭設置中。

對於單系統家庭或小型商務的設定來說，其假設是大多數用戶都擁有一台連接到網際網路的電腦或設備，或用單個防火牆電腦保護的小型私有 LAN。這種假設是由於這些站點一般沒有資源去擴展具有額外防火牆等級的架構模型。

然而，「最小安全」的術語並不意謂著不安全的防火牆。這些防火牆只是與包含多台電腦的更複雜架構相比更不安全。安全是在可用資源與逐漸減少的收益間的均衡。第 7 章會介紹更多的安全設定，以供保護較為複雜的 LAN 的附加內部安全性，也提供比單系統防火牆更安全的伺服器設定。

5.1 Linux 防火牆管理程式

本書是依據 3.14 版本的 Linux 核心而撰寫。大多數 Linux 發行版提供在第 3 章中介紹到的 Netfilter 防火牆機制。這個機制通常指的是 iptables，其管理程式的名稱。更舊一點的 Linux 發行版使用更早的 IPFW 機制。這種防火牆機制通常指的較早版本的管理程式（ipfwadm 或 ipchain）。由於發行版均至少被更新到了 3.13 的核心版本，新的 Netfilter 防火牆機制 nftables 或 nft（其管理程式的名稱）被包括進來。

作為一個防火牆管理程式，iptables 為 INPUT 和 OUTPUT 規則鏈建立的單獨封包過濾規則構成了防火牆。nftables 並不建立預設的表、規則鏈或規則，因此需要手動建立表以包含用於過濾封包，並且連接到 INPUT 和 OUTPUT 鉤子的規則鏈。

定義防火牆規則的一個最重要的因素，是定義規則的順序。通常，封包過濾規則儲存在核心 filter 表或更多的表中的 INPUT、OUTPUT 或 FORWARD 規則鏈中，以它們被定義的順序被存放。一條條規則會被插入到規則鏈的標頭，或附加到規則鏈的尾部。本章的例子中所有的規則都被附加在尾部（除了本章末尾的一個例外）。您定義規則的順序便是它們被添加到核心表中的順序，此順序也是各個封包比較規則的順序。

當每個外部產生的封包到達網路介面時，它的標頭欄位會和它介面 INPUT 規則鏈中的每條規則相比較，直到找到一個匹配項。相反地，在每個本地產生的封包被送出時，它的標頭欄位會與 OUTPUT 規則鏈中的每條規則相比較，直到找到一個匹配項。兩個方向中，當找到一個匹配項時，比較便會停止，規則中的封包處置便會被應用：ACCEPT、DROP 或視情況執行 REJECT。如果封包沒有匹配到規則鏈中的任意一條規則，此規則鏈的預設策略會被應用。最後要強調的是，第一條匹配到的規則勝出。

本章的過濾範例使用 /etc/services 中列出的數字服務埠號，而不是其符號名稱。iptables 和 nftables 均支援符號化的服務埠名。本章例子中所使用的數值，因為符號化的名稱在 Linux 發行版之間並不固定，甚至在同一個發行版的不同版本中也不固定。為清楚起見，您可以在您的規則中使用符號化的名稱，但請記住您的防火牆可能在下次更新後崩潰。我發現使用埠號本身會更加可靠。使用符號名稱還可能引起防火牆規則的模糊性。

大多數 Linux 發行版將 iptables 實作為一組可加載的程式模組集合。大多數或全部的模組會在第一次使用時動態地、自動地被加載。如果您的發行版還未提供 nftables 支援，或者如果您選擇建構您自己的核心（就像我經常做的那樣），您將需要以模組化的方式或直接加入進核心的方式編譯 netfilter 支援。

當使用 iptables 時，iptables 的命令必須在您定義每一條規則時被呼叫一次。它是由 shell 腳本完成的，本章將為防火牆建立並使用一個名為 rc.firewall 的腳本。腳本應該被放置的位置取決於使用此腳本的 Linux 發行版。在大多數系統中，包括 Red Hat/CentOS/Fedora 和 Debian，正確的路徑應該是在 /etc/init.d/. 中。為了防止 shell 語義的不同，例子是以 Bourne（sh）或 Bourne Again（Bash）shell 語義寫成的。

iptables 的 shell 腳本設置了許多變數。其中最主要的是 iptables 命令本身的位置。設置這個變數是很重要的，這樣可以明確地定位。在防火牆腳本中含糊不清是不允許的。本章中用於代表 iptables 命令的變數是 $IPT。如果您看到了 $IPT，它是 iptables 命令的替代物。您可以在 shell 中透過 iptables 而不是 $IPT 來執行此命令。然而，在腳本中（本章的目的所在）設置此變數是一個好主意。

腳本應該以「shebang」（# ！）行開始，呼叫 shell 作為此腳本的直譯器。換句話說，將下面這一行作為腳本的第一行：

```
#!/bin/sh
```

這裡所舉的例子並不是最好的。編寫它們只是為了說明清楚。防火牆最佳化以及用戶自定義規則鏈將會在第 6 章中進行講解。

nftables 防火牆腳本以一個 shell 腳本開始，但也會以單獨和包含檔案的形式包括各式各樣的 nftables 規則。這些檔案將在本章後面被用到時說明。

本章的其餘部分著眼於建構一個防火牆以及示範每一個例子中 iptables 和 nftables 的用法。

5.1.1 自訂與購買：Linux 核心

有一個很大的爭論是：編譯一個自訂的核心，還是堅持某個 Linux 發行版自帶的現成核心，哪一個更加明智？爭論還包括編譯一個一體化核心（一切都編譯進核心）和使用模組化核心，哪個在本質上比較好？與任何爭論一樣，每種方法都有其優缺點。一方面，有些人總是（或幾乎總是）建構他們自己的核心，有時被稱作「rolling their own」。另一方面，有些人很少或從來不建構他們自己的核心。還有些人總是建構一體化核心而其他人則使用模組化核心。

建構自訂的核心有一些優勢。首先，自訂的核心可以只編譯電腦執行所必須的驅動程式和選項。這對於伺服器，特別是防火牆來說是非常好的，因為它們的硬體很少有變動。另一個優點是如果選用了一體化核心，幾乎可以完全防止一些針對電腦的攻擊。當然對一體化核心的攻擊也是可能的，但相比於既有各種版本的核心的攻擊會少很多。進一步講，使用自訂的核心不受各種 Linux 版本的限制，您盡可以使用最新最好的核心，其中包含了針對您的硬體的漏洞修復。最後，使用自訂核心可以為核心提高附加的安全性選項。

建構自訂核心也有其不足之處。在您建構自己的核心之後，您將無法使用發行版的核心更新。實際上，您可以轉換到發行版的核心並使用更新，但這樣會再次將自訂核心已經解決掉的那些 bug 引了進來。使用現成的核心也更方便從發行商獲得技術支援。

如之前提到的那樣，我幾乎總是為生產環境的伺服器建構自己的核心。這種情況下，確實需要進行直接的技術支援。但這些都是少之又少的。我相信，為電腦自訂核心並透過修補程式添加更多的安全性，相比從發行版處使用官方的核心更新，利遠大於弊。

5.1.2 來源位址和目的位址的選項

封包的來源位址和目的位址，都可以在一條防火牆規則中指定。只有具有特定的來源位址和 / 或目的位址的封包會匹配此規則。位址可以是特定的 IP 位址、一個完全合法的主機名稱、一個網路（網域）的名稱或位址、一個有限範圍內的位址或以上幾個條件的綜合。

> **注意**
>
> **IP 位址的符號名稱表示**
>
> 遠端主機和網路可以被指定為有效的主機名稱或網路名稱。當防火牆規則應用到一個單獨的遠端主機時，使用主機名稱特別方便。對於那些 IP 位址可能改變或者無形地代表多個 IP 位址（就像 ISP 的郵件伺服器有時所做的那樣）的主機來說更是如此。然而，由於 DNS 主機名稱欺騙的可能性，通常遠端位址最好以點分十進制記法來表示。
>
> 符號化的主機名稱不能被解析，直到 DNS 流量被防火牆規則啟用。如果在防火牆規則中使用主機名稱，這些規則必須跟在啟用 DNS 流量的規則後面，除非 `/etc/hosts` 中包含了這些主機名稱的條目。
>
> 此外，一些發行版使用的引導環境，會在啟動網路或其他服務（包括 BIND）之前安裝防火牆。如果在腳本中使用符號化主機和網路名稱，這些名稱必須能夠在 `/etc/hosts` 中被解析。

`iptables` 和 `nftables` 都允許位址使用遮罩作為位址後綴。遮罩值可以從 0 到 32，指示遮罩的位元數。如第 1 章中討論的那樣，位元從左邊或最高位元被記數。遮罩表明位址中的前若干位元需要與指定 IP 位址中的起始若干位元相匹配。

一個 32 位元的遮罩，`/32` 意謂著所有的位元都必須被匹配。即位址必須與您在規則中定義的位址完全相同。指定位址為 `192.168.10.30` 與指定位址為 `192.168.10.30/32` 是一樣的。預設情況下的遮罩是 `/32`，您無需特別說明。

下面是一個遮罩的例子，它允許在您和您的 ISP 伺服器之間建立某個特定服務的連接。假設您的 ISP 伺服器提供服務的位址空間範圍是 `192.168.24.0` ～ `192.168.27.255`。在這種情況下，位址 / 遮罩對為 `192.168.24/22`。如圖 5.1 所示，所有位址的前 22 位元都是相同的，因此，任何與之前 22 位元相同的位址都將匹配。這樣，您只允許與 `192.168.24.0` 到 `192.168.27.255` 位址範圍內的電腦提供的服務相連接。

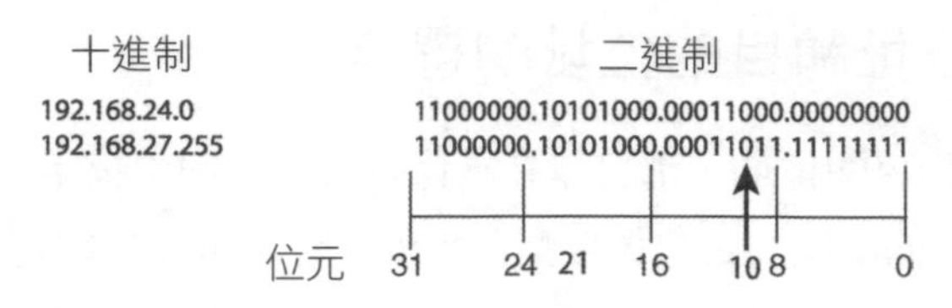

圖 5.1　遮罩 IP 位址範圍 192.168.24.0/22 內的前 22 位元匹配

遮罩為 0，/0 即不要求位址中的位元的匹配。換句話說，因為沒有位元需要匹配，那麼使用 /0 就等同於不指定位址。任何單播位址都將匹配。對於 0.0.0.0/0，iptables 有一個內建的別名 any/0。要注意，不管是否明確指出，any/0 是不包括廣播位址的。

5.2 初始化防火牆

防火牆是透過一系列由 iptables 或 nftables 命令行選項，所定義的封包過濾規則實作的。

對於規則的呼叫，應該從一個可執行的 shell 腳本處進行，而不是直接從命令行進行。您應該呼叫整個防火牆 shell 腳本。不要嘗試從命令行呼叫特定的規則，因為這會導致您的防火牆不恰當地接受或丟棄封包。當規則鏈被初始化時，預設的丟棄策略被啟用，所有的網路服務都被阻擋，直到某服務的接受規則被定義為止。

理想情況下，您應該從控制台處執行 shell 腳本。從遠端電腦或 XWindow 的 xterm　session 上執行 shell 腳本是比較冒險的做法。因為直到介面存取被明確啟用之前，遠端網路業務流是被阻塞的，而且 XWindows 所使用的本地迴路介面的存取也是被阻塞的。原則上，防火牆電腦上不應該安裝和執行 XWindows。這是一個典型的沒有太多用處，並且曾被用於攻擊伺服器的軟體。

有人需要從成百上千公里以外的某地方控制一台 Linux 電腦，和他們一樣，我也要從很遠的地方啟動防火牆腳本。在這種情況下，最好做兩項準備。首先，將防火牆腳本開始的一個或幾個執行動作的預設策略定為接受（ACCEPT）。這樣做是為了除錯腳本的語法，而不是規則。在腳本被除錯正確後，再將策略改回丟棄（DROP）策略。

其次非常重要的一點是，遠端執行防火牆腳本時，最好設置 corn 作業，使防火牆可以在不久後的某一時間停下來。這樣可以有效地允許您啟用防火牆並進行一些測試，並且當存在錯誤的（或遺漏的）設置時，不至於將您鎖在電腦外面而無法返回電腦。例如，在除錯一個防火牆腳本時，我會建立一個 corn 條目，每兩分鐘停止防火牆一次。這樣可以安全地執行防火牆腳本並且知道我是否已經把 SSH session 鎖在外面。如果我已經將自己鎖在外面，我只需要等待防火牆腳本再執行幾分鐘，等待防火牆被關閉，然後就可以修改腳本和繼續嘗試了。

此外，防火牆過濾器是按照您定義的順序進行過濾的。規則按照您定義的順序被附加在規則鏈尾部。第一條匹配的規則會勝出。因此，防火牆規則必須被定義成從最特別到最一般的規則層次關係。

防火牆的初始化涵蓋了許多方面，包括定義 shell 腳本中的全域常數，啟用核心支援服務（在必要的時候），清除防火牆規則鏈中任何已有的規則，為 INPUT 和 OUTPUT 規則鏈定義預設策略，為正常的系統操作重新啟用迴路介面，禁用您決定阻塞的來自特定主機或網路的存取，以及定義一些基本規則以拒絕非法位址並保護執行在非特權埠上的服務。

5.2.1 符號常數在防火牆範例中的使用

對反覆出現的名稱和位址使用符號常數，將使防火牆腳本變得極易閱讀和維護。下面的常數或者是本章例子中用到的，或者是在網路標準中定義的通用常數。在下面的例子也包括「shebang」直譯器行，以作為友善提示：

```
#!/bin/sh
INTERNET="eth0"                    # Internet-connected interface
LOOPBACK_INTERFACE="lo"            # However your system names it
IPADDR="my.ip.address"             # Your IP address
MY_ISP="my.isp.address.range"      # ISP server & NOC address range
SUBNET_BASE="my.subnet.network"    # Your subnet's network address
SUBNET_BROADCAST="my.subnet.bcast" # Your subnet's broadcast address
LOOPBACK="127.0.0.0/8"             # Reserved loopback address range
CLASS_A="10.0.0.0/8"               # Class A private networks
CLASS_B="172.16.0.0/12"            # Class B private networks
CLASS_C="192.168.0.0/16"           # Class C private networks
```

```
CLASS_D_MULTICAST="224.0.0.0/4"     # Class D multicast addresses
CLASS_E_RESERVED_NET="240.0.0.0/5"# Class E reserved addresses
BROADCAST_SRC="0.0.0.0"             # Broadcast source address
BROADCAST_DEST="255.255.255.255"    # Broadcast destination address
PRIVPORTS="0:1023"                  # Well-known, privileged port range
UNPRIVPORTS="1024:65535"            # Unprivileged port range
```

nftables 和 iptables 定義埠範圍的方式有所不同。因此，埠範圍的變數需要被分別定義。對於 iptables 防火牆來說，下面的宣告可以工作：

```
PRIVPORTS="0:1023"                  # Well-known, privileged port range
UNPRIVPORTS="1024:65535"            # Unprivileged port range
```

然而，對於 nftables 來說，冒號需要被替換為短的橫線，如以下所示：

```
PRIVPORTS="0-1023"                  # Well-known, privileged port range
UNPRIVPORTS="1024-65535"            # Unprivileged port range
```

未在此處列出的常數將在用到它們的特定規則上下文中進行定義。對 iptables 或 nftables 來說，有一個額外的常數是需要的。如果您使用 iptables，按下面的進行定義：

```
IPT="/sbin/iptables"                # Location of iptables on your system
```

如果您使用 nftables，按下面的進行定義：

```
NFT="/usr/local/sbin/nft"           # Location of nft on your system
```

5.2.2 啟用核心對監控的支援

操作系統對各種類型封包檢測的支援，經常與防火牆可以測試的類型相重合。這樣做的目的是保持冗餘度或進行深度防禦。

可以看到下面幾行命令，icmp_echo_ignore_broadcasts 通知核心丟棄發往廣播位址或多播位址的 ICMP echo 請求訊息（另一條命令 icmp_echo_ignore_all 用於丟棄所有傳入的 echo 請求訊息。值得注意的是，ISP 通常使用 ping 來幫助診斷本地網路的問題，DHCP 有時依賴於 echo 請求以避免位址衝突）。

```
# Enable broadcast echo Protection
echo "1" > /proc/sys/net/ipv4/icmp_echo_ignore_broadcasts
```

來源路由現今很少會被合法地使用。防火牆通常會丟棄所有來源路由封包。這個命令禁用了來源路由封包：

```
# Disable Source Routed Packets
echo "0" > /proc/sys/net/ipv4/conf/all/accept_source_route
```

TCP 的 SYN cookies 是一種快速檢測 SYN 洪水攻擊以及從 SYN 洪水攻擊恢復的機制。下面的命令可以啟用 SYN cookies：

```
# Enable TCP SYN Cookie Protection
echo 1 > /proc/sys/net/ipv4/tcp_syncookies
```

鄰近的路由器會向主機發送 ICMP 重新導向訊息，目的是通知主機找到了一條更短的路由路徑。此時，主機和兩個路由器都在同一個網路內，原來的路由器將新的路由器作為下一跳並發送封包。

路由器可以向主機發出重新導向訊息，但主機不會。主機需要接收重新導向訊息並將新閘道器加入到路由緩衝中。也有個別例外，如 RFC1122 "Requirements for Internet Hosts—Communication Layers" 3.2.2.2 節中提到的：「如果重新導向訊息所標示的新閘道器位址所在的網路，與該訊息傳達時經過的網路不同，那麼重新導向訊息應該被丟棄 [INTRO:2 附錄 A]，或者，如果重新導向訊息的發送源對於指定的目的位址來說，不是第一跳閘道器，重新導向訊息也要被丟棄（見 3.3.1 節）。」這些命令禁用重新導向：

```
# Disable ICMP Redirect Acceptance
echo "0" > /proc/sys/net/ipv4/conf/all/accept_redirects
# Don't send Redirect Messages
echo "0" > /proc/sys/net/ipv4/conf/all/send_redirects
```

RFC 1812 "Requirements for IPVersion 4 Routers" 5.3.8 節中描述的 `rp_filter` 嘗試實作來源位址確認。簡言之，一個傳入的封包中帶有一個來源位址，如果主機的轉發表指出，用該封包中的這個來源位址作為目的位址轉發另一個封包卻不能將其從傳入的介面發出的話，該傳入的封包將會被靜默地丟棄。根據 RFC 1812，如果得以實作，路由器會預設啟用此功能。但路由器中一般不會啟用這個位址確認功能，下面的命令可以禁用它：

```
# Drop Spoofed Packets coming in on an interface, which, if replied to,
# would result in the reply going out a different interface.
for f in /proc/sys/net/ipv4/conf/*/rp_filter; do
    echo "1" > $f
done
```

RFC 1812 的 5.3.7 節中定義了 `log_martians`，它會記錄來自不太可能的位址的封包。不太可能的來源位址包括多播或廣播位址，0 和 127 網路中的位址，以及 E 類保留位址空間。不太可能的目的位址包括位址 `0.0.0.0`，任何網路中的 0 號主機，任何 127 網路中的主機，以及 E 類位址。

目前，Linux 網路程式碼會檢測上面提到的位址。它不會對私有位址進行檢查（事實上，除非知道其網路介面，否則也不能夠進行檢查）。`log_martians` 並不影響封包正確性檢測，它只影響日誌的記錄，可以用下面的方法來設置它：

```
# Log packets with impossible addresses.
echo "1" > /proc/sys/net/ipv4/conf/all/log_martians
```

5.2.3 移除所有預先存在的規則

定義一組過濾規則時，要做的第一件事情就是從規則鏈中清除所有已存在的規則。否則，任何您定義的新規則將會被添加到已存在的規則之後。封包會在到達規則鏈中您定義的規則之前輕易地匹配到預先存在的規則。

移除規則也叫做刷新（flush）規則鏈。

對於 `iptables` 來說，下面的命令一次性刷新所有規則鏈上的規則：

```
# Remove any existing rules from all chains
$IPT--flush
```

可以使用 `-t <table>` 選項指定表，以刷新特定的表：

```
$IPT -t nat --flush
$IPT -t mangle--flush
```

對於 nftables 來說，需要指定表的名稱，下面的命令將刷新此表中所有規則鏈的規則：

```
nft flush table <tablename>
```

如果您使用的是社群標準的命名約束，那麼您會有一個 filter 表，還可能有一個 nat 表，這些表可以用下面的命令刷新：

```
nft flush table filter
nft flush table nat
```

其他的用戶自定義表，可以按照防火牆實作的需要而刷新。對於 nftables 來說，下面的迴圈可以使用戶刷新所有表中的所有規則鏈：

```
for i in '$NFT list tables | awk '{print $2}''
do
        echo "Flushing ${i}"
        $NFT flush table ${i}
done
```

一個更好的方法是不僅僅刪除規則，而且刪除規則鏈和表本身。這可以透過 nftables shell 腳本的兩個 for 迴圈完成：

```
for i in '$NFT list tables | awk '{print $2}''
do
        echo "Flushing ${i}"
        $NFT flush table ${i}
        for j in '$NFT list table ${i} | grep chain | awk '{print $2}''
        do
                echo "...Deleting chain ${j} from table ${i}"
                $NFT delete chain ${i} ${j}
        done
        echo "Deleting ${i}"
        $NFT delete table ${i}
done
```

刷新規則鏈並不會影響目前起作用的預設策略狀態。

對於 iptables 來說，下一步便是刪除任何用戶自定義的規則鏈。下面的命令可以刪除它們：

```
$IPT -X
$IPT -t nat -X
$IPT -t mangle-X
```

當使用 nftables 時，所有的表和規則鏈都是由用戶自定義的，因此相同的語法並不適用。不論 iptables 還是 nftables，刷新規則鏈都不會影響目前起作用的預設策略狀態。

現在，您已經擁有了一個基本的腳本，可以定義變數以及清除表和規則鏈，如果它們已經被定義了的話。

5.2.4 重置預設策略及停止防火牆

到目前為止，已經定義了一些預設策略，不管 netfilter 防火牆的狀態如何都可以被使用。在定義規則為 DROP 之前，必須先重置預設策略為 ACCEPT。在下文很快可以看到，這樣對完全停止防火牆是非常有用的。下面的命令可以設置預設策略：

```
# Reset the default policy
$IPT --policy INPUT   ACCEPT
$IPT --policy OUTPUT  ACCEPT
$IPT --policy FORWARD ACCEPT
$IPT -t nat --policy PREROUTING  ACCEPT
$IPT -t nat --policy OUTPUT ACCEPT
$IPT -t nat --policy POSTROUTING ACCEPT
$IPT -t mangle --policy PREROUTING ACCEPT
$IPT -t mangle --policy OUTPUT ACCEPT
```

對於 nftables 來說，沒有與 iptables 中的規則鏈相同的預設策略，而且規則鏈和表都已經被刪除。由於沒有防火牆在執行，這樣做的效果相當於設置策略為 ACCEPT。因此，對於 nftables 來說，沒有什麼要做的。

這裡便是我認為應該添加在防火牆腳本（也就是，方便啟動、關閉防火牆的程式碼）開頭的最後的內容。將下面的程式碼放置於上面程式碼之後，當您使用參數「stop」呼叫腳本時，腳本將刷新、清除並重置預設的策略，並關閉防火牆：

```
if ["$1" = "stop" ]
then
echo "Firewall completely stopped!  WARNING: THIS HOST HAS NO FIREWALL
RUNNING."
exit 0
fi
```

在更進一步設定 nftables 之前，基本的表需要被重新建立。它可以透過一個 nftables 的規則檔案完成，我將其稱為 setup-tables。setup-tables 規則檔案的內容是：

```
table filter {
        chain input {
                type filter hook input priority 0;
        }
        chain output {
                type filter hook output priority 0;
        }
}
```

接下來，這個檔案可以使用下面的命令進行加載。此命令應該被添加到防火牆腳本中停止防火牆的條件句之後：

```
$NFT -f setup-tables
```

5.2.5 啟用迴路介面

您需要啟用不受限的迴路流量。它使您能夠執行任何您想選擇的或系統所依賴的本地網路服務，而不必擔心要在所有防火牆規則中一一指明。

本地服務依賴於迴路網路介面。系統啟動之後，系統的預設策略是接受所有的封包。清除所有預存在的規則鏈對此也沒有任何影響。然而，當防火牆被重新初始化，並且先前使用了預設禁止的策略，丟棄策略將依然有效。在沒有任何接受規則的情況下，迴路介面是不能被存取的。

因為迴路介面是一個本地的內部介面，防火牆可以立即允許迴路業務流。下面的命令用於 iptables 腳本：

```
# Unlimited traffic on the loopback interface
$IPT -A INPUT  -i lo -j ACCEPT
$IPT -A OUTPUT -o lo -j ACCEPT
```

nftables 的命令在這段文字後面。此命令可以被添加到您建立的主 rc.firewall 腳本檔案，或 localhost-policy 規則檔案中。添加規則到單獨的 localhost-policy 檔案則如下文所示。此檔案假設包含在 setup-tables 檔案（之前介紹過的）中的規則已經被添加到了防火牆。如果 setup-tables 規則檔案沒有被添加，那麼將不會有任何處理發生。

localhost-policy 檔案包含下面的內容：

```
table filter {
        chain input {
                iifname lo accept
}
        chain output {
                oifname lo accept
}
```

接下來，此檔案透過添加下面的命令到 rc.firewall 完成加載：

```
$NFT -f localhost-policy
```

或者，如果您要添加到 rc.firewall 腳本，下面的命令也可以做同樣的事：

```
$NFT add rule filter input iifname lo accept
$NFT add rule filter output oifname lo accept
```

5.2.6 定義預設策略

預設情況下，您希望防火牆丟棄所有的封包。在 iptables 的內建規則鏈中有兩個可用的選項，分別是 ACCEPT 和 DROP。REJECT 在 iptables 的規則鏈中並不是合法策略，但可以被用做目標，就像您之前看到的那樣。用戶自定義規則鏈和 nftables 規則鏈不能指定預設策略。

使用預設的 DROP 策略時，除非定義規則為明確地允許或駁回一個匹配的封包，否則封包將被丟棄。您更希望的是靜默地丟棄不想要的傳入封包，而不是駁回正在進行的封包以及返回 ICMP 錯誤訊息到本地發送者。舉例來說，對於終端用戶，區別是，如果某人在遠端站點處嘗試連接到您的 Web 伺服器，他的瀏覽器將保持掛起直到他的系統返回一個 TCP 超時狀態。沒有任何指示表明您的站點或您的 Web 伺服器是否存在。另一方面，如果您嘗試連接到一個遠端 Web 伺服器，您的瀏覽器將立刻接收到一個錯誤條件，指明此操作是不被允許的。

```
# Set the default policy to drop
$IPT --policy INPUT   DROP
$IPT --policy OUTPUT  DROP
$IPT --policy FORWARD DROP
```

如前所述，nftables 的規則鏈中沒有預設策略。可以在 nftables 規則鏈的末尾設置一個預設值。

值得注意的是，此時，所有除了本地迴路外的網路流量都被阻塞。如果您是透過網路在這個防火牆上工作，那麼您的連接將不再是有效的，您也許在建構防火牆時已經將自己鎖在了這台電腦外。

注意

預設策略規則和最先匹配規則為準

在 iptables 中，預設策略似乎是最先匹配規則為準的例外。預設策略命令不依賴於其位置。它們本身不是規則。一個規則鏈的預設策略是指，一個封包與規則鏈上的規則都做了比較卻未找到匹配之後所採取的策略。這顯然與 nftables 不同，在 nftables 中，最先匹配的規則總是勝出，而且不存在預設策略。

續下頁

對 iptables 來說，預設策略首先定義在腳本裡用於在任何相反的規則被定義之前定義預設的封包處置。如果策略命令在腳本的最後被執行，並且如果防火牆腳本包含一個語法錯誤導致它過早地退出，則預設接受一切的策略將生效。如果封包與規則（在一個預設禁止一切的防火牆中，通常為接受規則）都不匹配，那麼此封包將執行到規則鏈的最後，然後被預設地接受。這樣，防火牆規則相當於沒有完成任何有用的事情。

對 nftables 來說，針對傳入流量的丟棄規則可以被添加到規則鏈的末尾，而駁回規則可以被添加到 OUTPUT 過濾器規則鏈的末尾。這與 iptables 的預設策略有相同的整體效果。但需要注意的是這些規則應該被添加到防火牆腳本的末尾，而且應僅僅在其前面已經建立的其他允許流量的規則之後。否則，所有的流量將被執行著防火牆的電腦丟棄或駁回，這可能包括您用於設定防火牆的 SSH session！

5.2.7 利用連接狀態繞過規則檢測

為已經開始並接受了的交換指定狀態匹配規則，可以讓正在進行的交換繞過防火牆的檢測。但是伺服器特定的過濾器仍然控制著最初的客戶端請求。

請注意，為了繞過檢測，在兩個方向上，`INPUT` 和 `OUTPUT` 過濾器都需要設置。狀態模組並不會將一個連接視為雙向的交換，也不會為之生成相應的對稱動態規則。

由於狀態模組所需的記憶體，比較舊的 Linux 防火牆電腦所能擁有的更多，所以本章的 `iptables` 範例將會提供有狀態模組的和沒有狀態模組這兩種規則。`nftables` 規則假設使用了連接狀態模組，因為 `nftables` 通常執行在更新的電腦上。

注意

同時包含 iptables 的靜態規則和動態規則

在伸縮性和狀態表超時方面的資源限制要求同時使用靜態規則和動態規則。這種限制成了大型商業防火牆的一個賣點。

可擴展性主要是因為，大型的防火牆往往需要同時處理 50,000-100,000 個連接，有大量的狀態要處理。系統資源有時會被用盡，這樣就無法完成連接的追蹤了。要麼必須丟棄新的連接，要麼必須將軟體回退到無狀態模式。

續下頁

還有一個問題就是超時。連接狀態並不能永遠保持。一些慢速或靜止態的連接會輕易地被清理掉，進而為更加活躍的連接留出空間。當一個封包又傳來時，狀態資訊必須被重建。在此同時，當傳輸堆疊搜尋連接資訊，並且通知狀態模組該封包確實是已建立交換的一部分時，封包流必須退回到無狀態模式。

```
$IPT -A INPUT  -m state --state ESTABLISHED,RELATED -j ACCEPT
    $IPT -A OUTPUT -m state --state ESTABLISHED,RELATED -j ACCEPT
    # Using the state module alone, INVALID will break protocols that use
    # bi-directional connections or multiple connections or exchanges,
    # unless an ALG is provided for the protocol.
    $IPT -A INPUT -m state --state INVALID -j LOG \
             --log-prefix "INVALID input: "
    $IPT -A INPUT -m state --state INVALID -j DROP

    $IPT -A OUTPUT -m state --state INVALID -j LOG \
             --log-prefix "INVALID output: "
    $IPT -A OUTPUT -m state --state INVALID -j DROP
```

對 nftables 而言，應添加下面的規則到防火牆腳本：

```
$NFT add rule filter input ct state established,related accept
$NFT add rule filter input ct state invalid log prefix \"INVALID input: \" limit
➥rate 3/second drop
$NFT add rule filter output ct state established,related accept
$NFT add rule filter output ct state invalid log prefix \"INVALID output: \"
➥limit rate 3/second drop
```

5.2.8 來源位址欺騙及其他不合法位址

本節根據來源位址和目的位址建立了一些 `INPUT` 規則鏈過濾器。這些位址永遠不會在從網際網路傳入的合法封包中見到。

封包過濾層次裡，眾多的來源位址欺騙中，您可以確定識別出的一種欺騙就是它偽裝成了您的 IP 位址。下面的規則丟棄那些聲稱來自於您的電腦的傳入封包：

```
# Refuse spoofed packets pretending to be from
# the external interface's IP address
$IPT -A INPUT  -i $INTERNET -s $IPADDR -j DROP
```

nftables 的規則是類似的，因為它利用了定義在 shell 腳本中的變數而不是原生的 nftables 規則：

```
$NFT add rule filter input iif $INTERNET ip saddr $IPADDR
```

阻塞發往您自己的傳出封包是沒有必要的。那些聲稱源自於您且似乎進行了欺騙的封包不可能返回。記住，如果您發送封包到您的外部介面，這些封包會到達迴路介面的輸入佇列，而不是外部介面的輸入佇列。使用您的位址作為來源位址的封包，永遠不會到達外部介面，即使您發送封包到外部介面。

注意

防火牆日誌

-j LOG 目標為匹配規則的封包啟用日誌。當封包匹配此規則時，這個事件會被記錄到 /var/log/messages，或記錄到任何您特別指定的地方。

正如第 1 章和第 2 章中介紹的那樣，A、B、C 類位址範圍中都有一些私有 IP 位址專門留給 LAN 使用。這些位址不會在網際網路中使用。路由器也不會使用這些私有位址去路由封包。然而，某些路由器確實會錯誤地轉發含私有來源位址的封包。

另外，如果和您在同一個 ISP 子網（即與您在路由器的同一側）中的某些人向外發送了帶有私有位址的封包，即使路由器沒有轉發，您也會看到這些封包。如果您的 NAT 或代理設置不當，和您在同一 LAN 下的電腦也會洩漏私有位址。

下面三個規則不允許以任何 A、B 或 C 類私有網路位址為來源位址的封包傳入。在一個公用網路中，這樣的封包不允許出現：

```
# Refuse packets claiming to be from a Class A private network
$IPT -A INPUT  -i $INTERNET -s $CLASS_A -j DROP

# Refuse packets claiming to be from a Class B private network
```

```
$IPT -A INPUT  -i $INTERNET -s $CLASS_B -j DROP

# Refuse packets claiming to be from a Class C private network
$IPT -A INPUT  -i $INTERNET -s $CLASS_C -j DROP
```

下面的規則不允許來自迴路網路位址的封包：

```
# Refuse packets claiming to be from the loopback interface
$IPT -A INPUT  -i $INTERNET -s $LOOPBACK -j DROP
```

同樣效果的 nft 命令也很相似：

```
$NFT add rule filter input iif $INTERNET ip saddr $CLASS_A drop
$NFT add rule filter input iif $INTERNET ip saddr $CLASS_B drop
$NFT add rule filter input iif $INTERNET ip saddr $CLASS_C drop
$NFT add rule filter input iif $INTERNET ip saddr $LOOPBACK drop
```

因為迴路位址是為內部的本地軟體介面所分配的，任何聲稱來自於此位址的封包都是故意偽造的。

同保留作為私有 LAN 的位址一樣，路由器不會轉發來自迴路位址範圍的封包。路由器也不會轉發使用迴路位址作為目的位址的封包。

下面的兩條規則用於記錄匹配的封包。防火牆的預設策略是拒絕一切。這樣的話，廣播位址會被預設丟棄，如果想要它們的話，需要明確地啟用它：

```
# Refuse malformed broadcast packets
$IPT -A INPUT  -i $INTERNET -s $BROADCAST_DEST -j LOG
$IPT -A INPUT  -i $INTERNET -s $BROADCAST_DEST -j DROP

$IPT -A INPUT  -i $INTERNET -d $BROADCAST_SRC  -j LOG
$IPT -A INPUT  -i $INTERNET -d $BROADCAST_SRC  -j DROP
```

第一對規則記錄並拒絕所有聲稱來自於 `255.255.255.255` 的封包，這個位址被保留作為廣播目的位址。一個封包永遠不可能合法地從 `255.255.255.255` 發出。

第二對規則記錄並拒絕任何發往目的位址 `0.0.0.0` 的封包，此位址被保留作為廣播的來源位址。這樣的封包不是錯誤，而是特定的刺探封包，用於確定電腦是否是一台執行著從 BSD 衍生的網路軟體的 UNIX 電腦。因為大多數 UNIX 操作系統的網路程式碼都是從 BSD 衍生而來的，這個刺探可以有效地用於刺探執行著 UNIX 的電腦。

等效的 nftables 規則看起來類似；注意記錄和丟棄的宣告是如何一起出現在一條 nftables 規則中的：

```
$NFT add rule filter input iif $INTERNET ip saddr $BROADCAST_DEST log limit
➥rate 3/second drop
$NFT add rule filter input iif $INTERNET ip saddr $BROADCAST_SRC log limit
➥rate 3/second drop
```

注意

澄清 IP 位址 0.0.0.0 的意義

位址 0.0.0.0 被保留用於廣播來源位址。Netfilter 約束中指定的與任意位址（any/0，0.0.0.0/0，0.0.0.0.0/0.0.0.0）所進行的匹配，不會匹配到廣播來源位址。原因是廣播封包第二層幀標頭中的位元指明：它是一個廣播封包並且發往網路中的所有介面，而不是發往特定目的地的點對點單播。對廣播封包的處理與非廣播封包的處理不同。IP 位址 0.0.0.0 不是合法的非廣播位址。

下面的兩條規則阻塞了兩種形式的直接廣播：

```
# Refuse directed broadcasts
# Used to map networks and in Denial of Service attacks
$IPT -A INPUT -i $INTERNET -d $SUBNET_BASE -j DROP
$IPT -A INPUT -i $INTERNET -d $SUBNET_BROADCAST -j DROP
```

nftables 的規則如下：

```
$NFT add rule filter input iif $INTERNET ip daddr $SUBNET_BASE drop
$NFT add rule filter input iif $INTERNET ip daddr $SUBNET_BROADCAST drop
```

由於預設禁止一切的策略，以及依據目的位址的匹配接受封包的防火牆規則，所有這些直接廣播訊息都不會被防火牆所接受。在使用真實位址的規模較大的 LAN 中，這些規則變得越來越重要。

透過使用變長的網路前綴，一個站點的網路和主機與可能（或不可能）落在一個位元組的邊界上。為了簡單起見，SUBNET_BASE就是您的網路位址，例如192.168.1.0。SUBNET_BOARDCAST是您網路的廣播位址，如192.168.1.255。

如同直接廣播訊息一樣，限制在您的本地網段中的受限廣播，同樣也不會被預設拒絕的策略所接受，防火牆規則也需要根據目的位址的匹配明確地接受此封包。同樣的，在使用真實位址的規模較大的LAN中，下面的規則將變得更加重要：

```
# Refuse limited broadcasts
$IPT -A INPUT -i $INTERNET -d $BROADCAST_DEST -j DROP
```

nftables的規則如下：

```
$NFT add rule filter input iif $INTERNET ip daddr $BROADCAST_DEST drop
```

應當注意的是，後面的章節會為DHCP客戶端設置一些例外。廣播來源位址和目的位址最初在DHCP的客戶端和伺服器埠間被使用。

多播位址只能作為合法的目的位址。下面的規則丟棄假冒的多播網路封包：

```
# Refuse Class D multicast addresses
# Illegal as a source address
$IPT -A INPUT -i $INTERNET -s $CLASS_D_MULTICAST -j DROP
```

下面是等效的nftables規則：

```
$NFT add rule filter input iif $INTERNET ip saddr $CLASS_D_MULTICAST drop
```

合法的多播封包總是UDP封包。同樣地，多播訊息像其他UDP訊息一樣是被點對點發送的。單播和多播封包間的差別是其使用的目的位址的類別別（以及乙太網標頭攜帶的協定旗標）。下面的規則拒絕攜帶非UDP協定的多播封包：

```
$IPT -A INPUT -i $INTERNET ! -p udp -d $CLASS_D_MULTICAST -j DROP
```

下面是 nftables 的版本：

```
$NFT add rule filter input iif $INTERNET ip daddr $CLASS_D_MULTICAST ip
➥protocol != udp drop
```

在您編譯核心時，多播功能是一個可設定的選項，您的網路介面卡可以被初始化用於識別多播位址。在很多新的 Linux 發行版的預設核心中，這個功能被預設啟用。如果您訂閱了提供多播音視頻的網路會議服務，那麼您或許需要啟用這些位址（在本地網路中進行全域資源發現時也需要用到多播，例如 DHCP 或路由）。

除非您已經將自己註冊為訂閱者，否則您通常不會看到多播目的位址。多播封包被發送給事先指定的特定的多個目標。然而，我見過從我的 ISP 的本地子網電腦上發出的多播封包。預設的策略會拒絕多播封包，即便您已經註冊為訂閱者。您必須定義一個規則用於接受多播位址。為了完整性，下面的規則允許傳入的多播封包：

```
$IPT -A INPUT  -i $INTERNET -p udp -d $CLASS_D_MULTICAST -j ACCEPT
```

下面是 nftables 的版本：

```
$NFT add rule filter input iif $INTERNET ip daddr $CLASS_D_MULTICAST ip
➥protocol udp accept
```

多播的註冊和路由是一個複雜的程序，由其自身 IP 層的控制協定，亦即網際網路群組管理協定（Internet Group Management Protocol，IGMP，協定 2）來進行管理。關於多播通訊的更多資訊，請於 http://www.tldp.org/HOWTO/Multicast-HOWTO.html 參閱「Multicast overTCP/IP HOWTO」。其他的資訊包括 RFC 1458，"Requirements for Multicast Protocols」; RFC 1112，"Host Extensions for IP Multicasting"（由 RFC 2236，"Internet Group Management ProtocolVersion 2" 更新），以及 RFC 2588，"IP Multicast and Firewalls"。

D 類 IP 位址的範圍從 224.0.0.0 ~ 239.255.255.255。常數 CLASS_D_MULTICAST，224.0.0.0/4，被定義以匹配位址的前四個位元。

如圖 5.2 所示，十進制數 224（11100000B）～ 239（11101111B）的二進制數中的前 4 位元（1110B）完全相同。

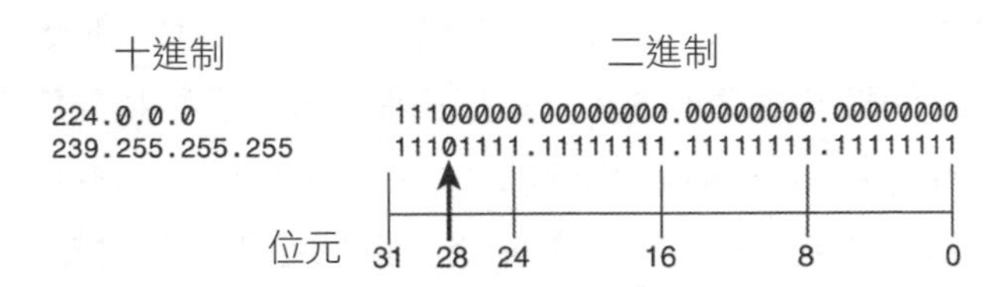

圖 5.2 遮罩 D 類多播位址範圍內的前 4 位元匹配

下面的規則用於丟棄，聲稱來自於 E 類保留網路的封包：

```
# Refuse Class E reserved IP addresses
$IPT -A INPUT -i $INTERNET -s $CLASS_E_RESERVED_NET -j DROP
```

`nftables` 的等價規則如下：

```
$NFT add rule filter input iif $INTERNET ip saddr $CLASS_E_RESERVED_NET
drop
```

E 類 IP 位址的範圍從 `240.0.0.0` 到 `247.255.255.255`。常數 `CLASS_E_RESERVED_NET`，`240.0.0.0/5`，被定義以匹配位址的前五個位元。如圖 5.3 所示，十進制值 240（11110000B）～ 247（11110111B）的前 5 位元（11110B）相同。

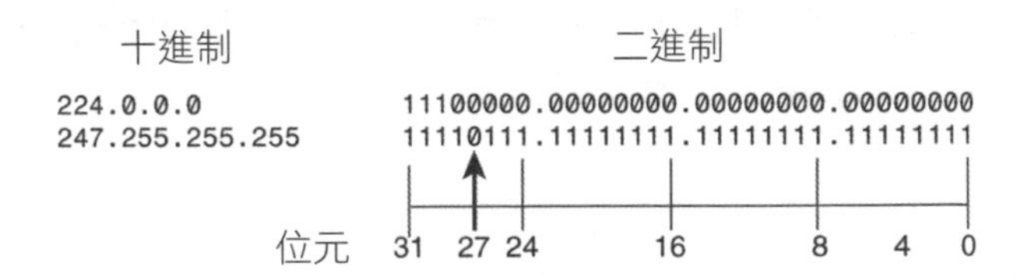

圖 5.3 遮罩 E 類保留位址範圍 240.0.0.0/5 內的前 5 位元匹配

IANA 在根本上管理著全球 IP 位址空間的分配和註冊。更多關於 IP 位址分配的資訊，請查閱 http://www.iana.org/assignments/ipv4-address-space/ipv4-address-space.xhtml。一些位址區塊被 IANA 定義為保留的。這些位址不應該出現在公用網際網路中。

5.3 保護被分配在非特權埠上的服務

用於本地或私有用途的服務，常常執行在非特權埠上。對於基於 TCP 的服務來說，一個試圖連接到這些服務的連接，可以與使用某一非特權埠與客戶端正在進行的連接區分開來，這是透過識別埠的 SYN 和 ACK 位的狀態實作的。阻塞連接請求就足夠了。基於 UDP 的服務必須被阻止，除非使用了狀態模組。

為了保護您自身，您應當阻止企圖連接到這些埠的傳入連接。為了保護自己和他人免受自己這端的錯誤的威脅，您應該阻止傳出的連接企圖，並記錄潛在的內部安全問題。全面阻止這些埠並且以例外的、一個接一個的方式路由相關流量則更為安全。

注意

官方的服務埠號分配

埠號是由 IANA 分配和註冊的。資訊最初是作為 RFC 1700，"Assigned Numbers" 維護的。現在這個 RFC 已經廢棄。官方的資訊由 IANA 在 http://www.iana.org/assignments/port-numbers 進行動態地維護。

什麼樣的錯誤是您需要避免的呢？最嚴重的錯誤便是向世界提供危險的服務，不論是有意或無意。一個常見的錯誤是執行會洩漏到網路上的本地網路服務，並干擾到其他用戶。另一個便是允許存在疑問的傳出流量，例如埠掃描，不管此流量是意外產生的還是由您電腦上的用戶有意輸出的。一個預設拒絕一切的防火牆策略可以幫助您避免這些類型的錯誤。

注意

埠掃描的問題

埠掃描本身是無害的。它們是由網路分析工具所產生。現今，埠掃描的問題在於它們通常是由那些懷有不良意圖的人所做出的。他們在「分析」您的網路，而不是他們自己的。不幸的是，這將明顯地暴露出他們的好奇心懷有不純的動機。

預設拒絕一切的防火牆策略使得您可以無風險地在防火牆後執行許多私有的服務。這些服務必須被明確地允許透過防火牆，進而被遠端主機存取。然而，這僅僅是對實際情況的一種預估。儘管在特權埠上的 TCP 服務，對除了技能高超、意志堅定的駭客以外的人來說都是相當安全的，但 UDP 服務天生不夠安全，而且一些服務被分配執行在非特權埠。通常執行於 UDP 上的 RPC 服務，擁有的問題更多。基於 RPC 的服務通常綁定在非特權埠。portmap 常駐程式會在 RPC 服務號和實際的埠號之間進行映射。埠掃描不透過 portmap 常駐程式就可以看到這些基於 RPC 的服務綁定到了哪裡。幸運的是，現在對 portmap 的應用越來越少了，所以和幾年前相比，它的關係不太大了。

5.3.1 分配在非特權埠上的常用本地 TCP 服務

有一些服務，通常為 LAN 服務，是透過正式註冊、眾所周知的非特權埠所提供。而且，有些服務，例如 FTP 和 IRC，使用了更加複雜的通訊協定，這使得它們不能充分地適用於封包過濾。下面幾節將要描述的規則，禁止本地或遠端客戶端程式初始化到這些埠的連接。

對於預設禁止策略並不能總是覆蓋所有可能的情況來說，FTP 是一個極好的例子。FTP 協定稍後將在本章進行介紹。現在要指出的是，FTP 允許兩個非特權埠之間的連接。有些本地服務監聽使用已註冊的非特權埠，針對這些服務的連接請求也是發自非特權的客戶埠的，規則允許 FTP，就在不經意間也允許了其他發往本地服務的傳入連接。這也是防火牆按邏輯分級並依賴規則的順序性的一個很好的例子。保護執行在非特權埠上的某個本地私有服務的防火牆規則，必須置於允許存取整個非特權埠範圍的 FTP 防火牆規則之前。

這樣做的結果是有一些規則顯得多餘，至少對於一些人來說是多餘的。對於執行那些其他服務的人來說，下面的規則對保護執行在本地非特權埠上的私有服務而言是必要的。

• 禁止對常用 TCP 非特權伺服器埠的連接

到遠端 X Window 伺服器的連接應當建立在 SSH 之上，SSH 自動支援 X Window 連接。透過指定 --syn 旗標、指明 SYN 位元，來設定只有到伺服器埠的連接會被拒絕。其他以該埠作為客戶端埠進行初始化的連接則不受影響。

X Window 為最先執行的伺服器分配埠 6000。如果還有其他的伺服器在執行，就會被分配到遞增的下一個埠上。作為一個小型站點，您可能只會執行一個 X 伺服器，因此您的伺服器只需監聽 6000 埠。埠 6063 是典型的可分配的最高埠，最多允許在單個電腦上執行 64 個獨立的 X Window 管理器，儘管有時也會看到從 6255 ～ 6999 範圍內的埠號：

```
XWINDOW_PORTS="6000:6063"                    # (TCP) X Window
```

第一條規則確保到遠端 X Window 管理器的傳出連接，不是從您的電腦發出的：

```
# X Window connection establishment
$IPT -A OUTPUT -o $INTERNET -p tcp --syn \
        --destination-port $XWINDOW_PORTS -j REJECT
```

對 nftables 來說，表示埠範圍的語法有所不同，因此 XWINDOW_PORT 變數需要被相應地定義為：

```
XWINDOW_PORTS="6000-6063"
$NFT add rule filter output oif $INTERNET ct state new tcp dport $XWINDOW_
PORTS reject
```

下一條規則阻止了嘗試到您的 X Window 管理器的傳入連接。本地連接不受影響，因為本地連接是在迴路介面上進行的：

```
# X Window: incoming connection attempt
$IPT -A INPUT -i $INTERNET -p tcp --syn \
        --destination-port $XWINDOW_PORTS -j DROP
```

這裡是 nftables 的命令：

```
$NFT add rule filter input iif $INTERNET ct state new tcp dport $XWINDOW_
PORTS drop
```

對於 iptables 來說，使用了 multiport 匹配擴展的一條規則可以阻止其餘基於 TCP 的服務。如果電腦中並沒有執行任何服務，阻斷傳入的連接請求則是不必要的，但在長時間的執行中，萬一後來您決定在本地執行某服務，這樣做更安全。

網路檔案系統（Network File System，NFS）通常被綁定到 UDP 的埠 2049，但也可以使用 TCP。您不應該在防火牆電腦上執行 NFS，但如果您這樣做了，則應當拒絕一切外部存取。

同樣也不應該允許到 Open Window 管理器的連接。Linux 發行版中沒有 Open Window 管理器。發送到 2000 號埠的傳入連接不需要被阻擋。（當防火牆的 FORWARD 規則鏈正保護著其他本地主機時，也許不是這種情形。）

squid 是一個 Web 快取和代理伺服器。squid 預設使用 3128 號埠，但可以被設定為使用其他埠。

下面的規則阻止了本地客戶端向遠端 NFS 伺服器、Open Window 管理器、SOCKS 代理伺服器或 squid Web 快取伺服器發起的連接請求：

```
NFS_PORT="2049"                                     # (TCP) NFS
SOCKS_PORT="1080"                                   # (TCP) socks
OPENWINDOWS_PORT="2000"                             # (TCP) OpenWindows
SQUID_PORT="3128"                                   # (TCP) squid
# Establishing a connection over TCP to NFS, OpenWindows, SOCKS or squid

$IPT -A OUTPUT -o $INTERNET -p tcp \
           -m multiport --destination-port \
           $NFS_PORT,$OPENWINDOWS_PORT,$SOCKS_PORT,$SQUID_PORT \
           --syn -j REJECT

$IPT -A INPUT -i $INTERNET -p tcp \
           -m multiport --destination-port \
           $NFS_PORT,$OPENWINDOWS_PORT,$SOCKS_PORT,$SQUID_PORT \
           --syn -j DROP
```

對於 nftables 來說，可以使用同樣的變數，這些變數的放置位置如下：

```
$NFT add rule filter output oif $INTERNET \
tcp dport \
{$NFS_PORT,$SOCKS_PORT,$OPENWINDOWS_PORT,$SQUID_PORT} \
ct state new reject
$NFT add rule filter input iif $INTERNET \
tcp dport \
```

```
{$NFS_PORT,$SOCKS_PORT,$OPENWINDOWS_PORT,$SQUID_PORT} \
ct state new drop
```

5.3.2 分配在非特權埠上的常用本地 UDP 服務

由於 TCP 是連接導向的協定，比起 UDP 來說，可以對協定規則進行更精細的管理。作為一個資料報服務，UDP 並沒有一個與它相關的連接狀態。除非使用了狀態模組，存取 UDP 服務的請求應該被簡單地阻塞。對於 DNS 和其他少數幾個您可能使用的基於 UDP 的網際網路服務來說，需要指定明確的例外以適應這些情況。幸運的是，常用的 UDP 網際網路服務通常在客戶端和伺服器之間使用。過濾規則可以允許與某一特定遠端主機之間的資訊交換。

NFS 是 UNIX UDP 服務中主要需要考慮的，而且也是最經常受攻擊的服務。NFS 執行在非特權埠 2049 上。不同於之前基於 TCP 的服務，NFS 主要是基於 UDP 的服務。它可以被設定作為基於 TCP 的服務，但通常不這麼做。

與 NFS 相關的是 NFS 的 RPC 上鎖守護程式—locked。它執行在 UDP 埠 4045：

```
NFS_PORT="2049"                                      # NFS
LOCKD_PORT="4045"                                    # RPC lockd for NFS

# NFS and lockd
$IPT -A OUTPUT -o $INTERNET -p udp \
               -m multiport --destination-port $NFS_PORT,$LOCKD_PORT \
               -j REJECT

    $IPT -A INPUT -i $INTERNET -p udp \
               -m multiport --destination-port $NFS_PORT,$LOCKD_PORT \
               -j DROP
```

nftables 的規則如下：

```
$NFT add rule filter output oif $INTERNET udp dport \
{$NFS_PORT,$LOCKD_PORT} reject
$NFT add rule filter input iif $INTERNET udp dport \
{$NFS_PORT,$LOCKD_PORT} drop
```

注意

TCP 和 UDP 服務協定表

本章的其餘部分將專注於定義允許存取特定服務的規則。無論是基於 TCP 還是基於 UDP 的服務，客戶端 / 伺服器的通訊都包含了一些雙向的通訊，分別使用對於某服務特定的協定。這樣，存取規則總是代表一個 I/O 對。客戶端程式發起一個請求，而伺服器則回送一個響應。針對一個服務的規則可以被分類為客戶端規則或伺服器規則。客戶端分類表示了您的本地客戶端存取遠端伺服器所需的通訊。伺服器分類表示了遠端客戶端存取託管於您的電腦上的服務所需的通訊。

應用訊息被封裝在 TCP 或 UDP 傳輸層協定訊息中。由於每個服務都使用特定的應用層協定，所以，給定的服務的 TCP 或 UDP 交換的特性在一定程度上是唯一的。

客戶端與伺服器之間的交換被防火牆規則明確地描述出來。防火牆規則的目的之一就是為了確保在封包層面上協定的完整性。然而，以 `iptables` 或 `nftables` 語法表達出的防火牆規則並不是特別的具有可讀性。在後面的幾節裡，封包過濾級的服務協定將以狀態資訊表的形式進行示範，後面還會用 `iptables` 和 `nftables` 規則表示相應的狀態。

表中的每一行都列出了服務交換中所涉及的一個封包類型。一般會為每一種封包類型定義一條防火牆規則。該表被分為多列。

- 描述（Description）包含了一個簡單的描述，關於封包是否是從客戶端或伺服器發出的，以及封包的目的。
- 協定（Protocol）是使用的傳輸層協定，TCP、UDP 或 IP 協定的控制訊息 ICMP。
- 遠端位址（Remote Address）是可以在封包的遠端位址欄位中包含的合法位址或位址範圍。
- 遠端埠（Remote Port）是可以在封包的遠端埠欄位中包含的合法埠或埠範圍。
- 輸入 / 輸出（In/Out）描述了封包的方向，即從遠端位址傳入系統或從系統發出到某遠端位址。
- 本地位址（Local Address）是可以在封包的本地位址欄位中包含的合法位址或位址範圍。
- 本地埠（Local Port）是可以在封包的本地埠欄位中，包含的合法的埠或埠範圍。
- TCP 旗標（TCP Flag）是 TCP 協定封包包含的最後一列，它定義了封包可以擁有的合法的 `SYN-ACK` 狀態。

最後，在少數服務協定涉及 ICMP 訊息的情況下，IP 網路層封包與傳輸層 TCP 或 UDP 封包中的來源埠或目的埠的概念無關。作為替代，ICMP 封包使用控制或狀態訊息類型的概念。ICMP 訊息並不會發送至綁定到特殊服務埠的程式，而是會從一台電腦發送到另一台電腦（ICMP 封包至少包含一份導致錯誤訊息的原始封包的複製。接收的主機檢查 ICMP 封包資料域所攜帶的封包，並由此檢測其中指出的錯誤程序）。因此，表中列出的少數 ICMP 封包表項用來源埠列來說明訊息類型。對傳入 ICMP 封包來說，來源埠列是遠端埠列。對傳出 ICMP 封包來說，來源埠列是本地埠列。

5.4 啟用基本的、必需的網際網路服務

只有一項服務是真正必要的：域名服務（DNS）。DNS 在主機名稱和其相應的 IP 位址之間進行轉換。除非主機是在本地進行定義的，否則沒有 DNS 的話，您幾乎不可能定位一個遠端主機。

5.4.1 允許 DNS（UDP/TCP 埠 53）

DNS 使用的通訊協定同時依賴於 UDP 和 TCP。連接模式包括：普通的客戶端 - 伺服器連接、轉發伺服器與專門伺服器間的對等業務流，以及主從式名稱伺服器連接。

對於客戶端 - 伺服器查詢和對等伺服器查詢，查詢請求通常是在 UDP 上完成的。如果返回的資訊過大以至於不能放在一個 UDP DNS 封包中，UDP 通訊的查詢可能會失敗。伺服器會在 DNS 訊息標頭中設置一個旗標，以指明資料被截斷。這種情況下，協定允許使用 TCP 再次進行嘗試。圖 5.4 顯示了在 DNS 查詢程序中，UDP 和 TCP 之間的關係。實際上，對查詢來說，通常並不需要 TCP。TCP 通常用於主從式名稱伺服器之間的管理區域傳送。

區域傳送是在名稱伺服器之間進行的對一個網路、一段網路的全部資訊的轉移，即該伺服器被授權該網路或網段（即作為正式的伺服器）。授權的名稱伺服器被稱作主名稱伺服器。次名稱伺服器或備份名稱伺服器會週期性地從它的主名稱伺服器處請求區域傳送，以保持其 DNS 快取為最新。

例如，ISP 的名稱伺服器中，有一個對於 ISP 的位址空間來說是主授權伺服器。ISP 通常有多個 DNS 伺服器，用來均衡負載和進行冗餘備份。其他的名稱伺服器是次名稱伺服器，它們從主名稱伺服器處獲得複製來刷新自身。

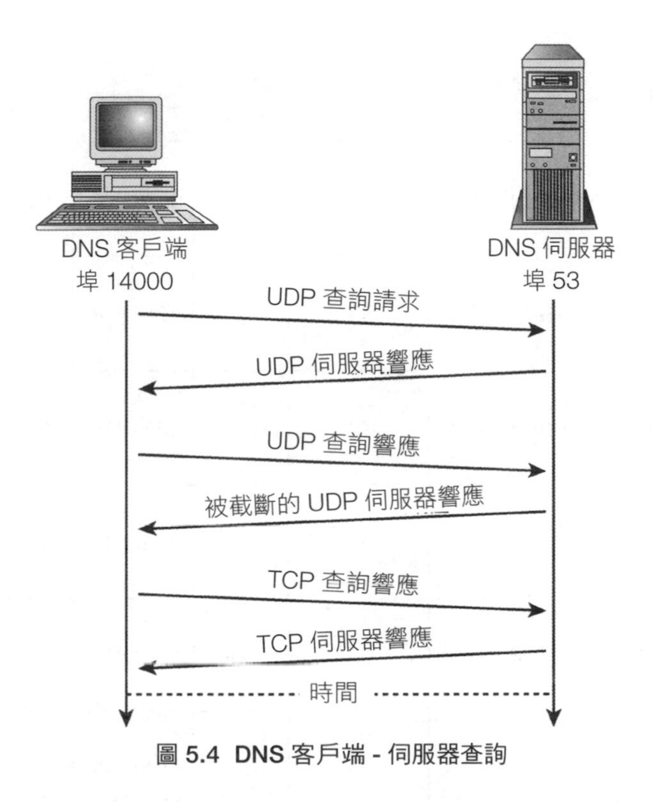

圖 5.4 DNS 客戶端 - 伺服器查詢

區域傳送需要在主名稱伺服器，和次名稱伺服器間進行嚴格的存取控制。一個小系統不可能成為公用域名空間內的權威名稱伺服器，也不可能成為公用備份資訊的伺服器。大型的站點可以很容易地託管主名稱伺服器和次名稱伺服器。要注意的是，區域傳送只能在這些主機之間進行。許多攻擊之所以已經成功，是因為攻擊者可以取得一份整個 DNS 區域的複製，並且可以瞭解到網路的拓撲以直接攻擊最有價值的地方。

表 5.1 列出了防火牆規則可用的完整的 DNS 協定。

表 5.1 DNS 協定

描述	協定	遠端位址	遠端埠	輸入 / 輸出	本地位址	本地埠	TCP 旗標
本地客戶端查詢	UDP	NAMESERVER	53	Out	IPADDR	1024:65535	—
遠端伺服器響應	UDP	NAMESERVER	53	In	IPADDR	1024:65535	—
本地客戶端查詢	TCP	NAMESERVER	53	Out	IPADDR	1024:65535	Any
遠端伺服器響應	TCP	NAMESERVER	53	In	IPADDR	1024:65535	ACK
本地伺服器查詢	UDP	NAMESERVER	53	Out	IPADDR	53	—
遠端伺服器響應	UDP	NAMESERVER	53	In	IPADDR	53	—
本地區域傳送請求	TCP	Primary	53	Out	IPADDR	1024:65535	Any
遠端區域傳送請求	TCP	Primary	53	In	IPADDR	1024:65535	ACK
遠端客戶端查詢	UDP	DNS client	1024:65535	In	IPADDR	53	—
本地伺服器響應	UDP	DNS client	1024:65535	Out	IPADDR	53	—
遠端客戶端查詢	TCP	DNS client	1024:65535	In	IPADDR	53	Any

描述	協定	遠端位址	遠端埠	輸入 / 輸出	本地位址	本地埠	TCP 旗標
本地伺服器響應	UDP	DNS client	53	Out	IPADDR	53	—
遠端區域傳送請求	TCP	Secondary	1024:65535	In	IPADDR	53	Any
本地區域傳送響應	TCP	Secondary	1024:65535	Out	IPADDR	53	ACK

• 允許作為客戶端的 DNS 查詢

DNS 解析客戶端並不是一個特定的程式。客戶端被整合到了網路程式使用的網路庫程式碼。當需要查詢一個主機名稱時，解析器會向 DNS 伺服器請求查詢。大多數電腦被設定為僅作為 DNS 客戶端。而伺服器執行在遠端電腦上。對於家庭用戶來說，名稱伺服器通常是由您的 ISP 擁有的一台伺服器。

作為客戶端，其假設是您的電腦並沒有執行本地的 DNS 伺服器；如果您執行了本地的伺服器，您應該確認您是否真正需要執行它。因為沒必要再執行多餘的服務！每個客戶端查詢從解析器開始，接下來會被發送到在 `/etc/resolv.conf` 中設定的遠端名稱伺服器。通常，即便使用本地伺服器，也最好安裝客戶端規則。這樣可以避免一些可能突然出現的令人迷惑的問題。

這些規則必須被安裝在其他可能會透過主機名稱而不是 IP 位址指定的防火牆規則之前，當然，除了那些在本地的 `/etc/hosts` 中指定的遠端主機。

DNS 以 UDP 資料報的形式發送查詢請求：

```
NAMESERVER ="my.name.server"             # (TCP/UDP) DNS
if ["$CONNECTION_TRACKING" = "1" ]; then
    $IPT -A OUTPUT -o $INTERNET -p udp \
             -s $IPADDR --sport $UNPRIVPORTS \
             -d $NAMESERVER --dport 53 \
             -m state --state NEW -j ACCEPT
fi
```

```
$IPT -A OUTPUT -o $INTERNET -p udp \
         -s $IPADDR --sport $UNPRIVPORTS \
         -d $NAMESERVER --dport 53 -j ACCEPT

$IPT -A INPUT  -i $INTERNET -p udp \
         -s $NAMESERVER --sport 53 \
         -d $IPADDR --dport $UNPRIVPORTS -j ACCEPT
```

nftables 的規則如下：

```
$NFT add rule filter output oif $INTERNET ip saddr $IPADDR udp sport
➥$UNPRIVPORTS ip daddr $NAMESERVER udp dport 53 ct state new accept
$NFT add rule filter input iif $INTERNET ip daddr $IPADDR udp dport
➥$UNPRIVPORTS ip saddr $NAMESERVER udp sport 53 accept
```

如果因為返回的資料太大無法裝入 UDP 資料報中而導致了錯誤，DNS 客戶端會使用 TCP 連接重新嘗試。

下面的兩個規則包括了查詢響應無法裝入一個 DNS 的 UDP 資料報中的情況。這種情況很少見，不會在日常的操作中用到。或許您可以在沒有 TCP 規則的情況下執行您的系統幾個月而不出問題。但不幸的是，如果沒有這些規則，您的 DNS 查詢常常會被掛起。更典型的是，這些規則會在次名稱伺服器向主名稱伺服器請求區域傳送時被用到。

```
if ["$CONNECTION_TRACKING" = "1" ]; then
    $IPT -A OUTPUT -o $INTERNET -p tcp \
            -s $IPADDR --sport $UNPRIVPORTS \
            -d $NAMESERVER --dport 53 \
            -m state --state NEW -j ACCEPT
fi

$IPT -A OUTPUT -o $INTERNET -p tcp \
        -s $IPADDR --sport $UNPRIVPORTS \
        -d $NAMESERVER --dport 53 -j ACCEPT

$IPT -A INPUT -i $INTERNET -p tcp ! --syn \
        -s $NAMESERVER --sport 53 \
        -d $IPADDR --dport $UNPRIVPORTS -j ACCEPT
```

nftables 的規則如下：

```
$NFT add rule filter output oif $INTERNET ip saddr $IPADDR tcp sport
➥$UNPRIVPORTS ip daddr $NAMESERVER tcp dport 53 ct state new accept
$NFT add rule filter input iif $INTERNET ip daddr $IPADDR tcp dport
➥$UNPRIVPORTS ip saddr $NAMESERVER tcp sport 53 tcp flags != syn accept
```

• 允許作為轉發伺服器的 DNS 查詢

設定一個本地轉發名稱伺服器會大大提高性能。如圖 5.5 所示，當 BIND 被設定作為快取和轉發名稱伺服器時，它既作為本地伺服器又作為遠端 DNS 伺服器的客戶端。直接的客戶端 - 伺服器交換和轉發伺服器間的交換的差別是使用的來源埠和目的埠。BIND 使用 DNS 埠號 53 來初始化交換，而不是從一個非特權埠進行初始化。（查詢的來源埠現在是可設定的。在新版本的 BIND 中，本地伺服器預設從非特權埠發起請求。）第二個差別是：轉發伺服器查詢總是使用 UDP 完成（如果響應太大以至於不能存入 UDP 的 DNS 封包中，本地伺服器必須轉換到標準的客戶端 / 伺服器的方式初始化 TCP 請求）。

> **注意**
>
> **DNS BIND 埠使用**
>
> 在歷史上，當與其他伺服器通訊時，DNS 伺服器使用 UDP 埠 53 作為其來源埠。它將客戶端流量與伺服器發起的流量區別開來，因為客戶端總是使用高位元的非特權埠作為其來源埠。BIND 後來的版本允許伺服器 - 伺服器的來源埠被設定為預設使用非特權埠。本書中所有的例子假設，對於伺服器 - 伺服器的查詢來說，BIND 已經被設定為使用 UDP 埠 53，而不是非特權埠。

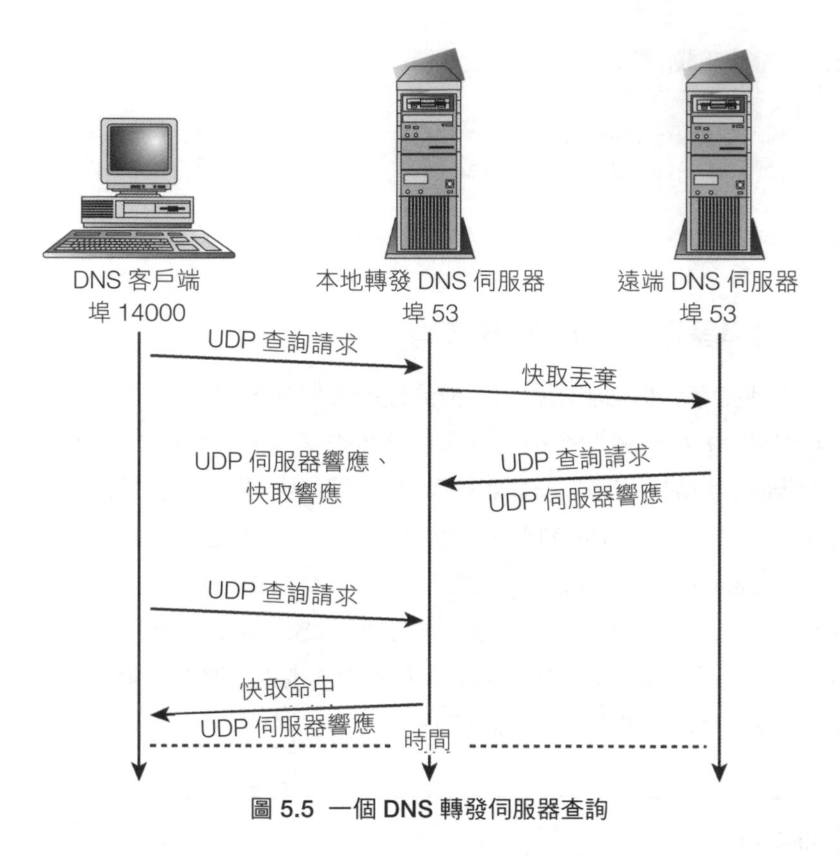

圖 5.5 一個 DNS 轉發伺服器查詢

本地客戶端請求會被發送到本地 DNS 伺服器。在第一次使用時，BIND 不含任何查詢資訊，所以它將轉發請求到遠端名稱伺服器。BIND 會快取返回的資訊，並將其傳遞到客戶端。下一次，當請求同樣的資訊時，BIND 會搜尋它的本地快取（根據記錄的生存期 [TTL]），而不是發起遠端請求。

如果因為 UDP 封包大小的原因導致搜尋失敗，伺服器將回退到 TCP 客戶端模式的查詢。如果由於遠端伺服器沒有該資訊而導致了失敗，本地伺服器將會向根快取伺服器進行查詢。因此，客戶端規則需要允許 DNS 到任何伺服器的流量，而不是在本地設定檔案中列出的特定的伺服器。

另一種可選的方式設定 BIND 不單單作為一個轉發伺服器，也作為 BIND 設定檔案 name.conf 中指定的遠端伺服器的從伺服器。作為從伺服器的話，普通的客戶端 UDP 規則便不需要了。

5.5 啟用常用 TCP 服務

可能沒有人會啟用本節列出的所有服務，但是大多數人都會啟用其中的一些。它們是當今在網際網路上最常用的服務。因此，本節比其他節更具有參考性。本節為以下服務提供規則：

- l Email；
- l SSH；
- l FTP；
- l 通用的 TCP 服務。

許多其他可用的服務這裡並沒有涉及到。其中有些用於專用伺服器，有些用於大型的商業企業及組織，有些用於本地私有網路。另外 LAN 和 DMZ 服務會在第 7 章中進行介紹。

5.5.1 Email (TCP SMTP 埠 25, POP 埠 110, IMAP 埠 143)

Email 是大多數人都要用的服務。如何設置郵件取決於您的 ISP、您的連接類型以及您自己的選擇。Email 透過 SMTP 在網路上進行發送，它使用 TCP 服務埠 25。Email 通常透過三個不同的協定進行接收—SMTP、POP 或 IMAP，這取決於您的 ISP 提供的服務和您的本地設定。

SMTP 是普通郵件傳送協定。一般是根據給定網域的 DNS 的 MX 記錄，將郵件送到目的主機。終端郵件伺服器決定了郵件是否可傳送（位址為一個電腦上的固定用戶帳號），然後將其送到用戶的本地郵箱裡。

POP 和 IMAP 都是郵件取回的服務。POP 執行在 TCP 埠 110 上。IMAP 執行在 TCP 埠 143 上。今天的 POP 和 IMAP 協定典型地執行於安全 socket 層（Secure Sockets Layer，SSL）以進行加密。POP/S 和 IMAP/S 分別執行在埠 995 和 993。ISP 通常使用它們中的一種或兩種服務來為客戶提供郵件服務。兩種服務都是透過用戶名和密碼進行認證的。就郵件取回而言，SMTP 和 POP 或 IMAP 的不同之處在於，SMTP 接收傳入的郵件，然後將其排入用戶的本地郵箱的郵箱佇列。POP 和 IMAP 將郵件從用戶的 ISP 處取回到用戶的本地郵件程式，在那裡，郵件已經排在 ISP 的用戶 SMTP 郵箱佇列中了。表 5.2 為 SMTP、POP 和 IMAP 列出了完整的客戶端 / 伺服器連接協定。SMTP 也使用您本地網路可能使用的特殊的傳遞機制，例如 ETRN，它能高效率地傳遞一個網域中的所有郵件，以進行本地處理。

表 5.2 SMTP、POP 和 IMAP 郵件協定

描述	協定	遠端位址	遠端埠	輸入 / 輸出	本地位址	本地埠	TCP 旗標
發送郵件	TCP	ANYWHERE	25	Out	IPADDR	1024:65535	Any
遠端伺服器響應	TCP	ANYWHERE	25	In	IPADDR	1024:65535	ACK
接收郵件	TCP	ANYWHERE	1024:65535	In	IPADDR	25	Any
本地伺服器響應	TCP	ANYWHERE	1024:65536	Out	IPADDR	25	ACK
本地客戶端查詢	TCP	POP SERVER	110 或 995	Out	IPADDR	1024:65535	Any
遠端伺服器響應	TCP	POP SERVER	110 或 995	In	IPADDR	1024:65535	ACK
遠端客戶端查詢	TCP	POP CLIENT	1024:65535	In	IPADDR	110 或 995	Any
本地伺服器響應	TCP	POP CLIENT	1024:65535	Out	IPADDR	110 或 995	ACK
本地客戶端查詢	TCP	IMAP SERVER	143 或 993	Out	IPADDR	1024:65535	Any
遠端伺服器響應	TCP	IMAP SERVER	143 或 993	In	IPADDR	1024:65535	ACK

描述	協定	遠端位址	遠端埠	輸入 / 輸出	本地位址	本地埠	TCP 旗標
遠端客戶端查詢	TCP	IMAP CLIENT	1024:65535	In	IPADDR	143 或 993	Any
本地伺服器響應	TCP	IMAP CLIENT	1024:65535	Out	IPADDR	143 或 993	ACK

- **透過 SMTP 發送郵件（TCP 埠 25）**

郵件是透過 SMTP 發送的。但您用的是誰的 SMTP 伺服器來收集您的郵件以及發送您的郵件的呢？ISP 向它們的客戶提供 SMTP 郵件服務。ISP 的郵件伺服器相當於郵件閘道器。它知道如何收集您的郵件，找到接收的主機，並傳遞郵件。在 UNIX 上，如果您想的話，您可以託管您自己的本地郵件伺服器。您的伺服器將負責路由郵件到它的目的地。

- **透過外部（ISP）閘道器 SMTP 伺服器傳遞傳出郵件**

當您透過外部郵件閘道器伺服器傳遞傳出郵件時，您的客戶端郵件程式會將所有的郵件發送到您 ISP 的郵件伺服器。您的 ISP 作為您向世界其他地方發送郵件的閘道器。您的系統不需要知道如何定位您的郵件目的地或到目的地的路線。ISP 的郵件閘道器會作為您的中繼。

下面的兩個規則使得您可以透過您的 ISP 的 SMTP 閘道器傳遞郵件：

```
SMTP_GATEWAY="my.isp.server"          # External mail server or relay
if [ "$CONNECTION_TRACKING" = "1" ]; then
    $IPT -A OUTPUT -o $INTERNET -p tcp \
            -s $IPADDR --sport $UNPRIVPORTS \
            -d $SMTP_GATEWAY --dport 25 -m state --state NEW -j ACCEPT
fi

$IPT -A OUTPUT -o $INTERNET -p tcp \
           -s $IPADDR --sport $UNPRIVPORTS \
           -d $SMTP_GATEWAY --dport 25 -j ACCEPT
```

```
$IPT -A INPUT -i $INTERNET -p tcp ! --syn \
         -s $SMTP_GATEWAY --sport 25 \
         -d $IPADDR --dport $UNPRIVPORTS -j ACCEPT
```

nftables 的命令如下：

```
$NFT add rule filter output oif $INTERNET ip daddr $SMTP_GATEWAY tcp dport
➥25 ip saddr $IPADDR tcp sport $UNPRIVPORTS accept
$NFT add rule filter input iif $INTERNET ip saddr $SMTP_GATEWAY tcp sport
➥25 ip daddr $IPADDR tcp dport $UNPRIVPORTS tcp flags != syn accept
```

- **發送郵件到任意的外部郵件伺服器**

或者，您可以繞過 ISP 的郵件伺服器並託管您自己的郵件伺服器。您的本地伺服器負責收集您的傳出郵件，執行目的主機名稱的 DNS 查詢，並且發送郵件到其目的地。您的客戶端郵件程式指向您的本地 SMTP 伺服器而不是 ISP 的伺服器。

下面的規則使得您可以直接發送郵件到遠端目的地：

```
if [ "$CONNECTION_TRACKING" = "1" ]; then
    $IPT -A OUTPUT -o $INTERNET -p tcp \
            -s $IPADDR --sport $UNPRIVPORTS \
            --dport 25 -m state --state NEW -j ACCEPT
fi

$IPT -A OUTPUT -o $INTERNET -p tcp \
         -s $IPADDR --sport $UNPRIVPORTS \
         --dport 25 -j ACCEPT

$IPT -A INPUT -i $INTERNET -p tcp ! --syn \
         --sport 25 \
         -d $IPADDR --dport $UNPRIVPORTS -j ACCEPT
```

nftables 的命令如下：

```
$NFT add rule filter output oif $INTERNET ip saddr $IPADDR tcp sport
➥$UNPRIVPORTS tcp dport 25 accept
$NFT add rule filter input iif $INTERNET ip daddr $IPADDR tcp sport 25 tcp
➥dport $UNPRIVPORTS tcp flags != syn accept
```

• 接收郵件

怎樣接收郵件取決於您的情況。如果您執行您的本地郵件伺服器，您可以在您的Linux 電腦上直接收集傳入郵件。如果您從您的 ISP 帳號那裡獲取郵件，您可能使用 POP，也可能使用 IMAP 客戶端，這取決於您如何設定您的 ISP 郵件帳號以及ISP 提供的郵件傳遞服務。

• 作為本地 SMTP 伺服器接收郵件（TCP 埠 25）

如果您想接收從世界上任何地方直接發送到您本地電腦的郵件，您需要執行Sendmail、Gmail 或一些其他的伺服器程式。下面是本地伺服器規則：

```
if [ "$CONNECTION_TRACKING" = "1" ]; then
    $IPT -A INPUT  -i $INTERNET -p tcp \
            --sport $UNPRIVPORTS \
            -d $IPADDR --dport 25 \
            -m state --state NEW -j ACCEPT
fi

$IPT -A INPUT  -i $INTERNET -p tcp \
           --sport $UNPRIVPORTS \
           -d $IPADDR --dport 25 -j ACCEPT

$IPT -A OUTPUT -o $INTERNET -p tcp ! --syn \
           -s $IPADDR --sport 25 \
           --dport $UNPRIVPORTS -j ACCEPT
```

用於 `nftables` 腳本的命令如下：

```
$NFT add rule filter input iif $INTERNET tcp sport $UNPRIVPORTS ip daddr
➥$IPADDR tcp dport 25 accept
$NFT add rule filter output oif $INTERNET tcp sport 25 ip saddr $IPADDR
➥tcp dport $UNPRIVPORTS tcp flags != syn accept
```

或者，如果您寧願保持您本地郵件帳號的私密性，並使用您的工作郵件帳號或ISP 郵件帳號作為您的公用位址，您可以設定您的工作郵件帳號或 ISP 郵件帳號，轉發郵件到您的本地伺服器。這種情況下，您可以為每一個郵件轉發者使用分開的、特定的規則替換前面單一的規則對，來接受從任何地方到來的連接。

• 作為 POP 客戶端收取郵件（TCP 埠 110 或 995）

連接到 POP 伺服器是非常常用的從遠端 ISP 或工作帳號處收取郵件的手段。如果您的 ISP 使用 POP 伺服器為客戶接收郵件，您需要允許傳出的客戶端 - 伺服器連接。

伺服器的位址是一個特定的主機名稱或位址而不是全域的，由 ANYWHERE 隱喻的描述子。POP 帳號是關聯到一個特定的用戶和密碼的用戶帳號：

```
POP_SERVER="my.isp.pop.server"          # External pop server, if any
if [ "$CONNECTION_TRACKING" = "1" ]; then
    $IPT -A OUTPUT -o $INTERNET -p tcp \
            -s $IPADDR --sport $UNPRIVPORTS \
            -d $POP_SERVER --dport 110 -m state --state NEW -j ACCEPT
fi

$IPT -A OUTPUT -o $INTERNET -p tcp \
           -s $IPADDR --sport $UNPRIVPORTS \
           -d $POP_SERVER --dport 110 -j ACCEPT

$IPT -A INPUT -i $INTERNET -p tcp ! --syn \
           -s $POP_SERVER --sport 110 \
           -d $IPADDR --dport $UNPRIVPORTS -j ACCEPT
```

nftables 的命令如下，如果您的郵件伺服器使用常規的不帶 SSL 的 POP，請將 995 替換為 110：

```
$NFT add rule filter output oif $INTERNET ip saddr $IPADDR ip daddr $POP_
➥SERVER tcp sport $UNPRIVPORTS tcp dport 995 accept
$NFT add rule filter input iif $INTERNET ip saddr $POP_SERVER tcp sport
➥110 ip daddr $IPADDR tcp dport $UNPRIVPORTS tcp flags != syn accept
```

• 作為 IMAP 客戶端收取郵件（TCP 埠 143 或 993）

連接到 IMAP 伺服器是另一種從遠端 ISP 帳號或工作帳號處接收郵件的常用的方法。如果您的 ISP 使用 IMAP 伺服器為客戶提供郵件服務，您需要允許傳出的客戶端 - 伺服器 連接。

伺服器的位址是一個特定的主機名稱或位址而不是全域的 $ANYWHERE 描述子（specifier）。IMAP 帳號是關聯到一個特定的用戶和密碼的用戶帳號：

```
IMAP_SERVER="my.isp.imap.server"        # External imap server, if any
if [ "$CONNECTION_TRACKING" = "1" ]; then
    $IPT -A OUTPUT -o $INTERNET -p tcp \
           -s $IPADDR --sport $UNPRIVPORTS \
           -d $IMAP_SERVER --dport 143 -m state --state NEW -j ACCEPT
fi

$IPT -A OUTPUT -o $INTERNET -p tcp \
           -s $IPADDR --sport $UNPRIVPORTS \
           -d $IMAP_SERVER --dport 143 -j ACCEPT

$IPT -A INPUT -i $INTERNET -p tcp ! --syn \
           -s $IMAP_SERVER --sport 143 \
           -d $IPADDR --dport $UNPRIVPORTS -j ACCEPT
```

nftables 的規則如下；如果您的 IMAP 伺服器不使用 SSL，則應使用 143 替換 993：

```
$NFT add rule filter output oif $INTERNET ip saddr $IPADDR tcp sport
➥$UNPRIVPORTS ip daddr $IMAP_SERVER tcp dport 993 accept
$NFT add rule filter input iif $INTERNET ip saddr $IMAP_SERVER tcp sport
➥995 ip daddr $IPADDR tcp dport $UNPRIVPORTS tcp flags != syn accept
```

• 為遠端客戶端託管一個郵件伺服器

在小型系統中託管一個公用的 POP 或 IMAP 服務不太常見。您這樣做可能是因為您在為一些朋友提供遠端郵件服務，例如，如果他們的 ISP 郵件服務暫時不可用。在任何情況下，限制您的系統接受從客戶端處發起的連接十分重要，不論在封包過濾層還是在伺服器設定層。

• 為遠端客戶端託管一個 POP 伺服器

POP 伺服器是受駭客攻擊最頻繁且最成功的點之一。在很多情況下，防火牆規則可以提供一些保護。當然，您也可以在伺服器設定層面限制存取。就像往常一樣，確保軟體保持最新的安全更新十分重要，尤其是對於郵件伺服器軟體。

如果您使用本地系統作為中心郵件伺服器，並且執行 POP3 伺服器為 LAN 內的本地電腦提供郵件存取，那麼您不需要本例中的伺服器規則。從網際網路傳入的連接應該被丟棄。如果您確實需要為數量有限的遠端個人託管 POP 服務，那麼下面的兩條規則將允許到達您 POP 伺服器的傳入連接。連接被限制為您指定的客戶端的 IP 位址：

```
if [ "$CONNECTION_TRACKING" = "1" ]; then
    $IPT -A INPUT  -i $INTERNET -p tcp \
             -s <my.pop.clients> --sport $UNPRIVPORTS \
             -d $IPADDR --dport 110 \
             -m state --state NEW -j ACCEPT
fi

$IPT -A INPUT  -i $INTERNET -p tcp \
           -s <my.pop.clients> --sport $UNPRIVPORTS \
           -d $IPADDR --dport 110 -j ACCEPT

$IPT -A OUTPUT -o $INTERNET -p tcp ! --syn \
           -s $IPADDR --sport 110 \
           -d <my.pop.clients> --dport $UNPRIVPORTS -j ACCEPT
```

nftables 的規則如下：

```
nft add rule filter input iif $INTERNET ip saddr <POP_CLIENTS> tcp sport
➥$UNPRIVPORTS ip daddr $IPADDR tcp dport 995 accept
$NFT add rule filter output oif $INTERNET ip saddr $IPADDR tcp sport 995
➥ip daddr <POP_CLIENTS> tcp dport $UNPRIVPORTS tcp flags != syn accept
```

如果您的站點是 ISP，那麼您可以使用網路位址遮罩，來限制您將從哪些來源位址接受 POP 連接：

```
POP_CLIENTS="192.168.24.0/24"
```

如果您是住宅站點，只有屈指可數的 POP 客戶端，則客戶端位址需要被明確地表示，每一個規則對對應一個客戶端位址。

• 為遠端客戶端託管一個 IMAP 伺服器

IMAP 伺服器也是受駭客攻擊最頻繁且最成功的點之一。在很多情況下，防火牆規則都可以提供一些保護。當然，您也可以在伺服器設定層面限制存取。就像往常一樣，確保軟體保持最新的安全更新十分重要，尤其是對於郵件伺服器軟體。

5.5.2 SSH（TCP 埠 22）

隨著 RSA 專利在 2000 年的過期，OpenSSH、安全 Shell 均被包含到了 Linux 發行版中。它們也可以在網際網路上的軟體站點中免費獲得。在遠端登錄存取方面，SSH 比 telnet 更好，因為連接兩端的主機和用戶都使用了認證密鑰，並且資料是被加密的。此外，SSH 不僅僅是遠端登錄服務。它可以自動地在遠端站點之間轉發 X Window 連接，而 FTP 和其他基於 TCP 的連接可以在更安全的 SSH 連接上被轉發。假設連接的另一端允許 SSH 可連接，那麼就可以使用 SSH 路由所有的 TCP 連接透過防火牆。因此，SSH 在某種意義上是窮人的虛擬專用網（VPN）。

SSH 使用的埠是高度可設定的。預設情況下，連接是由客戶端的非特權埠和伺服器的已知服務埠 22 所發起的。SSH 客戶端使用的非特權埠是獨佔的。本例中的規則應用於針對預設的 SSH 埠：

```
SSH_PORTS="1024:65535"                # RSA authentication
```

或

```
SSH_PORTS="1020:65535"                # Rhost authentication
```

客戶端和伺服器規則允許從任何地方到來，以及到任何地方去的存取。實際上，您需要限制外部位址為一個選定的子網，尤其是因為連接的兩端必須被設定為，可識別對方的用戶帳號以進行鑒別。表 5.3 列出了 SSH 服務完整的客戶端 / 伺服器連接協定。

表 5.3 SSH 協定

描述	協定	遠端位址	遠端埠	輸入 / 輸出	本地位址	本地埠	TCP 旗標
本地客戶端請求	TCP	ANYWHERE	22	Out	IPADDR	1024:65535	Any
遠端伺服器響應	TCP	ANYWHERE	22	In	IPADDR	1024:65535	ACK
本地客戶端請求	TCP	ANYWHERE	22	Out	IPADDR	513:1023	Any
遠端伺服器響應	TCP	ANYWHERE	22	In	IPADDR	513:1023	ACK
遠端客戶端請求	TCP	SSH clients	1024:65535	In	IPADDR	22	Any
本地伺服器響應	TCP	SSH clients	1024:65535	Out	IPADDR	22	ACK
遠端客戶端請求	TCP	SSH clients	513:1023	In	IPADDR	22	Any
本地伺服器響應	TCP	SSH clients	513:1023	Out	IPADDR	22	ACK

• 允許客戶端存取遠端 SSH 服務

下面的規則允許您用 SSH 連接遠端站點：

```
if [ "$CONNECTION_TRACKING" = "1" ]; then
    $IPT -A OUTPUT -o $INTERNET -p tcp \
             -s $IPADDR --sport $SSH_PORTS \
             --dport 22 -m state --state NEW -j ACCEPT
fi

$IPT -A OUTPUT -o $INTERNET -p tcp \
          -s $IPADDR --sport $SSH_PORTS \
          --dport 22 -j ACCEPT

$IPT -A INPUT -i $INTERNET -p tcp ! --syn \
          --sport 22 \
          -d $IPADDR --dport $SSH_PORTS -j ACCEPT
```

nftables 的規則如下：

```
$NFT add rule filter output oif $INTERNET ip saddr $IPADDR tcp sport $SSH_
➥PORTS tcp dport 22 accept
$NFT add rule filter input iif $INTERNET tcp sport 22 ip daddr $IPADDR tcp
➥dport $SSH_PORTS tcp flags != syn accept
```

- **允許遠端客戶端存取您的本地 SSH 伺服器**

下面的規則允許到達您的 SSH 伺服器的傳入連接：

```
if [ "$CONNECTION_TRACKING" = "1" ]; then
    $IPT -A INPUT  -i $INTERNET -p tcp \
             --sport $SSH_PORTS \
             -d $IPADDR --dport 22 \
             -m state --state NEW -j ACCEPT
fi

$IPT -A INPUT  -i $INTERNET -p tcp \
         --sport $SSH_PORTS \
         -d $IPADDR --dport 22 -j ACCEPT

$IPT -A OUTPUT -o $INTERNET -p tcp ! --syn \
         -s $IPADDR --sport 22 \
         --dport $SSH_PORTS -j ACCEPT
```

nftables 的規則如下：

```
$NFT add rule filter input iif $INTERNET tcp sport $SSH_PORTS ip daddr
➥$IPADDR tcp dport 22 accept
$NFT add rule filter output oif $INTERNET ip saddr $IPADDR tcp sport 22
➥tcp dport $SSH_PORTS tcp flags != syn accept
```

5.5.3 FTP (TCP 埠 20、21)

在由網際網路相連的兩台電腦之前，FTP 是最常用的傳輸檔案的手段之一。web-based 的 FTP 瀏覽器介面也越來越常用。像 telnet 一樣，FTP 同時以純文字的方式在網路上發送認證證書和通訊資料。因此，FTP 也被認為是一個天生不安全的協定。SFTP 和 SCP 在這點上有一些提高。

FTP 是一個用來說明協定與防火牆，或 NAT 不友好的經典的例子。傳統的透過 TCP 進行通訊的客戶端 / 伺服器應用都是以相同的方式工作的。客戶端發起請求以連接到伺服器。

表 5.4 列出了 FTP 服務完整的客戶端 / 伺服器連接協定。

表 5.4 FTP 協定

描述	協定	遠端位址	遠端埠	輸入 / 輸出	本地位址	本地埠	TCP 旗標
本地客戶端查詢	TCP	ANYWHERE	21	Out	IPADDR	1024:65535	Any
遠端伺服器響應	TCP	ANYWHERE	21	In	IPADDR	1024:65535	ACK
遠端伺服器主動資料通道請求	TCP	ANYWHERE	20	In	IPADDR	1024:65535	Any
本地客戶端主動資料通道響應	TCP	ANYWHERE	20	Out	IPADDR	1024:65535	ACK
本地客戶端被動資料通道請求	TCP	ANYWHERE	1024:65535	Out	IPADDR	1024:65535	Any
遠端伺服器被動資料通道響應	TCP	ANYWHERE	1024:65535	In	IPADDR	1024:65535	ACK
遠端客戶端請求	TCP	ANYWHERE	1024:65535	In	IPADDR	21	Any
本地伺服器響應	TCP	ANYWHERE	1024:65535	Out	IPADDR	21	ACK
本地伺服器主動資料通道響應	TCP	ANYWHERE	1024:65535	Out	IPADDR	20	Any

描述	協定	遠端位址	遠端埠	輸入 / 輸出	本地位址	本地埠	TCP 旗標
遠端客戶端主動資料通道響應	TCP	ANYWHERE	1024:65535	In	IPADDR	20	ACK
遠端客戶端被動資料通道請求	TCP	ANYWHERE	1024:65535	In	IPADDR	1024:65535	Any
本地伺服器被動資料通道響應	TCP	ANYWHERE	1024:65535	Out	IPADDR	1024:65535	ACK

FTP 與這個標準的客戶端 / 伺服器通訊模型相背離。FTP 依賴於兩個單獨的連接，一個用於控制或命令流，另一個用於傳遞資料檔案和其他資訊，例如檔案夾列表。控制流是透過傳統的 TCP 連接傳輸的。客戶端被綁定到一個高位的、非特權埠並且向 FTP 伺服器的 21 號埠發送連接請求。這個連接被用於傳遞命令。

對於第二個資料流連接而言，FTP 有兩個可選的模式用於在客戶端和伺服器之間交換資料：主動模式（port mode）和被動模式（passive mode）。主動模式是原始的預設的機制。客戶端告訴伺服器它會監聽的次要的、非特權埠。伺服器則從埠 20 向客戶端指定的非特權埠發起資料連接。

這與標準的客戶端 / 伺服器模型相背離。伺服器會發起次連接到客戶端。這就是為什麼 FTP 協定在防火牆和 NAT 方面需要 ALG 的支援了。防火牆必須負責支援從埠 20 傳入到本地非特權埠的連接。NAT 必須負責支援用於次資料流連接的目的位址（客戶端不知道它的網路流量被 NAT 了。它發送到伺服器的位址和埠是本地的、NAT 之前的埠和位址）。

被動模式類似於傳統的客戶端 / 伺服器模型，由客戶端發起次連接用於資料流傳輸。而且，客戶端從高位的、非特權埠發起連接。然而，伺服器的資料連接並不會綁定到埠 20。而是由伺服器告訴客戶端連接請求應該發到哪一個高位的、非特權埠。資料流的傳輸是在客戶端和伺服器的非特權埠間進行的。

在傳統的封包過濾中，防火牆必須允許所有非特權埠間的 TCP 流量。連接狀態追蹤和 ALG 支援允許防火牆將輔助連接與特定的 FTP 控制流相關聯。NAT 不會在客戶端處產生問題，因為客戶端初始化了所有連接。

• 允許客戶端對遠端 FTP 伺服器的傳出存取

大多數站點都希望允許 FTP 客戶端存取遠端檔案倉庫。大多數人也都想啟用客戶機到遠端伺服器的傳出連接。

• 從控制通路發出的 FTP 請求

下面的兩條規則允許到遠端 FTP 伺服器的傳出控制連接：

```
if [ "$CONNECTION_TRACKING" = "1" ]; then
    $IPT -A OUTPUT -o $INTERNET -p tcp \
             -s $IPADDR --sport $UNPRIVPORTS \
             --dport 21 -m state --state NEW -j ACCEPT
fi

$IPT -A OUTPUT -o $INTERNET -p tcp \
         -s $IPADDR --sport $UNPRIVPORTS \
         --dport 21 -j ACCEPT

$IPT -A INPUT -i $INTERNET -p tcp ! --syn \
         --sport 21 \
         -d $IPADDR --dport $UNPRIVPORTS -j ACCEPT
```

nftables 的規則如下：

```
$NFT add rule filter output oif $INTERNET ip saddr $IPADDR tcp sport
➥$UNPRIVPORTS tcp dport 21 accept
$NFT add rule filter input iif $INTERNET ip daddr $IPADDR tcp sport 21 tcp
➥dport $UNPRIVPORTS accept
```

• FTP 主動模式的資料通路

下面的兩條規則允許標準資料通路連接，連接時伺服器透過回呼，建立從伺服器 20 埠到客戶指定的非特權埠的連接：

```
if [ "$CONNECTION_TRACKING" = "1" ]; then
    $IPT -A INPUT  -i $INTERNET -p tcp \
             --sport 20 \
             -d $IPADDR --dport $UNPRIVPORTS \
```

```
            -m state --state NEW -j ACCEPT
fi

$IPT -A INPUT  -i $INTERNET -p tcp \
        --sport 20 \
        -d $IPADDR --dport $UNPRIVPORTS -j ACCEPT

$IPT -A OUTPUT -o $INTERNET -p tcp ! --syn \
        -s $IPADDR --sport $UNPRIVPORTS \
        --dport 20 -j ACCEPT
```

這種不尋常的回呼動作，即遠端伺服器與您的客戶端建立的次連接，是使得 FTP 難於在封包過濾級保持安全的原因之一。`nftables` 的規則假設使用了 `ct` 狀態模組，因此實際上不需要另外建立規則。

5.5.4 通用的 TCP 服務

許多在本節中示範的規則看起來都很相似。比起為每一種根據 TCP 的服務提供規則來，根據您需要提供的那些服務，來簡單地學習添加規則的通用方式則更加有用。

下面通用的規則適用於任何您需要連接的 TCP 服務。請用目的服務埠替換 `<YOUR PORT HERE>`：

```
if [ "$CONNECTION_TRACKING" = "1" ]; then
    $IPT -A OUTPUT -o $INTERNET -p tcp \
            -s $IPADDR --sport $UNPRIVPORTS \
            --dport<YOUR PORT HERE> -m state --state NEW -j ACCEPT
fi

$IPT -A OUTPUT -o $INTERNET -p tcp \
        -s $IPADDR --sport $UNPRIVPORTS \
        --dport<YOUR PORT HERE> -j ACCEPT

$IPT -A INPUT -i $INTERNET -p tcp ! --syn \
        --sport <YOUR PORT HERE> \
        -d $IPADDR --dport $UNPRIVPORTS -j ACCEPT
```

nftables 的規則如下：

```
$NFT add rule filter output oif $INTERNET ip saddr $IPADDR tcp sport
➥$UNPRIVPORTS tcp dport <YOUR PORT HERE> accept
$NFT add rule filter input iif $INTERNET tcp sport <YOUR PORT HERE> ip
➥daddr $IPADDR tcp dport $UNPRIVPORTS accept
```

對於給定的服務，下面的規則適用於允許任何傳入到該服務必要埠的 TCP 連接：

```
if [ "$CONNECTION_TRACKING" = "1" ]; then
    $IPT -A INPUT  -i $INTERNET -p tcp \
             --sport $UNPRIVPORTS \
             -d $IPADDR --dport <YOUR PORT HERE> \
             -m state --state NEW -j ACCEPT
fi

$IPT -A INPUT  -i $INTERNET -p tcp \
         --sport $UNPRIVPORTS \
         -d $IPADDR --dport <YOUR PORT HERE> -j ACCEPT

$IPT -A OUTPUT -o $INTERNET -p tcp ! --syn \
         -s $IPADDR \
         --dport $UNPRIVPORTS -j ACCEPT
```

nftables 的規則如下：

```
nft add rule filter input iif $INTERNET tcp sport $UNPRIVPORTS ip daddr
➥$IPADDR tcp dport <YOUR PORT HERE> accept
nft add rule filter output oif $INTERNET ip saddr $IPADDR tcp sport <YOUR
➥PORT HERE> tcp dport $UNPRIVPORTS accept
```

5.6 啟用常用 UDP 服務

無狀態的 UDP 協定本身就不像連接導向的 TCP 協定那樣安全。因此，許多對安全敏感的站點對存取 UDP 的服務完全禁止，或者是做盡可能多的限制。很明顯的，基於 UDP 的 DNS 交換是非常必要的，但遠端伺服器的名字可以在防火牆規則中被明確地指出。因此，本節只為以下兩個服務提供一些規則：

- 動態主機設定協定（Dynamic Host Configuration Protocol，DHCP）；
- 網路時間協定（Network Time Protocol，NTP）。

5.6.1 存取您 ISP 的 DHCP 伺服器（UDP 埠 67、68）

您的站點與 ISP 伺服器之間的 DHCP 交換（如果有的話）是一個從本地客戶機到遠端伺服器的交換。通常來說，DHCP 客戶端接收由中央伺服器臨時動態分配的 IP 位址，中央伺服器管理著 ISP 的客戶的 IP 位址空間。伺服器也可以提供您的本地主機一些其他的設定資訊，例如網路子網路遮罩、網路 MTU、預設的第一條路由位址、域名以及預設的 TTL。

如果您想獲得一個由 ISP 動態分配的 IP 位址，那麼您需要在您的電腦上執行 DHCP 客戶端常駐程式。

表 5.5 列出了 DHCP 訊息類型描述符，參照於 RFC2131，"Dynamic Host Configuration Protocol"。

表 5.5 DHCP 訊息類型

DHCP 訊息	描述
DHCPDISCOVER	客戶端廣播以定位可用的伺服器
DHCPOFFER	伺服器對客戶端的 DHCPDISCOVER 進行相應，同時提供設定參數
DHCPREQUEST	客戶端發往伺服器的訊息，用於以下目的之一：(a) 請求某個伺服器提供的參數並拒絕其他伺服器提供的參數；(b) 用於確認之前提供的位址的正確性，例如，在系統重啟後；(c) 擴展特定網路位址的租用期
DHCPACK	包括設定參數在內的伺服器發往客戶端的訊息，包括提供的網路位址
DHCPNAK	伺服器發往客戶端，指明客戶端想要的網路位址不正確（例如，客戶端已經移動到了新的子網）或客戶端的租用期已經過期
DHCPDECLINE	客戶端發往伺服器以指示網路位址已經被使用
DHCPRELEASE	客戶端發往伺服器以放棄網路位址並取消租用期
DHCPINFORM	客戶端發往伺服器，僅用於查詢本地設定參數；客戶端已經有了外部設定的位址

大體上，當 DHCP 客戶端初始化時，它會廣播一個 DHCPDISCOVER 查詢，用以查詢是否有可用的 DHCP 伺服器。任何收到這個查詢的伺服器都會送回一個 DHCPOFFER 訊息，表明它願意為此客戶端提供服務；同時訊息中還包括了伺服器必須提供的設定參數。客戶端廣播一個 DHCPREQUEST 訊息到它所接受的一個伺服器，並通知其他的伺服器將謝絕它們提供的服務。被選中的伺服器廣播一個 DHCPACK 訊息作為響應，用以確認先前提供的參數。此時，位址分配已經完成。客戶端會定期地向伺服器發送一個 DHCPREQUEST 訊息來請求繼續租用此 IP 位址。如果租期被更新，伺服器將透過單播一個 DHCPACK 訊息進行響應。否則，客戶機將重新回到初始化程序。表 5.6 列出了 DHCP 服務完整的客戶端 / 伺服器交換協定。

表 5.6 DHCP 協定

描述	協定	遠端位址	遠端埠	輸入 / 輸出	本地位址	TCP 旗標
DHCPDISCOVER; DHCPREQUEST	UDP	255.255.255.255	67	Out	0.0.0.0	68
DHCPOFFER	UDP	0.0.0.0	67	In	255.255.255.255	68
DHCPOFFER	UDP	DHCP SERVER	67	In	255.255.255.255	68
DHCPREQUEST; DHCPDECLINE	UDP	DHCP SERVER	67	Out	0.0.0.0	68
DHCPACK; DHCPNACK	UDP	DHCP SERVER	67	In	ISP/NETMASK	68
DHCPACK	UDP	DHCP SERVER	67	In	IPADDR	68
DHCPREQUEST; DHCPRELEASE	UDP	DHCP SERVER	67	Out	IPADDR	68

DHCP 協定遠比上面這個簡單的描述要更複雜得多，但是上面的介紹描述出了典型的客戶端和伺服器交換的本質。

下面的防火牆規則允許您的 DHCP 客戶端和遠端伺服器之間的通訊：

```
# Initialization or rebinding: No lease or Lease time expired.
$IPT -A OUTPUT -o $INTERNET -p udp \
        -s $BROADCAST_SRC --sport 67:68 \
        -d $BROADCAST_DEST --dport 67:68 -j ACCEPT
```

```
# Incoming DHCPOFFER from available DHCP servers

$IPT -A INPUT  -i $INTERNET -p udp \
         --sport 67:68 \
         --dport 67:68 -j ACCEPT
```

nftables 規則如下：

```
$NFT add rule filter output oif $INTERNET ip saddr $BROADCAST_SRC udp
➥sport 67-68 ip daddr $BROADCAST_DEST udp dport 67-68 accept
$NFT add rule filter input iif $INTERNET udp sport 67-68 udp dport 67-68
➥accept
```

需要注意的是，並不能完全地限制發送到您的 DHCP 伺服器的 DHCP 流量。在初始化期間，當您的客戶端既沒有被分配 IP 位址，也沒有伺服器的 IP 位址時，封包的傳送是透過廣播而不是透過點對點的方式進行的。在第二層上，封包也許會尋址到您的網卡的硬體位址。

5.6.2 存取遠端網路時間伺服器（UDP 埠 123）

網路時間服務（例如 NTP）允許存取一個或多個公用網際網路時間的提供者。這對於維護一個精確的系統時鐘十分有用，尤其是如果您的內部時鐘會產生漂移，以及需要在重啟或斷電後想要建立正確的時間和日期。小型系統的用戶一般只作為客戶端來使用此項服務。幾乎沒有小型站點擁有到英國格林威治的衛星連結，或到原子鐘的無線連結，或一個擺放在自己周圍的原子鐘。

ntpd 是伺服器的常駐程式。除了為客戶端提供時間服務之外，ntpd 會在伺服器之間建立起一種對等關係。很少有小型站點需要 ntpd 提供的額外的精確性。ntpdate 是客戶端程式，使用客戶端到伺服器的模型。客戶端程式是小型站點所需要的全部。表 5.7 只列出了 NTP 服務的客戶端 / 伺服器交換協定。幾乎沒有自己執行 ntpd 的理由，因為它是伺服器組件。如果您必須執行 NTP 伺服器（與客戶端相對），請在 chroot 環境中這樣做。

表 5.7 NTP 協定

描述	協定	遠端位址	遠端埠	輸入 / 輸出	本地位址	TCP 旗標
本地客戶端查詢	UDP	TIMESERVER	123	Out	IPADDR	1024:65535
遠端伺服器響應	UDP	TIMESERVER	123	In	IPADDR	1024:65535

ntpd 啟動腳本會在其同時使用 ntpdate 來查詢一系列的公用時間服務提供者。在伺服器響應之後，ntpd 常駐程式開始執行。所有那些提供者的主機需要在防火牆規則中被單獨地指出：

```
TIME_SERVER="my.time.server"          # External time server, if any

if [ "$CONNECTION_TRACKING" = "1" ]; then
    $IPT -A OUTPUT -o $INTERNET -p udp \
             -s $IPADDR --sport $UNPRIVPORTS \
             -d $TIME_SERVER --dport 123 \
             -m state --state NEW -j ACCEPT
fi

$IPT -A OUTPUT -o $INTERNET -p udp \
         -s $IPADDR --sport $UNPRIVPORTS \
         -d $TIME_SERVER --dport 123 -j ACCEPT

$IPT -A INPUT  -i $INTERNET -p udp \
         -s $TIME_SERVER --sport 123 \
         -d $IPADDR --dport $UNPRIVPORTS -j ACCEPT
```

nftables 的腳本規則如下：

```
$NFT add rule filter output oif $INTERNET ip saddr $IPADDR udp sport
➥$UNPRIVPORTS ip daddr $TIME_SERVER udp dport 123 accept
$NFT add rule filter input iif $INTERNET ip saddr $TIME_SERVER udp sport
➥123 ip daddr $IPADDR udp dport $UNPRIVPORTS accept
```

需要注意的是，上面的規則是為標準的客戶端 / 伺服器的 UDP 通訊而寫的。根據您的客戶端和伺服器軟體，其中的一方或雙方可能會使用 NTP 的伺服器 - 伺服器的通訊模型，那樣的話，客戶端和伺服器都會使用 UDP 埠 123。

5.7 記錄被丟棄的傳入封包

任何匹配了一條規則的封包都可以透過在 iptables 中使用 -j LOG 目標或在 nftables 中使用日誌宣告進行記錄。然而，記錄一個封包對於封包的處置沒有任何影響。封包必須匹配一個接受規則或丟棄規則。在封包經過再次匹配被丟棄之前，之前示範的一些規則已經啟用了記錄功能。一些用於防止 IP 位址欺騙的規則就是例子。

規則可以被明確地定義用於記錄特定類型的封包。典型情況下，我們感興趣的是可疑的封包，這代表了某種刺探或掃描。由於預設會拒絕所有的封包，如果記錄是用於特定的封包類型，那麼必須在封包到達規則鏈末尾預設策略生效之前定義明確的規則對其進行記錄。實質上，對於所有被禁止的封包，您對其感興趣想要記錄的只是其中的一些，所以可以使用頻率限制的方式記錄其中的一些，靜默地丟棄其他。

哪個封包需要記錄由個人決定。一些人想要記錄所有被丟棄的封包。對有些人而言，記錄所有丟棄的封包不久就會導致系統日誌溢出。有些人對丟棄的封包沒有什麼顧慮，不在意它們也不想瞭解它們。有些人只對明顯的埠掃描或特定的封包類型感興趣。

由於「首次匹配的規則勝出」的策略，您可以使用一條規則記錄所有被丟棄的封包。這裡的假設是所有的封包匹配接受規則都已經被測試過了，並且封包將要被傳遞到規則鏈的末尾並將被丟棄：

```
$IPT -A INPUT -i $INTERNET -j LOG
```

nftables 的規則如下：

```
$NFT add rule filter input iif $INTERNET log
```

5.8 記錄被丟棄的傳出封包

記錄被防火牆阻塞的傳出資料流量，對於除錯防火牆規則來說是必需的，並且可以在本地軟體出現問題時得到報警。

所有將被預設策略丟棄的流量可以被記錄：

```
$IPT -A OUTPUT -o $INTERNET -j LOG
```

nftables 的命令如下；

```
$NFT add rule filter output oif $INTERNET log
```

5.9 安裝防火牆

本節假設防火牆腳本名為 rc.firewall。當然，它也可以簡單稱為 fwscript 或其他名字。實際上，在 Debian 系統裡，標準更接近這個名稱：fwscript，而不是如 Red Hat 中那樣以 rc. 為前綴的名稱。本節將會介紹一些命令，將腳本安裝到 Red Hat 或 SUSE 系統中的 /etc/rc.d 或 Debian 系統中的 /etc/init.d/。

作為一個 shell 腳本，初始的安裝非常簡單。此腳本必須為 root 用戶所擁有。在 Red Hat 和 SUSE 中：

```
chown root.root /etc/rc.d/rc.firewall
```

在 Debian 中：

```
chown root.root /etc/init.d/rc.firewall
```

這個腳本應該只能由 root 用戶寫入或執行。理想情況下，普通用戶不應該擁有讀取權限。在 Red Hat 和 SUSE 中：

```
chmod u=rwx /etc/rc.d/rc.firewall
```

在 Debian 中：

```
chmod u=rwx /etc/init.d/rc.firewall
```

如果需要在任何時候初始化防火牆，只需要從命令行執行此腳本。無需重新啟動：

```
/etc/rc.d/rc.firewall start
```

從技術角度來說，start 參數並不需要，但這不是一個好習慣，我寧願在完整性方面犯錯誤而不願意令防火牆出現歧義。腳本還包括一個 stop 動作，它可以完全停止防火牆。因此，如果您想要停止防火牆，請使用 stop 參數呼叫同樣的命令：

```
/etc/rc.d/rc.firewall stop
```

需要預先提醒的是：如果您以這種方式停止了防火牆，您將處於無保護的執行狀態下。我應該提醒您一句「請保持您的防火牆永遠啟用吧！」

在 Debian 中應將上面命令中的路徑改為 `/etc/init.d`。啟動防火牆：

```
/etc/init.d/rc.firewall start
```

在 Debian 中停止防火牆：

```
/etc/init.d/rc.firewall stop
```

5.9.1 除錯防火牆腳本的小竅門

當您透過 SSH 或其他遠端連接除錯一個新的防火牆腳本時，您很有可能會把自己鎖在系統之外。當然，如果您從控制台安裝防火牆時就不必考慮這點，但對於管理遠端 Linux 伺服器的人來說，使用控制台幾乎是不可能的。因此，為防止被鎖在防火牆之外，防火牆啟動後讓它自動停止是非常有必要的。cron 可以完成此功能。

使用一個 cron 作業，您可以透過執行腳本的 stop 命令在預先定義好的時間間隔中停止防火牆。在初始化除錯中每兩分鐘令 cron 作業工作一次是非常好的做法。如果您也想使用這種方法，可以在 root 下使用下面的命令設置一個 cron 作業：

```
crontab -e
*/2 * * * * /etc/init.d/rc.firewall stop
```

在 Red Hat 和 SUSE 上：

```
crontab -e
*/2 * * * * /etc/rc.d/rc.firewall stop
```

透過使用 cron 作業，您可以每兩分鐘停止一次防火牆。但是，使用這種方法也是一種折中，因為您必須在時間到達之前做好您的初始化除錯工作。另外，您也要注意，要在完成除錯以後移除 cron 作業。如果您忘記了移除它，防火牆停止後您的系統就執行在無防火牆的狀態下了！

5.9.2 在啟動 Red Hat 和 SUSE 時啟動防火牆

在 Red Hat 和 SUSE 系統中，初始化防火牆最容易的方式是編輯 `/etc/rc.d/rc.local` 並且將下面的命令行添加到檔案的末尾：

```
/etc/rc.d/rc.firewall start
```

在防火牆規則被除錯並正常執行以後，Red Hat Linux 提供一個更加標準的方式來啟動和停止防火牆。在您使用某個執行級的管理器時，若選用 `iptables`，預設的執行級目錄包括一個到 `/etc/rc.d/init.d/iptables` 的連結。如同此目錄下的其他啟動腳本一樣，系統會在引導或是改變執行等級時自動地啟動或停止防火牆。

然而，使用標準的執行級系統還需要一個額外的步驟。您必須首先手動地安裝防火牆規則：

```
/etc/rc.d/rc.firewall
```

接下來執行此命令：

```
/etc/init.d/iptables save
```

此規則會被儲存到一個 /etc/sysconfig/iptables 檔案中。在這之後，啟動腳本會自動找到此檔案並自動執行其中儲存的規則。

使用這種方式時應該注意保存（save）和加載（load）防火牆規則。iptables 的保存和加載功能此時還未完全地被除錯。如果您特定的防火牆設定在保存和加載規則時導致了語法錯誤，您必須繼續使用一些其他的啟動機制，例如從 /etc/rc.d/rc.local 執行防火牆腳本。

5.9.3 在啟動 Debian 時啟動防火牆

與很多其他方面一樣，設定防火牆腳本在系統啟動時啟動在 Debian 上比其他發行版更加簡單。您可以使用 update-rc.d 命令選擇在系統啟動時啟動或停止防火牆。使用 /etc/init.d 中的防火牆腳本執行 update-rc.d，並且同時設置您的當前目錄為 /etc/init.d/：

```
cd /etc/init.d
update-rc.d rc.firewall defaults
```

請參考 update-rc.d 的命令手冊以獲取更多關於此命令的資訊。

防火牆腳本的其他方面取決於您是否擁有一個已註冊的、靜態的 IP 位址或動態的、由 DHCP 分配的 IP 位址。本章提供的防火牆腳本適用於使用靜態分配的、永久的 IP 位址的站點。

5.9.4 安裝使用動態 IP 位址的防火牆

如果您使用動態分配的 IP 位址，標準的防火牆安裝方法不經修改是不可用的。防火牆規則必須在網路介面啟用前、系統被分配一個 IP 位址之前、或者可能在分配預設閘道路由器或名稱伺服器之前被安裝。

防火牆腳本本身需要 IPADDR 和 NAMESERVER 的值。DHCP 伺服器和本地的 /etc/resolv.conf 檔案可以定義多達三個名稱伺服器。一個站點也可能不會提前知道它們的名稱伺服器的位址、預設閘道路由器或 DHCP 伺服器。而且，對於您的網路遮罩、子網和廣播位址來說，在 ISP 標識網路時隨時間而變化也是很常見的。有些 ISP 會頻繁地分配不同的 IP 位址，這可能會導致您正在進行中的連接的 IP 位址改變多次。

您的站點必須提供一些方法，可以在這些更改發生時動態更新防火牆規則。附錄 B「防火牆範例與支援腳本」中會提供用於自動處理這些更改的範例腳本。

防火牆腳本可以直接從環境或檔案中讀取這些 shell 變數。不管是哪種情況，這些變數不可以像本章中的例子一樣，硬性地寫入到防火牆腳本中。

5.10 小結

本章帶您經歷了使用 iptables 和 nftables 建構一個獨立防火牆的程序，建立了預設拒絕的策略。在腳本的開頭就解決了一些常見的可能的攻擊點，如來源位址欺騙、保護非特權埠上的服務以及 DNS，並且提出了用於常用網路服務的規則。最後，對防火牆安裝中的一些問題也進行了介紹，包括針對使用靜態 IP 位址的站點和動態分配 IP 位址的站點。

第 6 章以獨立防火牆為基礎建構了一個最佳化的防火牆。第 7 章又以它為基礎建構更為複雜的防火牆結構。用兩個防火牆劃分出一個 DMZ 區的遮罩子網結構將會在第 7 章進行介紹。一個小型商業用戶可能會需要這種更為精細的設定，並且也有足夠的資源去擁有這些設定。第 8 章的例子將以獨立防火牆為基礎，但並不是直接在這個例子的基礎上進行建構的。

PART 2 進階議題、多個防火牆和邊界網路

第 6 章　防火牆的最佳化

第 7 章　封包轉發

第 8 章　網路位址轉換

第 9 章　除錯防火牆規則

第 10 章　虛擬專用網路

06
防火牆的最佳化

第 5 章同時使用了 iptables 和 nftables 兩個防火牆管理程式，建構了一個簡單的單系統自定義防火牆。本章將介紹防火牆的最佳化。最佳化可以分為三種主要的類別：規則組織、state 模組的使用和用戶自定義規則鏈。前面章節的例子中有的使用了 state 模組，有的沒有使用 state 模組。本章將聚焦於規則組織和用戶自定義規則鏈。

6.1 規則組織

只使用 INPUT、OUTPUT 和 FORWARD 規則鏈很難完成防火牆的最佳化。規則鏈的巡訪從上到下，每次一條規則，直到封包匹配了一條規則。規則鏈上的規則必須以分等級的方式進行排列，從最普通的規則到最特殊的規則。

對於規則組織來說，沒有一成不變的公式。有兩個最基本的因素：一是要考慮主機上託管著哪些服務，二是主機的主要用途，尤其要注意主機上流量最大的服務。針對專用防火牆和封包轉發者的需求，與保護 Web 伺服器或郵件伺服器的堡壘防火牆的需求相比，有很大的不同。同樣地，一個站點的管理員可能會為一台主要作為工作站的防火牆，而不是同時作為住宅閘道器和家庭 Linux 伺服器的防火牆電腦設置不同的性能優先級。

當我們準備為防火牆最佳化組織規則時，第三個基本的因素是可用的網路頻寬和網際網路連接的速度。如果站點的網際網路連接速度為住宅速率，則最佳化不可能有太大的收益。甚至對於存取頻繁的網站來說，電腦的 CPU 也不會有太大負擔。因為瓶頸是網際網路連接本身。

6.1.1 從阻止高位埠流量的規則開始

如第 5 章介紹的那樣，大多數規則都是用於阻止位址欺騙，或特定高位埠（例如 NFS 或 X Windows）的規則。這些類型的規則必須在允許流量進入特定服務的規則之前。由於 FTP 的傳輸量一般都很大，儘管您希望此規則靠近列表的頂端，但顯然 FTP 資料通道必定位於規則鏈的末端。

6.1.2 使用狀態模組進行 ESTABLISHED 和 RELATED 匹配

使用狀態模組的 `ESTABLISHED` 和 `RELATED` 匹配本質上是將用於正在進行的交換的規則移動到規則鏈的前端，同時也沒有必要保留用於伺服器端連接的某些特定規則。實際上，使正在進行中的、經過驗證的、之前已被接受的交換繞過過濾匹配，正是狀態模組的兩個主要目的之一。

狀態模組的第二個主要的目的是提供防火牆過濾（firewall-filtering）功能。連接狀態的追蹤使得防火牆可以把封包與正在進行的交換聯繫起來。這對於非連接、無狀態的 UDP 交換來說尤其有用。

6.1.3 考慮傳輸層協定

服務使用的傳輸層協定，是另一個需要考慮的因素。在靜態防火牆中，對每一個傳入封包測試所有的欺騙規則的開銷，是一個非常大的損失。

- **TCP 服務：繞過欺騙規則**

儘管沒有狀態模組，對基於 TCP 的服務來說，遠端伺服器一半的連接可以繞過欺騙規則。TCP 協定層將會丟棄傳入的設置了 `ACK` 位元的欺騙封包，因為這種封包不與 TCP 層所建立連接的任何狀態相匹配。

然而，遠端客戶端一半的規則對必須遵循欺騙規則，因為典型的客戶端規則同時覆蓋了初始連接的請求和來自客戶端的、正在進行的流量。如果 `SYN` 和 `ACK` 旗標被分別檢測的話，從遠端客戶端到來的封包中 `ACK` 旗標可以繞過欺騙測試。欺騙測試必須僅應用於初始的 `SYN` 請求。

使用狀態模組也會允許遠端客戶端的傳入連接請求，即初始的 SYN 封包，與客戶端接下來的 ACK 封包在邏輯上區分開來。只有初始連接請求，即初始的 NEW 封包，需要針對欺騙規則進行測試。

- **UDP 服務：將傳入封包規則放在欺騙規則之後**

在沒有狀態模組的情況下，對於基於 UDP 的服務來說，傳入封包的規則必須跟在欺騙規則之後。客戶端和伺服器的概念是在應用層被維護的，我們假設它被完全地維護了。在防火牆和 UDP 層中，除了一些使用的服務埠或非特權埠外，由於沒有連接狀態，也沒有發起者和響應者的標識。

DNS 是一個非連接的 UDP 服務的例子。由於沒有連接狀態，也就沒有從客戶端發送的請求中的目的位址，與接收到的響應中的來源位址之間的映射。DNS 伺服器的緩衝區中可能存在有害的封包，其中一個原因是因為 DNS 伺服器不會檢測傳入封包，是從之前請求的伺服器發來的合法的響應，還是從其他位址發來的封包。而且，一些實作甚至不會確認客戶端是否發送了請求。任何一個傳入的、未請求的封包都可以被用於更新本地 DNS 快取，即使沒有發起過相應的查詢。

- **TCP 服務與 UDP 服務：將 UDP 規則放在 TCP 規則之後**

整體說來，UDP 規則應該被放置在防火牆規則鏈的後端，在所有 TCP 規則之後。這是由於大多數網際網路服務都在使用 TCP，非連接的 UDP 服務通常是簡單的、單封包、查詢和響應式的服務。測試單一或少量 UDP 封包時，違反先前用於傳輸的 TCP 連接的規則，並不會明顯拖累 UDP 的查詢和響應。一開始就使用多連接 session 協定（Multiconnection session protocol）是不受防火牆歡迎的。如果沒有特定的 ALG 支援，這些服務將無法通過防火牆或 NAT。

- **ICMP 服務：將 ICMP 規則放在規則鏈的後端**

ICMP 是另一種能夠被放到防火牆規則鏈後端的協定。ICMP 封包是小型的控制和狀態訊息。就其本身而論，它們的發送頻率相對較低。合法的 ICMP 封包通常是一個單獨的、未分片的封包。echo-request 除外，ICMP 封包幾乎總是作為控制訊息或者狀態訊息發送，用於對某種異常的傳出封包做出響應。

6.1.4 儘早為常用的服務設置防火牆規則

一般來說，對於規則在規則鏈的位置並沒有一成不變的規則。對於常用的服務，例如一個特定的 Web 伺服器中關於 HTTP 協定的規則應該儘早被設立。針對那些包含大量持續的封包的應用的規則也應該儘早被設立。然而，正如前面說過的，像 FTP 這樣的資料流協定需要把規則放在規則鏈的末尾，在所有應用規則的後面，除非有特定的針對這些協定的輔助工具。

6.1.5 使用網路資料流來決定，在哪裡為多個網路介面設置規則

如果主機有多個網路介面，那麼特定規則應放置於預期會承受最大流量的介面。這些介面的規則，應該在其他介面的規則之前。對於住宅站點來說，考慮介面的意義不大。但是它們對商業站點的吞吐率有重要的影響。

這裡有一個比較恰當的例子：一個小型的 ISP 幾年前在 Bob Ziegler 的站點上使用 `ipfwadm` 和 `ipchains` 建立了一個防火牆。如圖 6.1 和圖 6.2 所示，對於 IPFW 和 Netfilter 來說，封包透過操作系統的路徑是非常不同的。與 Netfilter 和 `iptables` 不同，在 `ipchains` 中網路介面之間傳遞的封包，首先由 INPUT 規則鏈傳遞到 `FORWARD` 規則鏈，再傳遞到 `OUTPUT` 規則鏈。此站點的例子非常適合於家庭網路。LAN 中的輸入和輸出規則是腳本中的排在最後的規則。為本地 Linux 主機設立的規則排在最前面。ISP 的防火牆主要扮演著路由器或閘道器的角色。經過實驗，ISP 發現將 LAN 介面的 I/O 規則，移動到 `INPUT` 和 `OUTPUT` 規則鏈的開頭，會使網路的吞吐量提高 1Mb/s 以上。

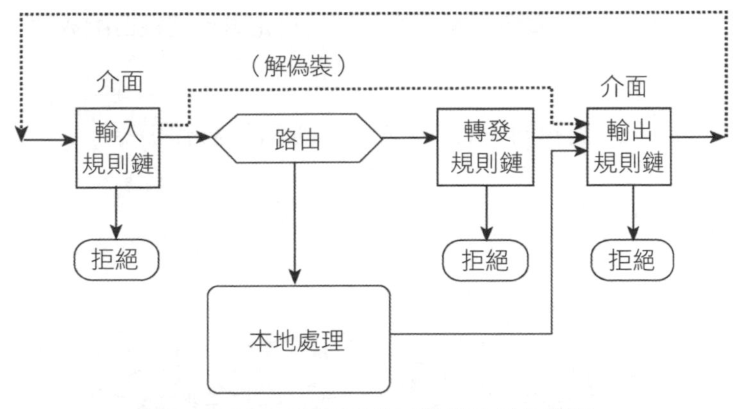

圖 6.1 IPFW 迴路和位址偽裝的封包路徑

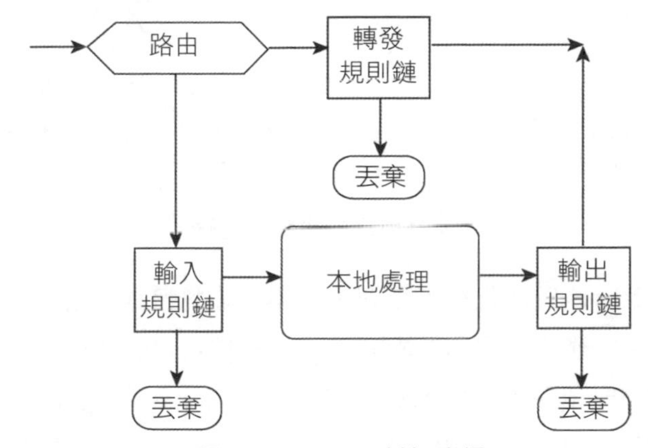

圖 6.2 Netfilter 封包路徑

6.2 用戶自定義規則鏈

對於 `iptables` 來說，`filter` 表有三個固定的內建規則鏈：`INPUT`、`OUTPUT` 和 `FORWARD`。`iptables` 允許用戶定義自己的規則鏈，即用戶自定義規則鏈。在 `nftables` 中，所有表都是由用戶定義的，但是在實踐中仍舊使用 `filter` 表。

用戶自定義的規則鏈被當作規則目標，即在規則指定的匹配集的基礎上，目標可以向外擴展或跳轉到用戶自定義的規則鏈上。與封包被接受或被丟棄的處理不同，控制會被傳遞到用戶自定義規則鏈，針對分支規則對封包進行更具體的匹配測試。在用戶自定義規則鏈被巡訪完之後，控制會返回到呼叫的規則鏈，並將從規則鏈的下一條規則開始繼續匹配，除非用戶自定義規則鏈匹配成功並且對封包採取了行動。

圖 6.3 示範了標準的、自頂向下地使用內建規則鏈的巡訪程序。

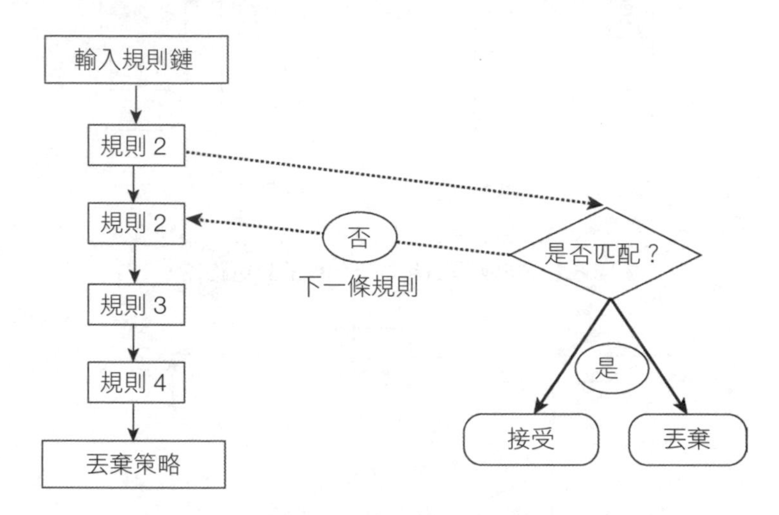

圖 6.3 標準的規則鏈巡訪

用戶自定義規則鏈對於最佳化規則集非常有用，因此經常被用到。它將規則組織成層次分明的樹形結構。封包的匹配測試可以根據封包的特徵有選擇地減少，而不必透過直通的、自頂向下的標準規則鏈固有的匹配列表。圖 6.4 顯示了初始封包流。當封包經過了初步的測試之後，依據封包的目的位址再對封包進行分支測試。

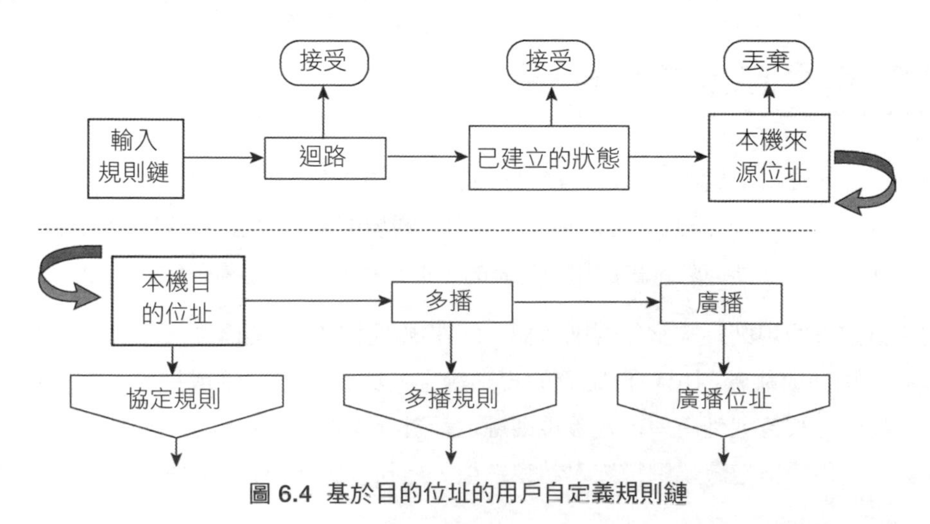

圖 6.4 基於目的位址的用戶自定義規則鏈

本例中分支是基於目的位址的。與特定應用相關的來源位址匹配會在稍後進行，例如遠端 DNS 或郵件伺服器。在大多數情況下，遠端位址將會是「任何位址」。在該點對目的位址進行匹配可以將發往這台主機的單播封包、廣播封包、多播封包與（根據是否是 INPUT 規則鏈或 FORWARD 規則鏈）發往內部主機的封包區分開來。

圖 6.5 詳細示範了為發往本機的封包設立的、與協定規則有關的用戶自定義規則鏈。就像圖中看到的那樣，匹配測試能夠從一個用戶自定義規則鏈跳轉到另一個包含更具體測試的用戶自定義規則鏈。

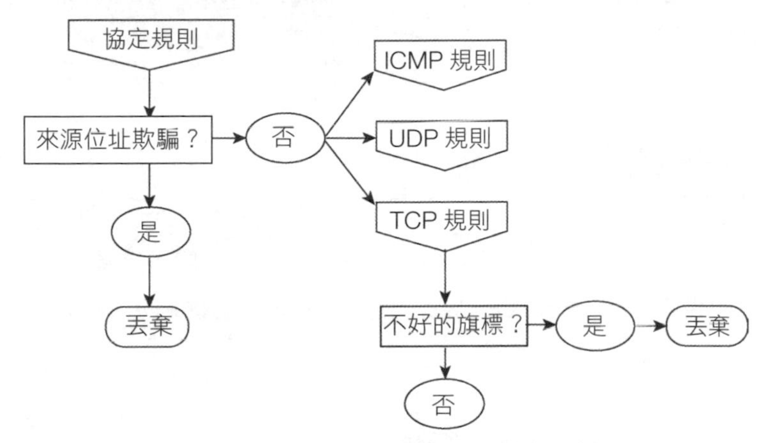

圖 6.5 基於協定的用戶自定義規則鏈

下面這個列表總結了第 3 章中用戶自定義規則鏈的特性。

- 使用 -N 或 --new-chain 操作來建立用戶自定義規則鏈。
- 用戶自定義規則鏈的名稱最多不能超過 30 個字元。
- 用戶自定義規則鏈的名稱可以包含連字元（-）但不能包含下底線（_）。
- 用戶自定義規則鏈可以被作為規則目標來存取。
- 用戶自定義規則鏈沒有預設策略。
- 用戶自定義規則鏈可以呼叫其他的用戶自定義規則鏈。
- 如果封包沒有匹配用戶自定義規則鏈上的規則，控制會返回到呼叫規則鏈的下一條規則。

- 用戶自定義規則鏈可以提前退出，透過 RETURN 目標將控制返回給呼叫規則鏈的下一條規則。
- 使用 -x 或 --delete-chain 操作刪除用戶自定義規則鏈。
- 在刪除一條規則鏈之前必須清空規則鏈。
- 當一個規則鏈仍然被其他規則鏈參照時不能被刪除。
- 可以透過指定一個規則鏈的名字來清空該規則鏈，如果沒有指定規則鏈，可以使用 -F 或 --flush 操作清空所有的規則鏈。

下一節中我們將利用用戶自定義規則鏈和上一節提到的規則組織的概念來對第 5 章的單系統防火牆進行最佳化。

6.3 最佳化的範例

下面示範了對第 5 章建構的防火牆的最佳化範例。第一個例子是基於 iptables 的防火牆。如果您在使用 nftables，您可以安全地跳過這個節，直接轉到 nftables 腳本的範例處。

6.3.1 最佳化的 iptables 腳本

有一個新的變數被定義：USER_CHAINS，它包含了腳本中使用的所有用戶自定義規則鏈的名稱。這些規則鏈如以下所示。

- tcp-state-flags：包含檢測非法 TCP 狀態旗標組合的規則。
- connection-tracking：包含檢測狀態相關（INVALID、ESTABLISHED 和 RELATED）匹配的規則。
- source-address-check：包含檢測非法來源位址的規則。
- destination-address-check：包含檢測非法目的位址的規則。
- EXT-input：包含用於 INPUT 規則鏈的特定介面的用戶自定義規則鏈。在該例中，主機擁有一個連接到網際網路的介面。

- EXT-output：包含用於 OUTPUT 規則鏈的特定介面的用戶自定義規則鏈。在該例中，主機擁有一個連接到網際網路的介面。
- local-dns-server-query：包含檢測從本地 DNS 伺服器或本地客戶端的傳出的查詢的規則。
- remote-dns-server-response：包含檢測從遠端 DNS 伺服器傳入的響應的規則。
- local-tcp-client-request：包含檢測傳出 TCP 連接請求和由本地產生髮往遠端伺服器的客戶端流量的規則。
- remote-tcp-server-response：包含檢測從遠端 TCP 伺服器傳入的響應的規則。
- remote-tcp-client-request：包含檢測傳入的 TCP 連接請求和遠端產生的發往本地伺服器的客戶端流量的規則。
- local-tcp-server-response：包含檢測發往遠端客戶端的傳出響應的規則。
- local-udp-client-request：包含檢測發往遠端伺服器的傳出 UDP 客戶端流量的規則。
- remote-udp-server-response：包含檢測來自遠端 UDP 伺服器的傳入響應的規則。
- EXT-icmp-out：包含檢測傳出 ICMP 封包的規則。
- EXT-icmp-in：包含檢測傳入 ICMP 封包的規則。
- EXT-log-in：包含在傳入封包被 INPUT 的預設策略丟棄之前，對其記錄的規則。
- EXT-log-out：包含在傳出封包被 OUTPUT 的預設策略丟棄之前，對其記錄的 規則。
- log-tcp-state：包含在具有非法狀態旗標組合的 TCP 封包被丟棄之前，對其記錄的規則。
- remote-dhcp-server-response：包含檢測來自主機 DHCP 伺服器的傳入封包的規則。
- local-dhcp-client-query：包含檢測 DHCP 客戶端的傳出封包的規則。

一些特定介面的規則鏈以 EXT 為開頭，用來與其他包含任何 LAN 介面的用戶自定義規則鏈相區別。這個防火牆規則假定只有一個介面，即外部介面。這表明不同的規則和安全策略可以建立在每一個介面的基礎上。

防火牆腳本中實際的宣告如以下所示：

```
USER_CHAINS="EXT-input                                EXT-output \
             tcp-state-flags                        connection-tracking  \
             source-address-check                   destination-address-check  \
             local-dns-server-query                 remote-dns-server-response  \
             local-tcp-client-request               remote-tcp-server-response \
             remote-tcp-client-request              local-tcp-server-response \
             local-udp-client-request               remote-udp-server-response \
             local-dhcp-client-query                remote-dhcp-server-response \
             EXT-icmp-out                           EXT-icmp-in \
             EXT-log-in                             EXT-log-out \
             log-tcp-state"
```

6.3.2 防火牆初始化

防火牆的啟動腳本和第 5 章的例子是一樣的。回想一下，我們定義的一系列 shell 變數中，包括一個叫做 `$IPT` 的變數，用於定義 `iptables` 防火牆管理命令的位置：

```
#!/bin/sh

IPT="/sbin/iptables"                  # Location of iptables on your system
INTERNET="eth0"                       # Internet-connected interface
LOOPBACK_INTERFACE="lo"               # However your system names it
IPADDR="my.ip.address"                # Your IP address
MY_ISP="my.isp.address.range"         # ISP server & NOC address range
SUBNET_BASE="my.subnet.network"       # Your subnet's network address
SUBNET_BROADCAST="my.subnet.bcast"# Your subnet's broadcast address
LOOPBACK="127.0.0.0/8"                # Reserved loopback address range
CLASS_A="10.0.0.0/8"                  # Class A private networks
CLASS_B="172.16.0.0/12"               # Class B private networks
CLASS_C="192.168.0.0/16"              # Class C private networks
CLASS_D_MULTICAST="224.0.0.0/4"       # Class D multicast addresses
```

```
CLASS_E_RESERVED_NET="240.0.0.0/5"# Class E reserved addresses
BROADCAST_SRC="0.0.0.0"            # Broadcast source address
BROADCAST_DEST="255.255.255.255"   # Broadcast destination address
PRIVPORTS="0:1023"                 # Well-known, privileged port range
UNPRIVPORTS="1024:65535"           # Unprivileged port range
```

同樣也設置了很多核心參數，參見第 5 章中對這些參數的解釋：

```
# Enable broadcast echo Protection
echo 1 > /proc/sys/net/ipv4/icmp_echo_ignore_broadcasts
# Disable Source Routed Packets
for f in /proc/sys/net/ipv4/conf/*/accept_source_route; do
    echo 0 > $f
done
# Enable TCP SYN Cookie Protection
echo 1 > /proc/sys/net/ipv4/tcp_syncookies
# Disable ICMP Redirect Acceptance
for f in /proc/sys/net/ipv4/conf/*/accept_redirects; do
    echo 0 > $f
done

# Don't send Redirect Messages
for f in /proc/sys/net/ipv4/conf/*/send_redirects; do
    echo 0 > $f
done
# Drop Spoofed Packets coming in on an interface, which, if replied to,
# would result in the reply going out a different interface.
for f in /proc/sys/net/ipv4/conf/*/rp_filter; do
    echo 1 > $f
done
# Log packets with impossible addresses.
for f in /proc/sys/net/ipv4/conf/*/log_martians; do
    echo 1 > $f
done
```

內建規則鏈和任何預先存在的用戶自定義規則鏈將被清空：

```
# Remove any existing rules from all chains
$IPT --flush
$IPT -t nat --flush
$IPT -t mangle --flush
```

下一步是刪除用戶自定義規則鏈。它們可以用下面的命令刪除：

```
$IPT -X
$IPT -t nat -X
$IPT -t mangle -X
```

把所有內建規則鏈的預設策略設置為 ACCEPT：

```
# Reset the default policy
$IPT --policy INPUT   ACCEPT
$IPT --policy OUTPUT  ACCEPT
$IPT --policy FORWARD ACCEPT
$IPT -t nat --policy PREROUTING  ACCEPT
$IPT -t nat --policy OUTPUT ACCEPT
$IPT -t nat --policy POSTROUTING ACCEPT
$IPT -t mangle --policy PREROUTING ACCEPT
$IPT -t mangle --policy OUTPUT ACCEPT
```

下面是防火牆啟動程式碼的最後一部分，換句話說，這段程式碼可以輕易地使防火牆關閉。透過把這段程式碼放在前面程式碼的後面，您可以使用 `stop` 參數來呼叫這個腳本，腳本將清空、刪除和重置預設策略，防火牆將會在實際上停止。

```
if [ "$1" = "stop" ]
then
echo "Firewall completely stopped!  WARNING: THIS HOST HAS NO FIREWALL
RUNNING."
exit 0
fi
```

現在重置實際的預設策略為 `DROP`：

```
$IPT --policy INPUT   DROP
$IPT --policy OUTPUT  DROP
$IPT --policy FORWARD DROP
```

透過迴路介面的流量被允許：

```
# Unlimited traffic on the loopback interface
$IPT -A INPUT  -i lo -j ACCEPT
$IPT -A OUTPUT -o lo -j ACCEPT
```

現在，這個腳本開始與第 5 章中的例子有所不同了。

用戶自定義規則鏈現在可以被建立了。它們的名稱被包括在一個 shell 變數 USER_CHAINS 中，下面的程式碼用於建立用戶自定義規則鏈：

```
# Create the user-defined chains
for i in $USER_CHAINS; do
    $IPT -N $i
done
```

6.3.3 安裝規則鏈

不幸的是，在沒有能力對腳本的多處進行同時顯示的情況下，建構和安裝規則鏈所具有的函數呼叫的特徵使我們無法按照一個串行、逐步的方式對其進行解釋。

整體思想是將規則放置在用戶自定義規則鏈中，然後安裝這些規則鏈到內建的 INPUT、OUTPUT 和 FORWARD 規則鏈。如果腳本包含一個錯誤並在建構用戶自定義規則鏈時退出，則內建規則鏈將不包含任何規則，預設的 DROP 策略將實際起作用，而且，迴路流量也將被啟用。

因此，首次安裝的部分實際被放在了防火牆腳本的末尾。第一步是檢測非法的 TCP 狀態旗標組合：

```
# If TCP: Check for common stealth scan TCP state patterns
$IPT -A INPUT  -p tcp -j tcp-state-flags
$IPT -A OUTPUT -p tcp -j tcp-state-flags
```

請注意，同一個規則鏈可以從多個呼叫規則鏈進行參照。在用戶自定義規則鏈上的規則不必重複 INPUT 和 OUTPUT 規則鏈上的規則。現在，當封包處理到達了這點時，處理程序將會「跳轉」到用戶自定義的 tcp-state-flags 規則鏈。當規則鏈中的處理完成時，處理程序將返回到此處並繼續，除非針對封包的最終處置在用戶自定義規則鏈中被找到。

如果使用了狀態模組，如果封包是之前已接受的、正在進行的交換的一部分，則下一步便是完全繞開防火牆：

```
if [ "$CONNECTION_TRACKING" = "1" ]; then
    # Bypass the firewall filters for established exchanges
    $IPT -A INPUT  -j connection-tracking
    $IPT -A OUTPUT -j connection-tracking
fi
```

如果這台主機是 DHCP 客戶端，必須為初始化期間客戶端和伺服器之間廣播的訊息制定規則。

還要準備接受廣播來源位址 0.0.0.0。來源位址和目的位址檢測將丟棄初始的 DHCP 資料流：

```
if [ "$DHCP_CLIENT" = "1" ]; then
    $IPT -A INPUT  -i $INTERNET -p udp \
             --sport 67 --dport 68 -j remote-dhcp-server-response
    $IPT -A OUTPUT -o $INTERNET -p udp \
             --sport 68 --dport 67 -j local-dhcp-client-query
fi
```

下面跳轉到用戶自定義規則鏈，以丟棄使用此主機的 IP 位址所謂來源位址的傳入封包。接下來測試其他非法的來源位址和目的位址：

```
# Test for illegal source and destination addresses in incoming packets
$IPT -A INPUT  ! -p tcp -j source-address-check
$IPT -A INPUT  -p tcp --syn -j source-address-check
$IPT -A INPUT  -j destination-address-check
# Test for illegal destination addresses in outgoing packets
$IPT -A OUTPUT -j destination-address-check
```

不需要檢測本地產生的傳出封包，因為防火牆規則明確地要求主機的 IP 位址在來源位址欄位中。然而，需要對傳出封包執行目的位址檢測。

此時，正常的以本地 IP 位址為目的位址的傳入封包，可以被挑選出來進入防火牆的主要部分。任何未被 EXT-input 規則鏈匹配的傳入封包，將返回到這裡被記錄和丟棄：

```
# Begin standard firewall tests for packets addressed to this host
$IPT -A INPUT -i $INTERNET -d $IPADDR -j EXT-input
```

為目的位址設立一個最終的測試集是必要的。廣播和多播封包並不是指向該主機的單播 IP 位址。它們指向的是一個廣播或多播 IP 位址。

就像第 5 章中提到的那樣，除非您註冊接收一個特定多播位址的封包，否則多播封包不會被接收。如果您想接收多播封包，您必須接受全部或添加一個規則以指定任何 session 使用的特定的位址和埠。下面的程式碼使得您可以選擇丟棄或接受多播資料流：

```
# Multicast traffic
$IPT -A INPUT  -i $INTERNET -p udp -d $CLASS_D_MULTICAST -j [ DROP |
ACCEPT ]
$IPT -A OUTPUT -o $INTERNET -p udp -s $IPADDR -d $CLASS_D_MULTICAST \
   -j [ DROP | ACCEPT ]
```

此時，來自本機的正常的傳出封包，能夠被挑選出來進入到防火牆的主要部分。任何未被 `EXT-output` 規則鏈匹配的傳出封包，將返回到這裡被記錄和丟棄：

```
# Begin standard firewall tests for packets sent from this host.
# Source address spoofing by this host is not allowed due to the
# test on source address in this rule.
$IPT -A OUTPUT -o $INTERNET -s $IPADDR -j EXT-output
```

任何廣播訊息都被最後的輸入和輸出規則預設地忽略了。根據該電腦所連接到的公用的或外部網路的特性，廣播在本地子網中可能很常見。您大概不想記錄這些訊息，哪怕是限速的記錄。

最後，剩下的封包會被預設策略丟棄。記錄會在這裡完成：

```
# Log anything of interest that fell through,
# before the default policy drops the packet.
$IPT -A INPUT  -j EXT-log-in
$IPT -A OUTPUT -j EXT-log-out
```

這標記著防火牆的結束，也是我們對 `INPUT` 和 `OUTPUT` 規則鏈最後的參照。

6.3.4 建構用戶自定義的 EXT-input 和 EXT-output 規則鏈

本節將介紹在上一節中跳轉到的用戶自定義規則鏈的建構。在高階層，規則建立在 `EXT-input` 和 `EXT-output` 規則鏈上。這些規則會跳轉到您建立的用戶自定義規則鏈中的更加特殊的匹配集。

請注意 `EXT-input` 和 `EXT-output` 層並不是必需的。接下來的規則和跳轉可以與內建的 `INPUT` 和 `OUTPUT` 規則鏈相互關聯起來。

然而，使用這些規則鏈有一個好處。因為跳轉到這些規則鏈依賴於來源位址或目的位址，也就是說傳入到該主機的封包擁有一個合法的來源位址。從本機發出的傳出封包也有一個合法的目的位址。同樣的，如果使用了狀態模組，封包既可以是資料交換的第一個封包也可以是一個新的無關聯的 ICMP 封包。

總之，`EXT-input` 和 `EXT-output` 規則鏈將根據協定、資料流方向以及主機是客戶端還是伺服器選擇資料流。每個規則都提供了跳轉分支點，這些分支點針對特定的協定和封包特性。由 `EXT-input` 和 `EXT-output` 規則執行的匹配，是透過用戶自定義規則鏈進行防火牆最佳化的關鍵所在。

• DNS 流量

識別 DNS 流量的規則應排在首位。如果您還沒有安裝 DNS 規則的話，您的網路軟體將不能對網際網路上的服務和主機進行定位，除非您使用 IP 位址。

第一對規則用於匹配來自本地快取和轉發名稱伺服器（如果您有的話）的查詢，以及來自遠端 DNS 伺服器的響應。本地伺服器被設定作為遠端主伺服器的從伺服器，因此如果查詢不成功，本地伺服器也將失敗。對於小型辦公 / 家庭來說，這個設定並不常見：

```
$IPT -A EXT-output -p udp --sport 53 --dport 53 \
       -j local-dns-server-query

$IPT -A EXT-input -p udp --sport 53 --dport 53 \
       -j remote-dns-server-response
```

接下來的一對規則用於匹配基於 TCP 的標準 DNS 客戶端查詢請求，當伺服器的響應不能放在一個 DNS 的 UDP 封包中時發生。這些規則將被轉發名稱伺服器和標準客戶端同時使用：

```
$IPT -A EXT-output -p tcp \
       --sport $UNPRIVPORTS --dport 53 \
       -j local-dns-server-query

$IPT A EXT-input -p tcp ! --syn \
       --sport 53 --dport $UNPRIVPORTS \
       -j remote-dns-server-response
```

以下是包含實際 ACCEPT 和 DROP 規則的用戶自定義規則鏈。

• local-dns-server-query 和 remote-dns-server-response

`local-dns-server-query` 和 `remote-dns-server-response` 這兩個用戶自定義規則鏈執行對封包的最終決定。

`local-dns-server-query` 規則鏈根據遠端伺服器的目的位址，選擇傳出的請求封包。對於此規則鏈，您必須定義您要使用的名稱伺服器：

```
NAMESERVER_1="your.name.server"
NAMESERVER_2="your.secondary.nameserver"
NAMESERVER_3="your.tertiary.nameserver"

# DNS Forwarding Name Server or client requests
if [ "$CONNECTION_TRACKING" = "1" ]; then
    $IPT -A local-dns-server-query \
            -d $NAMESERVER_1 \
            -m state --state NEW -j ACCEPT

    $IPT -A local-dns-server-query \
            -d $NAMESERVER_2 \
            -m state --state NEW -j ACCEPT

    $IPT -A local-dns-server-query \
            -d $NAMESERVER_3 \
            -m state --state NEW -j ACCEPT
```

```
fi

$IPT -A local-dns-server-query \
        -d $NAMESERVER_1 -j ACCEPT

$IPT -A local-dns-server-query \
        -d $NAMESERVER_2 -j ACCEPT
$IPT -A local-dns-server-query \
        -d $NAMESERVER_3 -j ACCEPT
```

`remote-dns-server-response` 規則鏈根據遠端伺服器的來源位址，選擇傳入的響應封包：

```
# DNS server responses to local requests
$IPT -A remote-dns-server-response \
          -s $NAMESERVER_1 -j ACCEPT

$IPT -A remote-dns-server-response \
          -s $NAMESERVER_2 -j ACCEPT

$IPT -A remote-dns-server-response \
          -s $NAMESERVER_3 -j ACCEPT
```

請注意，最後的規則只根據遠端伺服器的 IP 位址進行選擇。`EXT-input` 和 `EXT-output` 規則鏈上的呼叫規則，已經對 UDP 或 TCP 標頭域進行了匹配。所以這些匹配不需要再進行一次。

• local-dns-client-request 和 remote-dns-server-response

`local-dns-client-request` 和 `remote-dns-server-response` 這兩個用戶自定義規則鏈，對本地 TCP 客戶端和遠端伺服器間交換的封包執行最終決定。

`local-dns-client-request` 規則鏈根據遠端伺服器的目的位址和埠，選擇傳出的請求封包。`remote-dns-server-response` 規則鏈根據遠端伺服器的來源位址和埠，選擇傳入的響應封包。

• 基於 TCP 的本地客戶端流量

下面的一對規則，用於匹配標準的本地客戶端流量，且該流量是基於 TCP 而發往遠端伺服器：

```
$IPT -A EXT-output -p tcp \
         --sport $UNPRIVPORTS \
         -j local-tcp-client-request

$IPT -A EXT-input -p tcp ! --syn \
         --dport $UNPRIVPORTS \
         -j remote-tcp-server-response
```

記住，當使用狀態模組時，這些規則通常並未被測試，傳出的第一個 SYN 請求是一個例外。

在下面的規則裡，儘管在呼叫規則中已經對協定部分進行了匹配，但還是需要對 TCP 協定進行具體的參照，因為來源埠或目的埠已經被指定。這是 iptables 的語法要求。同時要注意，您需要在這些規則中定義來源主機和目的主機，就像在 <selected host> 和其他類似的呼叫中那樣指出。另外，如果您使用了這些規則，請確保定義了那些您選擇的變數，例如 POP_SERVER、MAIL_SERVER、NEWS_SERVER 等等。下面的程式碼啟用來自本地客戶端的 TCP 流量：

```
# Local TCP client output and remote server input chains

# SSH client
if [ "$CONNECTION_TRACKING" = "1" ]; then
    $IPT -A local-tcp-client-request -p tcp \
             -d <selected host> --dport 22 \
             -m state --state NEW \
             -j ACCEPT
fi

$IPT -A local-tcp-client-request -p tcp \
         -d <selected host> --dport 22 \
         -j ACCEPT

$IPT -A remote-tcp-server-response -p tcp ! --syn \
```

```
        -s <selected host> --sport 22  \
        -j ACCEPT

# Client rules for HTTP, HTTPS and FTP control requests
if [ "$CONNECTION_TRACKING" = "1" ]; then
    $IPT -A local-tcp-client-request -p tcp \
            -m multiport --destination-port 80,443,21 \
            --syn -m state --state NEW \
            -j ACCEPT
fi
$IPT -A local-tcp-client-request -p tcp \
        -m multiport --destination-port 80,443,21 \
        -j ACCEPT

$IPT -A remote-tcp-server-response -p tcp \
        -m multiport --source-port 80,443,21  ! --syn \
        -j ACCEPT

# POP client
if [ "$CONNECTION_TRACKING" = "1" ]; then
    $IPT -A local-tcp-client-request -p tcp \
            -d $POP_SERVER --dport 110 \
            -m state --state NEW \
            -j ACCEPT
fi

$IPT -A local-tcp-client-request -p tcp \
        -d $POP_SERVER --dport 110 \
        -j ACCEPT

$IPT -A remote-tcp-server-response -p tcp ! --syn \
        -s $POP_SERVER --sport 110  \
        -j ACCEPT

# SMTP mail client
if [ "$CONNECTION_TRACKING" = "1" ]; then
    $IPT -A local-tcp-client-request -p tcp \
            -d $MAIL_SERVER --dport 25 \
            -m state --state NEW \
            -j ACCEPT
```

```
fi

$IPT -A local-tcp-client-request -p tcp \
         -d $MAIL_SERVER --dport 25 \
         -j ACCEPT

$IPT -A remote-tcp-server-response -p tcp ! --syn \
         -s $MAIL_SERVER --sport 25  \
         -j ACCEPT

# Usenet news client
if [ "$CONNECTION_TRACKING" = "1" ]; then
    $IPT -A local-tcp-client-request -p tcp \
             -d $NEWS_SERVER --dport 119 \
             -m state --state NEW \
             -j ACCEPT
fi
$IPT -A local-tcp-client-request -p tcp \
         -d $NEWS_SERVER --dport 119 \
         -j ACCEPT

$IPT -A remote-tcp-server-response -p tcp ! --syn \
         -s $NEWS_SERVER --sport 119  \
         -j ACCEPT

# FTP client - passive mode data channel connection
if [ "$CONNECTION_TRACKING" = "1" ]; then
    $IPT -A local-tcp-client-request -p tcp \
             --dport $UNPRIVPORTS \
             -m state --state NEW \
             -j ACCEPT
fi

$IPT -A local-tcp-client-request -p tcp \
         --dport $UNPRIVPORTS -j ACCEPT

$IPT -A remote-tcp-server-response -p tcp  ! --syn \
         --sport $UNPRIVPORTS -j ACCEPT
```

• 基於 TCP 的本地伺服器流量

下面的一對規則用於匹配標準的本地伺服器流量，且該流量是基於 TCP 而發往遠端客戶端。只有當您向遠端主機提供服務時，這些規則才是合適的：

```
$IPT -A EXT-input -p tcp \
         --sport $UNPRIVPORTS \
         -j remote-tcp-client-request

$IPT -A EXT-output -p tcp ! --syn \
         --dport $UNPRIVPORTS \
         -j local-tcp-server-response
```

當 FTP 客戶端使用主動模式時，下面的一對規則處理來自遠端 FTP 伺服器的傳入資料通道連接：

```
# Kludge for incoming FTP data channel connections
# from remote servers using port mode.
# The state modules treat this connection as RELATED
# if the ip_conntrack_ftp module is loaded.

$IPT -A EXT-input -p tcp \
         --sport 20 --dport $UNPRIVPORTS \
         -j ACCEPT

$IPT -A EXT-output -p tcp ! --syn \
         --sport $UNPRIVPORTS --dport 20 \
         -j ACCEPT
```

• remote-tcp-client-request 和 local-tcp-server-response

`remote-tcp-client-request` 和 `local-tcp-server-response` 兩個用戶自定義規則鏈對遠端 TCP 客戶端和本地伺服器間交換的封包執行最終決定。

`remote-tcp-client-request` 規則鏈根據遠端客戶端的來源位址和埠，選擇傳入的請求封包。`local-tcp-server-response` 規則鏈根據遠端客戶端的目的位址和埠，選擇傳出的響應封包：

```
# Remote TCP client input and local server output chains

# SSH server
if [ "$CONNECTION_TRACKING" = "1" ]; then
    $IPT -A remote-tcp-client-request -p tcp \
            -s <selected host> --destination-port 22 \
            -m state --state NEW \
            -j ACCEPT
fi

$IPT -A remote-tcp-client-request -p tcp \
        -s <selected host> --destination-port 22 \
        -j ACCEPT

$IPT -A local-tcp-server-response -p tcp  ! --syn \
        --source-port 22 -d <selected host> \
        -j ACCEPT

# AUTH identd server
$IPT -A remote-tcp-client-request -p tcp \
        --destination-port 113 \
        -j REJECT --reject-with tcp-rese
```

• 基於 UDP 的本地客戶端流量

下面的一對規則用於匹配標準本地客戶端流量，且該流量是基於 UDP 而發往遠端伺服器：

```
# Local UDP client, remote server
$IPT -A EXT-output -p udp \
        --sport $UNPRIVPORTS \
        -j local-udp-client-request

$IPT -A EXT-input -p udp \
        --dport $UNPRIVPORTS \
        -j remote-udp-server-response
```

注意

不使用狀態模組的情況下，繞過來源位址檢查

如果您沒有使用狀態模組，那麼大多數 TCP 規則仍舊可以放在來源位址欺騙的規則之前。TCP 自身維護了其連接的狀態。只有第一個傳入的連接請求，第一個 SYN 封包需要進行來源位址檢測。您可以透過重新組織規則並將用於傳入客戶端流量的規則分為兩份（一份用於初始的 SYN 旗標，另一份用於所有其後的 ACK 旗標）來達到目的。

下面使用用於本地 Web 伺服器的規則作為例子，第一個規則跟在位址欺騙規則後：

```
if ["$CONNECTION_TRACKING" = "1"]; then
    $IPT -A remote-tcp-client-request -p tcp \
               --destination-port 80 \
               -m state --state NEW \
               -j ACCEPT
else
    $IPT -A remote-tcp-client-request -p tcp --syn \
               --destination-port 80 \
               -j ACCEPT
fi
```

下面的兩條規則應先於欺騙規則：

```
$IPT -A INPUT -p tcp ! --syn \
           --source-port $UNPRIVPORTS \
           -d $IPADDR --destination-port 80 \
           -j ACCEPT

$IPT -A OUTPUT -p tcp  ! --syn \
           -s $IPADDR --source-port 80  \
           --destination-port $UNPRIVPORTS \
           -j ACCEPT
```

• local-udp-client-request 和 remote-udp-server-response

`local-udp-client-request` 和 `remote-udp-server-response` 兩個用戶自定義規則鏈，對本地 UDP 客戶端和遠端伺服器間進行交換的封包執行最終決定。

local-udp-client-request 規則鏈根據遠端伺服器的目的位址和埠，選擇傳出請求封包。remote-udp-server-response 規則鏈根據遠端伺服器的來源位址和埠，選擇傳入響應封包。請確保在實作此規則前定義了 TIME_SERVER 變數：

```
# NTP time client
if [ "$CONNECTION_TRACKING" = "1" ]; then
    $IPT -A local-udp-client-request -p udp \
              -d $TIME_SERVER --dport 123 \
              -m state --state NEW \
              -j ACCEPT
fi

$IPT -A local-udp-client-request -p udp \
          -d $TIME_SERVER --dport 123 \
          -j ACCEPT

$IPT -A remote-udp-server-response -p udp \
          -s $TIME_SERVER --sport 123 \
          -j ACCEPT
```

• ICMP 流量

最後的一對規則用於匹配傳入和傳出的 ICMP 流量：

```
# ICMP traffic
$IPT -A EXT-input -p icmp -j EXT-icmp-in

$IPT -A EXT-output -p icmp -j EXT-icmp-out
```

• EXT-icmp-in 和 EXT-icmp-out

EXT-icmp-in 和 EXT-icmp-out 兩個用戶自定義規則鏈，對本地主機和遠端主機間交換的 ICMP 封包執行最終的決定。

EXT-icmp-in 規則鏈基於 ICMP 訊息的類型，選擇傳入的 ICMP 封包。EXT-icmp-out 規則鏈根據 ICMP 訊息的類型，選擇傳出的 ICMP 封包：

```
# Log and drop initial ICMP fragments
$IPT -A EXT-icmp-in --fragment -j LOG \
         --log-prefix "Fragmented incoming ICMP: "

$IPT -A EXT-icmp-in --fragment -j DROP

$IPT -A EXT-icmp-out --fragment -j LOG \
         --log-prefix "Fragmented outgoing ICMP: "

$IPT -A EXT-icmp-out --fragment -j DROP

# Outgoing ping
if [ "$CONNECTION_TRACKING" = "1" ]; then
    $IPT -A EXT-icmp-out -p icmp \
             --icmp-type echo-request \
             -m state --state NEW \
             -j ACCEPT
fi

$IPT -A EXT-icmp-out -p icmp \
         --icmp-type echo-request -j ACCEPT

$IPT -A EXT-icmp-in -p icmp \
         --icmp-type echo-reply -j ACCEPT

# Incoming ping
if [ "$CONNECTION_TRACKING" = "1" ]; then
    $IPT -A EXT-icmp-in -p icmp \
             -s $MY_ISP  \
             --icmp-type echo-request \
             -m state --state NEW \
             -j ACCEPT
fi

$IPT -A EXT-icmp-in -p icmp \
         --icmp-type echo-request \
         -s $MY_ISP -j ACCEPT

$IPT -A EXT-icmp-out -p icmp \
         --icmp-type echo-reply \
```

```
            -d $MY_ISP -j ACCEPT

# Destination Unreachable Type 3
$IPT -A EXT-icmp-out -p icmp \
            --icmp-type fragmentation-needed -j ACCEPT

$IPT -A EXT-icmp-in -p icmp \
            --icmp-type destination-unreachable -j ACCEPT

# Parameter Problem
$IPT -A EXT-icmp-out -p icmp \
            --icmp-type parameter-problem -j ACCEPT

$IPT -A EXT-icmp-in -p icmp \
            --icmp-type parameter-problem -j ACCEPT

# Time Exceeded
$IPT -A EXT-icmp-in -p icmp \
            --icmp-type time-exceeded -j ACCEPT

# Source Quench
$IPT -A EXT-icmp-out -p icmp \
            --icmp-type source-quench -j ACCEPT

$IPT -A EXT-icmp-in -p icmp \
            --icmp-type source-quench -j ACCEPT
```

6.3.5 tcp-state-flags

tcp-state-flags 規則鏈將是您附加到內建的 INPUT 和 OUTPUT 規則鏈上的第一個用戶自定義規則鏈。這些測試用於匹配人為製作，並經常用於隱形掃描的 TCP 狀態旗標組合：

```
# All of the bits are cleared
$IPT -A tcp-state-flags -p tcp --tcp-flags ALL NONE -j log-tcp-state

# SYN and FIN are both set
$IPT -A tcp-state-flags -p tcp --tcp-flags SYN,FIN SYN,FIN -j log-tcp-state
```

```
# SYN and RST are both set
$IPT -A tcp-state-flags -p tcp --tcp-flags SYN,RST SYN,RST -j log-tcp-state

# FIN and RST are both set
$IPT -A tcp-state-flags -p tcp --tcp-flags FIN,RST FIN,RST -j log-tcp-state

# FIN is the only bit set, without the expected accompanying ACK
$IPT -A tcp-state-flags -p tcp --tcp-flags ACK,FIN FIN -j log-tcp-state

# PSH is the only bit set, without the expected accompanying ACK
$IPT -A tcp-state-flags -p tcp --tcp-flags ACK,PSH PSH -j log-tcp-state

# URG is the only bit set, without the expected accompanying ACK
$IPT -A tcp-state-flags -p tcp --tcp-flags ACK,URG URG -j log-tcp-state
```

- **log-tcp-state**

使用 `log-tcp-state` 規則鏈的原因有兩個。第一，日誌訊息以一個特定的解釋訊息作為開頭，並且由於這是一個精心偽造的封包，任何 IP 或 TCP 選項都會被報告。第二，匹配封包會被立刻丟棄。下面出現的兩個廣義的日誌規則鏈的編寫是根據這樣的假設：記錄封包將會被預設策略立刻丟棄，並從規則鏈返回。

```
$IPT -A log-tcp-state -p tcp -j LOG \
         --log-prefix "Illegal TCP state: " \
         --log-ip-options --log-tcp-options

$IPT -A log-tcp-state -j DROP
```

6.3.6 connection-tracking

`connection-tracking` 規則鏈將是您附加到內建的 `INPUT` 和 `OUTPUT` 規則鏈上的第二個用戶自定義規則鏈。匹配的封包會繞過防火牆規則並立刻被接受：

```
if [ "$CONNECTION_TRACKING" = "1" ]; then
    # Bypass the firewall filters for established exchanges
    $IPT -A connection-tracking -m state \
             --state ESTABLISHED,RELATED \
```

```
            -j ACCEPT

    $IPT -A connection-tracking -m state --state INVALID \
            -j LOG --log-prefix "INVALID packet: "
    $IPT -A connection-tracking -m state --state INVALID -j DROP
fi
```

6.3.7 local-dhcp-client-query 和 remote-dhcp-server-response

`local-dhcp-client-query` 和 `remote-dhcp-server-response` 規則鏈包含 DHCP 客戶端所需的規則。這些規則在規則鏈體系中的位置十分重要，它們與所有的來源位址欺騙或通用的廣播規則有關。進一步說，主機的 IP 位址一直未被設定，直到主機接收到從伺服器發來的 DHCPACK 承諾訊息。伺服器在 DHCPACK 訊息中使用的目的位址依賴於特定的伺服器實作。如果您想使用這條規則，您需要將 `DHCP_CLIENT` 設置為 1 並且定義 `DHCP_SERVER` 變數：

```
# Some broadcast packets are explicitly ignored by the firewall.
# Others are dropped by the default policy.
# DHCP tests must precede broadcast-related rules, as DHCP relies
# on broadcast traffic initially.

if [ "$DHCP_CLIENT" = "1" ]; then
    DHCP_SERVER="my.dhcp.server"

    # Initialization or rebinding: No lease or Lease time expired.

    $IPT -A local-dhcp-client-query \
            -s $BROADCAST_SRC \
            -d $BROADCAST_DEST -j ACCEPT

    # Incoming DHCPOFFER from available DHCP servers
    $IPT -A remote-dhcp-server-response \
            -s $BROADCAST_SRC \
            -d $BROADCAST_DEST -j ACCEPT

    # Fall back to initialization
```

```
    # The client knows its server, but has either lost its lease,
    # or else needs to reconfirm the IP address after rebooting.

    $IPT -A local-dhcp-client-query \
             -s $BROADCAST_SRC \
             -d $DHCP_SERVER -j ACCEPT

    $IPT -A remote-dhcp-server-response \
            -s $DHCP_SERVER \
            -d $BROADCAST_DEST -j ACCEPT

    # As a result of the above, we're supposed to change our IP
    # address with this message, which is addressed to our new
    # address before the dhcp client has received the update.
    # Depending on the server implementation, the destination address
    # can be the new IP address, the subnet address, or the limited
    # broadcast address.

    # If the network subnet address is used as the destination,
    # the next rule must allow incoming packets destined to the
    # subnet address, and the rule must precede any general rules
    # that block such incoming broadcast packets.

    $IPT -A remote-dhcp-server-response \
           -s $DHCP_SERVER -j ACCEPT

    # Lease renewal
    $IPT -A local-dhcp-client-query \
            -s $IPADDR \
            -d $DHCP_SERVER -j ACCEPT
fi
```

6.3.8 source-address-check

source-address-check 規則鏈用於測試可辨認的非法來源位址。這個規則鏈單獨附加於 INPUT 規則鏈。這個防火牆規則確保了由本機產生的封包包含了您的 IP 位址作為來源位址。請注意，如果本機有多個網路介面或者如果一個私有 LAN 使用私有類 IP 位址時，這些規則需要進行調整。

一個 DHCP 客戶端需要在執行這些測試之前處理與 DHCP 相關的廣播流量：

```
# Drop packets pretending to be originating from the receiving interface
$IPT -A source-address-check -s $IPADDR -j DROP

# Refuse packets claiming to be from private networks
$IPT -A source-address-check -s $CLASS_A -j DROP
$IPT -A source-address-check -s $CLASS_B -j DROP
$IPT -A source-address-check -s $CLASS_C -j DROP
$IPT -A source-address-check -s $CLASS_D_MULTICAST -j DROP
$IPT -A source-address-check -s $CLASS_E_RESERVED_NET -j DROP
$IPT -A source-address-check -s $LOOPBACK  -j DROP

$IPT -A source-address-check -s 0.0.0.0/8 -j DROP
$IPT -A source-address-check -s 169.254.0.0/16 -j DROP
$IPT -A source-address-check -s 192.0.2.0/24 -j DROP
```

6.3.9 destination-address-check

`destination-address-check` 規則鏈用於測試廣播封包、被誤用的多播位址和熟知的非特權服務埠。此規則鏈附加在 `INPUT` 規則鏈和 `OUTPUT` 規則鏈上。一個 DHCP 客戶端需要在執行這些測試之前處理與 DHCP 相關的廣播流量：

```
# Block directed broadcasts from the Internet

$IPT -A destination-address-check $BROADCAST_DEST -j DROP
$IPT -A destination-address-check -d $SUBNET_BASE -j DROP
$IPT -A destination-address-check -d $SUBNET_BROADCAST -j DROP
$IPT -A destination-address-check ! -p udp \
          -d $CLASS_D_MULTICAST -j DROP

# Avoid ports subject to protocol and system administration problems

# TCP unprivileged ports
# Deny connection requests to NFS, SOCKS, and X Window ports
$IPT -A destination-address-check -p tcp -m multiport \
            --destination-port
$NFS_PORT,$OPENWINDOWS_PORT,$SOCKS_PORT,$SQUID_PORT \
```

```
          --syn -j DROP

$IPT -A destination-address-check -p tcp --syn \
         --destination-port $XWINDOW_PORTS -j DROP

# UDP unprivileged ports
# Deny connection requests to NFS and lockd ports
$IPT -A destination-address-check -p udp -m multiport \
          --destination-port $NFS_PORT,$LOCKD_PORT -j DRO
```

6.3.10 在 iptables 中記錄丟棄的封包

EXT-log-in 和 EXT-log-out 規則鏈包含記錄被丟棄的封包的規則，這些封包在抵達規則鏈的末尾將要被預設策略丟棄之前會立刻被記錄。幾乎所有被丟棄的傳出封包都會被記錄，因為這表明或者防火牆規則有問題，或者存在一個未知（或未授權）的服務正嘗試與外界連接：

```
# ICMP rules

$IPT -A EXT-log-in -p icmp \
        ! --icmp-type echo-request -m limit -j LOG

# TCP rules

$IPT -A EXT-log-in -p tcp \
         --dport 0:19 -j LOG

# Skip ftp, telnet, ssh
$IPT -A EXT-log-in -p tcp \
         --dport 24 -j LOG

# Skip smtp
$IPT -A EXT-log-in -p tcp \
         --dport 26:78 -j LOG

# Skip finger, www
$IPT -A EXT-log-in -p tcp \
         --dport 81:109 -j LOG
```

```
# Skip pop-3, sunrpc
$IPT -A EXT-log-in -p tcp \
        --dport 112:136 -j LOG

# Skip NetBIOS
$IPT -A EXT-log-in -p tcp \
        --dport 140:142 -j LOG

# Skip imap
$IPT -A EXT-log-in -p tcp \
        --dport 144:442 -j LOG

# Skip secure_web/SSL
$IPT -A EXT-log-in -p tcp \
        --dport 444:65535 -j LOG

#UDP rules
$IPT -A EXT-log-in -p udp \
        --dport 0:110 -j LOG

# Skip sunrpc
$IPT -A EXT-log-in -p udp \
        --dport 112:160 -j LOG

# Skip snmp
$IPT -A EXT-log-in -p udp \
        --dport 163:634 -j LOG

# Skip NFS mountd
$IPT -A EXT-log-in -p udp \
        --dport 636:5631 -j LOG

# Skip pcAnywhere
$IPT -A EXT-log-in -p udp \
        --dport 5633:31336 -j LOG

# Skip traceroute's default ports
$IPT -A EXT-log-in -p udp \
        --sport $TRACEROUTE_SRC \
```

```
        --dport $TRACEROUTE_DEST -j LOG

# Skip the rest
$IPT -A EXT-log-in -p udp \
        --dport 33434:65535 -j LOG

# Outgoing Packets

# Don't log rejected outgoing ICMP destination-unreachable packets
$IPT -A EXT-log-out -p icmp \
        --icmp-type destination-unreachable -j DROP

$IPT -A EXT-log-out -j LOG
```

6.3.11 最佳化的 nftables 腳本

`nftables` 的語法使得 `nftables` 腳本可以利用額外的外部規則檔案。

- nft-vars：包含與腳本相關的變數，以 `nftables` 的格式而不是 shell 的格式進行定義。
- setup-tables：包含主要的 `filter` 表和 `nat` 表的架構，`INPUT` 和 `OUPUT` 規則鏈也包括在內。
- localhost-policy：包含用於本地流量的規則。
- connectionstate-policy：設置連接狀態策略。
- invalid-policy：設置與無效流量相關的策略。
- dns-policy：包含與 DNS 查詢相關的策略。
- tcp-client-policy：包含與傳出的客戶端連接相關的規則。
- tcp-server-policy：包含與傳入連接相關的規則，如果此電腦扮演伺服器的角色。
- icmp-policy：包含與 ICMP 請求相關的規則。
- log-policy：包含與日誌記錄相關的規則。
- default-policy：包含用於防火牆的最終預設策略的規則。

6.3.12 防火牆初始化

防火牆腳本以定義 `nftables` 防火牆管理命令的位置作為開始：

```
#!/bin/sh

NFT="/usr/local/sbin/nft"              # Location of nft on your system
```

許多的核心參數也將被設置；關於這些參數的解譯，請參考第 5 章：

```
# Enable broadcast echo Protection
echo 1 > /proc/sys/net/ipv4/icmp_echo_ignore_broadcasts
# Disable Source Routed Packets
for f in /proc/sys/net/ipv4/conf/*/accept_source_route; do
    echo 0 > $f
done
# Enable TCP SYN Cookie Protection
echo 1 > /proc/sys/net/ipv4/tcp_syncookies
# Disable ICMP Redirect Acceptance
for f in /proc/sys/net/ipv4/conf/*/accept_redirects; do
    echo 0 > $f
done

# Don't send Redirect Messages
for f in /proc/sys/net/ipv4/conf/*/send_redirects; do
    echo 0 > $f
done
# Drop Spoofed Packets coming in on an interface, which, if replied to,
# would result in the reply going out a different interface.
for f in /proc/sys/net/ipv4/conf/*/rp_filter; do
    echo 1 > $f
done
# Log packets with impossible addresses.
for f in /proc/sys/net/ipv4/conf/*/log_martians; do
    echo 1 > $f
done
```

腳本的第一部分重置並且刪除已存在的規則鏈，如第 5 章所示：

```
for i in `$NFT list tables | awk '{print $2}'`
do
    echo "Flushing ${i}"
    $NFT flush table ${i}
    for j in `$NFT list table ${i} | grep chain | awk '{print $2}'`
    do
        echo "...Deleting chain ${j} from table ${i}"
        $NFT delete chain ${i} ${j}
    done
    echo "Deleting ${i}"
    $NFT delete table ${i}
done
```

下面是開始防火牆腳本最後部分的程式碼，即用來使防火牆可以很容易停止的程式碼。透過將這段程式碼放在前面程式碼的後面，當您使用「stop」參數呼叫腳本時，腳本將刷新、清除並重置預設策略，防火牆實際上將停止。

```
if [ "$1" = "stop" ]
then
echo "Firewall completely stopped!  WARNING: THIS HOST HAS NO FIREWALL
RUNNING."
exit 0
fi
```

現在，表被重建了。

```
$NFT -f setup-tables
$NFT -f localhost-policy
$NFT -f connectionstate-policy
```

6.3.13 建構規則檔案

下面幾節將呈現用於各式各樣防火牆的組件，包含 nftables 規則的檔案。規則檔案使用 nftables 定義的變數，這些變數包含在每個規則檔案裡，並被封裝在一個叫做 nft-vars 的檔案中。nft-vars 檔案將隨著規則的添加而增長。一開始，nft-vars 檔案包含以下內容：

```
define int_loopback = lo
define int_internet = eth0
define ip_external = <your external ip>
define subnet_external = <your external subnet>
define net_loopback = 127.0.0.0/8
define net_class_a = 10.0.0.0/8
define net_class_b = 172.16.0.0/16
define net_class_c = 192.168.0.0/16
define net_class_d = 224.0.0.0/4
define net_class_e = 240.0.0.0/5
define broadcast_src = 0.0.0.0
define broadcast_dest = 255.255.255.255
define ports_priv = 0-1023
define ports_unpriv = 1024-6553
```

• 建立各種表

setup-tables 規則會建立 filter 和 nat 表，分別為它們建立 INPUT 和 OUTPUT 規則鏈，並且將這些規則鏈連接到 nftables 中它們各自的鉤子，因此這個規則鏈可以接收封包。setup-tables 規則如下：

```
include "nft-vars"
table filter {
        chain input {
                type filter hook input priority 0;
        }
        chain output {
                type filter hook output priority 0;
        }
}
```

• 啟用本機流量

啟用本機通訊由 localhost-policy 規則檔案完成。請注意本例中使用的一個 nftables 定義的變數（$int_loopback）：

```
include "nft-vars"
table filter {
```

```
        chain input {
                iifname $int_loopback accept
        }
        chain output {
                oifname $int_loopback accept
        }
}
```

• 啟用連接狀態

連接狀態追蹤包含在 connectionstate-policy 規則檔案中：

```
include "nft-vars"
table filter {
        chain input {
                ct state established,related accept
                ct state invalid log prefix "INVALID input: " limit rate
3/second drop
        }
        chain output {
                ct state established,related accept
                ct state invalid log prefix "INVALID output: " limit rate
3/second drop
        }
}
```

• 丟棄無效流量

用於丟棄無效流量的規則包含在一個叫做 invalid-policy 的規則檔案中：

```
include "nft-vars"
table filter {
        chain input {
                iif $int_internet ip saddr $ip_external drop
                iif $int_internet ip saddr $net_class_a drop
                iif $int_internet ip saddr $net_class_b drop
                iif $int_internet ip saddr $net_class_c drop
                iif $int_internet ip protocol udp ip daddr $net_class_d
accept
```

```
            iif $int_internet ip saddr $net_class_e drop
            iif $int_internet ip saddr $net_loopback drop
            iif $int_internet ip daddr $subnet_external drop
        }
}
```

• 啟用 DNS 流量

首先是用於識別 DNS 流量的規則。在 DNS 規則被安裝之前，您的網路軟體不具有定位網際網路中的服務和主機的能力，除非您使用 IP 位址。

在這些規則中，有三個新的變數被添加到 `nft-vars` 檔案：

```
define nameserver_1 = <your nameserver ip>
define nameserver_2 = <second nameserver ip>
define nameserver_3 = <third nameserver ip, if necessary>
```

`dns-policy` 被建立用於保存下面的規則，接著可以使用命令 `nft -f dns-policy` 將其加載到 `rc.firewall` 腳本：

```
include "nft-vars"
table filter {
        chain input {
                ip daddr { $nameserver_1,$nameserver_2,$nameserver_3 }
                ➥udp sport 53 udp dport 53 accept
                ip daddr { $nameserver_1,$nameserver_2,$nameserver_3 }
                ➥tcp sport 53 tcp dport $ports_unpriv accept
                ip daddr { $nameserver_1,$nameserver_2,$nameserver_3 }
                ➥udp sport 53 udp dport $ports_unpriv accept
        }
        chain output {
                ip daddr { $nameserver_1,$nameserver_2,$nameserver_3 }
                ➥udp sport 53 udp dport 53 accept
                ip daddr { $nameserver_1,$nameserver_2,$nameserver_3 }
                ➥tcp sport $ports_unpriv tcp dport 53 accept
                ip daddr { $nameserver_1,$nameserver_2,$nameserver_3 }
                ➥udp sport $ports_unpriv udp dport 53 accept
        }
}
```

在 INPUT 和 OUTPUT 規則鏈中的第一條規則用於匹配從本地快取伺服器和轉發名稱伺服器（如果您有一台的話）發來的請求，並從遠端 DNS 伺服器進行響應。本地伺服器被設定作為遠端主伺服器的從伺服器，因此如果查詢未成功，本地伺服器也會失敗。這個設定對於小型辦公 / 家庭辦公來說並不常用。

INPUT 規則鏈和 OUTPUT 規則鏈中的下一條規則用於匹配基於 TCP 的標準 DNS 客戶端查詢，這種情況在伺服器的響應過大而不能放在一個 DNS 的 UDP 封包中時發生。這些規則會被轉發名稱伺服器和標準客戶端所使用。

• 基於 TCP 的本地客戶端流量

從您的電腦到網際網路的 TCP 連接可以透過為您想要連接的伺服器和服務添加特定的輸出規則來完成。在從前，用於這個目的的規則需要假定已經使用了狀態追蹤模組。如果狀態追蹤沒有被啟用，需要向 INPUT 規則鏈添加一個鏡像規則以允許一個特定連接中傳回來的流量。

這個規則需要添加一個 server_smtp 變數到 nft-vars 程式：

```
define server_smtp = <your SMTP server>
```

這條規則會放在一個名為 tcp-client-policy 的檔案中，它可以透過命令 nft -f tcp-client-policy 加載到 rc.firewall 程式。

下面是 tcp-client-policy 中的規則：

```
include "nft-vars"
table filter {
        chain input {
        }
        chain output {
                tcp dport {21,22,80,110,143,993,995,443} tcp sport
                ➥$ports_unpriv accept
                ip daddr $server_smtp tcp dport 25 tcp sport $ports_
                ➥unpriv accept
        }
}
```

• 基於 TCP 的本地伺服器流量

允許客戶端連接到您本地伺服器的服務，可以透過添加特定的規則到 INPUT 規則鏈完成。理想情況下，您可以限制連接為已知的客戶端，並且為來源位址添加一條規則（ip saddr <your client ip>），但在現實世界中這通常不可能。

下面的檔案可以使用 nft -f tcp-server-policy 加載到 rc.firewall 腳本。

這個規則檔案名為 tcp-server-policy，包含下面的內容，它允許從任意客戶端發往本地伺服器埠 22（SSH）的連接：

```
include "nft-vars"
table filter {
    chain input {
        ip daddr $ip_external tcp sport $ports_unpriv tcp dport {22} accept
    }
    chain output {
    }
}
```

• ICMP 流量

最後一對規則用於匹配傳入和傳出的 ICMP 流量。這些規則被載入一個稱為 icmp-policy 的檔案：

```
include "nft-vars"
table filter {
        chain input {
                icmp type { echo-reply,destination-unreachable,parameter-
                ➥problem,source-quench,time-exceeded} accept
        }
        chain output {
                icmp type { echo-request,parameter-problem,source-quench}
                ➥accept
        }
}
```

這個檔案可以透過 `nft -f icmp-policy` 命令添加到主 `rc.firewall` 腳本中。

6.3.14 在 nftables 中記錄丟棄的封包

最後的規則用於防火牆的封包記錄，且該封包並未被先前已加載的規則處理。幾乎所有被丟棄的傳出封包都會被記錄，因為它們或許表明防火牆規則出了問題，或許存在一個未知的（未授權的）服務嘗試連接外部世界。

這個檔案叫做 `log-policy`，它包含下面的規則。可以透過 `nft -f log-policy` 命令將此檔案加載到預設策略之前。

下面是規則：

```
include "nft-vars"
table filter {
        chain input {
                log prefix "INPUT packet dropped: " limit rate 3/second
        }
        chain output {
                log prefix "OUTPUT packet dropped: " limit rate 3/second
        }
}
```

6.4 最佳化帶來了什麼

最佳化的目的是為了讓封包盡可能快速地通過過濾的程序，盡可能地減少不必要的測試。理想情況下，您希望封包以線性的速度通過。

就防火牆本身而言，有三個因素影響其性能：安裝在核心中的規則的數量；規則鏈路徑的長度或任意封包在匹配前測試的規則數量；以及所有在封包上進行的匹配測試的數量之和。而且，當使用狀態模組時，需要在速度和記憶體之間做出權衡。

請注意，第 5 章和本章表格方面的一些差異，是根據範例腳本的組織方式人為設置的，而 TCP 的狀態旗標和來源位址檢測在兩個例子中的差異也是如此。

6.4.1 iptables 的最佳化

對 iptables 來說，最佳化過的版本比直通（straight-through）的副本擁有更多的規則。更令人驚訝的是，連接追蹤的版本也比經典的、無狀態的版本擁有更多的規則！我們之前不是也推斷過：使用狀態匹配模組可以減少規則的數量，其方式是除去個別的 ACCEPT 規則，而減少伺服器對客戶端請求的響應，不是嗎？要說是，也不是。事實上，規則數量的絕對值增加了，因為靜態規則必須繼續存在，以應付狀態表條目超時或由於資源短缺被替換的情況。但輸入規則巡訪的次數能夠大幅度地下降。

使用用戶自定義規則鏈也會導致規則數量的些許增加。額外的規則在中間進行封包的選擇和分支處理。在頂層進行分支決策只需要少量的開銷。開銷很小，以致於您都感覺不到。衡量性能的關鍵不是規則被巡訪的次數，而是獨立的標頭欄位執行匹配測試的次數。

使用用戶自定義規則鏈可以顯著地減少一個響應封包，在到達最終的匹配規則前要經過測試的規則數量。直通的規則集由於防止欺騙的規則引入了許多的開銷，這不太顯著。因為範例的防火牆是以客戶端為中心的，由於需要對傳入封包進行位址檢測，直通伺服器路徑的長度比客戶端的長度要長得多。

使用狀態模組對於已建立的流量來說可以繞過防火牆，因此明顯地減少了對已建立連接巡訪列表的長度。新建連接的規則巡訪次數的增加是由重複的規則（duplicate rule）、連接追蹤規則（connection-tracking rule）以及它們的靜態副本（static counterpart）導致的。

即使使用了狀態模組，初始的封包也總是遵循靜態路徑。因此，相比於直通防火牆，從典型防火牆最佳化而來的版本帶來的好處仍舊可以作用於第一個封包。

最後，最佳化和連接狀態追蹤帶來的好處都是顯著的！相對於典型的封包過濾防火牆，由用戶自定義規則鏈帶來的分類匹配功能大幅度地減少了封包的測試次數。狀態模組的使用更進一步降低了測試的次數，甚至可以使成批的資料繞過防火牆規則。還有，資料通道連接可以作為一個 RELATED 連接立刻被匹配。

除非您閱讀了核心防火牆的程式碼，否則您不太可能清楚地知道，實際的性能並不是由巡訪規則的數量決定的，本質上，是由比較次數所決定的。每個不匹配的規則至少相當於一次比較（例如，傳入封包是一個 ICMP 封包還是一個 TCP 封包，或者它來自於迴路介面還是其他的介面？）。用戶自定義規則鏈允許在臨界比較決定點劃分比較關係，將其劃分為專門的規則鏈。

6.4.2 nftables 的最佳化

對於 nftables 腳本來說，大量的處理程序搬移到原生 nftables 的規則檔案，而這些檔案將被 shell 腳本加載。這個最佳化的好處是它使規則更加接近於它將被處理的地方，而不用為每一個獨立的規則執行一個 shell 命令。

規則也在邏輯上被劃分為多個策略檔案，每個都包含了針對相似流量的規則。它更加易於維護，並且可以根據您特定的情況進行精簡或擴展。

6.5 小結

第 5 章以逐步為一個單獨的系統建構一個簡單防火牆的方式，介紹了 iptables 和 nftables。本章討論了防火牆最佳化背後的問題，並且建構了用戶自定義規則鏈，用於最佳化第 5 章範例中的防火牆。最後，對使用了狀態模組的防火牆的最佳化效果進行了檢查。

07

封包轉發

本章會介紹一些關於 LAN 安全、閘道器防火牆轉發和網路防禦帶的基本問題。安全策略依據站點需要的安全等級、被保護的資料的價值和重要性，以及資料丟棄的代價來定義。本章首先回顧一下前面章節講到的防火牆的知識，然後討論站點策略制定者在選擇伺服器佈局並決定安全策略時，必須注意的一些問題。

您可能需要網路位址轉換（NAT）來從內部電腦存取網際網路。NAT 直到第 8 章才會講到。本章僅著重於轉發。

對於熟悉 `ipchains` 或 ipfwadm 的讀者來說，轉發和 NAT 是分不開的。這兩個功能都是透過單個轉發規則來定義的。這些邏輯上相區別的功能在 `iptables` 和 `nftables` 中都是被清楚地分開的。實際上，這兩個功能是由不同的規則鏈中不同的表處理的。NAT 獨立應用於封包在系統中的傳輸路徑上，另一個不同的點。本章著重介紹 `filter` 表及其擴展策略中可用的 `iptables` 服務，以及 `nftables` 的轉發功能。第 8 章介紹與 NAT 相關的服務。

7.1 獨立防火牆的侷限性

在第 5 章中介紹的單系統防火牆是一個基本的堡壘防火牆，只用了 `filter` 表中的基礎規則鏈。當防火牆是同時擁有一個連接到網際網路的介面和一個連接到您的 LAN 的介面（被稱為雙宿主系統）的一個封包過濾路由器時，防火牆需要應用規則來決定是否轉發，或阻止穿過兩個介面的封包。這種情況下，封包過濾防火牆是一個帶有流量監控規則的靜態路由器，執行涉及哪些封包被允許透過網路介面的本地策略。

正如在第 3 章中所指出的那樣，在處理轉發封包方面，Netfilter 與 IPFW 機制有很大的不同。被轉發的封包只被 FORWARD 規則鏈檢查。INPUT 和 OUTPUT 規則不會被應用。與本地防火牆主機相關的網路流量和與本地 LAN 相關的網路流量有著完全不同的規則集和規則鏈。

在 FORWARD 規則鏈上的規則可以指定傳入和傳出的介面。對於一個 LAN 中的雙宿主主機來說，應用於傳入和傳出網路介面的防火牆規則表現為一個 I/O 對——一條規則用於到達封包，另一條相反方向的規則用於離開的封包。規則均是分方向的。兩個介面被看作一個整體來處理。

流量並不會自動地在網際網路和 LAN 之間路由。對於被轉發的封包來說，如果沒有一個規則對接受此流量，則封包並不會被轉發。應用在兩個介面上的過濾規則扮演兩個網路間的防火牆和靜態路由器的角色。

第 5 章介紹的防火牆設定對於擁有一個網路介面的獨立的家庭系統來說完全足夠了。

作為一個保護 LAN 的獨立閘道器防火牆，如果防火牆電腦被攻破了，那麼一切就都完了。即使防火牆的本地介面有著完全不同於那些用於轉發資料流的策略，一旦防火牆被攻破，那麼離入侵者得到 root 權限也不遠了。那樣的話，用不了多久，內部系統的大門也將敞開。但是如果仔細地挑選提供給網際網路的服務並且使用嚴格的防火牆策略，一個家庭式的 LAN 也絕不會遇到這種情況。儘管如此，一個獨立的閘道器防火牆也會造成單個的不安全點。這是一種要麼擋住一切，要麼什麼也擋不住的情況。

許多較大的組織和公司依賴於單個防火牆設置，其他的許多公司會使用另外兩種架構中的一種：沒有直接路由的遮罩主機結構或者有代理服務的遮罩子網結構，同時有一個建在外部防火牆之間或旁邊的、同專用 LAN 分開的 DMZ 網路防禦帶。DMZ 網路中的公用伺服器也有它們自己專用的堡壘防火牆。這意謂著這些站點佈置了許多電腦並且有一個專門的員工來管理這些機器。

注意

DMZ：網路防禦帶另外的一個名字

兩個防火牆之間的網路防禦帶被稱為非軍事化區域（DMZ）。DMZ 的目的是要在其中建立一個保護區來執行公用伺服器（或服務），並將這個區域同私有 LAN 的剩餘部分相隔離。如果 DMZ 中的一個伺服器被入侵了，那個伺服器同 LAN 依然是相互分隔的；執行於其他 DMZ 伺服器的閘道器防火牆和堡壘防火牆提供針對被入侵伺服器的防護。

除了單系統的獨立防火牆，在第 5 章中介紹的防火牆可以被擴展為，用於保護提供一個或多個公用服務的主機的雙宿主閘道器防火牆的基礎。家庭型 LAN 通常由既過濾轉發資料流，又提供公用服務的單個閘道器防火牆來保護。

對一個不能承擔單個閘道器防火牆的風險或負擔多台電腦和一個專職管理人員費用的雙宿主系統來說有其他可行的選擇嗎？幸運的是，當系統被仔細地設定時，雙宿主主機防火牆和 LAN 會提供更強的安全性。問題是：在一個可靠的環境中為了增加安全性而付出維護防火牆的額外努力值得嗎？

7.2 基本的閘道器防火牆的設置

這裡用到兩種基本的閘道器防火牆設置。如圖 7.1 所示，閘道器有兩個網路介面：一個連接到網際網路，另一個連接到 DMZ。公用網際網路的服務是由 DMZ 網路中的電腦提供。閘道器防火牆並不提供服務。第二個防火牆是隔斷防火牆，它也被連接到 DMZ 網路，用於將內部的私有網路，與網路防禦帶中的準公用伺服器電腦隔離開。私有電腦受到內部 LAN 中隔斷防火牆的保護。另外，DMZ 中的每個伺服器都執行著一個專門的防火牆。如果閘道器防火牆或其中的某個伺服器失效了，DMZ 中的公用伺服器電腦仍舊會執行它們自己的獨立防火牆。隔斷防火牆保護內部網路免受被入侵的閘道器或網路防禦帶中其他被入侵的電腦的侵犯。在 LAN 和網際網路之間的流量會透過兩個防火牆並穿過網路防禦帶。

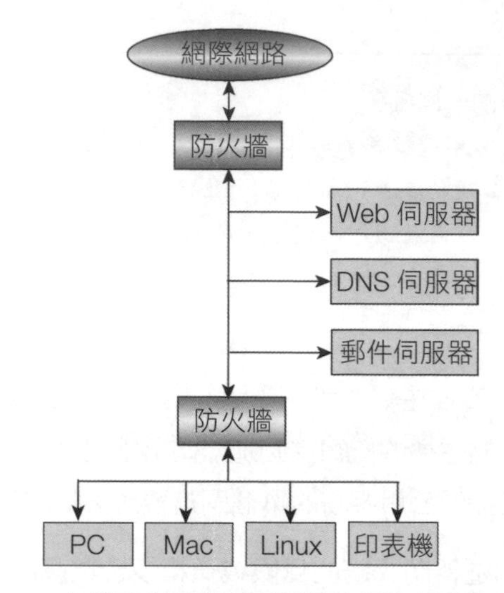

圖 7.1 在雙宿主閘道器和隔斷防火牆之間的 DMZ

在第二種設置中，閘道器有三個網路介面：一個連接到網際網路，一個連接到 DMZ，一個連接到私有 LAN。如圖 7.2 所示，LAN 和網際網路之間的流量以及 DMZ 和網際網路之間的流量除了共享閘道器的外部網路介面外，不共享任何東西。

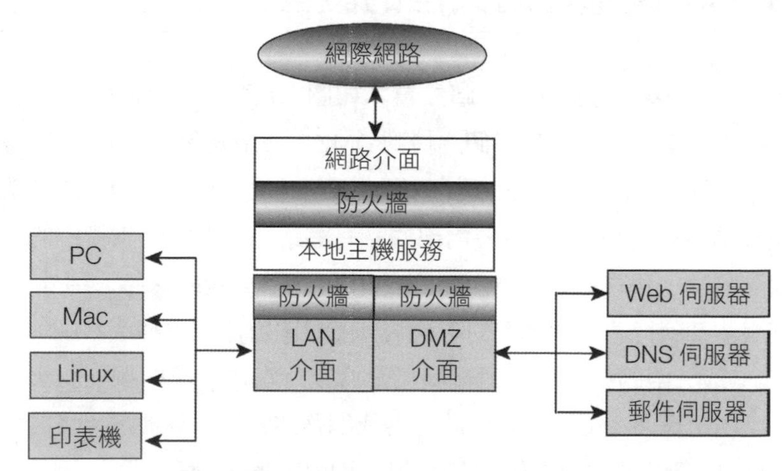

圖 7.2 隔離 LAN 和 DMZ 的三宿主防火牆

這個設置相比第一種的優勢是，LAN 和 DMZ 都不會共享兩個網路的資料流載體。另一個優勢是，更容易定義那些專門處理所有的 LAN 或 DMZ 流量而拒絕其他網路的資料流的規則。另外的優勢是一個單獨的閘道器主機，比兩個單獨的防火牆設備要更便宜。

這個設置相比第一種的劣勢是，閘道器成為了兩個網路的單一故障點。而且，單個主機的防火牆規則也包含了所有與 DMZ 和 LAN 相關的複雜性。當您手工編寫防火牆規則時，這種複雜性可能會令人困惑。

常見的第三選擇是添加一個隔離 LAN 和 DMZ 流量的過濾路由。DMZ 伺服器執行著它們自己的堡壘防火牆。在路由器和 DMZ 之間可能會有一個普通的防火牆。如圖 7.3 所示，閘道器防火牆獨立於路由，用於保護 LAN。過濾路由器在 LAN 和 DMZ 上執行一些基本的過濾。閘道器防火牆不需提供這個基本的過濾功能，它就能像第一種設置中的隔斷防火牆那樣有效地工作。

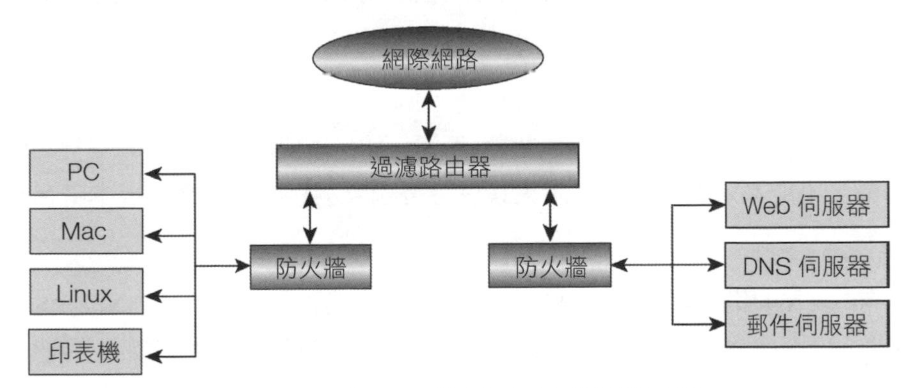

圖 7.3 LAN 和 DMZ 防火牆前面的過濾路由器

7.3 LAN 安全問題

安全問題有很大的部份依賴於 LAN 的規模、它的架構和用途。服務和架構也會被該站點可尋址的公用 IP 位址所影響。也許比這更基礎的是，該站點所擁有的網路連接的類型：撥號、DSL、無線、有線、衛星、ISDN、租用線路或其他任何類型的網路連接。下面是一些您在為您的站點建立安全策略時應該考慮的問題。

公用 IP 位址是不是透過 DHCP 或 IPCP 動態、臨時分配的？該站點是否擁有一個固定分配的公用 IP 位址或位址區段？

是否向網際網路提供服務？這些服務是託管在防火牆電腦上，還是託管在內部的電腦上？例如，您可能會在閘道器防火牆電腦上提供 email 服務，但在 DMZ 中的一台內部電腦裡提供 Web 服務。當服務託管在內部電腦上時，您會希望把這些電腦放在網路防禦帶中，並且對這些電腦運用完全不同的封包過濾和存取策略。如果服務由內部電腦提供，這個事實對外界來說是可見的嗎？還是這些服務被代理或透過 NAT 被透明地轉發了，以至於它們看上去是由防火牆電腦提供？

您希望公開多少關於您 LAN 中的電腦的資訊呢？您是否願意託管本地 DNS 服務？本地 DNS 資料庫內容對網際網路來說是可用的嗎？

別人可以從網際網路登錄到您的電腦嗎？多少和哪些本地電腦對他們來說是可存取的？所有的用戶帳號都擁有同樣的存取權限嗎？為了加強存取控制是否傳入的連接都要經過代理？

是否所有來自本地電腦的用戶，都擁有對內部電腦相同的存取權限？所有內部電腦對外部服務都有相同的存取權限嗎？例如，如果您使用了一個遮罩主機的防火牆架構，用戶必須直接登錄到防火牆以獲得網際網路的存取權。根本不存在路由了。

有私有的 LAN 服務執行在防火牆後面嗎？例如，是否有內部使用的 NFS、Samba 或網路印表機？您是否需要防止像 SNMP、DHCP 或 ntpd 這樣服務洩漏資訊或廣播資料流到網際網路？在輔助的隔斷防火牆後維護這樣的服務可以確保這些服務與網際網路完全隔離。

涉及內部 LAN 中使用的服務，存在著供內部用戶存取的內部服務和由網際網路的外部存取服務的問題。您是對內部提供 FTP 服務而不對外部提供該服務呢，還是對內對外提供不同類型的 FTP 服務？是執行一個私有的 Web 伺服器呢，還是把伺服器設定為對內部用戶可用，而對遠端用戶無效呢？您是否將執行一個本地郵件伺服器來發送郵件卻又使用不同的方法從網際網路接收傳入的郵件？（即，郵件是將直接投遞到您的主機上的用戶帳號，還是您會從 ISP 處接收郵件？）

7.4 可信家庭 LAN 的設定選項

您必須考慮兩種內部的網路流量。第一種是本地透過內部介面存取閘道器防火牆，如圖 7.4 所示。第二種是透過閘道器電腦的外部介面存取網際網路。

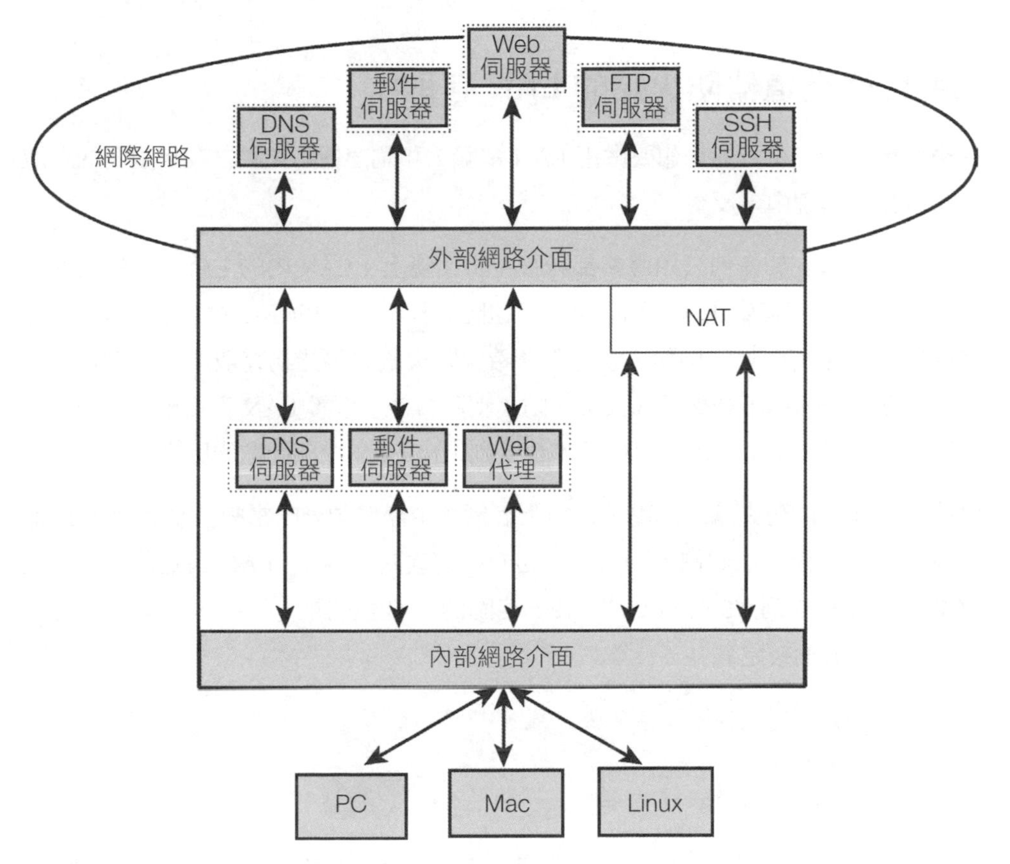

圖 7.4 發往防火牆電腦和網際網路的 LAN 流量

可以假定的是，大多數小型系統通常沒有理由，過濾防火牆和本地網路之間的封包。然而，因為大多數家用的站點被分配一個 IP 位址，一個例外是 NAT 的使用。大概，您唯一必須實施的內部過濾行為是：透過在內部電腦和網際網路之間交換的封包上應用 NAT，以啟用您自己的來源位址欺騙檢測。大部分的重點都在於過濾防火牆和網際網路之間的封包。

注意

「可信家庭 LAN」到底有多可信？

儘管小型商務和住宅站點通常認為它們的網路是「可信」的，但實際上並不是這樣。問題並不在於本地用戶，而在於這些系統的高入侵率。

7.4.1 對閘道器防火牆的 LAN 存取

在家庭環境中，有可能您想要啟用 LAN 電腦，和閘道器防火牆之間無限制的存取（一些家長有理由來反對）。

這一節的假設在於任何公用服務都託管在防火牆上。LAN 內的主機是純粹的客戶機。LAN 被允許初始化連接到防火牆，但防火牆不允許初始化連接到 LAN。這種強制的規則也有例外。例如，您也許會希望防火牆電腦能夠存取本地的網路印表機（商務站點永遠不會做這種決策，防火牆將會像它保護 LAN 不受來自網際網路的問題的影響一樣被保護，以致於不會受到來自 LAN 內部問題的影響）。

以第 5 章建構的防火牆為基礎，在防火牆例子中需要額外的常數，來處理和 LAN 相連的內部介面。這個例子將內部網路介面定義為 `eth1`。LAN 被定義為包含從 `192.168.1.0` 到 `192.168.1.255` 範圍內的 C 類位址；同時，一個面對外部世界的外部介面被定義為 `eth0`：

```
LAN_INTERFACE="eth1"
EXTERNAL_INTERFACE="eth0"
LAN_ADDRESSES="192.168.1.0/24"
```

允許介面之間不受限的存取是一種簡單的事，預設允許所有的協定和所有的埠即可。請注意 LAN 可以向遠端伺服器發起新的連接，但由遠端站點發起的新的傳入連接卻不被接受。下面是 `iptables` 的規則：

```
$IPT -A FORWARD -i $LAN_INTERFACE -o $EXTERNAL_INTERFACE \
         -p tcp -s $LAN_ADDRESSES --sport $UNPRIVPORTS \
         -m state --state NEW,ESTABLISHED,RELATED -j ACCEPT

$IPT -A FORWARD -i $EXTERNAL_INTERFACE -o $LAN_INTERFACE \
         -m state --state ESTABLISHED,RELATED -j ACCEPT
```

下面是相似的 nftables 規則：

```
$NFT add rule filter forward iif $LAN_INTERFACE oif $EXTERNAL_INTERFACE \
      ip protocol tcp ip saddr $LAN_ADDRESSES tcp sport $UNPRIVPORTS \
      ct state new,established,related accept
$NFT add rule filter forward iif $EXTERNAL_INTERFACE oif $LAN_INTERFACE ct
➥state established,related accept
```

也請注意，這兩個規則轉發資料流。它們不影響 LAN 和防火牆之間的流量。為了存取防火牆主機上的服務，本地的 INPUT 和 OUTPUT 規則也是需要的：

```
$IPT -A INPUT -i $LAN_INTERFACE \
         -p tcp -s $LAN_ADDRESSES --sport $UNPRIVPORTS \
         -m state --state NEW,ESTABLISHED,RELATED -j ACCEPT

$IPT -A OUTPUT -o $LAN_INTERFACE \
         -m state --state ESTABLISHED,RELATED -j ACCEPT
```

nftables 的規則如下：

```
$NFT add rule filter input iif $LAN_INTERFACE \
        ip protocol tcp ip saddr $LAN_ADDRESSES \
        tcp sport $UNPRIVPORTS ct state new,established,related accept
$NFT add rule filter output oif $LAN_INTERFACE ct state
➥established,related accept
```

所有的轉發規則和內部介面規則，都可以像第 5 章中的外部介面規則那樣，針對特定的服務。在當今世界，內部介面和轉發規則應該是專門的。本節中的規則僅僅奠定了基礎，介紹了轉發規則本身。

7.4.2 對其他 LAN 的存取：在多個 LAN 間轉發本地流量

如果在您的 LAN 或多個 LAN 上的電腦需要在彼此之間路由的話，您需要在這些電腦間允許存取它們所要求的服務的埠，除非它們有其他可選的內部連接通路。在前一種情況下，任何在 LAN 之間進行的本地路由將由防火牆完成。

本節假設有一個帶有兩個網路介面的閘道器防火牆、一個 DMZ 伺服器網路、一個帶有兩個網路介面的內部隔斷防火牆以及 LAN 私有網路。這是前面的圖 7.1 提出的設置。在 LAN 和網際網路之間的流量，穿過隔斷防火牆和閘道器防火牆之間的 DMZ 網路。這種設定在較小的站點中很常見。

本例重新命名閘道器上的內部網路介面為 `DMZ_INTERFACE`。防火牆還需要另一個常數。DMZ 被定義為包括從 `192.168.3.0` 到 `192.168.3.255` 之間的 C 類私有位址：

```
DMZ_INTERFACE="eth1"
DMZ_ADDRESSES="192.168.3.0/24"
```

下面的前兩條規則允許從 LAN 向閘道器防火牆主機發起的本地存取。在實際使用中，LAN 通常不被允許存取防火牆上的所有埠。接下來的兩條規則允許防火牆本身，存取在 DMZ 中以伺服器形式提供的特定的服務。此外，較大型的設置中通常很少或根本沒有理由來存取駐留在 DMZ 中的服務。在大多數情況下，防火牆主機根本不向 DMZ 提供任何服務。在較大型的站點中，防火牆不向 LAN 提供任何服務也是可能的：

```
$IPT -A INPUT -i $DMZ_INTERFACE -s $LAN_ADDRESSES -d $GATEWAY \
        -m state --state NEW,ESTABLISHED,RELATED -j ACCEPT

$IPT -A OUTPUT -o $DMZ_INTERFACE -s $GATEWAY -d $LAN_ADDRESSES \
        -m state --state ESTABLISHED,RELATED -j ACCEPT

$IPT -A OUTPUT -o $DMZ_INTERFACE -s $GATEWAY -d $DMZ_ADDRESSES \
        -m state --state NEW,ESTABLISHED,RELATED -j ACCEPT

$IPT -A INPUT -i $DMZ_INTERFACE -s $DMZ_ADDRESSES -d $GATEWAY \
        -m state --state ESTABLISHED,RELATED -j ACCEPT
```

相應的 `nftables` 規則如下：

```
$NFT add rule filter input iif $DMZ_INTERFACE ip saddr $LAN_ADDRESSES ip
daddr $GATEWAY ct state new,established,related accept
$NFT add rule filter output oif $DMZ_INTERFACE ip saddr $GATEWAY ip daddr
$LAN_ADDRESSES ct state established,related accept
```

```
$NFT add rule filter output oif $DMZ_INTERFACE ip saddr $GATEWAY ip daddr
$DMZ_ADDRESSES ct state new,established,related accept
$NFT add rule filter input iif $DMZ_INTERFACE ip saddr $DMZ_ADDRESSES ip
daddr $GATEWAY ct state established,related accept
```

下一條規則轉發內部網路和網際網路之間的資料流。DMZ 和 LAN 流量被分別處理。DMZ 流量代表了從網際網路傳入的連接請求。LAN 流量代表了傳出到網際網路的連接請求。此外，實際上 DMZ 規則會根據伺服器位址和服務類型來確定：

```
$IPT -A FORWARD -i $EXTERNAL_INTERFACE -o $DMZ_INTERFACE \
         -d $DMZ_ADDRESSES \
         -m state --state NEW,ESTABLISHED,RELATED -j ACCEPT

$IPT -A FORWARD -i $DMZ_INTERFACE -o $EXTERNAL_INTERFACE \
         -s $DMZ_ADDRESSES \
         -m state --state ESTABLISHED,RELATED -j ACCEPT

$IPT -A FORWARD -i $DMZ_INTERFACE -o $EXTERNAL_INTERFACE \
         -s $LAN_ADDRESSES \
         -m state --state NEW,ESTABLISHED,RELATED -j ACCEPT

$IPT -A FORWARD -i $EXTERNAL_INTERFACE -o $DMZ_INTERFACE \
         -d $LAN_ADDRESSES \
         -m state --state ESTABLISHED,RELATED -j ACCEPT
```

nftables 規則如下：

```
$NFT add rule filter forward iif $EXTERNAL_INTERFACE oif $DMZ_INTERFACE ip
➥daddr $DMZ_ADDRESSES ct state new,established,related accept
$NFT add rule filter forward iif $DMZ_INTERFACE oif $EXTERNAL_INTERFACE ip
➥saddr $DMZ_ADDRESSES ct state established,related accept
$NFT add rule filter forward iif $DMZ_INTERFACE oif $EXTERNAL_INTERFACE ip
➥saddr $LAN_ADDRESSES ct state new,established,related accept
$NFT add rule filter forward iif $EXTERNAL_INTERFACE oif $DMZ_INTERFACE ip
➥daddr $LAN_ADDRESSES ct state established,related accept
```

請注意前面用於 DMZ 的轉發規則並不完整。在 DMZ 中的伺服器有時也會發起傳出連接，例如來自 Web 代理伺服器或郵件閘道器伺服器的連接請求。

在隔斷防火牆上，下面的規則轉發 LAN 和 DMZ 網路之間的流量。請注意 LAN 可以發起新的連接，但新的來自 DMZ 或從網際網路到達 LAN 的傳入連接不會被接受。此外，假定閘道器提供任何服務的情況下，LAN 對 DMZ 和閘道器防火牆的存取會被給予更加嚴格的限制：

```
$IPT -A FORWARD -i $LAN_INTERFACE -o $DMZ_INTERFACE \
         -s $LAN_ADDRESSES \
         -m state --state NEW,ESTABLISHED,RELATED -j ACCEPT

$IPT -A FORWARD -i $DMZ_INTERFACE -o $LAN_INTERFACE \
         -m state --state ESTABLISHED,RELATED -j ACCEPT
```

nftables 的規則如下：

```
$NFT add rule filter forward iif $LAN_INTERFACE oif $DMZ_INTERFACE ip
➥saddr $LAN_ADDRESSES ct state new,established,related accept
$NFT add rule filter forward iif $DMZ_INTERFACE oif $LAN_INTERFACE ct
➥state established,related accept
```

7.5 較大型或不可信 LAN 的設定選項

商業機構或組織以及許多家庭站點，會使用更加複雜的、特殊的機制，而不是前兩節提出的用於可信家庭式 LAN 的簡單的、普通的轉發防火牆規則。在不可信的環境中，防火牆電腦對內部用戶的防範和對外部用戶的防範相比一樣重要。

埠特定的防火牆規則針對內部介面和外部介面。內部規則可能是用於外部介面規則的鏡像，或者範圍更廣。被允許透過隔斷防火牆電腦內部網路介面的封包依賴於 LAN 中執行的系統的類型和 DMZ 中執行的本地服務，以及根據本地安全策略可以存取的網際網路服務。

例如，您可能想要阻擋本地廣播訊息到達閘道器防火牆。如果並不是所有的用戶都是完全可信的，您也許想要像限制從網際網路進來的封包那樣，限制從內部電腦傳入隔斷防火牆的封包。另外，您應該在防火牆電腦上保持最少的用戶帳號數量。理想情況下，除了一個非特權的管理員帳號之外，防火牆不應該擁有其他用戶帳號。

家庭型的公司也許只有一個 IP 位址，需要使用 LAN 網路位址轉換。然而，一些公司常常租用幾個公用註冊的 IP 位址或者一個網路位址區塊。公用位址通常被分配給一個公司的公用伺服器。透過公用的 IP 位址，傳出連接被轉發，傳入連接被正常地路由。可以定義一個本地的子網來建立一個本地公用的 DMZ。

7.5.1 劃分位址空間來建立多個網路

IP 位址被分為兩種：網路位址和該網路中的主機位址。正如第 1 章中所述，A、B 和 C 類位址是人為劃分的，但它們仍舊作為簡單的位址的範例，因為它們的網路和主機欄位落在位元組的邊界上。A、B 和 C 類的網路位址分別透過它們的前 8、16、24 位元定義。在每種位址類型中，其餘的位元定義了 IP 位址中的主機部分。如表 7.1 所示。

表 7.1 IP 位址中的網路欄位和主機欄位

	A 類	B 類	C 類
網路起始位元	0	10	110
網路欄位	1 位元組	2 位元組	3 位元組
主機欄位	3 位元組	2 位元組	1 位元組
網路前綴	/8	/16	/24
位址範圍	1 ～ 126	128 ～ 191	192 ～ 223
網路遮罩	255.0.0.0	255.255.0.0	255.255.255.0

子網劃分是對本地 IP 位址中網路位址部分的本地擴展。本地網路遮罩被定義為將主機位址最前面的一些位元，看作網路位址的一部分。這些額外的網路位址位元用於在本地定義出多個網路。遠端站點不知道本地子網。它們將這些位址看作普通的 A、B 和 C 類位址。

以 C 類的私有位址區塊 192.168.1.0 為例。例子中的網路位址為 192.168.1.0。網路遮罩為 255.255.255.0，它精確地匹配了網路位址 192.168.1.0/24 的前 24 位元。

這個網路可以透過定義前 25 位元而不是前 24 位元為位址中的網路部分來將網路劃分為兩個本地網路。用現在的說法是，這個本地網路有一個 25 位元而不是 24 位元的前綴長度。主機位址欄位最前面的一個位元現在被當作網路位址欄位的一部分。主機欄位現在包含 7 個位元而不是 8 個位元。網路遮罩成為了 255.255.255.128 或 CIDR 記法的 /25。兩個子網被定義為：主機位址從 1 到 126 的子網 192.168.1.0 和主機位址從 129 到 254 的子網 192.168.1.128。每個子網少了兩個主機位址，因為每個子網都使用了最低的主機位址 0 或 128 作為網路位址，並且使用最高的主機位址 127 或 255 作為廣播位址。如表 7.2 所示。

表 7.2 C 類位址 192.168.1.0 劃分為兩個子網

子網號	無	0	1
網路位址	192.168.1.0	192.168.1.0	192.168.1.128
網路遮罩	255.255.255.0	255.255.255.128	255.255.255.128
第一個主機位址	192.168.1.1	192.168.1.1	192.168.1.129
最後一個主機位址	192.168.1.254	192.168.1.126	192.168.1.254
廣播位址	192.168.1.255	192.168.1.127	192.168.1.255
總主機數	254	126	126

子網 192.168.1.0 和 192.168.1.128 可以被分配給兩個單獨的內部網路介面卡。每個子網由兩個獨立的網路組成，每個包含 126 個主機。

子網劃分允許建立多個內部網路，每個都包含不同種類的客戶端或伺服器，並且每個子網都有它獨立的路由。不同的防火牆策略可以分別應用到這些網路中。

當然，這個例子示範的網路被分為兩個部分。網路實際上可以被分為很多個部分，以建立多個更小的網路。在路由器之間兩個區域內的網路使用的子網路遮罩為 255.255.255.252 或 /30 是很常見的。表 7.3 一步步深入地示範了這個過程，並將相同的網路分成了 4 個子網。

表 7.3 C 類位址 192.168.1.0 劃分為四個子網

子網號	0	1	2	3
網路位址	192.168.1.0	192.168.1.64	192.168.1.128	192.168.1.192
網路遮罩	255.255.255.192	255.255.255.192	255.255.255.192	255.255.255.192
第一個主機位址	192.168.1.1	192.168.1.65	192.168.1.129	192.168.1.193
最後一個主機位址	192.168.1.62	192.168.1.126	192.168.1.190	192.168.1.254
廣播位址	192.168.1.63	192.168.1.127	192.168.1.191	192.168.1.255
總主機數	62	62	62	62

7.5.2 透過主機、位址或埠範圍限制內部存取

可以選擇性地限制透過防火牆內部網路介面的資料流，就像限制透過外部介面的資料流那樣。例如，在一個用於小型家庭站點的防火牆上，資料流可以被限制為 DNS、SMTP、POP 和 HTTP，而不是允許所有資料流都透過內部介面的。在這種情況下，可以說一個防火牆電腦為 LAN 提供了這些服務。本地電腦不被允許存取其他的外部服務。在這種情況下，不會有封包被轉發。

注意

值得關注的問題

在本例中，本地主機被限制為只能存取特定的服務：DNS、SMTP、POP 和 HTTP。因為 POP 在本例中是一個本地的郵件接收服務，並且 DNS、SMTP 和 HTTP 是代理服務，所以 LAN 客戶端不能直接存取網際網路。任何情況下本地客戶端都是連接到本地伺服器的。POP 是一個本地 LAN 服務。其他三個伺服器都可以代表客戶端建立遠端連接。

本例只用於小型的、更像家庭式的站點。將郵件閘道器和 POP 服務放在防火牆主機上要求主機有一些用戶帳號。但是，這些帳號不一定非得是登錄帳號。

• 內部 LAN 的設定選項

下面描述了一個防火牆內部介面連接到內部 LAN 的例子。內部介面相關的常數是：

```
LAN_INTERFACE="eth1"                # Internal interface to the LAN
LAN_GATEWAY="192.168.1.1"           # Firewall machine's internal
                                    # Interface address
LAN_ADDRESSES="192.168.1.0/24"      # Range of addresses used on the LAN
```

LAN 主機連接到防火牆內部介面並把它作為名稱伺服器：

```
# Generic gateway response rule
$IPT -A OUTPUT -o $LAN_INTERFACE \
         -s $LAN_GATEWAY \
         -d $LAN_ADDRESSES --dport $UNPRIVPORTS \
         -m state --state ESTABLISHED,RELATED -j ACCEPT

# Service-specific LAN request rules

$IPT -A INPUT -i $LAN_INTERFACE -p udp \
         -s $LAN_ADDRESSES --sport $UNPRIVPORTS \
         -d $LAN_GATEWAY --dport 53 \
         -m state --state NEW,ESTABLISHED,RELATED -j ACCEPT

$IPT -A INPUT -i $LAN_INTERFACE -p tcp \
         -s $LAN_ADDRESSES --sport $UNPRIVPORTS \
         -d $LAN_GATEWAY --dport 53 \
         -state --state NEW,ESTABLISHED,RELATED -j ACCEPT
```

nftables 的匹配規則如下：

```
$NFT add rule filter output oif $LAN_INTERFACE \
     ip saddr $LAN_GATEWAY ip daddr $LAN_ADDRESSES \
     tcpdport $UNPRIVPORTS ct state established,related accept

$NFT add rule filter input iif $LAN_INTERFACE \
     ip protocol udp ip saddr $LAN_ADDRESSES \
     udp sport $UNPRIVPORTS ip daddr $LAN_GATEWAY \
     udp dport 53 ct state new,established,related accept

$NFT add rule filter input iif $LAN_INTERFACE \
     ip protocol tcp ip saddr $LAN_ADDRESSES \
     tcp sport $UNPRIVPORTS ip daddr $LAN_GATEWAY \
     tcp dport 53 ct state new,established,related accept
```

LAN 主機也把防火牆作為 SMTP 和 POP 伺服器：

```
# Sending mail - SMTP
$IPT -A INPUT -i $LAN_INTERFACE -p tcp \
          -s $LAN_ADDRESSES --sport $UNPRIVPORTS \
          -d $GATEWAY --dport 25 \
          -state --state NEW,ESTABLISHED,RELATED -j ACCEPT

# Receiving Mail - POP

$IPT -A INPUT -i $LAN_INTERFACE -p tcp \
          -s $LAN_ADDRESSES --sport $UNPRIVPORTS \
          -d $GATEWAY --dport 110 \
          -state --state NEW,ESTABLISHED,RELATED -j ACCEPT
```

最後，一個本地 Web 快取代理伺服器執行在防火牆電腦的埠 8080 上。內部主機指向防火牆上的 Web 伺服器，將其作為代理伺服器，Web 伺服器為它們轉發所有傳出請求，並快取從網際網路得到的網頁。所有到代理伺服器的連接都透過埠 8080。對遠端站點進行的安全 Web 存取和 FTP 存取都由代理伺服器發起：

```
$IPT -A INPUT -i $LAN_INTERFACE -p tcp \
          -s $LAN_ADDRESSES --sport $UNPRIVPORTS \
          -d $GATEWAY --dport 8080 \
          -state --state NEW,ESTABLISHED,RELATED -j ACCEPT
```

下面是 `nftables` 的規則；請注意目的埠（SMTP、POP 和代理）是如何在規則中被處理的：

```
$NFT add rule filter input iif $LAN_INTERFACE \
     tcpdport { 25,995,8080 } ipsaddr $LAN_ADDRESSES \
     tcp sport $UNPRIVPORTS ipdaddr $GATEWAY \
     ct state new,established,related accept
```

請記住，Web 伺服器使用 FTP 被動模式來從遠端 FTP 站點取回資料。防火牆的外部介面將需要輸入和輸出規則來存取遠端 FTP、HTTP 和 HTTPS 服務埠。閘道器主機也必須有使外部介面能用於 email 和發送 DNS 查詢到遠端主機的規則。

• 多個 LAN 的設定選項

在上面的例子中可以更進一步添加第二個內部 LAN。下面的例子比前面的例子更加安全。如圖 7.5 所示，DNS、SMTP、POP 和 HTTP 服務是由第二個 LAN 中的電腦而不是防火牆電腦提供的。第二個 LAN 也許會作為一個公用 DMZ。第二個 LAN 作為一個為內部服務的 LAN 並且其服務不提供給網際網路同樣也是可能的（儘管在這種情況下，根據本地防火牆的設定，防火牆至少要是一個郵件閘道器）。每種情況下防火牆主機都不能提供服務。在這個例子中，資料流在兩個 LAN 之間透過防火牆電腦上的內部介面被路由。

下面是本例中與 LAN、網路介面和伺服器主機相關的變數定義：

```
CLIENT_LAN_INTERFACE="eth1"        # Internal interface to the LAN
SERVER_LAN_INTERFACE="eth2"        # Internal interface to the LAN
CLIENT_ADDRESSES="192.168.1.0/24" # Range of addresses used on the client LAN
SERVER_ADDRESSES="192.168.3.0/24" # Range of addresses used on the server LAN
DNS_SERVER="192.168.3.2"           # LAN DNS server
```

第一條規則覆蓋所有發回到客戶 LAN 中客戶端的伺服器響應：

```
$IPT -A FORWARD -i $SERVER_LAN_INTERFACE -o $CLIENT_LAN_INTERFACE \
         -s $SERVER_ADDRESSES -d $CLIENT_ADDRESSES \
         -m state --state ESTABLISHED,RELATED -j ACCEPT
```

第二條規則覆蓋所有從客戶端 LAN 中的客戶端到伺服器 LAN 中的本地伺服器的正在進行的連接的資料流：

```
$IPT -A FORWARD -i $CLIENT_LAN_INTERFACE -o $SERVER_LAN_INTERFACE \
         -s $CLIENT_ADDRESSES -d $SERVER_ADDRESSES \
         -m state --state ESTABLISHED,RELATED -j ACCEPT
```

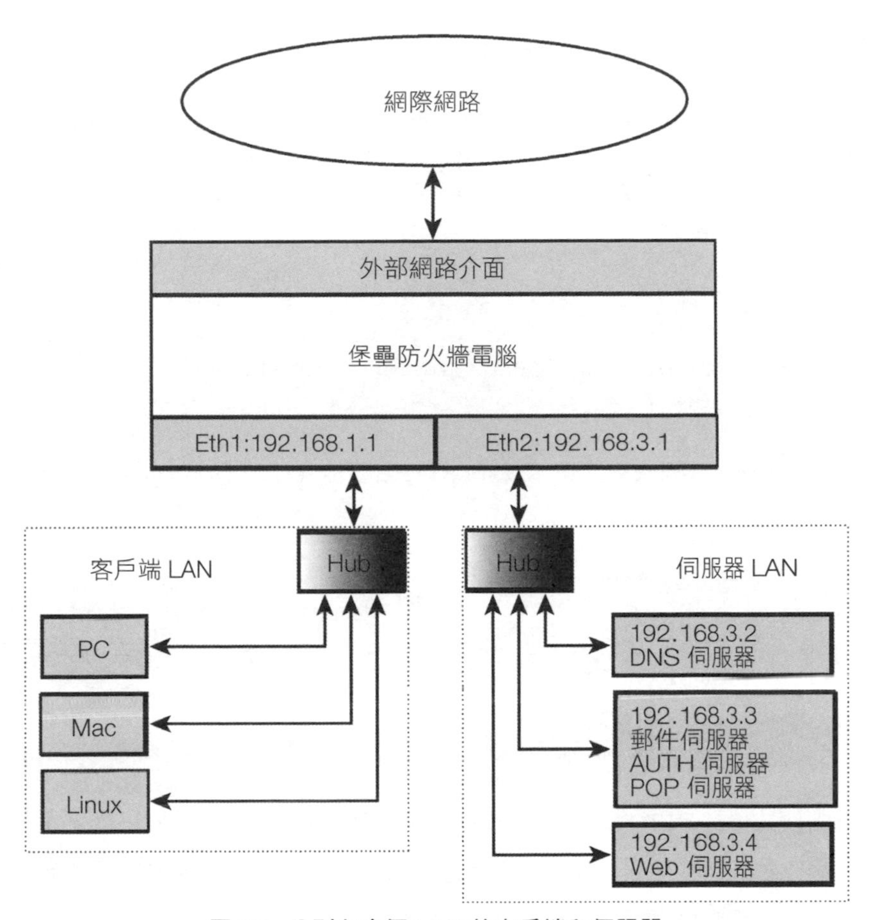

圖 7.5 分別在多個 LAN 的客戶端和伺服器

第三條規則覆蓋所有來自伺服器 LAN 中的本地伺服器，對客戶端請求的遠端響應：

```
$IPT -A FORWARD -i $EXTERNAL_INTERFACE -o $SERVER_LAN_INTERFACE \
         -d $SERVER_ADDRESSES \
         -m state --state ESTABLISHED,RELATED -j ACCEPT
```

第四條規則覆蓋所有來自網際網路上，遠端主機針對客戶端請求的本地伺服器響應：

```
$IPT -A FORWARD -i $SERVER_LAN_INTERFACE -o $EXTERNAL_INTERFACE \
         -s $SERVER_ADDRESSES \
         -m state --state ESTABLISHED,RELATED -j ACCEPT
```

這四條規則在 nftables 中的語法如下：

```
$NFT add rule filter forward iif $SERVER_LAN_INTERFACE oif $CLIENT_LAN_
➡INTERFACE \
    ip saddr $SERVER_ADDRESSES ip daddr $CLIENT_ADDRESSES \
    ct state established,related accept

$NFT add rule filter forward iif $CLIENT_LAN_INTERFACE oif $SERVER_LAN_
➡INTERFACE \
    ip saddr $CLIENT_ADDRESSES ip daddr $SERVER_ADDRESSES \
    ct state established,related accept

$NFT add rule filter forward iif $EXTERNAL_INTERFACE oif $SERVER_LAN_
➡INTERFACE \
    ip daddr $SERVER_ADDRESSES \
    ct state established,related accept

$NFT add rule filter forward iif $SERVER_LAN_INTERFACE oif $EXTERNAL_
➡INTERFACE \
    ip saddr $SERVER_ADDRESSES \
    ct state established,related accept
```

本地電腦使用 SERVER_LAN 中的 DNS 伺服器作為它們的名稱伺服器。正如要定義防火牆內部介面和外部介面的規則一樣，也要為客戶端 LAN 介面定義對伺服器的存取規則。用於伺服器 LAN 介面上客戶端存取的規則定義：

```
$IPT -A FORWARD -i $CLIENT_LAN_INTERFACE -o $SERVER_LAN_INTERFACE -p udp \
          -s $CLIENT_ADDRESSES --sport $UNPRIVPORTS \
          -d $DNS_SERVER --dport 53 \
          -m state --state NEW -j ACCEPT

$IPT -A FORWARD -i $CLIENT_LAN_INTERFACE -o $SERVER_LAN_INTERFACE -p tcp \
          -s $CLIENT_ADDRESSES --sport $UNPRIVPORTS \
          -d $DNS_SERVER --dport 53 \
          -m state --state NEW -j ACCEPT
```

下面是 nftables 的規則：

```
$NFT add rule filter forward iif $CLIENT_LAN_INTERFACE oif $SERVER_LAN_
➥INTERFACE \
      ip saddr $CLIENT_ADDRESSES ip daddr $DNS_SERVER \
      udp dport 53 udp sport $UNPRIVPORTS \
      ct state new accept

$NFT add rule filter forward iif $CLIENT_LAN_INTERFACE oif $SERVER_LAN_
➥INTERFACE \
      ip saddr $CLIENT_ADDRESSES ip daddr $DNS_SERVER \
      tcp dport 53 tcp sport $UNPRIVPORTS \
      ct state new accept
```

第二個 LAN 上的 DNS 伺服器需要從外部來源得到域名資訊。如果本地伺服器是外部伺服器的一個快取轉發伺服器，則需要轉發未解析的查詢到外部伺服器，用於內部伺服器的 LAN 介面和外部網際網路介面的防火牆的轉發規則如下：

```
$IPT -A FORWARD -i $SERVER_LAN_INTERFACE -o $EXTERNAL_INTERFACE -p udp \
          -s $DNS_SERVER --sport 53 \
          -d $NAME_SERVER_1 --dport 53 \
          -m state --state NEW -j ACCEPT

$IPT -A FORWARD -i $SERVER_LAN_INTERFACE -o $EXTERNAL_INTERFACE -p udp \
          -s $DNS_SERVER --sport $UNPRIVPORTS \
          -d $NAME_SERVER_1 --dport 53 \
          -m state --state NEW -j ACCEPT

$IPT -A FORWARD -i $SERVER_LAN_INTERFACE -o $EXTERNAL_INTERFACE -p tcp \
          -s $DNS_SERVER --sport $UNPRIVPORTS \
          -d $NAME_SERVER_1 --dport 53 \
          -m state --state NEW -j ACCEPT
```

下面是 nftables 的規則，將用於 UDP 的規則壓縮到了一條規則中：

```
$NFT add rule filter forward iif $SERVER_LAN_INTERFACE oif $EXTERNAL_
➥INTERFACE \
     udp sport { 53,$UNPRIVPORTS } udp dport 53 \
     ip saddr $DNS_SERVER ip daddr $NAME_SERVER \
```

```
    ct state new accept

$NFT add rule filter forward iif $SERVER_LAN_INTERFACE oif $EXTERNAL_
➥INTERFACE \
    tcp sport $UNPRIVPORTS tcp dport 53 \
    ip daddr $NAME_SERVER ip saddr $DNS_SERVER \
    ct state new accept
```

7.6 小結

本章介紹了一些保護 LAN 時可用的防火牆選項。安全策略是根據站點的安全等級需要、被保護的資料的重要性，以及丟棄資料或機密的代價來制定的。從第 5 章建構的堡壘防火牆作為基礎開始，以設定複雜度遞增的方式，討論了 LAN 和防火牆設定選項。

08 網路位址轉換

網路位址轉換（NAT）是一種用另一個位址，來替代 IP 標頭中來源位址或目的位址的技術。從傳統角度講，NAT 是一種在兩個不同的位址域（addressing realms）間進行封包映射的 IP 位址轉換技術。NAT 最常用於在一個專用的、已編址的本地網路和公用的、可尋址的網際網路之間對傳出的連接進行映射。實際上，這正是最初 NAT 的用途所在，NAT 主要與當時新定義的專用類別位址空間結合使用，以緩解 IPv4 位址空間短缺的問題。

本章將介紹 NAT 的概念以及各種類型 NAT 的典型用途。

8.1 NAT 的概念背景

NAT 於 1994 年 在 RFC 1631，“The IP Network Addrcss Translator (NAT)” 中 首 次 被 提 出， 隨 後 又 被 RFC 3022，“Traditional IP Network Address Translator (Traditional NAT)” 所替代。NAT 被計劃用來短期地、暫時地解決日益暴露的公用 IP 位址短缺問題（直到 IPv6 加入使用）。NAT 也被看作是處理不相鄰位址區塊的路由器，其需求日益增長的一個可行解決方案。人們認為 NAT 可能會減少或消除對 CIDR 的需求，這反過來會促進位址重分配以及軟體和網路設定的改變。當位址空間被重新分配，或者一個站點更改了服務提供商，並被分配到一個新的公用位址區塊時，NAT 也被看作用於避免由本地網路重編號導致開銷的一種手段。

NAT 不僅被視為一個暫時的解決方案，它也被認為會導致比它所能解決的更多的問題。除 FTP 外，大多數有問題的應用協定都被認為是將會逐漸被廢棄使用的舊協定。通常假設，在 NAT 面前，網路應用開發者會自然而然地更留心考慮端到端的事項，會更加小心地避免在新的應用程式的資料中嵌入位址資訊，並且避免偏離標準的客戶端 / 伺服器模型。

但事實正好和它相反。IPv6 目前尚未被部署，給了 NAT 永久的、長期的地位。隨著大眾對網際網路的存取變得越來越便利，可用的 IPv4 位址變得更加稀少，使用 NAT 幾乎非常普遍。標準的應用協定和通用標準協定如今仍在使用，包括 DNS、HTTP、SMTP、POP 和 NNTP，這些協定和 NAT 配合工作得很好，而且所有的 NAT 都為 FTP 提供了專門的支援。

NAT 在透明傳輸中的成功是由於這些通用協定，具有的標準的客戶端 / 伺服器連接特性。然而，一些被發現的例外並不是由於舊程式碼或古怪的應用導致的。網際網路應用變得越來越具有互動性。新的應用程式有時候並沒有清晰的客戶端 / 伺服器關係。有時一個獨立的伺服器會協調多個用戶間的通訊，這些用戶也可以相互初始化通訊，而不依靠伺服器。多個伺服器可以與執行在多個 NAT 位址域內的分散式服務一起運作，或與不同類型的伺服器所提供的服務協同合作。一些舊式多媒體和其他多流及雙向、多連接 session 可以在兩個方向上發起連接，每個 session 可能同時有多個連接，並可能同時依賴於 TCP 和 UDP。客戶端不再是一個固定的、永久可尋址的實體，伴隨而來的是以移動設備和遠端辦公的員工為例的動態客戶端定位。一些服務依賴於端到端的封包和資料完整性，如 IPSec 加密和認證協定。

這些網路應用程式並不是那麼明顯地使用 NAT。為了使 NAT 能夠正確地轉換這些封包，需要為每一個應用程式提供特定的應用層閘道（ALG）支援。在加密的情況下，使用加密和認證方式的端到端的傳輸層安全協定將無法工作。

不考慮 NAT 帶來的問題，它的有效性確保了 IPv4 的延續使用。同時，防火牆用戶也正期待可用的防火牆來解決新的協定所帶來的問題，包括 NAT 和封包過濾本身兩方面。

我們需要可替代的防火牆解決方案，因為使用目前技術實作的防火牆本身存在一定的問題。NAT 並不是唯一的問題。多媒體和應用層閘道帶來的開銷正在加重這個問題。目前的防火牆（和 NAT）並不能過濾掉這些協定。

RFC 2663，"IP Network Address Translator (NAT) Terminology and Considerations" 描述了存在的三種類型的 NAT。

- 傳統的、單向傳出的 NAT 用於使用私有位址空間的網路。可以由私有 LAN 發起到遠端網際網路主機的傳出 session，但不能由遠端主機發起到私有的已編址 LAN 中的本地主機的傳入 session。

  傳統的 NAT 被分為以下兩個子類型，儘管這兩個子類型在實際使用上會有重疊：

  - 基本的 NAT 僅執行位址轉換。它通常用於映射本地私有來源位址到一組公用位址中的一個。在由某個特定本地主機初始化所有 session 的期間內，特定的公用位址和私有位址對之間存在一個一對一的映射。
  - 網路位址和埠轉換（Network Address and Port Translation）將執行位址轉換，但也會用 NAT 設備的一個來源埠，來替代本地 LAN 主機的來源埠。它通常用於映射本地私有來源位址到一個公用位址（類似 Linux 偽裝）。因為 NAT 設備只有一個 IP 位址來映射所有傳出的私有 LAN 連接，私有和共有的來源埠對被用於關聯一個特定的連接，到一個特定的私有主機位址和來自那台主機的特定連接。

- 雙向 NAT（Bidirectional NAT）執行雙向的位址轉換，允許傳出和傳入的連接。在一個公用位址和一個私有位址之間存在一個一對一的映射。實際上，公用位址對本地主機的私有位址來說是一個公用的別名。這允許遠端主機透過與私有主機的相關公用位址，來對它進行尋址。NAT 設備轉換傳入封包中的公用目的位址，為實際分配給本地主機的私有位址。

  雙向 NAT 的一種用法是在 IPv4 位址空間和 IPv6 位址空間之間進行映射。儘管兩者的位址在它們的位址空間中都是可路由的，但 IPv6 位址在 IPv4 空間內是不可路由的。IPv4 位址空間內的主機不能直接指向一個 IPv6 位址空間內的主機。同樣地，一個 IPv6 位址空間內的主機也不能直接指向一個 IPv4 位址空間內的主機。IPv6 主機的位址需要在兩個位址域間被來回轉換。

  雙向 NAT 的另一個用法與 Linux 用戶更加相關，當站點從 LAN 中提供公用服務，但只有一個公用的 IP 位址時，需要在網際網路和使用私有位址本地伺服器間轉發連接。

- 兩次 NAT（Twice NAT）執行雙向的來源和目的位址轉換，但來源和目的位址在兩個方向上都被轉換了。兩次 NAT 用於來源和目的網路的位址空間發生衝突的情況。這可能是因為一個站點錯誤地使用了已經分配給別人的公用位址。當站點被重新編號或被分配了一個新的公用位址段而站點管理員又不想立即分配這些新位址時，使用兩次 NAT 是一種很方便的方法。

NAT 的優點包括以下方面。

- 包含標準應用協定資料的封包在網路之間被透明地轉換。
- 標準的客戶端 / 伺服器服務「正好適用於」NAT。
- NAT 透過在整個本地網路中分享一個公用位址或一小塊公用位址，減輕了由可用 IP 位址短缺而引發的問題。
- NAT 降低了本地和公用 IP 位址重新編號的需要。
- NAT 降低了在較大的本地網路中部署和管理更加複雜的路由方案的需要。
- 在 NAT 最常見的連接私有 IP 位址的形式中，非期望的傳入流量不會進入，因為本地機器是不可尋址的。
- 在 NAT 的其他形式中，它可以用於允許虛擬伺服器，一個伺服器群中看上去就像一個單獨的、可尋址的伺服器，以此來進行載體均衡。

NAT 的缺點包括以下幾個方面。

- NAT 在網路中維護其自身的臨界狀態時，在網路中引入了單點故障點。
- 在 NAT 設備中維護臨界狀態打破了網際網路的慣例，導致封包將不能被失效的 NAT 路由器自動重路由。
- NAT 在路由上修改封包的內容，打破了網際網路端到端透明傳輸的慣例。
- 由於修改了位址資訊，任何在應用載體中嵌入了本地位址或埠的應用程式，都需要應用相關的 NAT 支援。
- 由於需要為在應用載體中嵌入本地位址或埠的應用修改封包的位址資訊，發送到 NAT 主機的傳入封包在轉發之前必須被重組。
- NAT 增加了對 NAT 設備的資源和性能要求，否則設備將疲於應付快速的資料報轉發。NAT 不僅擔負了重組封包、檢測封包和修改封包的任務，同時還必須執行狀態維護、狀態超時和狀態垃圾收集的任務。

- 由於在網路中的維護狀態和相關資源的需求，NAT 設備不能無限地擴展。另外，如沒有複雜的共享技術，主機不能使用多個同等的 NAT 設備，這將造成網路中出現單點故障。
- 雙向多流協定需要特定應用的 NAT 支援，來轉發傳入的二級流到適當的本地主機（注意，這些協定通常也要求防火牆具有 ALG 支援）。
- NAT 會打破執行多個同樣的本地網路客戶端應用實例，以連接到一個遠端伺服器的能力。這個問題多發生於網路遊戲和 IRC 中，在它們中的 session 與傳入的流密切相關。
- 因為下面這些原因，NAT 不能和傳輸模式 IPSec 一起用於端到端的安全。
  - 端到端的傳輸層安全技術是不可用的，因為該技術依賴於用於認證的封包標頭內容的端到端完整性。
  - 端到端的傳輸層安全技術是不可用的，因為該技術依賴於封包中資料有效載體的端到端完整性。封包中資料有效載體同樣依賴於封包標頭的完整性。
  - 端到端的傳輸層安全技術是不可用的，因為資料加密使得封包的內容無法被檢測。NAT 的修改無法改變嵌入的位址和埠資訊。
  - 安全信任關係必須從端點主機被擴展到網路，甚至到本地站點外面的某個點。IPSec 和大多數 VPN 技術必須被擴展到 NAT 設備（即 IPSec 隧道模式）。NAT 設備再一次成為單點故障點，因為 NAT 設備必須終止 VPN 並作為代理伺服器建立一個到目的位址的新的連接。

8.2 iptables 和 nftables 中的 NAT 語義

`iptables` 和 `nftables` 都支援完整的 NAT 功能，包括來源位址（SNAT）和目的位址（DNAT）映射。術語全 NAT（full NAT）並不是一個正式的術語；我用它來表示能夠執行來源和目的位址 NAT、指定一個或一個範圍的轉換位址、執行埠轉換以及埠重映射的能力。

NAPT 的部分實作，即 Linux 用戶所熟知的「偽裝」，在早期 Linux 發行版中被提供。它被用來映射所有本地的私有位址到站點的單個公用網路介面的 IP 位址。

NAT 和轉發常被認為是同一事物的兩個不同的部分，因為偽裝被指定為 FORWARD 規則語義的一部分。混淆這兩個概念對它們的功能並沒有影響。但現在記住它們的區別是很重要的。轉發和 NAT 是兩個不同的功能和技術。

轉發是在網路之間路由資料流。轉發照原來的樣子在網路介面間路由資料流。連接可以在任一方向上被轉發。

偽裝在轉發之上是一個單獨的核心服務。資料流可以在兩個方向上被偽裝，但卻不是對稱的。偽裝是單向的，只有傳出連接可以被初始化。當本地電腦的資料流透過防火牆到一個遠端目的時，內部電腦的 IP 位址和來源埠被替換為防火牆電腦外部網路介面的位址和該介面上一個空閒的來源埠。處理傳入的響應資料流的程序正好相反。在封包被轉發到內部電腦之前，防火牆的目的 IP 位址和埠會被替換為參與該連接的內部電腦的真實 IP 位址和埠。防火牆電腦的埠決定所有送到防火牆電腦的傳入資料流，是送到防火牆電腦本身的還是某個本地主機的。

iptables 中的轉發和 NAT 語義是獨立的。轉發封包的功能由 filter 表中的 FORWARD 規則鏈完成。應用 NAT 到封包的功能在 nat 表中完成，使用了 nat 表的 POSTROUTING、PREROUTING 或 OUTPUT 規則鏈：

- 轉發是一個路由功能。FORWARD 規則鏈是 filter 表的一部分。
- NAT 是在 nat 表中定義的一個轉換功能。NAT 在路由功能的前後都會發生。nat 表的 POSTROUTING、PREROUTING 和 OUTPUT 規則鏈都是 nat 表的一部分。來源位址 NAT 在封包透過路由功能後應用於 POSTROUTING 規則鏈。對於本地生成的傳出封包來說，來源位址 NAT 也應用於 OUTPUT 規則鏈。（filter 表的 OUTPUT 規則鏈和 nat 表的 OUTPUT 規則鏈是兩個相互獨立的、不相關的規則鏈。）目的位址 NAT 在封包被轉到路由功能前應用於 PREROUTING 規則鏈。

> **注意**
>
> **哪種目的位址將會在哪裡被看到？**
>
> 目的位址 NAT 在路由決定做出之前，應用於 nat 表的 PREROUTING 規則鏈。在 PREROUTING 規則鏈中的規則必須匹配封包標頭中的原始目的位址。在 filter 表的 INPUT 和 FORWARD 規則鏈中的規則必須匹配同一封包標頭中修改過的、由網路位址轉換規則轉換後的位址。同樣的，如果這個封包在路由決定做出後應用了來源位址 NAT，並且重要的是如果目的位址匹配了，nat 表的 POSTROUTING 規則鏈中的規則將匹配修改後的目的位址。
>
> 來源位址 NAT 在路由決定做出後應用於 nat 表的 POSTROUTING 規則鏈。任何規則鏈上的規則都會匹配原始的來源位址。來源位址會在封包被發送到下一條或下一個目的主機的前一刻被修改。修改後的來源位址不會在應用了來源位址 NAT 的主機上出現。

轉發和 NAT 之間的這些差別在 ipfwadm 和 ipchains 中都不明顯。轉發規則對在偽裝中不是必須的。雙向的轉發和 NAT 由一條規則完成。傳入的本地介面由來源位址指出。轉換後的來源位址來自公用的傳出介面規範。對響應封包的反向轉換被隱含實作，不需要顯式的規則。

> **注意**
>
> **使用 NAT 語法時不要走極端**
>
> 本章的其餘部分介紹 nat 表的語法。在查看完整的 NAT 語法時需要多多注意。下面幾節描述了 NAT 使用中更簡單的、更通用的語法，這也是最常用到的語法。一般的站點不會使用 nat 表中可用的那些特殊的特性。
>
> SNAT 和 DNAT 規則都可以指定協定、來源位址和目的位址、來源埠和目的埠、狀態旗標以及轉換後的位址和埠。當做完這些後，nat 表的規則看上去和 filter 表規則很相似。NAT 的規則很容易與防火牆的規則混淆，尤其是對那些習慣了 ipchains 語法的人。實際的過濾在 FORWARD 規則鏈中完成。
>
> 您可以對照 FORWARD 規則和 NAT 規則的匹配欄位；它們兩個的規則集看上去很相像。對於大型規則集來說，這很快就會變得容易出錯，成為管理員的噩夢，並且幾乎完成不了什麼任務。
>
> 記住，iptables 的轉發和 NAT 是兩個完全獨立的功能。實際的防火牆過濾由 filter 表中的規則完成。對於大多數人來說，最好讓 nat 表的規則簡單一些。

8.2.1 來源位址 NAT

在 iptables 的 nat 表中，存在著兩種形式的來源位址 NAT：SNAT 和 MASQUERADE，它們被定義為兩個不同的目標。SNAT 是標準的來源位址轉換。MASQUERADE 是一種特殊的形式的 SNAT，用於任意動態分配 IP 位址的、臨時的、基於連接的環境中。在撰寫本文時，nftables 也提供了對 MASQUERADE 的支援。

這兩個目標都被用於 iptables 的 nat 表中的 POSTROUTING 規則鏈。來源位址修改應用於做出路由決定之後，以選擇適合的傳出介面。因此，SNAT 的規則與傳出介面而不是傳入介面相關。

由於 nftables 並不包含任何預設的表，因此 nat 表必須在本章的所有範例之前被設定，以保證正常工作。要做到這點，您可以添加 nat 表到前面的章節中編寫的 setup-tables 規則檔案中。最後的結果如下：

```
table filter {
        chain input {
                type filter hook input priority 0;
        }
        chain output {
                type filter hook output priority 0;
        }
        chain forward {
                type filter hook forward priority 0;
        }
}
table nat {
        chain prerouting {
                type nat hook prerouting priority 0;
        }
        chain postrouting {
                type nat hook postrouting priority 0;
        }
        chain output {
                type nat hook output priority 0;
        }
}
```

這個檔案應保存為 setup-tables，它可以用命令 nft -f setup-tables 進行加載。

• 標準的 SNAT

下面是一般的 SNAT 語法：

```
iptables -t nat -A POSTROUTING -o <outgoing interface> ... \
          -j SNAT --to-source <address>[-<address>][:port-port]
```

nftables 的一般語法為：

```
add rule nat postrouting oif<outgoing interface> \
     snat <address>[:port-port]
```

這個位址用於替代封包中最初的來源位址，其多為傳出介面的位址。來源位址 NAT 是傳統的 NAT 用法，用以允許傳出連接。指定單個轉換位址來執行 NAPT，允許所有本地、私有位址的主機共享您站點的單個公用 IP 位址。

另外，您可以指定一個來源位址範圍。擁有一個公用位址區塊的站點可以使用這個範圍。從本地主機傳出的連接會被分配一個可用的位址，一個公用位址會與一個特別的本地主機的 IP 位址相關聯。

• MASQUERADE 來源位址 NAT

iptables 中一般的 MASQUERADE 語法如下：

```
iptables -t nat -A POSTROUTING -o <outgoing interface> ... \
          -j MASQUERADE [--to-ports <port>[-port]]
```

MASQUERADE 沒有用於指定在 NAT 設備上使用特定來源位址的選項。使用的來源位址是傳出介面的位址。

可選的埠規範是 NAT 設備的傳出介面上的一個來源埠或一組來源埠範圍。

同 SNAT 一樣，刪節號代表了指定的任何其他封包選擇器（selector）。例如，MASQUERADE 只可以被應用在一個選定的本地主機上。

8.2.2 目的位址 NAT

在 iptables 的 nat 表中存在兩種形式的目的位址 NAT：DNAT 和 REDIRECT，它們被定義為兩個不同的目標。DNAT 是標準的目的位址轉換。REDIRECT 是一種特殊形式的 DNAT，它重新導向封包到 NAT 設備的輸入介面或迴路介面。nftables 沒有重新導向這個目標。

這兩個 iptables 目標可以被用於 iptables 的 nat 表中的 PREROUTING 和 OUTPUT 規則鏈。目的位址的修改應用於路由決定做出之前，以選擇合適的介面。因此，在 PREROUTING 規則鏈上，DNAT 和 REDIRECT 規則與透過傳入介面轉發封包的介面或尋址到主機的封包的傳入介面相關聯。在 OUTPUT 規則鏈上，DNAT 和 REDIRECT 規則用於參照本地產生的，從 NAT 主機自身傳出的封包。

• 標準的 DNAT

一般的 DNAT 語法如下：

```
iptables -t nat -A PREROUTING -i<incoming interface> ... \
           -j DNAT --to-destination <address>[-<address>][:port-port]
和

iptables -t nat -A OUTPUT -o <outgoing interface> ... \
           -j DNAT --to-destination <address>[-<address>][:port-port]
```

nftables 的語法為

```
nft add rule nat prerouting iif<incoming interface> \
     dnat<destination address>[:port-port]
```

和

```
nft add rule nat output oif<outgoing interface> \
     dnat<destination address>[:port-port]
```

這個位址用於替換封包中最初的目的位址，其多為本地伺服器的位址。

另外，也可以指定一個目的位址的範圍。擁有一組公用的、對等伺服器的站點會用到這個位址範圍。從遠端站點傳入的連接將被分配給這些伺服器中的一個。這些位址可以是分配給內部電腦的公用位址。例如，一組對等的伺服器在遠端主機看來就像一個單獨的伺服器一樣。此外，這些位址可以是私有位址，伺服器從 Internet 看來是不直接可見或不可尋址的。對於後者，站點可能沒有為伺服器分配公用位址。遠端主機嘗試連接到 NAT 主機上的服務。NAT 主機則透明地轉發連接到使用私有位址的內部伺服器。

最後的埠規格是另一個可選項。埠指定目標主機傳入介面上封包應該被發送到的目的地埠或埠範圍。

刪節號代表指定的任何其他封包選擇器。例如，DNAT 可以用於重新導向來自指定遠端主機的傳入連接到一台本地內部主機。另一項使用是重新導向傳入連接到一個本地網路中實際執行特定服務的伺服器埠。

• REDIRECT 目的位址 NAT

一般的 REDIRECT 語法如下：

```
iptables -t nat -A PREROUTING -i<incoming interface> ... \
         -j REDIRECT [--to-ports <port[-port]>
```

和

```
iptables -t nat -A OUTPUT -o <outgoing interface> ... \
         -j REDIRECT [--to-ports <port[-port]>
```

請記住，REDIRECT 重新導向封包到執行 REDIRECT 操作的那台主機。

到達傳入介面的封包大多是發往其他的本地主機的。另一種情況可能為封包是發往一個特定的本地服務埠的，並且封包被透明地重新導向到主機上的另一個埠。

本地產生的、發往其他主機的封包將被重新導向回到這台主機的迴路介面。去往特定遠端服務的封包也可能被重新導向回本地電腦，例如一個快取代理。

此外，可以指定一個不同的目的位址埠或埠範圍。如果沒有指定埠，封包會被送到發送方定義在封包中的目的埠。

刪節號代表任何指定的其他封包選擇器。例如，REDIRECT 可以用於重新導向傳入連接到一個特定的伺服器的服務、日誌記錄器、認證裝置或其他本地主機上的監測軟體。在執行完一些監測功能後，封包會繼續從這台電腦處進行傳送。另一項使用是把到一個特定服務的傳出連接重新導向回一台伺服器或此主機上的中間服務。

8.3 SNAT 和私有 LAN 的例子

來源位址 NAT 到現在為止仍是最常見的 NAT 形式。NAT 使得使用私有位址的本地主機可以存取網際網路，這是建立 NAT 的初衷。下面的部分提供了一些使用 nat 表的 MASQUERADE 和 SNAT 目標的簡單、真實的例子。

8.3.1 偽裝發往網際網路的 LAN 流量

MASQUERADE 版本的來源位址 NAT 是為那些使用撥號帳號，每次撥號連接都會被分配一個不同的 IP 位址的人們而建立的。它也被那些長期線上，但其 ISP 定期為他們分配一個不同的 IP 位址的人所使用。這個版本只適用於 iptables。

最簡單的例子是 PPP 連接。這些站點通常使用單個規則來偽裝所有從 LAN 傳出的連接：

```
iptables -t nat -A POSTROUTING -o ppp0 -j MASQUERADE
```

偽裝和普通的 NAT 隨著第一個封包而建立。使用偽裝的話，一條 nat 規則就足夠了。NAT 和連接狀態追蹤會處理傳入的封包。但 FORWARD 規則對是必需的，如下面的例子所示：

```
iptables -A FORWARD -o ppp0 \
         -m state --state NEW,ESTABLISHED,RELATED -j ACCEPT

iptables -A FORWARD -o <LAN interface> \
         -m state --state ESTABLISHED,RELATED -j ACCEPT
```

在這個簡單的設置中，不需要指定傳入介面。FORWARD 規則參照穿過介面間的流量。如果主機有一個網路介面和一個 PPP 介面，那麼從一個介面轉發出的任何封包都必須來自其他介面。任何在路由器間被 filter 表的 FORWARD 規則所接受的封包必須被 nat 表的 POSTROUTING 規則偽裝。

即便是短期的電話連接，允許傳出的狀態為 NEW 的連接的單個 FORWARD 規則應該被分為針對特定服務的多個規則。根據 LAN 中聯網的設備和它們的運轉方式，您可能希望限制哪些 LAN 流量被轉發。

下面是一個 FORWARD 規則對的例子：

```
iptables -A FORWARD -i<LAN interface> -o ppp0 \
          -m state --state NEW,ESTABLISHED,RELATED -j ACCEPT

iptables -A FORWARD -i -ppp0 -o <LAN interface> \
          -m state --state ESTABLISHED,RELATED -j ACCEPT
```

在這個例子中，FORWARD 規則對被分為多個更具體的規則，只允許 DNS 查詢和標準的 Web 存取。其他的 LAN 流量不被轉發，這些命令如下：

```
iptables -A FORWARD -i -ppp0 -o <LAN interface> \
          -m state --state ESTABLISHED,RELATED -j ACCEPT
iptables -A FORWARD -o ppp0  \
          -m state --state RELATED,ESTABLISHED -j ACCEPT

iptables -A FORWARD -o ppp0 -p udp \
          --sport 1024:65535 -d <name server> --dport 53 \
          -m state --state NEW -j ACCEPT

iptables -A FORWARD -o ppp0 -p tcp \
          --sport 1024:65535 -d <name server> --dport 53 \
          -m state --state NEW -j ACCEPT

iptables -A FORWARD -o ppp0 -p tcp \
          -s <local host> --sport 1024:65535 --dport 80 \
          -m state --state NEW -j ACCEPT
```

nat 表的 POSTROUTING 規則鏈上的 MASQUERADE 規則仍舊沒有改變。所有轉發的流量都被偽裝。(從 ppp0 介面傳出的、由本地產生的流量沒有被偽裝，因為依據定義，資料流根據介面的 IP 位址來識別。) filter 表中的 FORWARD 規則限制哪些資料流被轉發，因此也限制了可以在 POSTROUTING 規則鏈中出現的資料流。

8.3.2 對發往網際網路的 LAN 流量應用標準的 NAT

假設還是那個站點，有一個動態分配但非永久使用的 IP 位址或者有一個固定的 IP 位址，使用來源位址 NAT 更常見的 SNAT 版本。和上面的那個偽裝的例子一樣，小型家庭站點通常會轉發並 NAT 所有傳出的 LAN 流量：

```
iptables -t nat -A POSTROUTING -o <external interface> \
 -j SNAT \
              --to-source <external address>
```

對於 nftables 來說，只有這個條規則是必需的：

```
nft add rule nat postroutingipsaddr<source addresses> \
     oif <external interface>snat<external address>
```

與偽裝一樣，一條 SNAT 規則就足夠了，NAT 和連接狀態追蹤會處理傳入封包。然而，對於 iptables 來說，FORWARD 規則對是必需的，如下例所示：

```
iptables -A FORWARD -o <external interface>\
           -m state --state NEW,ESTABLISHED,RELATED -j ACCEPT

iptables -A FORWARD -o <LAN interface> \
           -m state --state ESTABLISHED,RELATED -j ACCEPT
```

對 24×7 小時連接的小型站點來說，有選擇地轉發資料流特別重要。對於允許傳出的狀態為 NEW 的封包來說，僅僅一條 FORWARD 規則是不夠的。特洛伊和病毒非常常見。較新的網路設備對它們在網路中所做的工作趨向於有些雜亂。很可能像網路印表機這樣的微軟 Windows 機器和設備會產生比您知道的多得多的資料流。而且，許多的本地流量都是被廣播的。避免轉發廣播流量所帶來的風險是個好主意。路由器不再預設轉發直接廣播流量，但許多的設備仍在這樣做（如果沒有中繼代理來複製封包並繼續傳送封包，受限廣播是不會穿過網路邊界的）。最後的原因是為了將工作用的筆記本連接到家庭網路。許多雇主不希望員工的筆記本電腦在沒有 VPN 或公司防火牆和防病毒軟體保護的情況下存取網際網路。

8.4 DNAT、LAN 和代理的例子

對家庭和小型商業站點來說，當目的位址 NAT 被添加到 iptables 的時候，它大概是最受歡迎的對 Linux NAT 的補充。

8.4.1 主機轉發

到目前為止，DNAT 提供了只能透過第三方解決方案才能實作的主機轉發的功能。對於擁有一個公用 IP 位址的小型站點來說，DNAT 允許到本地服務的傳入連接被透明地轉發到執行在 DMZ 中的伺服器。公用伺服器不需要執行在防火牆電腦上。

使用單個 IP 位址的遠端站點發送客戶端請求到防火牆電腦。防火牆是網際網路唯一可見的本地主機。服務（例如一個 Web 或郵件伺服器）本身駐留在私有網路內部。對於到達服務埠的封包來說，防火牆修改目的位址為本地伺服器的網路介面的位址並且轉發封包到私有的電腦。伺服器響應程序正好相反。對於來自伺服器的封包來說，防火牆修改來源位址為其自身外部介面的位址並轉發封包到遠端客戶端。

最常見的例子是轉發傳入的 HTTP 連接到本地的 Web 伺服器：

```
iptables -t nat -A PREROUTING -i <public interface> -p tcp \
        --sport 1024:65535 -d <public address> --dport 80 \
        -j DNAT --to-destination <local web server>
```

nftables 的規則如下：

```
nft add rule nat prerouting iif<public interface> \
    tcp sport 1024-65535 ip daddr<public address> \
    tcp dport 80 dnat<local web server>
```

棘手的部分在於每個規則鏈將看到什麼類型的位址。目的位址 NAT 在封包到達 FORWARD 規則鏈之前被應用。因此在 FORWARD 規則鏈上的規則必須參照內部伺服器的私有 IP 位址而不是防火牆的公用位址：

```
iptables -A FORWARD -i <public interface> -o <DMZ interface> -p tcp \
          --sport 1024:65535 -d <local web server> --dport 80 \
          -m state --state NEW -j ACCEPT
```

nftables 的規則如下：

```
nft add rule filter forward iif <public interface> \
    oif <DMZ interface>tcp sport 1024-65535 \
    tcp dport 80 ip daddr<local web server> \
    ct state new accept
```

連接追蹤和 NAT 會自動地翻轉來自伺服器的封包的轉換。因為初始連接請求被接受了，所以一般的 FORWARD 規則足夠轉發從本地伺服器到網際網路的返回資料流：

```
iptables -A FORWARD -i <DMZ interface> -o <public interface> \
          -m state --state ESTABLISHED,RELATED -j ACCEPT
```

nftables 的規則如下：

```
nft add rule filter forward iif <DMZ interface> \
     oif <public interface> \
     ct state established,related accept
```

當然，別忘了來自客戶端的正在進行的資料流也必須被轉發，因為本書使用的約束一直將指定狀態為 NEW 的服務規則同所有用於 ESTABLISHED 或 RELATED 狀態的資料流的規則分開來：

```
iptables -A FORWARD -i <public interface> -o <DMZ interface> \
          -m state --state ESTABLISHED,RELATED -j ACCEPT
```

nftables 的規則如下：

```
nft add rule filter forward iif <public interface> \
     oif <DMZ interface> \
     ct state established,related accept
```

8.5 小結

本章介紹了網路位址轉換。開頭介紹了三種基本的 NAT 類型。討論了建立 NAT 最開始的目的，如今仍在被使用的技術，以及它的優缺點。

在 iptables 中，NAT 的各種特性是透過 nat 表及該表中的規則鏈來存取的，而不是透過 filter 表和 FORWARD 規則鏈來存取的。同時也討論了透過操作系統的封包流的內在規律以及 FORWARD 規則鏈和 nat 規則鏈中的規則將匹配的位址之間的差別。

iptables 實作了來源位址 NAT 和目的位址 NAT。來源位址 NAT 被分為兩個子類別：SNAT 和 MASQUERADE。SNAT 是普通的來源位址轉換。MASQUERADE 是來源位址 NAT 的一種特殊形式。當一個連接被丟棄時，它會立即刪除任何與其有關的 NAT 表狀態。

目的位址 NAT 也被分為兩個子類別：DNAT 和 REDIRECT。DNAT 是普通的目的位址轉換。REDIRECT 是目的位址轉換的一種特殊形式。它重新導向封包到本地主機，而不管封包的原始目的位址是什麼。

最後，提出了一系列真實的、實用的 NAT 的範例。

MEMO

09 除錯防火牆規則

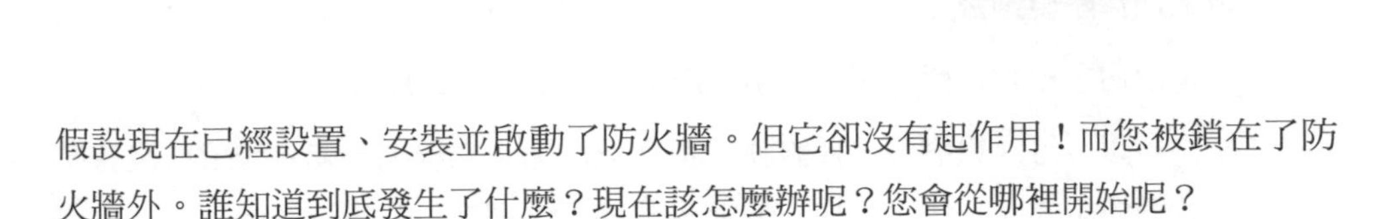

假設現在已經設置、安裝並啟動了防火牆。但它卻沒有起作用！而您被鎖在了防火牆外。誰知道到底發生了什麼？現在該怎麼辦呢？您會從哪裡開始呢？

眾所周知，防火牆規則很難正確無誤。如果您正在手動建構防火牆，那麼肯定會不斷地出現錯誤。即使您使用自動防火牆生成工具建立防火牆腳本，最終還是要對防火牆腳本進行自訂調整。

本章介紹了 `iptables`、`nftables` 和其他系統工具中附加的報告的特性。這些報告資訊對除錯防火牆非常有價值。本章將解釋這些資訊是如何告訴您的防火牆。

9.1 常用防火牆開發技巧

追蹤防火牆存在的問題是一件非常細緻和辛苦的事情。當有地方出現問題時，進行規則的除錯是沒有捷徑的。一般來說，下面的技巧可以使除錯程序變得稍微容易些。

- 正如我在本書中已經介紹過的如何建構的例子那樣，每次都從完整的測試腳本執行規則。首先，請確保該腳本清除了所有預先存在的規則，移除了已有的用戶自定義規則鏈，並重置了預設策略。否則，您將無法確定哪條規則起了作用，也無法確定規則執行的順序。
- 不要從命令行執行新規則。尤其是不要從命令行執行預設的規則。如果您使用 X Windows 或從其他系統（包括 LAN 中的系統）遠端登錄的話，您的連接會被馬上切斷。

- 如果可以的話，請從控制台執行測試腳本。在 X Windows 下，使用控制台可能會更方便些，但是同樣也存在丟失本地 X Windows 存取的危險。為了重新獲得控制權，請準備好切換到另一個虛擬控制台。如果您必須使用遠端電腦來測試防火牆腳本，最好設置 cron 作業來定時關閉防火牆，以防您被鎖在外面。但是，在真正開始使用防火牆前，請確保移除了 cron 作業。
- 請記住清除規則鏈並不會影響已生效的預設策略。
- 如果使用了預設拒絕一切的策略，就應該立即啟用迴路介面。
- 如果可以，每次只解決一種服務。每次只添加一條規則，或者如果您沒有使用狀態模組的話，每次添加一個輸入或輸出規則對，並隨時進行測試。這有利於立刻隔離出有問題的區域。在防火牆腳本中使用 echo 命令可以幫助您縮小搜尋規則的範圍，定位出腳本中存在問題的位置。
- 以最先匹配的規則為準。順序非常重要。當您想瞭解規則的順序時，請使用列表命令。在列表中可以追蹤一個虛擬的封包。
- 如果腳本看上去卡住了，很有可能是由於規則在 DNS 規則被啟用前參照了一個符號化的主機名稱而不是一個 IP 位址。任何使用主機名稱而不是位址的規則必須在 DNS 規則之後，除非該主機名稱在 /etc/hosts 檔案中有相應的項目。
- 對 iptables 來說，filter 表是預設的，但對 nftables 來說不是這樣。
- 大多數匹配模組需要您在指定模組的功能語法之前使用 -m 選項參照模組名稱，如 -m state --state NEW。
- 當某個服務不工作時，記錄所有丟棄的封包，兩個方向上都要記錄，所有接受的相關封包也應記錄下來。當您再次嘗試該服務時，/var/log/messages 或 /var/log/kern.log 中的條目有沒有任何被丟棄的封包的資訊呢？如果有，您可以調整您的防火牆規則以允許這些封包。如果沒有，那麼問題可能出現在別的地方。
- 如果您可以從防火牆電腦存取網際網路，但不能從 LAN 電腦存取網際網路，請執行 cat /proc/sys/net/ipv4/ip_forward 再次檢查 IP 轉發是否已啟用。此命令的結果應該為 1。IP 轉發可以在 /etc/sysctl.

conf 中手動進行永久的設定，或者在防火牆腳本中進行設定。第一種設定方法在網路重新啟動後才能生效。如果 IP 轉發沒有被啟用，您可以以 root 身份鍵入下面的命令執行，或者將其包含在防火牆腳本中，然後重新執行防火牆腳本，來立即啟用 IP 轉發：echo "1" > /proc/sys/net/ipv4/ip_forward。

- 如果一個服務在 LAN 內部可用，但在外部卻不可用，請打開日誌記錄功能，記錄內部介面上接受的封包。然後簡單地使用一下這項服務，觀察兩個方向上有哪些埠、位址、旗標正在使用。您不會想要記錄下任何時間段內被接受的封包，因為這樣在 /var/log/messages 中就會有成百上千條記錄了。
- 如果服務根本無法使用，可以暫時在防火牆腳本的開頭加入輸入和輸出規則，對來自兩個方向的任何內容都予以接受，並記錄所有的資料流。現在看看該服務是否可用？如果可以的話，檢查 /var/log/messages 中的記錄，看看使用了哪些埠。

9.2 列出防火牆規則

列出您定義的規則是一個好主意，再次檢查它們是否被安裝，並且是否是按您所希望的順序排列的。-L 命令用於列出存在於內部核心表中指定規則鏈的規則。規則將按它們與封包匹配的順序被列出。

iptables 列表命令的基本格式如下（以 root 權限執行）：

```
iptables [-v -n] -L [chain]
```

或

```
iptables [-t <table>] [-v -n] -L [chain]
```

第一種格式用於預設的 filter 表。如果沒有指定一個特定的規則鏈，命令將列出 filter 表的三個內建規則鏈以及用戶自定義規則鏈中的所有規則。

第二種格式用於列出 nat 或 mangle 表中的規則。

添加 -v 選項可以查看規則應用到的介面。如果防火牆規則應用了遠端位址或非法位址，添加 -n 選項可以避免解析這些位址名稱所花費的大量時間。請記住如果指定了規則鏈，規則鏈必須跟在 -L 命令後面。還需要注意，-L 是一個命令，而 -v 和 -n 只是選項。它們不能進行組合，如 -Lvn。

不同於使用 iptables 來定義實際的規則，可以透過命令行使用 iptables 列出存在的規則。命令的輸出會顯示在終端中，或者定向到一個檔案中。

nftables 的語法如下：

```
nft list [chain|table] <tablename> [chain] <name> [-a -n -n]
```

在任何列表命令中，表的名稱是必須的，但當請求一個規則鏈列表時，您不需要使用表這個關鍵字。精明的讀者會意識到，nftables 沒有預設的表名。list tables 命令將顯示所有的表：

```
nft list tables
```

-a 選項為列表添加序號，這在插入或刪除規則時很有用。第一個 -n 選項避免了 IP 到 DNS 名稱的轉換。添加第二個 -n 選項則避免了埠到服務名稱的查詢。

9.2.1 iptables 中列出表的例子

iptables 中用於列出 filter 表中所有規則鏈中的所有規則的命令的基本的形式如下：

```
iptables -vn -L INPUT
iptables -vn -L OUTPUT
iptables -vn -L FORWARD
```

或

```
iptables -vn -L
```

請注意前面的列表命令只顯示了 filter 表的規則鏈中的規則。

下面的三個小節使用了輸入規則鏈上的 7 個範例規則，來介紹 filter 表為您提供的不同的列表格式選項之間的區別，也直譯了各個輸出欄位的意義。使用不同的列表格式選項，同樣的 7 個範例規則的列出在細節和可讀性上有所不同。列表格式選項和各欄位的意義對於 INPUT、OUTPUT 和 FORWARD 規則鏈是相同的。

• iptables -L INPUT

下面是來自 INPUT 規則鏈中 7 條規則的簡略列表，使用的是預設的列表選項：

```
>iptables -L INPUT

1   INPUT (policy DROP)
2   target  prot opt source          destination
3   ACCEPT  all  --  anywhere        anywhere
4   LOG     icmp -f  anywhere        anywhere                \
    LOG level warning prefix 'Fragmented ICMP: '
5   DROP    tcp  --  anywhere        anywhere                \
    tcp flags:FIN,SYN,RST,PSH,ACK,URG/NONE
6   ACCEPT  all  --  anywhere        anywhere                \
    state RELATED,ESTABLISHED
7   ACCEPT  udp  --  192.168.1.0/25     my.host.domain       \
    udp spts:1024:65535 dpt:domain state NEW
8   REJECT  tcp  --  anywhere        my.host.domain2         \
    tcp dpt:auth reject-with icmp-port-unreachable
9   ACCEPT  tcp  --  192.168.1.0/25     my.host.domain       \
    multiport dports http,https tcp spts:1024:65535          \
    flags:SYN,RST,ACK/SYN state NEW
```

注意

列表中的行號

本章中列表的行號並不是輸出的一部分，只是為了參照方便而添加的。實際上可以透過在命令中加入 --line-numbers 選項生成行號。生成的行號，就是規則在規則鏈中的位置。

第 1 行表明此列表是針對 INPUT 規則鏈的。INPUT 規則鏈的預設策略是 DROP。

第 2 行包括以下的列標。

- target 指對匹配規則的封包的處置:ACCEPT、DROP、LOG 或 REJECT。
- prot 是協定(protocol)的縮寫,可以是 all、tcp、udp 或 icmp,也可以用 /etc/protocols 中的值。
- opt 代表分片選項(fragmentation options),它可以設為 -f 或! -f。「! -f」用於指示只能匹配沒有分片的封包或者是被分片的封包的第一個分片。「-f」用來指示匹配一個被分片的封包的第二片和其後的分片。
- source 是 IP 封包標頭中的來源位址。
- destination 是 IP 封包標頭中的目的位址。

第 3 行說明了沒有其他限定參數的簡單的 -L 列表命令,是如何漏掉重要細節的。這條規則看起來好像是接受了所有的傳入封包:來自任何地方的 tcp、udp 和 icmp 封包。此時被漏掉的細節是 lo 介面。但這條規則實際上用於接受迴路介面上的所有輸入。

第 4 行記錄所有(第二個及之後)分片的 ICMP 封包。syslog 預設的日誌等級是 warn。LOG 規則有一個相關的 --log-prefix 前綴字串的定義。

第 5 行丟棄不帶任何狀態旗標集的 TCP 封包。

第 6 行規則接受 ESTABLISHED 狀態的連接中所有的傳入封包,或是與之有關的處於 RELATED 狀態的連接中的封包(即一個相關的 ICMP 錯誤或 FTP 資料連接)。

第 7 行規則接受從本地網路 192.168.1.0/25 中的主機傳入的 UDP DNS 請求。請注意,網路被分為兩個子網,因此主機的範圍是 192.168.1.1 到 192.168.1.126。

第 8 行規則拒絕傳入的 TCP auth 請求或對本地 identd 伺服器的查詢。返回的 ICMP 類型 3 錯誤訊息包含預設的埠不可達(port-unreachable)程式碼。列表沒有表明此電腦擁有兩個網路介面。從外部網路 domain2 到來的請求將被拒絕。

第 9 行接受來自本地 LAN 的傳入請求,連接請求可以是標準的 HTTP Web 連接或 HTTPS Web 連接。可以使用 multiport 匹配選項定義目的埠列表。

• iptables -n -L INPUT

使用 -n 選項會使得所有欄位以數值形式而不是符號形式輸出。如果您的規則使用了大量的 IP 位址，這個選項可以大大節省時間，否則在列出這些位址之前還將進行 DNS 查詢。另外，如果埠範圍以 23:79 的方式列出，相比 telnet:finger 將能提供更多的資訊。

下面用了來自 INPUT 規則鏈的 7 個同樣的範例規則，列出了使用 -n 數值化選項的輸出列表：

```
>iptables -n -L INPUT

1   INPUT (policy DROP)
2   target   prot opt source              destination
3   ACCEPT   all  --  0.0.0.0/0           0.0.0.0/0
4   LOG      icmp -f  0.0.0.0/0           0.0.0.0/0          \
    LOG flags 0 level 4 prefix 'Fragmented ICMP: '
5   DROP     tcp  --  0.0.0.0/0           0.0.0.0/0          \
    tcp flags:0x023F/0x020
6   ACCEPT   all  --  0.0.0.0/0           0.0.0.0/0          \
    state RELATED,ESTABLISHED
7   ACCEPT   udp  --  192.168.1.0/25      192.168.1.2        \
    udp spts:1024:65535 dpt:53 state NEW
8   REJECT   tcp  --  0.0.0.0/0           192.168.1.254      \
    tcp dpt:113 reject-with icmp-port-unreachable
9   ACCEPT   tcp  --  192.168.1.0/25      192.168.1.2        \
    multiport dports 80,443 tcp spts:1024:65535 \
    flags:0x0216/0x022 state NEW
```

• iptables -v -L INPUT

-v 選項會產生更多冗餘的輸出，包括介面名稱。當電腦有多於一個的網路介面時，報告介面名稱是非常有用的。

下面用了來自 INPUT 規則鏈的 7 個同樣的範例，列出了使用 -v 冗餘選項的輸出列表：

```
>iptables -v -L INPUT

1   INPUT (policy DROP 0 packets, 0 bytes)
2   pkts bytes target       prot opt in      out      source          \
       destination
3     32 3416 ACCEPT        all  --  lo      any      anywhere        \
       anywhere
4      0    0 LOG           icmp -f  any     any      anywhere        \
       anywhere             LOG level warning prefix 'Fragmented ICMP: '
5      0    0 DROP          tcp  --  any     any      anywhere        \
       anywhere             tcp flags:FIN,SYN,RST,PSH,ACK,URG/NONE
6     94  6586 ACCEPT       all  --  any     any      anywhere        \
       anywhere             state RELATED,ESTABLISHED
7      1   65 ACCEPT        udp  --  eth0    any      192.168.1.0/25  \
       my.host.domain       udp spts:1024:65535 dpt:domain state NEW
8      0    0 REJECT        tcp  --  eth1    any      anywhere        \
       my.host.domain2      tcp dpt:auth reject-with icmp-port-unreachable
9      1   48 ACCEPT        tcp  --  eth0    any      192.168.1.0/25  \
       my.host.domain       multiport dports http,https tcp spts:1024:65535 \
       flags:SYN,RST,ACK/SYN state NEW
```

9.2.2 nftables 中列出表的例子

當要列出 `nftables` 的 `filter` 表中的規則時，我最常用的基本形式是 `nft list table filter -a`。

它假定 `filter` 表已經被定義。如果 `filter` 表不是您希望列出的表的名稱，您可以使用 list tables 命令來查看所有的表。例如，下面是 `filter` 表的 `INPUT` 規則鏈的一份縮減的列表：

```
1 table ip filter {
2       chain input {
3               type filter hook input priority 0;
4               iifname "lo" accept # handle 5
5               ct state established,related accept # handle 8
6               ct state invalid log prefix "INVALID input: " limit rate
                3/second drop # handle 11
7               iif eth0 ipsaddr 255.255.255.255 drop # handle 18
```

```
8                    log # handle 19
9                    drop # handle 20
10         }
11 }
```

第 1 行顯示了表的名稱。

第 2 行顯示了規則鏈的名稱。

第 3 行顯示了表的類型、鉤子以及它的優先級。

第 4 行顯示了一條對 localhost 介面（lo）執行了接受（accept）處置的規則。在 # 後面的部分指明了用於直接存取本規則的處理編號（本例中為 5）。

第 5 行顯示了一條連接狀態規則，匹配已建立或相關的封包，並接受封包，處理編號為 8。

第 6 行顯示了一條用於連接狀態 invalid 的規則，它將以前綴“INVALID input:”被記錄。記錄將被限制為 3 個 / 每秒，並且封包最終會被丟棄。這條規則的處理編號為 11。

第 7 行表示一條規則，用於匹配到達 eth0 介面並且來源位址是 255.255.255.255 的封包，該封包將被丟棄。此規則的處理編號為 18。

第 8 行顯示了一條用於記錄所有至今仍未被之前的規則過濾或處理的封包的規則。此規則的處理編號為 19。

第 9 行顯示了對仍未遇到匹配規則的封包的最終的處置。它們的命運是被丟棄。此規則的處理編號為 20。

第 10 行和第 11 行顯示了規則定義中的閉括號。

如您所見，您可以複製這個輸出或重新導向輸出到一個檔案並立即重新建立已存在的 規則。

9.3 直譯系統日誌

syslogd 和它的兄弟 rsyslogd 是記錄系統事件的服務常駐程式。在典型的系統中，主要的系統日誌檔案是 /var/log/messages。許多程式使用 syslog 的標準日誌服務。其他的程式例如 Apache Web 伺服器，維護其單獨的日誌檔案。

9.3.1 syslog 設定

並不是所有的日誌資訊都同等地重要，我們對有些日誌是根本不感興趣的。這時就需要用到 syslogd 的設定檔案 /etc/syslog.conf。這個設定檔案使得您可以裁剪日誌輸出以符合您的需要。

訊息根據產生它們的子系統加以分類。在 man 手冊中，這些分類被稱為設施（facility），如表 9.1 所示）。

表 9.1 syslog 日誌設施分類

設施	訊息分類
auth 或 security	安全 / 授權
authpriv	私人安全 / 授權
cron	cron 常駐程式訊息
daemon	系統常駐程式產生的訊息
ftp	FTP 伺服器訊息
kern	核心訊息
lpr	印表機子系統
mail	郵件子系統
news	網路新子系統
syslog	syslogd 產生的訊息
user	用戶程式產生的訊息
uucp	UUCP 子系統

就上面提出的設施分類，日誌訊息還以優先級進行劃分。優先級以重要性遞增的順序，在表 9.2 中列出。

表 9.2 syslog 日誌訊息優先級

優先級	訊息類型
debug	除錯訊息
info	資訊狀態訊息
notice	普通但重要的情況
warning 或 warn	警告訊息
err 或 error	錯誤訊息
crit	重要的情況
alert	需要立即處理
emerg 或 panic	系統不可用

syslog.conf 中的每一項都指定了日誌設施、優先級以及訊息寫入的位置。還要說明的是，優先級是可向上包含的。它代表了所有在此優先級或更高優先級的訊息。例如，如果您指定了 error 優先級的訊息，所有在優先級 error 和更高優先級的訊息均被包括，如 crit、alert 和 emerg。

日誌可以被寫入到設備，例如控制台，也可以被寫入到檔案和遠端電腦。

注意

/var/log 中日誌檔案的技巧

syslogd 並不生成檔案。它只能向已存在的檔案寫入。如果一個日誌檔案不存在，您可以使用 touch 命令建立它，並且要保證它由 root 用戶所有。因為安全的問題，日誌檔案一般不允許普通用戶讀取。特別是安全日誌檔案 /var/log/secure 只能允許 root 權限讀取。

下面的兩項將所有的核心訊息寫入控制台和 /var/log/messages。訊息可以被複製到多個目的地：

```
kern.*                                          /dev/console
kern.*                                          /var/log/messages
```

這一項將 panic 訊息寫入到所有的預設位置，包括 /var/log/messages、控制台和所有用戶的終端 session：

```
.emerg                                          *
```

下面的兩項將與 root 權限相關的認證資訊和連接寫入 /var/log/secure，並且將用戶認證資訊寫入 /var/log/auth。由於它將優先級定為了 info 等級，所以 debug 訊息不會被記錄：

```
authpriv.info                                         /var/log/secure
auth.info                                             /var/log/auth
```

下面的兩項將普通的常駐程式資訊寫入 /var/log/daemon，並將郵件資料流資訊寫入 /var/log/maillog：

```
daemon.notice                                         /var/log/daemon
mail.info                                             /var/log/maillog
```

debug 和 info 優先級的常駐程式訊息和 debug 優先級的郵件訊息不會被記錄（作者的偏好）。named、crond 和系統的郵件檢查會定期地產生我們不感興趣的資訊。

最後的一項記錄除 auth、authpriv、daemon 和 mail 之外並且在 info 或 info 優先級之上的所有類別的訊息到 /var/log/messages。在這種情況下，上面提到的四種訊息設施分別被設置為 none，因為它們的訊息直接被定向到各自專門的日誌檔案中：

```
.info;auth,authpriv,daemon,mail.none          /var/log/messages
```

注意

更多關於 syslog 設定的資訊

要查閱更多更完整的 syslog 設定選項和設定實例，請參考 man 手冊 syslog.conf(5) 和 sysklogd(8)。

syslogd 可以被設定為將系統日誌寫入到遠端電腦中。在第 7 章中有一個例子，站點是由 DMZ 區中的內部伺服器來提供服務的，類似的是，如果一個站點使用聯網的伺服器設定，就可能想保留一份遠端系統日誌的遠端複製。維護一份遠端的複製有兩個好處：第一，日誌檔案被儲存在一台電腦上，使得系統管理員更容易監控管理日誌。第二，如果伺服器中的一台電腦受到威脅，日誌資訊也可以得到保護。

第 11 章中會介紹到，如果系統受到威脅，系統日誌對於系統的恢復將是多麼重要。攻擊者入侵電腦成功獲得 root 權限後最先要做的事情之一，就是擦除日誌相關的記錄，或者安裝能使攻擊者的行為不被記錄的木馬程式。在您最需要它們的時候，系統日誌檔案可能丟失或者變得不可信。維護日誌的一份遠端複製可以保護資訊，至少可以在攻擊者替換掉寫日誌的背景處理序之前提供保護。

為了遠端記錄日誌資訊，本地日誌設定和遠端日誌設定都要做一些修改。

在收集系統日誌的遠端電腦上，為 syslogd 的呼叫添加 -r 選項。-r 選項告訴 syslogd 在 UDP 埠 514 上監聽從遠端系統傳入的日誌資訊。

在生成系統日誌的本地電腦上，編輯 syslogd 的設定檔案 /etc/syslog.conf，加入一些命令行以指明您希望將哪些日誌設施和優先級被寫入遠端主機。例如，下面的命令將所有的日誌資訊複製到 hostname：

```
*.*                    @hostname
```

syslogd 的輸出是透過 UDP 發送的。來源埠和目的埠都是 514。客戶端防火牆規則也應進行以下設置：

```
iptables -A OUTPUT -o <out-interface> -p udp \
         -s <this host> --sport 514 \
         -d <log host> --dport 514 -j ACCEPT
```

9.3.2 防火牆日誌訊息：它們意謂著什麼

要生成防火牆日誌，必須在編譯核心時啟用防火牆的日誌功能。預設情況下，經過匹配的封包會記錄為 kern.warn（優先級 4）訊息。當一個封包匹配了一個 LOG 目標的規則時，大多數 IP 封包標頭欄位都會被記錄下來。防火牆日誌訊息預設被寫入到 /var/log/messages 中。下面的分析同時適用於 nftables 和 iptables。

您可以複製防火牆日誌訊息到一個不同的檔案，先要建立一個新的日誌檔案，然後在 /etc/syslog.conf 中加入下面的命令行：

```
kern.warn                                            /var/log/fwlog
```

作為一個 TCP 的例子，下面這條規則禁止對 portmap/sunrpc 的 TCP 埠 111 的存取，它會在 /var/log/messages 檔案中產生下面的訊息：

```
iptables -A INPUT -i $EXTERNAL_INTERFACE -p tcp \
          --dport 111 -j LOG --log-prefix "DROP portmap: "

iptables -A INPUT -i $EXTERNAL_INTERFACE -p tcp \
          --dport 111 -j DROP

nft add rule filter input iif $EXTERNAL_INTERFACE tcp dport 111 log prefix
"DROP portmap: " drop

  (1)       (2)      (3)       (4)         (5)            (6)     (7)
Jun 19 15:24:16 firewall kernel: DROP portmap: IN=eth0 OUT=
                        (8)
MAC=00:a0:cc:40:9b:a8:00:a0:cc:d4:a7:81:08:00

     (9)                (10)        (11)
SRC=192.168.1.4 DST=192.168.1.2 LEN=60

  (12)       (13)      (14)   (15)   (16)
TOS=0x00 PREC=0x00 TTL=64 ID=57743 DF

    (17)      (18)       (19)      (20)
PROTO=TCP SPT=33926 DPT=111 WINDOW=5840

    (21)     (22) (23)
RES=0x00 SYN URGP=0
```

為了討論方便，給上面日誌訊息的各個欄位都加上了編號：

- 欄位 1 是日期，Jun 19。
- 欄位 2 是寫入日誌的時間，15:24:16。

- 欄位 3 是電腦的主機名稱，firewall。
- 欄位 4 是產生該訊息的日誌設施分類，kernel。
- 欄位 5 是在 LOG 規則中定義的 log-prefix 字串。
- 欄位 6 是與輸入規則相關聯的傳入網路介面，eth0。
- 欄位 7 是傳出網路介面，它在 INPUT 規則鏈中沒有定義。
- 欄位 8 是封包到達的介面的 MAC 位址，後面是 8 對沒有什麼用的十六進制數字。
- 欄位 9 是封包的來源位址，192.168.1.4。
- 欄位 10 是封包的目的位址，192.168.1.2。
- 欄位 11 是 IP 封包的總位元組數，LEN=60，包括封包標頭和資料。
- 欄位 12 是服務類型（TOS）的 3 個服務標示位元和 1 個保留的追蹤位元 TOS=0x00。
- 欄位 13 是 TOS 欄位的前 3 個優先位元（precedence bits），PREC=0x00。
- 欄位 14 是封包的生存期（TTL）欄位，TTL=64。生存期是封包過期前所能經過的最大跳數（存取的路由器數）。
- 欄位 15 是封包的資料報 ID，ID=57743。資料報 ID 是封包的 ID，或者是 TCP 分片所屬的報文 ID。
- 欄位 16 是分片旗標欄位，表明無需分片（Don't Fragment，DF）位元被設置。
- 欄位 17 是包含在封包中的訊息協定類型，PROTO=TCP。欄位值可以是 6（TCP）、17（UDP）、1（ICMP/<code>）以及其他協定類型，表示為 PROTO=<number>。
- 欄位 18 是封包的來源埠，33926。
- 欄位 19 是封包的目的埠，111。
- 欄位 20 是發送方的窗口大小，WINDOW=5840，這表明現在想要從此主機接收並快取的資料量。
- 欄位 21 報告 TCP 標頭中的保留欄位，4 位元必須全為 0。

- 欄位 22 是 TCP 狀態欄位。本例中，SYN 旗標已被設置。
- 欄位 23 是緊急指標域，它表明資料為緊急資料。該欄位為 0，因為 URG 旗標沒有被設置。

當直譯日誌訊息時，其中最讓人感興趣的欄位是以下這些：

```
Jun 19 15:24:16 DROP portmap: IN=eth0 SRC=192.168.1.4 DST=192.168.1.2
PROTO=TCP SPT=33926 DPT=111 SYN
```

它告訴我們：丟棄的封包是一個 TCP 封包，它是從 192.168.1.4 上的一個非特權埠進入 eth0 介面的。這是一個目標為本機（192.168.1.2），埠為 111（sunrpc/portmap 埠）的 TCP 連接請求（這可能是一個常用訊息，因為 portmap 從來都是最常被作為目標的服務之一）。

作為一個 UDP 的例子，這條禁止對 portmap/sunrpc 的 UDP 埠 111 的存取的規則會產生下面的日誌訊息，日誌訊息將被寫入 /var/log/messages：

```
iptables -A INPUT -i $EXTERNAL_INTERFACE -p udp \
        --dport 111 -j LOG --log-prefix "DROP portmap: "

iptables -A INPUT -i $EXTERNAL_INTERFACE -p udp \
        --dport 111 -j DROP

nft add rule filter input iif $EXTERNAL_INTERFACE udp dport 111 log prefix
"DROP portmap: " drop

   (1)     (2)       (3)      (4)        (5)             (6)     (7)
Jun 19 15:24:16 firewall kernel: DROP portmap: IN=eth0 OUT=

                           (8)
MAC=00:a0:cc:40:9b:a8:00:a0:cc:d4:a7:81:08:00

      (9)                 (10)           (11)
SRC=192.168.1.4 DST=192.168.1.2 LEN=28

   (12)        (13)      (14)   (15)
TOS=0x00 PREC=0x00 TTL=40 ID=50655
```

```
   (16)       (17)          (18)  (19)
PROTO=UDP SPT=33926 DPT=111 LEN=8
```

為討論方便，給上面日誌訊息的各個欄位都加上編號。

- 欄位 1 是日期，Jun 19。
- 欄位 2 是寫入日誌的時間，15:24:16。
- 欄位 3 是電腦的主機名稱，firewall。
- 欄位 4 是生成訊息的日誌設施分類，kernel。
- 欄位 5 是 LOG 規則中定義的 log-prefix 字串。
- 欄位 6 與輸入規則相關聯的傳入網路介面，eth0。
- 欄位 7 是傳出網路介面，在 INPUT 規則鏈中沒有意義。
- 欄位 8 是封包到達的介面的 MAC 位址，後面是 8 對沒有什麼用的十六進制數字。
- 欄位 9 是封包的來源位址，192.168.1.4。
- 欄位 10 是封包的目的位址，192.168.1.2。
- 欄位 11 是 IP 封包的總位元組數，LEN=28，包括封包標頭和資料。
- 欄位 12 是服務類型（TOS）的 3 個服務標示位元和 1 個保留的追蹤位元，TOS=0x00。
- 欄位 13 是 TOS 欄位的前 3 個優先位元（precedence bits），PREC=0x00。
- 欄位 14 是封包的生存期（TTL）欄位，TTL=40。生存期是封包過期前所能經過的最大跳數（存取的路由器數）。
- 欄位 15 是封包的資料報 ID，ID=50655。
- 欄位 16 包含在封包中的訊息協定類型，PROTO=UDP。欄位值可以是 6（TCP）、17（UDP）、1（ICMP/<code>）以及其他協定類型，表示為 PROTO=<number>。
- 欄位 17 是封包的來源埠 33926。
- 欄位 18 是封包的目的埠 111。
- 欄位 19 是 UDP 封包的長度，包括標頭和資料，LEN=8。

當直譯日誌訊息時，其中最讓人感興趣的是以下欄位：

```
Jun 19 15:24:16 DROP portmap: IN=eth0 SRC=192.168.1.4 DST=192.168.1.2
PROTO=UDP SPT=33926 DPT=111
```

它的意思是：被丟棄的封包是一個 UDP 封包，它是從 192.168.1.4 上的一個非特權埠進入 eth0 介面的。這是一個目標為主機 192.168.1.2 上埠 111（sunrpc/portmap 埠）的 UDP 交換。（這可能是一個常用訊息，因為 portmap 從來都是最常被作為目標的服務之一。）

9.4 檢查開放埠

用 iptables -L 列出您的防火牆規則是用於檢測開放埠的主要可用工具。開放埠是由 ACCEPT 規則定義開放的。除了 iptables -L 命令之外，其他工具（如 netstat）對找出防火牆上正在監聽的埠也是非常有用的。

netstat 有幾種用處。在下一節，我們將用它來檢查活動的埠，以便能仔細確認正在使用的 TCP 和 UDP 埠是正式防火牆中定義的埠。

正因為 netstat 報告狀態為監聽或打開的埠，並不代表它是可以透過防火牆規則進行存取的。下面還會介紹另外的第三方埠掃描工具，Nmap。應該從外部的某一位置使用這些工具，來檢測防火牆上正在監聽著的那些埠。netstat 是一個電腦上執行的服務的很好的指示器。請記住，如果某些服務並不是真的那麼需要，您最好禁用它並考慮將它完全地移除，這對防火牆尤其重要。防火牆就是防火牆，它們不應該執行多餘的服務。

9.4.1 netstat -a [-n -p -A inet]

netstat 會報告許多網路狀態資訊。在檔案中記錄相當多的命令行選項，可以選擇需要 netstat 提供的資訊。下面的幾個選項非常有用，可以識別開放的埠，報告它們是否正在被使用，被誰使用，報告哪個程式或者是哪個特定的處理序在監聽該埠。

- -a 可以列出那些正在被使用，或是被本地服務監聽著的所有埠。
- -n 以數值形式列出主機名稱和埠識別子。不使用 -n 選項的話，主機名稱和埠識別子都會以符號形式顯示，每個符號在 80 字元之內。使用 -n 避免了在查詢遠端主機名稱時可能發生的長時間的等待。不使用 -n 選項生成的列表報告具有更好的可讀性。
- -p 列出監聽 socket 的程式名稱。必須以 root 身份登錄才能使用 -p 選項。
- -A inet 指定了要報告的 -2146826246。列出的內容包括與網路介面卡相關的正在使用的埠。本地 -2146826246socket 的連接不會進行報告，包括正在由程式（例如，可能正在執行的所有 X Window 程式）使用的本地基於網路的連接。

注意

socket 的類型—TCP/IP 和 Linux

socket 於 1986 年的 BSD4.3 UNIX 引入，並且其概念已經被 Linux 廣泛地採用。兩種主要的 socket 類型為網際網路域的 AF_INET 和 UNIX 域的 AF_UNIX。AF_INET 是網路中使用的 TCP/IP socket。AF_UNIX 是核心的本地 socket 類型。UNIX 域 socket 類型用於同一台電腦的內部通訊；對本地 socket 來說，它比使用 TCP/IP 更加高效率。不會有什麼內容外傳到網路上。

下面列出的 netstat 的輸出僅限於 INET 域 socket。列表報告了所有被網路服務監聽的埠，包括監聽程式的程式名稱和特定的處理序號：

```
>netstat -a -p -A inet

1   Active Internet connections (servers and established)
2   Proto Recv-Q Send-Q Local Address    Foreign Address State   PID/
    Program name
3   tcp         0    143 internal:ssh netserver:62360 ESTABLISHED
    15392/sshd
4   tcp         0    0 *:smtp               *:*         LISTEN
    3674/sendmail: acce
5   tcp         0    0 my.host.domain:www *:*         LISTEN   638/httpd
6   tcp         0    0 internal:domain     *:*         LISTEN   588/named
7   tcp         0    0 localhost:domain    *:*         LISTEN   588/named
```

```
8   tcp        0   0 *:pop-3             *:*          LISTEN   574/xinetd
9   udp        0   0 *:domain            *:*                   588/named
10  udp        0   0 internal:domain     *:*                   588/named
11  udp        0   0 localhost:domain    *:*                   588/named
```

第 1 行表明此列表包括了本地伺服器和正在進行的網際網路連接。上面選擇的列表方式是因為對 netstat 使用了 -A inet。

第 2 行包含了這些列標。

- Proto 指服務執行所用的傳輸協定，即 TCP 或 UDP。
- Recv-Q 是已從遠端主機接收到，但尚未發送給本地程式的資料位元組數。
- Send-Q 是已從本地程式發送，但並未由遠端主機確認的資料位元組數。
- Local Address 是本地 socket、網路介面和服務埠對。
- Foreign Address 是遠端 socket、遠端網路介面和服務埠對。
- State 是使用 TCP 協定的本地 socket 的連接狀態：ESTABLISHED 狀態或 LISTEN 狀態（已建立的連接或正在監聽連接請求），以及許多處於連接建立或關閉的中間狀態。
- PID/Program name 是擁有本地 socket 的處理序 ID（PID）和程式名稱。

第 3 行表明 netserver 伺服器在內部 LAN 網路介面上，建立了一個 SSH 連接。netstat 命令是從這個連接上鍵入的。

第 4 行表明 sendmail 正在監聽所有介面的 SMTP 埠上的傳入郵件，網路介面包括與網際網路相連的外部介面、內部 LAN 介面和本地迴路介面。

第 5 行表明本地 Web 伺服器正在監聽在外部介面上的連接到網際網路的連接。

第 6 行表明名稱伺服器正在監聽內部 LAN 介面，看是否有來自本地電腦的 TCP 上的 DNS 查詢連接請求。

第 7 行表明名稱伺服器正在監聽迴路介面，看是否有來自本地電腦的使用 TCP 協定的客戶端發起的 DNS 查詢連接請求。

第 8 行表明 xinetd 正在為 popd 程式監聽所有介面的 POP 埠上的連接（xinetd 監聽所有的介面，看是否有傳入的 POP 連接，如果一個連接請求到達，xinetd 就會啟動 popd 伺服器來處理該請求。）防火牆以及在 tcp_wrappers 級和 popd 設定級的高等級安全機制都限制對 LAN 內電腦的傳入連接。

第 9 行表明名稱伺服器正在監聽所有介面，看是否有 DNS 伺服器 - 伺服器式的通訊，並接受 UDP 上的本地查詢請求。

第 10 行表明名稱伺服器正在監聽內部 LAN 介面，看是否有 DNS 伺服器 - 伺服器式的通訊以及 UDP 上的查詢請求。

第 11 行表明名稱伺服器正在監聽迴路介面，看是否有來自本機的使用 UDP 的客戶端發起的 DNS 查詢。

注意

netstat 報告輸出的慣例

在 netstat 的輸出中，本地和外部（即遠端的）位址是以 <address:port> 的形式列出的。在 Local Address 的那一列中，位址為某一網路介面卡的名稱或 IP 位址。當位址顯示為「*」時，意謂著伺服器正在監聽所有的網路介面，而不是其中的一個。埠可以表示為伺服器正在使用的符號化或數值化的服務埠識別子。在 Foreign Address 的那一列中，位址為目前正在參與連接的遠端客戶端的名稱或 IP 位址。當埠空閒或針對預設的背景處理序時，可以輸出「*.*」。此埠是遠端客戶端的埠。

監聽 TCP 協定的空閒伺服器，會被報告為正在監聽一個連接請求。監聽 UDP 協定的空閒伺服器的報告為空。UDP 沒有狀態，netstat 的輸出對連接導向的 TCP 與非連接的 UDP 簡單地區別對待。

9.4.2 使用 fuser 檢查一個綁定在特定埠的處理序

fuser 命令用於識別正在使用某一指定檔案、檔案系統或網路介面的處理序。如果埠在 /etc/services 中沒有對應項，netstat -a -A inet 將報告一個埠號而不是一個服務名稱。fuser 可以用於決定哪一個程式被綁定到該埠。

想要知道是什麼程式綁定於某給定的埠，一般的 fuser 命令格式如下：

```
fuser -n tcp|udp -v <port number>[,<remote address>[,<remote port>]
```

例如，

```
>fuser -n tcp -v 515
```

將會有以下的輸出：

```
                USER         PID ACCESS  COMMAND
515/tcp         root         718 f....   lpd
```

-v 選項會產生 USER、ACCESS 和 COMMAND 欄位。沒有 -v 選項的話，報告只會提出埠 / 協定和 PID 欄位。您需要使用 ps 命令來找出被分配了該 PID 的程式。

存取欄位的程式碼指的是被處理序存取的檔案，或檔案系統使用的權限類型。f 的意思是目標已打開。

下一節會介紹 Nmap。

9.4.3 Nmap

Nmap 是一個更為強大的網路安全稽核工具，它包含許多當今正在使用的新的隱蔽掃描技術。您應該用 Nmap 檢查您的系統安全性，其他人也會這麼做。從 http://www.insecure.org/nmap/ 處可以獲得 Nmap。您應該在您的防火牆外的一台電腦上使用 Nmap 來檢查防火牆是否監聽了不該監聽的埠。

下面是 Nmap 的範例輸出，報告了所有 TCP 和 UDP 埠的狀態。因為 verbose 選項沒有被使用，Nmap 只會報告打開的埠和有服務監聽的埠。Nmap 的輸出包括被掃描的主機名稱、IP 位址、埠、打開或關閉的狀態、該埠使用的傳輸層協定、以及來自 /etc/services 的符號式的服務埠名。因為 choke 是一台內部主機，另外還需打開 ssh 和 ftp 埠用於 LAN 存取：

```
>nmap -sT router

Starting nmap V. 2.54BETA7 ( www.insecure.org/nmap/ )
Interesting ports on choke.private.lan (192.168.1.2):
(The 3100 ports scanned but not shown below are in state: filtered)
Port     State        Service
21/tcp   open         ftp
22/tcp   open         ssh
53/tcp   open         domain
80/tcp   open         http
443/tcp  open         https

Nmap run completed -- 1 IP address (1 host up) scanned in 236 seconds
```

9.5 小結

本章介紹了 iptables 列出規則的機制，利用 netstat 可以獲得 Linux 埠和網路常駐程式資訊。還介紹了一些第三方可用工具，用它們可以驗證防火牆規則是否確實是按您所期望的方式安裝並工作的。

本章強調了防火牆規則及其所保護埠。第 10 章的重點將從防火牆轉到與網路和系統安全有關的更廣泛的話題中。

MEMO

10 虛擬專用網路

由 Carl B. Constantine 分享

使用虛擬專用網路（或 VPN）正迅速成為家庭用戶和商務用戶，存取遠端私有網路的首選方式。本章將介紹 VPN，包括 VPN 的背景知識以及如何使用 Linux 實作一個 VPN。

10.1 虛擬專用網路概述

VPN 系統被設計用於在公用網路中（例如網際網路）安全地連接兩個或多個設備或網路。VPN 之所以這樣命名是因為它是虛擬的，使用已經存在的基礎設施；它還是私有的，使用安全協定封裝了資料；它也是一個網路，因為它將兩個或多個設備或網路連接在一起。VPN 在當今很流行，因為相比在兩地間建立一個單獨的租用連接，VPN 能提供更好的價值主張，尤其對於經常出差或其他短期的連接來說。VPN 還可以提供無縫的操作。在初始的設定完成後，連接到 VPN 的網路操作起來就像它們是同一個網路一樣。

10.2 VPN 協定

大多數 VPN 系統使用以下三種主要協定之一：點對點隧道協定（Point-to-Point Tunneling Protocol，PPTP），第二層隧道協定（Layer 2 Tunneling Protocol，L2TP）或 IP 安全協定（IP Security，IPSec）。本節將介紹這三種協定。

10.2.1 PPTP 和 L2TP

點對點隧道協定最初由一個公司聯盟設計和開發，使用通用路由封裝（Generic Routing Encapsulation，GRE）的方式封裝非 TCP/IP 協定（例如 IPX）以透過網際網路。該協定中的安全特性在後來被加入。第二層隧道協定在很多情況下被認為是 PPTP 的繼任者。

> **注意**
>
> **通用路由封裝**
>
> 許多目前使用的協定被設計為封裝，或隱藏一個協定到另一個普通的 IP 協定中。GRE 被設計為比其他協定更加通用（因此得名）。然而，同樣地，它可能不適合封裝協定 X 到協定 Y 中的需要；因此，它被設計為一個簡單的、通用的封裝協定，可以減少提供封裝的開銷。RFC 2784，"Generic Routing Encapsulation (GRE)" 詳細地介紹了 GRE。

PPTP 和 L2TP 在很多公司環境中非常受歡迎，尤其是那些以 Windows 系統為中心的公司。PPTP 和 L2TP 的客戶端也都支援 Windows、Linux、OS X 和主要的移動平台。

10.2.2 IPSec

IPSec 在設計時便考慮到了安全性，並且被認為是透過公用網路（例如網際網路）的安全私有通訊事實上的標準。如之前提到的那樣，IPSec 已經被 IPv6 包括在內，並且也被當今的 IPv4 標準所使用。

IPSec 提供資料完整性、認證和保密性。所有 IPSec 服務都在 IP 層，並為 IP 層或 IP 層之上的協定提供保護。這些服務由兩個流量安全協定提供：認證標頭（Authentication Header，AH）和封裝安全載體（Encapsulating Security Payload，ESP）。IPSec 使用的密鑰管理系統包括：網際網路密鑰交換（Internet Key Exchange，IKE）協定和一個安全關聯（Security Association，SA）連接系統。

與其他安全網路存取方法相比，IPSec 有許多優點。其中最大的一個優點就是 IPSec 可以在背景工作，用戶甚至不知道發生了什麼事。

• 認證標頭

普通的 IP 封包由一個標頭和一個載體組成。標頭包含用於路由的來源和目的位址。載體由資訊組成，該資訊可能是保密的。透過使用中間人（man-in-the-middle）攻擊，標頭可能會被修改或變成欺詐的。實際上，AH 對封包進行了數字化的簽名，以驗證來源和目的位址的一致性以及載體資料的完整性。

AH 只提供認證，不提供加密，並且可以被設定為下列兩種方式中的一種：傳輸模式或隧道模式。傳輸模式真的只適用於主機實作、為上層協定提供保護以及選擇 IP 標頭欄位。使用傳輸模式時，AH 會被插入到 IP 標頭之後更高階層的協定（TCP、UDP、ICMP 等）之前，或者在其他已被插入的 IPSec 標頭之前。

隧道模式下的 AH 會保護整個 IP 封包，包括整個內部的 IP 標頭在內。在傳輸模式中，AH 會被插入到封包的外部 IP 標頭之後。

AH 被插入到 IP 標頭之後。在 IPv4 的實作中，IP 標頭包含協定號碼 51（AH）。如圖 10.1 所示。

0 1 2 3
01234567890123456789012345678901

下一個標頭	載體長度	保留欄位
安全參數索引（SPI）		
序號欄位		
認證資料（變數）		

圖 10.1 AH 標頭格式

AH 格式中的所有欄位必須總是存在，並且在完整性校驗值（Integrity Check Value，ICV）計算時被包括進來。

• 封裝安全載體

使用封裝安全載體（Encapsulating Security Payload，ESP）可以確保原始訊息中資料的完整性和保密性，這是透過對原始載體或原始封包的載體和標頭的安全加密實作的。

ESP 可以用於傳輸模式或隧道模式，像 AH 一樣，提供加密和認證。傳輸模式只適用於主機實作。它提供對更高階層協定的保護，但不提供對 IP 標頭的保護。對於隧道模式，ESP 被插入在 IP 標頭的之後，任何更高階層協定（例如 TCP 和 UDP）或任何其他已被插入的 IPSec 標頭之前。在 TCP/IP 目前的 IPv4 實作中，ESP 被放置在 IP 標頭之後，但在更高階層的協定之前。這使得 ESP 與非 IPSec 的硬體相兼容。

ESP 的隧道模式可以用於主機或安全閘道器。如果您部署了一個安全閘道器，您必須使用隧道模式下的 ESP。在隧道模式中，內部的 IP 標頭攜帶著合適的來源和目的位址，而外部的 IP 標頭則包含著截然不同的 IP 位址，例如安全閘道器的位址。在隧道模式中，ESP 保護整個封包，包括內部的 IP 標頭。ESP 封包的位置類似於傳輸模式中的位置。

ESP 可以為安全服務使用各式各樣的加密演算法。

注意

傳輸模式和隧道模式

在傳輸模式中，IPSec 閘道器是受保護的封包的目的地，即一個作為自己的閘道器的電腦。在隧道模式中，IPSec 閘道器對來自和發往其他系統的封包提供保護。

ESP 被插入在 IP 標頭之後。在 IPv4 的實作中，IP 標頭包含協定編號 50（ESP）。ESP 的例子如圖 10.2 所示。

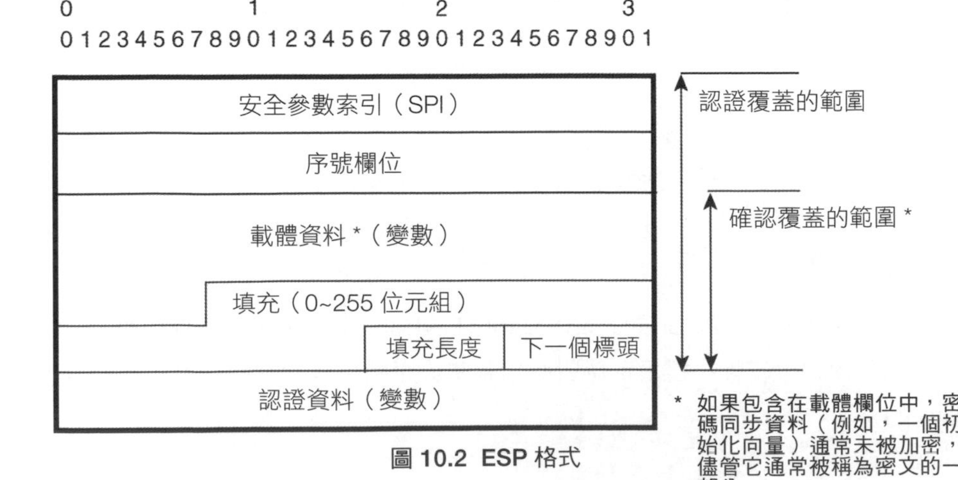

圖 10.2 ESP 格式

• **網際網路密鑰交換**

網際網路密鑰交換，即 IKE，是 IPSec VPN 中的一個重要部分。IKE 本身是一個混合協定，並且在受保護的方式中允許協商和認證安全關聯的參數。

• **安全關聯**

要獲得安全的資料流，必須要有兩個安全關聯（Security Associations，SA）一每個方向一個。安全關聯本質上是一個由高階層 IPsec 系統協商並由低層使用的單向通道。

一個安全關聯由以下三個東西定義：

- 目的 IP 位址；
- 協定（AH 或 ESP）；
- 安全參數索引（SPI）。

安全關聯可以用在傳輸模式或隧道模式中，傳輸模式的 SA 是在兩台主機之間的安全關聯。隧道模式的 SA 是應用於一個 IP 隧道的安全關聯。如果任一方的 SA 是一個安全閘道器，該 SA 便是隧道模式的安全關聯。在兩個安全閘道器之間的安全關聯必然是隧道模式的安全關聯，就像主機和安全閘道器之間的安全關聯那樣。

10.3 Linux 和 VPN 產品

Linux 有很多穩健的 VPN 解決方案，從 Linux 2.6 核心開始便提供了 IPSec 的支援。本節介紹一些 Linux 下的 VPN 軟體。

10.3.1 Openswan/Libreswan

Openswan 和它的分支 Libreswan 是 VPN 的開源實作，它在 Linux 下工作得很好。Openswan 和 / 或 Libreswan 包含在很多的 Linux 發行版中，包括 Fedora、Debian、Ubuntu 和 Red Hat 在內。Openswan/Libreswan 是 VPN 軟體的 Linux 實作

中最容易安裝的。更多的資訊可以在 http://www.openswan.org/ 和 https://libreswan.org 中找到。

10.3.2 OpenVPN

OpenVPN 是一個在 Linux 上很流行的 VPN 實作，它還可以執行在 Windows 和 OS X 上。OpenVPN 使用靜態密鑰和 TLS 認證，並且有很多用於執行伺服器和客戶端到客戶端 VPN 場景的選項。

10.3.3 PPTP

PPTP 的支援典型地由 PPTP 常駐程式 pptpd 提供。pptpd 的設定相當直截了當，但與其他 Linux VPN 伺服器解決方案（例如 OpenVPN）相比缺少一些功能。

10.4 VPN 和防火牆

VPN 可以放在防火牆之前，放在防火牆之後或者成為防火牆實作的一部分。將 VPN 放在防火牆之前並不是很常見。更常見的是使用防火牆 /VPN 組合或將 VPN 放在防火牆之後。

將 VPN 系統和防火牆系統結合在一起是最靈活的解決方案之一。它需要很少的硬體，但也會造成單點失效點。一個更加穩健的解決方案是將 VPN 放在防火牆之後或讓 VPN 成為 DMZ 設定的一部分。

如果您的防火牆執行 NAT，您或許會在進行 VPN 設定時遇到一些問題。尤其是您的防火牆必須被設置為基於協定（GRE、AH、ESP）路由封包而不是僅基於埠。

NAT/ 防火牆典型地與 AH 協定不相兼容，不論使用的模式（傳輸模式或隧道模式）。IPSec VPN 使用 AH 數字化地對傳出封包進行簽名，包括資料載體和標頭，雜湊值將會被附加到封包之後。AH 不會加密封包的內容（資料載體）。如果 NAT/ 防火牆處在 IPSec 的端點之間，它會覆寫來源位址或目的位址為它自己的位址（依據 NAT 設置）。接收一端的 VPN 會嘗試透過計算它的雜湊值來驗證傳入封包的完整性，並在該雜湊值與附加在封包後的雜湊值不符時提出抱怨。VPN 不知道在中間的 NAT/ 防火牆，會認為該封包已經被更改。

您可以使用將在隧道模式下的 ESP 和認證聯合在一起的 IPSec。隧道模式下的 ESP 會將整個原始封包（包括標頭）封裝到一個新的 IP 封包中。新的封包的來源位址是發送 VPN 的閘道器的傳出位址，它的目的位址是接受 VPN 一端的傳入位址。當和認證一起使用隧道模式下的 ESP 時封包的內容也被加密。加密的內容（原始封包）不包括新的標頭，加密的內容會透過雜湊值附加在封包末尾的方式進行簽名。

完整性檢查在原始標頭和原始載體的基礎上執行。如果您使用隧道模式下的 ESP 與認證，這些不會由 NAT/ 防火牆更改。

如果 NAT/ 防火牆阻止了 VPN 閘道器成功地協商安全關聯（使用 X.509 證書的 ISAKMP/IKE），則它可能會干擾 IPsec（AH 和 ESP）。如果兩個 VPN 閘道器交換了綁定每個閘道器的身份到 IP 位址的簽名的證書，NAT 的位址覆寫將會導致 IKE 協商的失敗。

正是由於這樣的原因，VPN 和防火牆的聯合設定變得非常流行。建立和維護管理這種狀況的規則很容易。

10.5 小結

由於能夠利用已存在的基礎設施，向終端用戶提供無縫的網路體驗，虛擬專用網變得非常流行。可用的 VPN 實作有很多，它們利用不同的協定來建立 VPN。如您所期望的那樣，Linux 有很多的可用選項：Openswan、OpenVPN 等。

當透過啟用 NAT 的防火牆時，連接 VPN 存在一些問題。這是由於 IPSec 會基於 IP 標頭建立一個電子簽名，它會在 NAT 程序中被修改。

MEMO

PART 3 iptables 和 nftables 之外的事

11 入侵檢測和響應

現在，您已經使用 iptables 或 nftables 在 Linux 下建構了一個防火牆了。分層安全策略包括了基於網路的安全和基於主機的安全兩個方面。該防火牆為網路和主機提供了安全性，如同網路中的主機一樣，防火牆電腦本身也需要採取一些必要步驟。這些步驟包括檔案系統完整性檢查、病毒掃描或監控網路上的可疑行為等方式，它們能夠幫助您確保您的資料安全。

本章的內容是關於主機和網路安全以及入侵檢測的。本章的目的是對這些概念提供一個較高階層面的綜述，以便您可以對某些感興趣的領域進行更深入的研究。本章擴展了對防火牆電腦介紹的範圍，包括了網路的安全性，並且對網路中的主機提出了一些建議。

11.1 檢測入侵

您如何知道您已經被成功地攻擊了？管理員和入侵檢測員很早前就提出了這個問題。在過去，檢測成功攻擊的辦法更多偏重於技巧而不是科學。幸運的是，如今有了很多工具使得檢測成功的入侵更加科學而不僅僅依賴於技巧。

正如被提及的那樣，早期的入侵檢測工具仍需人工從一堆原始資料源中提取資料，並且根據這些資料的意義，智慧地、訓練有素地做出決策。現在的工具更加精密複雜並且能夠執行一些相關的任務，但是一個入侵分析員真正的價值體現在其評估情況以及提出可能的原因和影響的能力。

很多時候，當一個服務故障被報告時，也就意謂著一個攻擊被檢測到了。這時，使用一個類似 Nagios 的軟體包來主動監控您的服務就尤其重要。透過盡可能主動地監控您的服務，您可以快速地發現異常，以便進一步進行調查。

如果您執行一台 Web 伺服器，您要監控的不僅僅是伺服器是否在監聽（通常為 TCP 的 80 埠），而是監控一個或多個網頁上的特定文字。如果您只監控伺服器的狀態以及它是否在監聽，您將無法捕獲網站是否被篡改。本質上，您應該監控特定服務的行為，以保證這些服務如預期那樣執行而不是僅僅保證其在執行。

對諸如磁碟空間、記憶體使用以及平均載體等資源的監控也很重要。監控這些資源能夠顯示出一個處理序是否失控以及其是否消耗了過量的資源（不規範的使用也有可能造成這種情況）。此外，監控磁碟空間用量也是另一個很有用的方法。如果您通常只使用了 25% 的磁碟，但突然間磁碟使用量猛增到 85%，您就該調查看看是否有攻擊者把您的伺服器作為檔案的落點。

盡可能多地、盡可能經常地監控基本服務，將幫助您盡可能早地獲得異常的警告。撇開安全方面的考慮，監控服務還能幫助您提升服務的可靠性。然而，監控不應該替代諸如 Snort 或 Suricata 這樣的入侵檢測工具，也不應該替代一個透過深入研究實作得好的安全策略。

當注意到一個異常之後，不論該異常是透過常規服務監控還是透過其他的方法監測到的，都要由您來分析調查該異常。您的調查應當與您實施的安全策略一致。發現異常時，第一反應可能是確認是否真地發生了一個入侵。導致平均載體達到峰值或磁碟用量增加的原因有很多，所以您不應該僅僅因為故障警報就判定已經發生了攻擊。

確定導致一個服務故障的根本原因是一件很困難的任務，通常都會以重啟服務或使用一些類似的常規程式去清除這些故障而告終。然而，找出導致這些故障的潛在原因是非常重要的，這樣才能確保攻擊並沒有正在進行或攻擊根本就沒有發生。在分析事件相互的關聯性時，人的作用是最必要的。例如，磁碟分區快要被用盡了，到底是因為一個攻擊者在使用這些空間，還是因為日誌檔案填滿了該分區？

11.2 系統可能遭受入侵時的症狀

通常，成功的入侵者會嘗試隱藏自己的行蹤，因此簡單的服務監控是沒有辦法察覺入侵的。攻擊者掩蓋自己行跡的技術水準可能遠遠比您追蹤系統異常狀態的技術高得多。

Linux 系統太多樣、可任意自訂，因此很難定義一個牢不可破的、包羅萬象的清單來列出表明系統已遭受入侵的確切症狀。就像其他任何種類的檢測和診斷工作一樣，您必須盡可能地系統地搜尋線索。RFC 2196," Site Security Handbook" 提供了一份症狀列表以供對照檢查。CERT 的「Steps for Recovering from a UNIX or NT System Compromise」提供了另一份用於檢查的異常狀態列表，儘管沒有被維護，但該列表可以在 http://www.cert.org/historical/tech_tips/ win-unix- system_compromise.cfm 找到。

下面的幾節結合了以上兩份列表，包含了其中的幾乎全部要點。系統異常已經被粗略地分為幾類：與系統日誌有關的跡象；對系統設定的修改；與檔案系統、檔案內容、檔案存取權限和檔案大小相關的改變；對用戶帳號、密碼以及用戶存取的改變；在安全稽核報告中指出的問題；非預期的系統性能的降低。這些類別的異常跡象之間常常會出現互相交叉的情形。

11.2.1 體現在系統日誌中的跡象

體現在系統日誌中的跡象，包括日誌中不常見的錯誤和狀態訊息，被截斷的日誌檔案，被刪除的日誌檔案以及郵件狀態報告。

- 系統日誌檔案：系統檔案中有原因不明的條目、日誌檔案有所縮減、日誌檔案的丟棄都表示有問題存在。例如，在大多數 Linux 系統中，`/var/log/messages` 包含了主要的系統日誌資訊。如果這個日誌檔案大小為零或丟失了很大一部分的話，就需要額外的調查。
- 系統常駐程式狀態報告：有些常駐程式，例如 crond，這些處理序不向日誌檔案中記錄日誌而是以郵件的形式發送狀態報告（或是在記錄日誌檔案的同時也發送狀態報告郵件）。異常報告或丟失報告都表示情形不對。

- 異常控制台和終端訊息：無法直譯的訊息可能意謂著有駭客的存在，登錄 session 期間有這樣的訊息顯然是可疑的。
- 反覆的存取嘗試：透過 FTP 或 Web 伺服器持續不斷進行登錄嘗試或非法的檔案存取嘗試，尤其是破壞 Web 應用程式的嘗試，即使這些嘗試都以重覆的失敗告終，在它們持續進行的時候，它們都是可疑的。

11.2.2 體現在系統設定中的跡象

體現在系統設定中的跡象包括設定檔案和系統腳本被修改、未呼叫的處理序莫名其妙地執行、非預期的埠使用和分配以及網路設備操作狀態的改變。

- cron 任務：檢查 cron 設定腳本和可執行程式是否有被修改。
- 系統設定檔案被修改：進行如 14 章描述的手動或使用工具進行的檔案系統完整性檢查後，將發現 /etc 目錄中被修改過的設定檔案。這些檔案對系統的正常執行是非常重要的。任何對檔案（例如在 /etc 目錄下的 /etc/passwd、/etc/group 和與之類似的檔案）的改變都是應該被重點檢查的。
- 用 ps 命令顯示的無法直譯的服務和處理序：無法直譯的處理序是個不好的訊號。應警惕地意識到這是一種攻擊，ps 命令本身也可能被替代了。後面將對其進行更多的介紹。
- 用 netstate 或 tcpdump 命令列出的非預期的連接和埠使用：非預期的網路流量也是一個不好的訊號。
- 系統崩潰和丟失的處理序：系統崩潰以及非預期的伺服器崩潰也很可疑。系統崩潰可能意謂著攻擊者在重新啟動系統，因為原系統程式用一個特洛伊木馬程式取代後，需要重新啟動，這樣特定的關鍵系統處理序才能生效。
- 設備設定的改變：網路介面被重新設定為混雜模式或除錯模式往往表明系統被安裝了一個封包嗅探器。

11.2.3 體現在檔案系統中的跡象

體現在檔案系統中的跡象包括新的檔案和目錄、丟失的檔案和目錄、被修改了內容的檔案、md5sum 或 sha1sum 簽名不匹配、出現了新的 setuid 程式以及檔案系統急速增大或溢出。

- 新的檔案和目錄：除了突然發現檔案簽名不匹配之外，您可能還會發現一些新的檔案和目錄。尤其可疑的是以一個或多個點號開頭的檔案名稱，以及當看似合法的檔案名稱出現在不可能的地方的情況。
- setuid 和 setgid 程式：新的 setuid 檔案以及新的 setgid 檔案，都是搜尋問題的良好開端。
- 丟失檔案：丟失檔案，尤其是日誌檔案，表明有問題存在。
- 用 df 命令顯示的檔案系統大小快速地改變：如果電腦被攻破了，快速增長的檔案系統大小意謂著駭客所用的監控程式產生了大量的日誌檔案。
- 公用檔案檔案被修改：檢查 Web 或 FTP 的內容，找出新的或被修改過的檔案。

11.2.4 體現在用戶帳號中的跡象

體現在用戶帳號中的跡象包括新的用戶帳號、passwd 檔案被修改、用戶程式帳號報告中出現不尋常行為、丟失處理序帳號報告、用戶檔案被修改（尤其是對環境檔案的修改）以及帳號存取權的丟失。

- 新的用戶帳號或用戶帳號被修改：/etc/passwd 檔案中出現的新的帳號，以及用過 ps 命令顯示的在新的或非預期的用戶 ID 下執行的處理序都表明出現了新的帳號。突然丟失密碼的帳號意謂著該帳號已被攻破。
- 用戶帳號記錄：異常的用戶帳號報告，無法直譯的登錄行為、日誌檔案（例如 /var/log/lastlog、/var/log/pacct 或 /var/log/usracct）丟失或被修改、不合規的用戶行為都表明碰到麻煩了。
- root 用戶或用戶帳號被改變：如果一個用戶的登錄環境被修改或者被破壞到無法存取該帳號的程度的話，這是一個很嚴重的訊號。應該特別注意用戶的 PATH 環境變數的和 sshauthorized_keys 的更改。

- 帳號存取權丟失：與用戶登錄環境被類似，有意圖的存取拒絕由以下情況導致：用戶口令被改變；帳號被清除；或對普通用戶而言，執行等級被改為了單一用戶模式。

11.2.5 體現在安全稽核工具中的跡象

體現在安全稽核工具中的跡象包括檔案系統完整性不匹配、檔案大小發生改變、檔案權限模式位元被修改、新的 setuid 和 setgid 程式、snort 等入侵檢測程式發出的警告以及服務監控程式的資料。

數位簽章（hash signatures）不匹配的檔案可能是新檔案，檔案的大小、建立或修改日期被改變，以及檔案的存取模式被改變。最應該關注的是新安裝的特洛伊木馬程式。常常被木馬程式替換的目標包括由 inetd 或 xinetd 管理的程式、inetd 和 xinetd 本 身、ls、ps、netstat、ifconfig、telnet、login、su、ftp、syslogd、du、df、sync、以及 libc 函數庫。

11.2.6 體現在系統性能方面的跡象

體現在系統性能方面的跡象包括不常見的高平均載體和頻繁的磁碟存取。

無法直譯的、低效的系統性能可能由不常見的處理序活動、異常的高平均載體、過量的網路資料流或對檔案系統的頻繁存取所引起。

如果有跡象顯示您的系統已被入侵，不要驚慌。切記不要重新啟動系統，那樣可能會丟失重要的資訊。您首先要採取的措施是在物理上斷開與網際網路的連接。

11.3 系統被入侵後應採取的措施

不論檢測到什麼樣的異常情況，入侵檢測員都必須在執行調查時提高警惕。如果攻擊者注意到了同一個系統中有偵查者正在巡視，這時攻擊者很可能會把系統中相關的資訊刪除或銷毀。如果攻擊者認為他或她正在被追蹤或監視，攻擊者可能會開始刪除所有他們能觸及到的東西，進而造成系統的實際毀壞。當攻擊者發現自己被調查時，本來會導致網站被替換的攻擊可能很快會演變成對整個分區的刪除。

在確定系統已被攻擊或正在被攻擊時，一系列的反應將會發生。當然，這些反應都是根據您的安全策略進行的。

如果有足夠的儲存空間可用，可將整個系統的目前狀態生成快照以供以後分析使用。如果這種做法不適合您的情況，那也至少應該對 /var/log 目錄下的系統日誌和 /etc 目錄下的系統設定生成快照。

堅持日誌記錄，將所有的事都記錄下來。把自己所做的事情和所發現的情況以檔案的形式記錄下來，這不僅僅是為了把事件報告給應對小組（response team）、您的 ISP 或律師，而且這樣能幫助您記錄自己已經檢查了哪些內容、還有哪些事情要做。

如果已經發生了一個攻擊或者攻擊正在進行，通常首先要做的就是阻止該攻擊以防止進一步損害的發生。一定要記住，如果攻擊者一旦發現在同一個系統中有一個偵查者往往會導致間接的損害，所以當發現攻擊時將系統和網路斷開通常是推薦的措施。如果網路電纜被斷開，攻擊者一般不能造成更多的損害。同樣也有這種可能：攻擊者將使用工具去監測網路埠，並且在介面的狀態改變時自動掩蓋自己的行蹤。

尋找系統中細微的改變是該階段的任務。如果攻擊者的程式停止了，很可能攻擊者已經建立了一個 cron 任務去重新啟動這個常駐程式。此外，攻擊者很有可能用他們自己的版本取代如 ls 和 ps 這樣的通用 Linux 使用程式，以便隱藏他們的處理序和檔案。考慮到這點，像 Chkrootkit 這樣的程式對於檢測基於主機的入侵行為很有效。

攻擊的類型決定了您要使用什麼工具來減輕損害。例如，一個對路由器發起的拒絕存取攻擊將需要採取不同的步驟來減輕攻擊。判斷系統是否被入侵的步驟與分析被入侵系統採用的步驟是一樣的。

1. 檢查系統日誌，並且使用 netstat 和 lsof 來檢查哪些處理序在執行、哪些埠被綁定。檢查系統設定檔案的內容。透過檢查數位簽章的方法驗證所有檔案和目錄的內容及存取權限模式。檢查有無新的 setuid 程式。將設定檔案與原來乾淨的備份進行比較。駭客可能已經安裝了特洛伊木馬程式，替換了您用來分析系統的那些系統工具。

2. 注意觀察任何不斷變化的資訊，例如哪個處理序正在執行、哪些埠正被使用。
3. 用啟動軟盤或備份系統啟動。從未受影響的系統上找些乾淨的工具來檢查系統。同時也可以選擇另一種方法，將損壞的磁碟作為一個未被入侵的系統的第二驅動器，把該磁碟作為資料盤來檢查。
4. 判斷攻擊者是如何成功進入系統的，以及他對您的系統做了哪些手腳。
5. 如果可能的話，從原來的 Linux 發行版媒介上完全重新安裝系統。
6. 採用以下方式糾正系統的弱點：更加謹慎地選擇執行的服務、重新設定更安全的伺服器、在 `xinetd` 或 `tcp_wrappers` 等級和在單獨伺服器等級定義存取權限列表、安裝封包過濾防火牆或者安裝應用程式代理伺服器。
7. 安裝和設定每一個系統完整性檢查的軟體包。
8. 啟用全部日誌功能。
9. 恢復那些已知未受感染的用戶檔案和特定的設定檔案。
10. 為系統的二進制和靜態設定檔案建立 MD5 或 SHA 校驗和。
11. 將系統重新連上網路，並從您的 Linux 發行商那裡獲得最新的安全升級。
12. 對新安裝的二進制程式建立 MD5 或 SHA 校驗和，並將校驗和資料庫保存在 USB 驅動、CD/DVD 或其他系統中。
13. 監控系統，觀察駭客是否再次進行非法的存取嘗試。

11.4 事故報告

「事故」可以是各種事情；這需要您自己去定義。例如，事故可以被定義為一個嘗試獲得或提升權限的異常存取企圖，或是對一個或多個系統的機密、完整性、可用性進行損害。

把監控系統的日誌檔案、系統完整性報告和系統帳號報告作為一種習慣是一個良好的做法。

即使您只啟用了極小部分的日誌功能，但遲早您會發現某些您的安全策略描述的事情重要到需要加以報告。要是啟用了全部的日誌功能，那麼日誌功能會多到讓您每天 24 小時都考慮不完。

有些存取企圖會比其他的存取企圖更加嚴重。而有些存取企圖與其他的相比會對您個人造成更大損害。下面的幾節首先討論為什麼您要對某一事故進行報告以及報告哪種事故類型的考慮。這些都是由個人來決定的。剩餘的幾節聚焦於各種可用的報告小組和如果您需要報告時應向他們提供的資訊。

11.4.1 為什麼要報告事故

也許即使駭客的企圖並未得逞，您還是想要報告這個事故。原因可能是以下幾點：

- 為了終止那些刺探行為：您的防火牆確保了大多數刺探行為都是無害的。但是如果那些刺探行為反覆發生，即使無害還是會對您的系統造成傷害。持續不斷的掃描會充斥您的日誌檔案。根據您在執行的日誌監控軟體中定義的通知觸發器，反覆不斷的刺探行為可能會導致您不斷收到郵件通知，讓您不厭其煩。然而，現在如今源於未知寬帶用戶的自動程式（bot）的無休止的刺探，對很多人來說（尤其是在美國的人）太過耗時，以至於不可能對每一個刺探都進行報告。
- 為了有助於保護其他站點：自動的刺探和掃描通常都是為了建立一個資料庫，儲存很大 IP 位址範圍內所有存在弱點的主機。當其中的某些主機被刺探到有潛在的弱點時，這些主機將成為選擇性攻擊的目標。如今精細的分析和破解攻擊可以在數秒之內攻破系統並隱藏自己的行跡。將事故報告出來，有可能在其他站點受到傷害之前制止這些掃描行為。
- 為了通知系統管理員或網路管理員：發出攻擊的站點往往是系統被入侵、或其站點內的某個用戶帳號被入侵、軟體設定有誤、位址欺騙、或者是有個製造麻煩的用戶在該站點中。系統管理員通常會對事故報告做出回應。ISP 也傾向於能夠在其他用戶抱怨說自己的位址不能存取遠端站點、無法與朋友和家人互發郵件之前就停止對製造麻煩的客戶提供服務。

- 為了得到攻擊的證實：有時您也許只是想證實一下，自己在日誌中所見到的是否確實是一個問題。有時候您可能想證實是否是因為，某個遠端站點設定錯誤而無意中造成了封包的洩漏。這個遠端站點通常也會很高興能弄明白，為什麼自己的網路沒有按自己預想的那樣運轉。
- 為了讓有關方面提高警覺並加強監控：如果您將事故向發出攻擊的站點報告，該站點將會有意識地、更謹慎地監控其設定以及用戶的行為。如果您將事故報告給濫用中心（abuse center），該中心的工作人員與那個遠端站點進行聯繫，比個人聯繫更加有效，同時中心將關注該站點的後續行動，他們能為受到侵害的客戶提供更好的幫助。如果您將事故報告給安全新聞小組，這樣其他的人就能更清楚地知道應當注意哪些問題。

11.4.2 報告哪些類型的事故

您將報告哪些事故取決於您的容忍度、您認為不同的刺探允許達到的嚴重程度，以及您願意付出多少時間來對付這幫全球性的、呈指數增長的騷擾。這些都歸結於您如何定義「事故」這個詞。在不同人的眼中事故的涵義各不相同，事故的涵義可以從簡單的埠掃描，到嘗試存取您的私有檔案或系統資源，到拒絕服務攻擊，再到搞垮您的伺服器或者您的整個系統，獲得您的系統的 root 登錄存取權等。

- 拒絕服務攻擊：任何類型的拒絕服務攻擊顯然都是惡意的。親自處理這樣的攻擊是很困難的。這些攻擊其實就是電子形式的惡意破壞行為、阻礙行為、騷擾行為和竊盜服務行為。由於某些拒絕服務攻擊可能利用了網路設備的固有屬性實作，所以對這種形式的攻擊，除了報告事件並封鎖攻擊者的整個位址段外，別無他法。
- 企圖重新設定您的系統：沒有您電腦上的 root 登錄帳號的話，攻擊者無法重新設定您的伺服器，但他或她會想辦法修改您位於記憶體中、與網路相關的表，或者至少他們會試圖去修改。應考慮的攻擊有：

- 透過 TCP 在您的電腦和非授權的 DNS 伺服器之間進行區域傳送；
- 修改您記憶體中的路由表；
- 透過刺探 UDP 埠 161 或 snmpd，嘗試重新設定您的網路介面或路由表。

- 嘗試獲得帳號登錄存取權：刺探 ssh 的 TCP 埠 22 是最常見的做法。較少見的是刺探與已知存在漏洞的伺服器相關聯的埠。利用快取溢出漏洞通常是意圖執行命令並獲得 shell 存取權。mountd 漏洞就是這樣一個例子。
- 嘗試存取非公用檔案：嘗試存取私有檔案，例如 /etc/passwd 檔案、設定檔案或私人檔案等私有檔案，這些存取都將記錄在您的 FTP 日誌檔案（/var/log/xferlog 或 /var/log/messages）和 Web 伺服器存取日誌檔案（/var/log/httpd/error_log）中。
- 嘗試使用私有服務：在定義上，任何您未向網際網路提供的服務都是私有的。這些私有服務可能透過您的公用伺服器間接的可用，例如嘗試透過您的郵件伺服器轉發郵件。如果有人試圖使用您的電腦而不是他們的電腦或他們 ISP 的電腦，他們很可能居心不良。郵件轉發嘗試都將記錄在您的郵件日誌檔案（/var/log/maillog）中。
- 嘗試在您的磁碟上儲存檔案：如果您託管的匿名 FTP 站點設定不當，其他人就可能在您的電腦上建立一個盜竊軟體或媒體的倉庫。如果 ftpd 被設定為記錄檔案上傳的話，上傳檔案的嘗試都記錄在您的 FTP 日誌檔案（/var/log/xferlog）中。
- 嘗試破壞您的系統或獨立的伺服器：針對可以透過您的網站存取的應用的快取溢出嘗試可能是在 Web 伺服器的日誌檔案中最容易鑒別的錯誤訊息。其他錯誤資料的報告將記錄在通用系統日誌檔案（/var/log/messages）、您的通用常駐程式日誌檔案（/var/log/ daemon）、您的郵件日誌檔案（/var/log/maillog）、您的 FTP 日誌檔案（/var/log/xferlog）或您的安全存取日誌檔案（/var/log/secure）。
- 嘗試利用特定的、已知的、目前可被利用的漏洞進行攻擊：攻擊者使用新的軟體版本（同時也使用舊的版本）來尋找新的漏洞。

11.4.3 向誰報告事故

至於您應當向誰報告事故，有很多種選擇。

- 報告給發出進攻站點的 root 用戶、郵件管理員（postmaster）或濫用管理員（abuse）：最直接的方法是向發出攻擊的站點的管理員提出抱怨。通知系統管理員常常是您在解決問題時唯一需要做的。但這有時並不一直有效，因為很多刺探來自欺騙的、不存在的 IP 位址。
- 報告給網路協調員：如果 IP 位址沒有一個 DNS 條目相對應，與該網路位址區塊的網路協調員聯繫通常有所幫助。網路協調員能夠聯繫該站點或讓您與該系統的管理員直接取得聯繫。如果該 IP 位址無法透過 host 或 dig 命令解析，您總是可以透過將該位址在 whois 資料庫中查詢的方式找到協調員。whois 命令已經被整合到了 ARIN 資料庫。三個主要的資料庫都可在 Web 上找到。
    - ARIN：The American Registry for Internet Numbers（美洲網際網路號碼註冊管理機構）維護西半球和美洲的 IP 位址資料庫，其主頁為：http://whois.arin.net/ui。
    - APNIC：The Asia Pacific Network Information Centre（亞太網路資訊中心）維護亞洲的 IP 位址資料庫。其主頁為 http://www.apnic.net/apnic-bin/whois.pl。
    - RIPE：The Réseaux IP Européens（歐洲 IP 資源網路協調中心）維護歐洲的 IP 位址資料庫。RIPE 的主頁為 https://apps.db.ripe.net/search/query.html。
- 報告給您的 ISP 濫用中心：如果掃描行為來自於您的 ISP 位址空間內，您應該聯繫您的濫用中心。您的 ISP 也能夠透過聯繫攻擊您的站點的方式，在掃描來自別處時幫助您。您的電腦很可能不是 ISP 網路中唯一一台被刺探的電腦。
- 報告給您的 Linux 發行商：如果您的系統因為發行版中的軟體漏洞被攻破了，您的發行商將希望知道這些，以便開發和發佈安全升級版本。

11.4.4 報告事故時應提供哪些資訊

一份事故報告必須包含足夠的資訊，幫助事故響應團隊追蹤問題所在。當聯繫發出攻擊的站點時，請記住您聯繫的人可能是有意發起這次攻擊的那個人。您在下面的列表中提供的內容依賴於您正在聯繫的人是誰、包含的資訊是否會對您造成不便，隱私和其他問題也是需要考慮的。

- 您的 Email 位址。
- 您的電話號碼，如果合適的話。
- 您的 IP 位址、主機名稱、和域名。
- 如果可以獲得的話，攻擊中的 IP 位址和主機名稱。
- 要報告事故發生的日期和時間（包括您相對於 GMT 的時區）。
- 對攻擊的描述：
  - 您如何檢測到該攻擊；
  - 能說明該事故的有代表性的日誌檔案條目；
  - 對日誌檔案格式的描述；
  - 您所參考的描述該攻擊性質和特徵的建議和安全通知；
  - 您希望聯繫的人做什麼（修復問題、證實該問題、解釋該事故、監控該攻擊或瞭解情況）。

11.5 小結

本章集中闡述了系統完整性監控和入侵檢測。如果您懷疑您的系統已被入侵，您可以參考本章列舉的潛在的問題跡象。如果您發現了一些跡象並確定系統已經被入侵，您可以參考本章前面所介紹的恢復步驟。最後，我們討論了事故報告需要考慮的事項，另外介紹了您應向誰報告該事故。

第 12 章將透過介紹入侵檢測和系統測試的工具，講解您在本章學習到的一些東西的實作。

MEMO

12 入侵檢測工具

在上一章中您瞭解到了入侵檢測和入侵響應的概念。上一章還提到了，儘管攻擊所利用的技術都是常用的方法集，並導致了許多相同的症狀，但幾乎沒有兩個攻擊是完全相同的。正是由於這些常用的方法和症狀，入侵檢測工具才可以協助入侵分析員進行入侵的分析。

在選擇軟體工具協助進行相關問題的診斷和解析時，入侵分析員有很多選擇可用。本章集中於介紹檢測入侵的軟體工具以及工具包中對管理員來說有所幫助的工具。本章首先介紹網路嗅探器，接著依次介紹 rootkits 檢查工具、檔案系統檢查工具及日誌檔案監視　工具。

12.1 入侵檢測工具包：網路工具

網路安全管理員使用的主要工具中有一些是網路分析工具，這些工具包括網路嗅探器、入侵檢測軟體和網路分析儀。

網路嗅探器是被動地監聽某個網路介面接收和發送資料流的軟體。TCPDump 對新手來說足夠簡單，可以很快地上手但卻功能強大，它提供了在多種情況下處理多種協定的必要功能。使用 TCPDump，您可以透過包括 ASCII 在內的多種格式來查看資料流，並且可以使用表達式進行微調以觀測特定的資料流。

TCPDump 是一個手動的、原始的入侵檢測工具。如果您知道您在尋找什麼，TCPDump 可以幫助您找到透過網路的異常流量。TCPDump 自身並不知道怎樣去尋找一個攻擊，這些工作都需要入侵分析員或是其他軟體去做。然而，TCPDump 幾乎總是調查攻擊活動的必要工具，因為它允許分析員即時地觀察攻擊。

TCPDump 會在第 13 章中進行深入的介紹。本章將介紹常見的協定活動，以及一些透過 TCPDump 觀察到的攻擊行徑。

當提到監聽網路並對資料流執行一些分析的工具時，Snort 是一個絕佳的選擇。Snort 既可以作為個人級又可以作為企業級的入侵檢測工具，它已經被廣泛地部署和成熟地使用了。Snort 透過檢測入侵特徵碼來工作。其依據的理論是很多攻擊在網路層，都是沿用相同或相似的模式進行攻擊。

考慮這樣一個例子：假設封包在一個特定的埠被接收，並且其標頭旗標被設置成了特定的形式。當這一切發生時，它很可能是一次攻擊或嘗試利用漏洞的前奏。因此，可以說這種特定的攻擊有一個特徵碼，表明它是惡意流量。這個特徵碼對這個利用漏洞的行為來說是唯一的，因此可以被 Snort 這樣的軟體檢測是否存在一個嘗試利用該漏洞的行為。接下來，Snort 可以基於這種檢測執行一定的動作（或什麼也不做）。

ntop 是一個網路分析軟體，與嗅探器根據協定、資料流、主機和其他參數生成報告不同。推薦將 ntop 安裝在網路的關鍵節點上，以在網路中建立一個正常資料流的基線（baseline）。

我選擇在這裡介紹 ntop 是因為它很容易掌握。但是，我還推薦其他分析網路資料流的軟體。在其他分析軟體中，MRTG 是另一個絕佳的選擇，RRDtool 和 Scrutinizer 也是如此。

建立資料流基線報告並保持其更新，不僅僅能夠發現像流量非預期的增長和減少這樣的異常，還可以追蹤何時有新的頻寬可用。正是這種對安全異常和頻寬使用的雙重監控，使得流量分析非常重要。

要使用 Snort 和 TCPDump 在大型的網路中建立資料流基線並有效地監控網路中的入侵行為，需要將這些工具放置在網路中的關鍵位置。很多大型網路（甚至中型和小型的網路）都是用交換機來傳遞資料流的。理解交換機和集線器的區別對於考慮在哪裡放置網路工具來說十分重要。

12.1.1 交換機和集線器以及您為什麼應該關心它

在交換機網路中，任何網路介面將只接收到發往它的資料流和廣播資料流。在集線器環境下，網路介面將收到所有的流量，不論該流量是發往它還是其他設備的。這便是為什麼交換機網路比集線器網路更快一非必要的資料流不會被發送到交換機的所有埠。

如果在一個交換機環境中，設定交換機將資料流鏡像發往一個特定的埠，那麼就可以實作一個網路介面不僅僅能夠接收到目的位址是其自身的資料流，還可以接收所有的或一個更大的子網的資料流。但是在這樣做的同時，有可能導致交換機性能降低，因為這時它需要複製所有流量到兩個埠而不是一個。您可以參閱您的交換機檔案以獲得更多的資訊。

不管資料流來自何方，只要其到達了執行了嗅探器的介面，它都會被捕獲。關鍵是在網路層，要將嗅探器和與入侵檢測相關的軟體放在正確的位置。如果只是嗅探基於主機的資料流的話，嗅探器放置的位置就十分明顯了，安裝在主機上即可。

12.1.2 ARPWatch

另一個將在第 13 章中討論的是 ARPWatch。ARPWatch 是監聽網路中新設備的軟體。ARPWatch 對於稽核網路中的設備十分有用，尤其對無線網路來說。

12.2 Rootkit 檢測器

rootkit 是單個或一組軟體，它利用一個或多個漏洞以提高攻擊者的權限或對目標進行其他類型的攻擊。通常情況下，rootkit 都是技術不熟練的攻擊者在使用，他們使用別的攻擊者開發的軟體，而不瞭解底層的漏洞；他們僅僅對結果感興趣。

很多 rootkit 不僅僅是發起攻擊，讓攻擊者獲得 root 權限，同時還試圖隱藏和清除攻擊發起的行為。它們透過刪除日誌檔案或日誌檔案中特定的條目、植入特洛伊木馬程式或其他辦法來掩蓋攻擊。同時攻擊者還可能將各種 rootkit 整合起來在更多層面上進行欺騙和 攻擊。

就像以網路為中心的攻擊一樣，rootkit 也常常具有特徵碼或者會留下蛛絲馬跡。這些蹤跡和特徵碼可能是前面提到的被移除的日誌檔案、一個或多個處理序的出現或其他只有該 rootkit 軟體或攻擊才會對系統造成的修改。

與以網路為中心的攻擊一樣，也有專門的軟體用於對 rootkit 的蹤跡和特徵碼進行搜尋。如 Chkrootkit。

12.2.1 執行 Chkrootkit

在您執行 Chkrootkit 之前，您需要先獲得它。Chkrootkit 可以從 http://www.chkrootkit.org/ 處下載，這裡包括許多 Linux 版本對應的軟體包。下載後，需要對 Chkrootkit 解歸檔（unarchived）和編譯：

```
tar -zxvf chkrootkit.tar.gz
cd chkrootkit-<NNNN>
make sense
```

您沒看錯，上面的例子中是 make sense。儘管 Chkrootkit 是一個 shell 腳本，但是需要編譯程式碼才能獲得更多的功能。編譯並不是必須的，由於編譯很快，而且能夠添加一些額外檢測，所以我推薦這樣做。具體地，編譯 Chkrootkit 將啟用這些額外的檢查，雖然從某些操作系統獲得的標準的封包也可能包含它們：ifpromisc、chklastlog、chkwtmp、check_wtmpx、chkproc、chkdirs 和 strings。

本書所介紹的所有工具中，Chkrootkit 可能是最容易使用的。要在 Chkrootkit 的來源目錄下執行 Chkrootkit，您只需鍵入以下命令：

```
./chkrootkit | less
```

您不必使用管道將輸出重新導向至 less，但它的輸出有很多。因此，如果您想要閱讀輸出的話，您可能需要用管道將其重新導向到其他地方，當然，除非您有一個很長的滾動條。

因為執行 Chkrootkit 會產生許多的輸出，根據您的偏好，將輸出用管道重新導向到 more 或 less 是很明智的。另外，您還可以重新導向輸出到一個檔案：

```
./chkrootkit > output.txt
```

在輸出檢查的最終狀態時，Chkrootkit 將輸出許多行的通知，告訴您目前正在檢查什麼。輸出範例如下：

```
Checking 'amd'... not found
Checking 'basename'... not infected
Checking 'biff'... not infected
Checking 'chfn'... not infected
Checking 'chsh'... not infected
Searching for ShitC Worm... nothing found
Searching for Omega Worm... nothing found
Searching for Sadmind/IIS Worm... nothing found
Searching for MonKit... nothing found
Searching for Showtee... nothing found
```

從輸出範例中您可以看到，並沒有檢測到特洛伊檔案或 rootkit。一個被感染的檔案或 rootkit 被檢測到的情況顯示如下：

```
Checking 'bindshell'...INFECTED (PORTS:1524 31337)
```

雖然 Chkrootkit 的輸出似乎表明電腦被 bindshell 所感染，但 Chkrootkit 有時會產生誤報的情況。然而，如果您從 Chkrootkit 的輸出中看到了 INFECTED 輸出，為了您的利益，您最好假定 Chkrootkit 的報告是正確的，並採取步驟減輕損害。

當工具檢測到並報告了一個問題，但實際上該問題並不存在的時候，這種情況被稱為誤報。誤報內在的原因與各軟體對發生事故的報告機制有關。誤報比漏報（未報告真的事故）要好。當一個問題實際上發生了，但是工具卻沒有對其進行報告，這時就產生了漏報。

誤報和漏報所造成的結果是截然不同的。打個比方，一個人去看醫生，並且進行了超聲波掃描。基於掃描的結果，醫生認為病人患了癌症。然而，在更進一步的檢查中發現開始的報告有誤。這個例子就是一種誤報。儘管後來基於誤報執行的額外的測試都是不必要的，但它仍比漏報要好，那樣的話癌症病人將被忽視而得不到治療。

由於 Chkrootkit 的報告使用電腦上的工具，它可能會產生漏報。針對這個問題，稍後會在下一節中進一步地描述。

12.2.2 當 Chkrootkit 報告電腦已被感染時應如何處理

如果 Chkrootkit 告訴您電腦已經被感染，您應當做的第一件事就是告訴您自己保持冷靜。儘管有可能是 Chkrootkit 的誤報，您仍應假定確實被感染了。如果 Chkrootkit 報告了一個感染，您應該立刻採取步驟以減輕進一步的損害。

本書前一章節介紹了事故響應。因此本章就不花篇幅重覆介紹了。然而，由於工具的特性，誤報是不可避免的。您最好嚴肅地看待這件事，但首先判斷 Chkrootkit 是否誤報了也是明智的。

Chkrootkit 會使用許多方法來搜尋 rootkit。許多時候 Chkrootkit 基於已知的特洛伊檔案的版本在檔案中搜尋特定的特徵碼。同時，Chkrootkit 還會尋找已知的由於 rootkit 或其他攻擊而打開的埠。這些都是導致報告感染的原因。當 Chkrootkit 發現 1524 和 31337 這兩個埠被打開後，它會認為電腦感染了 bingshell rootkit。實際上，這些埠可能是由於其他安全工具 PortSentry 所打開的，它們會監聽這些埠以期捕獲其他被感染主機。我使用 lsof 加上 `-i` 選項來確定監聽這些埠的確切的程式。

當 Chkrootkit 報告了很多個 rookits 時，您可能很難確定某個特定的 rootkit 感染的後果。如果只是執行一個 rootkit 將很好處理，但是如果多個 rootkit 同時執行，這將很難清理。在開始對損害進行控制的程序中，您可以在網際網路上搜尋每個 rootkit 以瞭解它執行時的動作。然而，請記住，從定義上來說，在 rootkit 已經成功的執行之後，攻擊者便擁有了電腦的 root 權限，因此可能（或正在）對系統做出更加巨大的傷害！

不論 Chkrootkit 何時報告了一個感染，您都應該嚴肅對待並做最壞的打算。謹慎起見，您應該立刻將您的電腦從網路上斷開，同時採取措施清除 rootkit。儘管實際上這並不容易。

12.2.3 Chkrootkit 和同類工具的侷限性

Chkrootkit 是一款功能強大、極其有幫助的工具，但並不是說它沒有侷限。這些侷限不是 Chkrootkit 所特有的，而是這類嘗試執行複雜檢查的工具所共有的。其中的一個侷限性就是前面提到的誤報。另一個 Chkrootkit 和其他類似工具的侷限性在於它們預設依賴於 Linux 電腦自身的一些程式，這些程式有可能已經被入侵或被修改以防止被 Chkrootkit 和相關的檢測程式探查。

下面是 Chkrootkit 使用的部分程式的列表，請記住這些程式本身依賴的函式庫或 Linux 電腦上的程式有可能已經被入侵：awk、cut、echo、egrep、find、head、id、ls、netstat、ps、sed、strings 和 uname。

另一個 Chkrootkit 和類似工具都有的侷限性在於它們都只能檢測到已經被報告過的和已被設定的 rootkit。但是總有人會不幸地在他的電腦上遇到一個執行著的未知的 rootkit。如果您是這個不幸的人的話，Chkrootkit 將不起任何作用。然而，很有可能在這台電腦上執行著多個 rootkit，這會使得檢測更加容易些。我想這也算是一個小小的安慰吧。

12.2.4 安全地使用 Chkrootkit

當使用如 Chkrootkit 這樣的工具時，使用正確的系統二進制程式集是一個很好的方法。許多 rootkit 會替換關鍵的系統二進制檔案為自己的版本，例如 `/bin/ps`。因此，如果您嘗試使用 `ps` 來找到未知的處理序，您可能不會看到它們，因為特洛伊木馬版本的 `ps` 隱藏了它們。

Chkrootkit 提供了兩種方法來解決這個問題。第一種方法就是從 CD-ROM 中加載正確的二進制程式集；第二種方法就是物理地將懷疑被入侵的磁碟安裝到別的電腦上，然後在這台電腦上執行檢測。相對於調查一個可能的攻擊，第二種方法更適合於在已知被成功入侵的情況下進行檢測而不是調查可能的攻擊。

從 CD-ROM 中加載正確的二進制程式集進行檢測，這是使用 Chkrootkit 進行全面徹底的檢測最安全和簡單的方法。使用該方法的前提是擁有一個 CD-ROM，同時還有一張正確的二進制程式光碟。執行 Chkrootkit 使用 CD-ROM 複製的二進制程式的第一件事就是掛載 CD。這通常由 mount 命令實作，儘管有時它會自動地被掛載。在大多數目前的 Linux 發行版中通常使用下列命令掛載 CD-ROM 驅動：

```
mount -t iso9660 /dev/cdrom /mnt/cdrom
```

Chkrootkit 使用 `-p` 選項來定義它應該使用的二進制檔案的位置。因此，如果 CD-ROM 被掛載至 /mnt/cdrom，您應這樣執行 Chkrootkit：

```
./chkrootkit -p /mnt/cdrom
```

另一種執行 Chkrootkit 的方法就是物理地掛載可能被入侵的硬碟到另一台電腦，並針對該硬碟驅動器執行 Chkrootkit。這可以透過為 Chkrootkit 指定一個 root 目錄完成。下面的命令假設第二驅動器被掛載至 `/mnt/drive2`：

```
./chkrootkit -r /mnt/drive2
```

12.2.5 什麼時候需要執行 Chkrootkit

Chkrootkit 應該在任何您需要的時候執行，並沒有指定執行它的時間表。我個人偏好為了好玩無規律地執行它，但只因我是這樣的人。您絕對應該在您觀察到任何可疑的活動的時候執行 Chkrootkit，不論這個可疑的活動發生在您的電腦上還是在任何同一網路中其他可能與您的電腦互動的電腦上。當您執行 Chkrootkit 時，您最好存取 http://www.chkrootkit.org/ 以檢查是否有最新版本的工具可用。因為新的 rootkit 特徵碼及新增的功能都已經被添加到了最新的版本中。

您也可以透過 cron 任務每晚執行 Chkrootkit。雖然那時生成的報告不一定完全準確，但是它可以對您要注意的異常提供早期預警。從 cron 執行 Chkrootkit 可以透過以下命令：

```
0 4 * * * /path/to/chkrootkit
```

cron 條目顯示將在每天 4:00 a.m. 時執行 Chkrootkit，並且 root 用戶（cron 作業輸出的收件人）將在每天早上收到一份報告詳細描述 Chkrootkit 的執行。

12.3 檔案系統完整性

經常與像 Chkrootkit 這樣的 rootkit 檢測工具一起使用的是檔案系統完整性軟體。檔案系統完整性軟體監測電腦上的檔案並基於這些檔案的更改生成報告。管理員便可以針對報告，檢查值得懷疑的檔案的非預期改變。例如，如果檔案 `/etc/resolv.conf` 或 `/etc/shadow` 毫無原因地發生了改變，管理員便可以採取行動。

一些流行的檔案完整性檢查工具分別是 OSSEC、Samhain 和 AIDE。在第 14 章「檔案系統完整性」中會詳細介紹 AIDE，並呈現關於如何進行檔案系統完整性的一個更全面的描述。

12.4 日誌監控

監控日誌檔案的目的是對出現的異常現象進行監視，這些異常很可能意謂著一次攻擊。儘管使用這種方法很有效，但是它會導致生成大量的資料，這在大型網路中處理起來很麻煩。

日誌監控可以和其他工具結合使用。例如，在少數關鍵系統上使用日誌監控能夠減少接收資料的數量。然而，該方法和其他類似的方法只是權宜之計，因為其對保證系統安全的作用很小。

有很多用來監控日誌檔案的軟體包。Swatch 便是其中之一。我將在這裡簡要地介紹 Swatch，讓您瞭解這種類型工具的功能。

12.4.1 Swatch

很多 Linux 發行版都把 Swatch 作為附加的軟體包，同時它也可以從 http://swatch.sourceforge.net/ 下載。Swatch 是高度可設定的，並且可以基於匹配執行許多動作。

Swatch 可以工作在多種模式下，其中一種模式為單一透過（single-pass）模式，該模式下每次只處理一個日誌檔案，搜尋匹配並基於匹配執行動作。另一種模式透過對日誌檔案執行 tail（`tail -f`）以搜尋匹配。預設情況下，Swatch 會監控 `/var/log/messages`，但它也可以被設定為監控任何檔案甚至一個 socket。

因為 Swatch 如此強大，我不可能在一本關於 Linux 防火牆的書中對其全面地介紹，所以我推薦您閱讀更多關於 Swatch 的資料。下面，我將提出使用 Swatch 監控一個日誌檔案提出的輸出。另一個這樣的輸出將在第 13 章中關於 Snort 的一節「使用 Snort 進行自動化的入侵監控」中示範。

• 使用 Swatch 監控 SSH 登錄失敗

有很多針對 SSH 的強力攻擊嘗試。除了讓人惱火外，它們通常不會導致更多的危害。然而，監控日誌檔案對這種和其他針對伺服器的強力攻擊很有幫助。Swatch 可以被設定為當記錄到這樣的嘗試時發送郵件（或採取其他措施）。本節示範如何在記錄到了一個失敗的用戶認證時發送一個 email 警報。

如果試圖登錄但是登錄失敗，這時系統的日誌會記錄類似下面的一行內容：

```
Jun 7 17:09:10 ord sshd[3434]: error:\
       PAM:Authentication failure for root from 192.168.1.10
```

這一行中有很多條目，但在這裡我選擇搜尋「Authentication failure」字樣，因為這才是我想要警報的內容。Swatch 的語法簡單但功能強大，這是因為 Swatch 使用了正則表達式的語法用於匹配。這種情況下的匹配相當簡單。只需簡單地使用 watchfor 關鍵字告訴 Swatch 要監視的內容，接著設定當發現匹配成功後採取的一個或多個動作，這些對於設定 Swatch 來說都是必需的。例如，如果想要搜尋「Authentication failure」字樣，並在發現時發送一封 email，則 Swatch 應以下方式進行設定：

```
watchfor /Authentication failure/
     mail
```

上面兩行被儲存在～ `/.swatchrc` 檔案中。由於在上面的例子中，Swatch 需要對懷疑的日誌檔案有讀權限，所以要求 Swatch 執行在 root 帳號下。

下一步，啟動 Swatch 的同時指定其應監控的檔案。預設情況下 Swatch 將監控檔案 /var/log/messages。但是我是在 Debian 系統中演示該例子的，而該系統預設記錄失敗的用戶認證的檔案是 /var/log/auth.log。因此，我需要讓 Swatch 指向正確的設定檔案，並啟動它：

```
swatch-tail-file=/var/log/auth.log
```

這時 Swatch 將監控日誌檔案並尋找字樣「Authentication failure」，如果找到符合的文字，Swatch 將發送一封 email 給 root 用戶。

如前面所說，Swatch 有許多選項可用於報警，包括執行其他程式。這些程式可以是 shell 腳本或別的東西，因此可能性幾乎是無限的。

12.5 如何防止入侵

實際上沒有任何辦法能夠阻止一個攻擊者利用大量的資源和時間來進行攻擊。不論是 DoS 攻擊還是利用 rootkit 來進行物理攻擊，如果一個人想要破壞您的資料，他就會不顧一切地攻擊您。儘管如此，您也可以採取很多辦法來降低您暴露在大多數危險中的幾率。

本章及本書介紹的工具都不能對所有的物理攻擊進行處理。如果攻擊者在內部並且可以隨意存取包含資料的電腦或硬碟驅動，那麼任何防火牆都不起作用。如果攻擊者對儲存資料的電腦或設備擁有物理存取權的話，攻擊者便可以自己盜取資料或者可能植入自己的惡意木馬病毒。

本節中提出了一些確保系統安全的通用建議，但是這些建議絕不是包羅萬象的，僅僅是我自己提出的幫助確保系統完整性的幾點建議。

12.5.1 勤安防

確保計算環境的安全性是一項需要持續進行的工作。在您確保系統和網路的安全程序中，將會不斷有新的弱點被發現，同時也會有新的軟體被開發出來。在確保電腦環境安全這件事上，沒有可以一勞永逸的魔彈。本書的內容主要是關於使用

Linux 建構的防火牆，來保障網路和系統的安全性。本章將針對進一步確保安全性的其他方面進行介紹。

您可以使用本章中已經介紹的工具來保障電腦及其所在網路的安全。當然您也可以採取進一步的措施來增強環境的安全性。

• Bastille Linux

Bastille Linux 是一款幫助實作系統安全自動化並報告系統安全性的程式。您可以閱讀大量資料和不計其數網站找到用 Bastille Linux 實作的許多最佳安全實踐。所有的這些最佳實踐都是透過引導介面（命令行或 GUI）來進行的，引導程序包含的許多資訊中，不僅有那些您被問到的內容，而且還有它為什麼重要的資訊。

Bastille Linux 會針對確定的特性提供建議。這與許多工具試圖提供建議不同，Bastille 將針對更改推導其結果，並解釋該更改的原因以及如果您選擇這樣做的話會有什麼隱含的結果。

最後，Bastille 還提供了一個取消（undo）處理序，您可以透過該處理序快速地取消任何可能引起問題的更改。Bastille 受到了有經驗的 Linux 管理員和 Linux 新手的歡迎。一些 Linux 發行版將 Bastille 作為軟體包包含在其中。如果想瞭解更多關於 Bastille Linux 的資訊，請存取 http://bastille-linux.sourceforge.net。

12.5.2 勤更新

儘管保持電腦系統經常更新，是本書中提到的確保系統安全性的方法中最容易實作的，但是這項工作經常被忽視。電腦最容易被攻破的情況就是讓其執行但從不對其進行更新。

Linux 和開源軟體最強大的就是它們的安全性。有些人試圖用開源軟體之所以安全是因為其很少被使用這個論點來反駁開源軟體的安全性。但是這完全地忽略了市場份額的統計，例如 Netcraft 的 Web 伺服器調查顯示 Apache 保持了近 40% 的 Web 伺服器市場，如果您排除了那些使用 Microsoft IIS 的不活躍的站點的話，這個份額還會更高。

這份安全性的力量來自於開源社群可以在問題被揭露數小時內就提供修復方案的能力。在問題發現的同一天就完成修復這種情況是很常見的，甚至是很多從未被公開揭露的安全問題也都被解決了。對於可能會花些時間的修復，開源社群會專門提供一個工作區用來減輕或完全修復該弱點。

快速的修復和便捷的工作區這兩個特性，都將使您更好地維護系統的安全性。然而，不管使用上述的哪種方法，您都需要透過監視郵件列表和安全網站追蹤它們的可用性。大多數 Linux 發行商都提供了通知安全郵件的列表，當一個問題被揭露時，訂閱者們都將收到一封 Email。

保持軟體更新是系統安全性的重要方面。我推薦盡可能經常地更新，並且關注被更新的軟體以確保更新不會打斷正在執行的系統。

12.5.3 勤測試

只是勤安防和勤更新是不夠的，雖然這兩項工作確實能使環境的安全性在很大程度上得到增強。另一個提高系統安全性的基本策略就是勤測試。測試可以加強安全策略，同時能夠確保這些安全策略被成功地實作。

滲透測試（Penetration testing）是系統安全的另一個重要方面。滲透測試，有時也叫做 pen-testing，該測試透過一系列的攻擊使系統以非預期的方式執行來測試系統的安全性。滲透測試的定義是有些含糊的，它不是專門使用某一個或某一類攻擊。

滲透測試既可以是正式的，也可以是非正式的。非正式的滲透測試通常被安全管理員或開發人員使用，他們利用一切方法，從手動的方法侵入一個應用程式到使用許多自動化的攻擊工具。一個正式的滲透測試大都由第三方完成，他們使用手動和自動化的攻擊來測試系統。您可以根據您的安全策略來決定進行滲透測試的類型和頻率。

當然，當您在測試時，同時測試作為普通攻擊者和內部攻擊者兩種情形很重要。作為普通攻擊者進行測試意謂著您需要在不知道任何有關被測試應用程式和系統的其他資訊的情況下，使用能從外部系統搜集到的資訊對其進行測試。換句話說，如果您在測試的是一個 Web 應用程式，需透過查看網頁的原始程式碼來分析網頁使用的參數格式。很多時候，當作為一個普通的攻擊者進行測試，也意謂著您需要從外部網路進行測試。這對防火牆規則集的測試來說尤為重要。

本節將介紹用於測試網路和電腦系統的幾種工具。與其他在本章中介紹的工具一樣，它們並不是包羅萬象的、全面的。這裡介紹的工具為您建構自己關於安全的知識、滲透測試的概念和工具提供了良好的開端。

• Nmap

Nmap，即 Network Mapper，是用於掃描開放埠和探測網路中可用設備的程式。Nmap 常被入侵檢測員用於確定指定的主機的哪些埠被打開並監聽。在介紹防火牆的時候，Nmap 可以用於從網路的外部測試防火牆的規則，以確保沒有非預期的開放埠。

Nmap 在很多流行的 Linux 發行版中都作為自帶的軟體包。如果 Nmap 在您的發行版上不可用，您可以從 http://www.nmap.org/ 下載到。

Nmap 包括許多用於刺探主機和整個網路的選項。這些選項太多，所以不可能在這裡逐一介紹。實際上，當進行前面提及的埠掃描時，下面的語法特別有用，它可以用來查看 TCP 埠：

```
nmap -sS -v <host>
```

例如，可以使用下面的語法掃描主機 192.168.1.10 的開放 TCP 埠：

```
nmap -sS -v 192.168.1.10
```

請注意使用 -v 選項啟用了額外的冗餘資訊。儘管這個選項並不是必需的，但我推薦這麼做，您還可以再添加一個 -v 選項查看更多的資訊。

Nmap 提供了多種 TCP 掃描。我選擇 SYN 掃描，因為它是 TCP 掃描中最可信的一種。

當 Nmap 開始掃描後，它會發送初始 ping 訊息或 ICMP Echo 請求到目標主機。有時目標主機並不會響應 ICMP Echo 請求。這種情況下，您可以透過使用 -P0 選項禁止 Nmap 發送初始的 ICMP Echo 請求。

如前面所說，Nmap 有許多選項可用。您可以在命令行中輸入 nmap 來查看包含選項相關的使用說明。

• hping3

hping3 是另一個網路工具，它可以用來測試開放埠並且測試網路應用程式和設備的行為。hping3 使得用戶可以設置網路封包的很多屬性，同時還允許手工製作封包。在手工製作封包後，您便可以觀察網路應用程式或設備的行為。

第 13 章中將運用 hping3 製造特定的封包攻擊，並用 TCPDump 進行觀察。

• Nikto

Nikto 根據已知的弱點來測試 Web 伺服器及測試 Web 伺服器提供的資訊。Nikto 可以在 http://www.cirt.net/Nikto2 這裡下載到。

由於 Nikto 是專門用於測試 Web 伺服器的，這裡就不全面地對其進行介紹了。但是如果您執行了一台 Web 伺服器的話，我強烈建議您使用 Nikto 來測試伺服器的弱點。

12.6 小結

本章對入侵檢測工具和一些基本的安全原理進行了介紹。從工具 TCPDump 到嗅探器的放置，再到檔案系統完整性，本章為您示範了入侵檢測周邊的各種內容。

只有定期對這些入侵檢測工具進行更新、加強安全策略和進行滲透測試，才能使這些工具工作在最佳狀態下，進而確保系統的安全性達到您的期望。

下一章將更多地透過介紹 TCPDump（管理員工具箱中的一個關鍵工具），對網路安全進行更深入的介紹。

MEMO

13 網路監控和攻擊檢測

本章用到了全書尤其是前兩章中的知識，向您示範怎樣使用工具來進行日常網路監控以及進行分析研究。

本章首先介紹網路監控和嗅探。開始的內容都是以本書前兩章的知識為基礎的，而後以網路安全分析員工具包中的一個關鍵工具——TCPDump 作為對這兩章知識的拓展。本章的最後，還介紹了兩個很有用的軟體包：Snort 和 ARPWatch。

13.1 監聽乙太網

透過在前兩章中對核心協定的基礎知識的瞭解，您已經可以開始監聽網路了。至於開始監控網路後，在監控的程序中具體能夠看到什麼樣的資訊，依賴於很多因素，不僅僅是網路的拓撲本身。

現代的乙太網由一系列端點設備構成，例如擁有網路介面的電腦透過集線器或交換機相互連接起來。弄清集線器和交換機的區別，對於保障網路性能和安全來說都十分重要。在集線器環境中，每個乙太網幀都被複製到集線器的每一個埠上，因此被發送到每一個連接到集線器的設備。與集線器環境相對的是交換機環境。在交換機環境中，交換機會發送資料幀到與指定設備相連的特定埠。換句話說，使用交換機，資料流只會發往應該接收它的設備。如果一個入侵者可以在集線器環境中監控網路，他將可以看到發往連接到該集線器的所有設備的所有幀。而在交換機環境中，入侵者將只能看到發往特定主機的資料流或被複製到所有埠的廣播資料流。

大多數可管理的交換機允許管理員設定一個特定的埠，該埠可以接收到所有的資料流。Cisco 將該埠叫做 span 埠，其餘的則將該埠叫做鏡像（mirror）埠。實際上，透過複製所有的資料流到交換機上的一個埠，管理員可以監控該交換機上的所有流量，觀察可能的入侵或異常。當然，這樣做也是有危險的。如果一個攻擊者在埠獲得了設備的控制權，他便可以監聽所有資料！而且，在繁重的資料流環境中，如果您嘗試監控所有埠的話，還可能出現性能的下降。因此，選擇在哪裡監控您的網路很重要。

如果您沒有這樣一個可管理的交換機或者沒有一台能夠使您複製所有資料流到一個埠的交換機，則您需要找到別的方法來監聽資料流。我不推薦用集線器替代交換機的做法。然而，您可以採取這樣的辦法：先將集線器連接到防火牆，然後將您的入侵檢測或監控電腦連接到那台集線器，最後再將集線器連接到主交換機。透過這種方式，您可以在不降低性能和不降低交換機所能提供的安全性的情況下，監控防火牆內部的資料流。

當我寫到關於交換機安全性的內容時，我想起了很多類型的攻擊能夠使攻擊者監聽交換機上的其他流量，儘管這些資料並不是發往攻擊者所在的那個埠。這些攻擊主要是 ARP 欺騙，還包括對正常 ARP 處理的干擾。論文「An Introduction to Arp Spoofing」是一篇很好的關於 ARP 欺騙的入門讀物，您可以從 http://packetstormsecurity.org/papers/protocols/intro_to_arp_spoofing. pdf 處線上獲得。

在一個網路中選擇監控點的技巧性多於科學性，當然這個說法也是很有爭議的。有的人認為只有在網路內部監控才是最重要的，因為防火牆將確保內部資料流的安全性。有人認為應該監控外部，這樣您就能看到網路上存在哪些企圖了。還有一些人（包括我在內）認為內部和外部都應該被監控。監控內部網路是很重要的，原因顯而易見。您可以查看異常流量並且監控異常的情況和性能。然而，我相信監控外部網路也很重要。我切斷了我的電腦的安全保障型措施，該措施由網際網路服務供應商提供，而一切關於外部網路的重要的東西都在這裡。因此，我感覺到了對外網的監控是多麼有價值，它確保了電腦免受攻擊的侵害。

您需要決定您的環境如何工作。在防火牆的外部部署一台電腦專門用來做入侵檢測對您來說可能沒有什麼意義。所有的安全措施都是在需要保護的資產和可以用來保護這些資產的有限資源之間的平衡。

13.1.1 三個實用工具

目前有越來越多的工具可以用於監控網路資料流。這些工具中有些是自由且免費的（價格免費、言論自由），有些則要花些錢了。我用過昂貴的工具和免費的工具，並且可以自信地告訴大家，免費的工具更好。那些昂貴的工具介面很漂亮，但功能卻不盡人意。許多產品都提供一個很好的「外觀和體驗」，但是其中的很多都不是很穩定。一般來說，開源工具不易於安裝和使用，但它們功能強大，只需要一些工作就能生成和昂貴的工具提供的一樣的美觀的圖標和圖片。鑒於價格因素的考慮，我更傾向於在調查一個潛在攻擊時使用能快速地、簡單地運用的入侵檢測工具。若要使用繁雜的、不直觀的 GUI 的話，就只能採用商用入侵檢測工具。

本節將對 3 個監控工具做簡要的介紹，在後面的章節中再對其進行更細緻的描述。

• TCPDump

入侵檢測員工具包中最重要的工具應該是 TCPDump 了。TCPDump 將網路介面設置為混雜模式以捕獲到達的每一個封包。當然，這意謂著 TCPDump 需要執行在可能遭受入侵的電腦上，或者在交換機環境中，需要執行在作為「spanned」鏡像埠接收端的電腦上。TCPDump 將在下一節中進行更詳細的介紹。

• Snort

Snort 是可以免費獲得的優秀的入侵檢測系統之一。Snort 捕獲網路流量的方式與 TCPDump 基本相同。然而，Snort 使用一個眾所周知的特徵碼資料庫來提供檢測的功能。TCPDump 更傾向於手工監控，而 Snort 則更加自動化，分析員不需要手動地檢查每一個封包。您可以在 http://www.snort.org/ 獲得更多關於 Snort 的資訊。

• ARPWatch

ARPWatch 是用於在網路中監控 ARP 流量的工具。該工具可以幫助管理員發現可能的 ARP 欺騙和進入網路的未知設備。ARPWatch 可以從 http://ee.lbl.gov/ 下載到。與其他工具一樣，如果沒有對應您的系統的軟體包，則需要在使用之前進行編譯。ARPWatch 會在本章的「使用 ARPWatch 進行監控」一節中進行介紹。

13.2 TCPDump：簡單介紹

回憶一下您在前面章節中所讀到的內容。您已經瞭解了 IP 位址分配、子網劃分和一些核心協定的標頭結構。本章中將講解 TCPDump 工具的使用，您將親身近距離地接觸一些協定。當掌握了在這個層次上怎樣監控網路後，您便可以自信地解決更大範圍的問題，而不僅僅與電腦安全有關。

TCPDump 是入侵分析人員工具包中的一個重要工具。在基礎層面上，TCPDump 是一個即時的封包捕獲和分析軟體。這意謂著 TCPDump 可以被用於在資料透過網路時竊聽網路通訊。然而，如同已經提到的那樣，一個人可以竊聽到的資料流的數量取決於網路的拓撲。如果執行著 TCPDump 的電腦被連接到一個交換機網路，TCPDump 將只能看到發往該主機的流量或廣播 / 多播流量。在交換機網路中，一個好的方法是使用「span」埠，將透過交換機的所有資料流都複製到該埠。當然，所有這一切對於集線器網路來說都不是問題，因為所有的資料流都會被複製到集線器的所有埠。

TCPDump 將網路介面設置為混雜模式。在您過度激動之前，請注意在很繁忙的網路介面上，大量的資料流將閃過螢幕，這可能會輕微地導致資料流速度的降低。任何情況下，人的處理速度都是跟不上大量的資料流的速度的，因此您可以將捕獲的內容輸出到一個檔案、用管道輸出到一個文字瀏覽器，或者過濾資料流以查看特定的資料流。透過 TCPDump 表達式對資料進行過濾是目前最好的選擇，但這些選項絕不是互相排斥的。我通常使用過濾器和一個文字瀏覽器，以免有用資料流太快閃過螢幕導致無法看清。

TCPDump 可以透過任何您能想到的規則來過濾資料流。對於入侵分析員來說，可以透過協定、主機、埠號或這些的組合來查看資料流。在進一步介紹之前，我推薦大家閱讀或至少參考 TCPDump(1) 手冊頁面（透過鍵入 man tcpdump 來閱讀它）。手冊頁面提供了全面的檔案，不僅僅包括語法，還包括了使用的範例，以及一些協定的圖解。如果您在使用 TCPDump 的時候卡住了，而您又沒有一本工作手冊在手邊，也許您應該買一本，或者使用 TCPDump 的參考頁面也可以。

13.2.1 獲得並安裝 TCPDump

TCPDump 可以從 http://www.tcpdump.org/ 下載到。TCPDump 需要 PCap 函式庫 libpcap，因此在您下載 TCPDump 的時候，您也應該下載 libpcap。大多數流行的 Linux 發行版都將 TCPDump 作為自帶軟體包包含在其中了。例如，如果您使用的是 Debian，只需要鍵入下面的命令就可以了：

```
apt-get install tcpdump
```

軟體包維護系統將安裝 TCPDump 和 TCPDump 的依賴。對於使用其他系統的人來說，您可以搜尋您發行版的倉庫找到該軟體或下載原始程式碼編譯。在沒有安裝 libpcap 的情況下嘗試編譯 TCPDump，您會在執行設定 TCPDump 的腳本時看到類似下面的錯誤：

```
checking for main in -lpcap... no
configure: error: see the INSTALL doc for more info
```

安裝 libpcap 和 TCPDump 就像編譯軟體一樣簡單。將原始程式碼解歸檔、執行設定腳本、編譯然後執行。大體上是這樣：

```
tar -zxvf libpcap-<version>.tar.gz
cd libpcap-<version>
./configure
make
make install
```

用同樣的方式安裝 TCPDump：

```
tar -zxvf tcpdump-<version>.tar.gz
cd tcpdump-<version>
./configure
make
make install
```

13.2.2 TCPDump 的選項

TCPDump 可以透過很多不同的命令行選項來修改它的行為、捕獲資料的數量、捕獲資料的方式。這麼多的選項意謂著您擁有明顯地更改程式如何執行的能力。在使用 TCPDump 的程序中，您將發現對於大部分資料活動的捕獲只需使用一個常用的選項集，而不需要用到其他的全部選項。

表 13.1 列出了一些最常用的選項。

對這些選項進行分析研究，是初步實作捕獲和分析封包的必要步驟。並不是所有的選項對於使用 TCPDump 捕獲資料流來說都是必要的（實際上，可以根本不使用這些選項）。您只需要簡單地在命令行中鍵入 tcpdump 命令就可以開始捕獲資料流了。然而，實際上為了對資料流進行更適當地分析，為了獲得特定的細節等級，這些選項中的許多都是需要的。

表 13.1 TCPDump 的一些常用選項

選項	描述
-i <interface>	指定使用的介面
-v	以冗餘模式生成輸出
-vv	以極冗餘模式生成輸出
-x	使得 TCPDump以十六進制格式列印封包本身
-X	使得 TCPDump同時以 ASCII格式列印輸出
-n	通知 TCPDump在捕獲期間不對 IP位址進行 DNS查詢
-F <file>	從 <file>檔案處讀取表達式
-D	列印所有可用的介面
-s <length>	設置每個捕獲的封包的長度為 <length>

-i <interface> 選項修改了 TCPDump 監聽以捕獲封包的預設介面。預設來說，TCPDump 將監聽第一個介面，`eth0`。然而，對於多宿主（multihomed）電腦來說，需要使用該選項來確保捕獲到正確的資料流。例如，在防火牆電腦上，`eth0` 介面可能被連接到內部網路，而 `eth1` 介面被連接到網際網路。您可能對攻擊您外部介面（`eth1`）的資料流感興趣，這樣的話，您就需要在 TCPDump 中使用 `-i <interface>` 選項。

TCPDump 在報文資訊顯示程度上有三種模式選項，-v、-vv 和 -vvv（未包括在表 13.1 中）。這三種模式使得 TCPDump 可以列印收到的封包的詳細（更加詳細、非常詳細）的資訊。使用 -v 選項，將顯示封包中的 TTL、封包 ID、長度和選項。透過在封包的捕獲程序中對這些選項進行試驗，您將選擇到適合您需要的選項。不同的協定可能並沒有更多額外的資訊可顯示，因此使用這些開關增加冗餘性可能沒有用處。

-x 選項使得 TCPDump 也可以用十六進制的方式列印每個封包。對我來說，這個選項並不是特別有用，因為我不擅長閱讀十六進制格式的資料。然而，當透過大寫 -X 選項利用 ASCII 碼來轉儲封包時需要使用小寫 -x 選項。因此，我很少單獨使用 -x 選項，而是將 -x 與 -X 同時使用。雖然只使用 -X 選項已可以顯示封包中的很多資訊，但同時使用兩個選項將更加有用。

一個不怎麼常用但是有時很有用的選項是 -s<length> 選項。使用這個選項對於列印封包的內容本身而不只是預設的那 68 個位元組來說很有用。如果您僅僅對封包的標頭感興趣，那麼這個選項可能不是太有用。然而，如果您想要查看封包內部的內容，這個選項將很有用，它能確保您捕獲的封包不被截斷。

在使用 TCPDump 的程序中，您會覺得 -F<file> 選項越來越有用。這個選項通知 TCPDump 讀取 <file> 檔案的內容，作為過濾的表達式，而不是從命令行讀取過濾表達式。這個選項對於長度很長、使用很頻繁的表達式，甚至是不經常使用的表達式都提供了便利。在使用 TCPDump 一段時間後，您會對週復一週地為捕獲相同的封包，而在命令行鍵入同樣的舊的表達式感到厭倦。儲存表達式到檔案中，然後在使用 TCPDump 的時候從檔案中讀取表達式可以極大地節省時間。

當開始使用 TCPDump 後，您將發現 -D 選項是一個很有幫助的選項。-D 選項通知 TCPDump 列印可供您執行封包捕獲的介面的列表。因為封包捕獲是基於介面的，瞭解使用哪一個網路介面是您要選擇的很重要的一件事。在 Linux 系統中，選擇正確的網路介面是一件很容易的事，因為網路介面的命名通常很簡單，例如說用 eth0 命名第一塊乙太網網卡。然而，在 Windows 系統中，使用 -D 選項就變得格外重要，因為介面的名字可能很難記住。

最後一個值得記住的選項是 -n 選項。使用 -n 選項通知 TCPDump 在捕獲封包的程序中，不要對看到的主機執行反向 DNS 查詢。頻繁地反向查詢將降低捕獲封包的速度，同時也會增加額外的流量。因此，添加 -n 選項可以加快捕獲的速度，同時也能減少信噪比。當我忘記使用 -n 選項時，有時我會發出這樣的疑問：「為什麼這台電腦在執行 DNS 查詢呢？」，這時我才意識到忘了設置 -n 選項。

13.2.3 TCPDump 表達式

現在到了有趣的地方了。預設情況下，TCPDump 將捕獲並輸出每個到達介面的封包。有些時候這種預設方式對於快速監聽一個較為安靜的介面上的資料流來說是很有用的。但是，大多數的捕捉行為都會在 TCPDump 中使用表達式。TCPDump 的表達式是您希望透過 TCPDump 觀測到的網路資料流的一組標準。表達式由一個或多個限定詞和可能的原語組成，這兩者都會在後面的小節中介紹到。這個表達式可以被用於僅捕獲從某個特定主機發出的資料流或者發送到某個特定主機的資料流。表達式和表達式的組合為您提供了準確觀察需要的封包的能力，您可以據此評定給定網路的狀態。

表達式最強大的功能之一便是否定的能力。例如，如果您想要監聽除了埠 80（通常為 HTTP 的流量）之外的所有資料流，您可以令 TCPDump 捕獲所有除了 80 埠之外的發送和接收的流量。TCPDump 也可以使用邏輯運算子，例如 AND（與）、OR（或）以及已經提到的否定關鍵字 NOT（非）。

TCPDump 表達式要用單引號（'）括起來，並且當需要將一個給定表達式的多個部分組合在一起時可以用圓括號將其括起來。這意謂著您可以使用多個表達式的組合，只去捕獲感興趣的資料流。組合表達式的關鍵就是邏輯運算子 AND、OR 和 NOT 的使用。TCPDump 有三種限定詞，在隨後的內容中將依次對其進行介紹。第一種限定詞是類型限定詞。

- **TCPDump 的類型限定詞**

正如 TCPDump 有三種限定詞，類型限定詞本身也包含一些變數：host、port、portrange 和 net。host 限定詞用於指定感興趣的主機或目的位址。port 類型限定詞顧名思義就是用來指明在哪個埠上捕獲資料流，portrange 可以用來指定一系列的埠，例如 5060-5080。net 類型限定詞被用於指定要捕獲的資料流的子網。您可以在表達式中使用 net 限定詞來監聽整個位址範圍內的流量。當然，也有您不想要監聽整個位址範圍流量的時候。TCPDump 也接受修飾詞 mask，它與 net 限定詞一起用於指定子網路遮罩。您還可以使用 CIDR 記法來指定遮罩位元。

在進一步介紹之前，這裡有一個使用 TCPDump 表達式捕獲埠 80 上的資料流的例子：

```
tcpdump 'port 80'
```

由於這個表達式只是用了一個規則（埠 80），因此不需要使用圓括號將其括起來。然而，當要指定捕獲的 80 埠的來源位址或目的位址為一個或多個特定主機，例如 192.168.1.10 和 192.168.1.11 時，就需要圓括號了，範例如下：

```
tcpdump 'port 80 and (host 192.168.1.10 or host 192.168.1.11)'
```

只有使用邏輯運算組合時才需要圓括號。實際上，使用它們沒有什麼壞處，老實來說，我經常習慣性地使用圓括號。當我寫前面埠 80 的例子時，我開始包含了圓括號，但當我想到我正在做什麼時，我又返回去把圓括號去掉了。改掉一個老習慣實在不易。說到不必要的關鍵詞，例子中的關鍵詞 host 也可以不寫，將在後面對這些進行更詳細地介紹。

這有幾個使用 net 類型限定詞去監聽雙向資料流的例子：

```
tcpdump 'net 192.168.1'
```

下面使用 CIDR 記法來實作上一例子功能：

```
tcpdump 'net 192.168.1.0/24'
```

最後，用 mask 修飾詞實作上述例子：

```
tcpdump 'net 192.168.1.0 mask 255.255.255.0'
```

如果您試圖在 TCPDump 表達式中指定類型修飾符（host、net、port、portrange）但卻失敗了，可能是由於 host 類型是預設的。因此，如果您嘗試的是以下的表達式，那麼收到解析錯誤訊息時不要覺得奇怪：

```
tcpdump '80'
```

事實上，您可能想要用 TCPDump 監聽埠 80 上的資料流，正確的表達式如下：

```
tcpdump 'port 80'
```

• TCPDump 的傳輸方向限定詞

TCPDump 表達式的另一個限定詞就是傳輸方向限定詞。前面的例子可能需要對資料流的方向進行限定，是進入 80 埠的還是傳出 80 埠的。例如，如果需要捕獲發往執行在位址 192.168.1.10 的 Web 伺服器的資料流，但是同時網路中還有離開 192.168.1.10 這台電腦的資料流和其他發往別的伺服器埠 80 的資料流，這時傳輸方向限定詞就很有用了。您可以使用傳輸方向限定詞設定捕獲資料流的方向。TCPDump 中使用關鍵詞 src 來指定來源，用關鍵詞 dst 指定目的。在前面例子的表達式域中添加目的位址關鍵詞，以捕獲發往位址 192.169.1.10 或 192.168.1.11 埠 80 上的資料流：

```
tcpdump 'port 80 and (src 192.168.1.10 or src 192.168.1.11)'
```

傳輸方向限定詞不僅限於搜尋特定位址的資料流。它還可以用來搜尋特定目的或來源埠號的資料流，在下面的例子中需要捕獲目的埠為 25（通常情況下為 SMTP 埠號）的資料流：

```
tcpdump 'dst port 25'
```

還有一些傳輸方向限定詞用於 802.11 無線連結層的資料流。其中包括 ra、ta、addr1、addr2、addr3 和 addr4。另外，對於某些協定來說，可以使用術語 inbound 和 outbound 來指定方向。

請查看 TCPDump 的手冊頁面以獲取關於這些限定詞的更多資訊。

• TCPDump 的協定限定詞

TCPDump 表達式中使用的最後一種限定詞類型就是協定限定詞。毫無疑問，協定限定詞可以讓您選擇 TCPDump 捕獲的協定。TCPDump 可以捕獲的協定包括：

乙太網（在 TCPDump 語法中縮寫為 ether）、WLAN、TCP、UDP、ICMP、IP、IPv6（在 TCPDump 語法中縮寫為 ip6）、ARP、反向 ARP（縮寫為 rarp）等。

• 原語

除了類型、傳輸方向、協定三種主要的限定詞之外，使用 TCPDump 還需要瞭解的就是原語了。原語是捕獲封包時幫助指定額外參數的關鍵字。在 TCPDump 中常用的原語包括：

- 算術運算子
- broadcast
- gateway
- greater
- less

算術運算子包括 +、-、*、/、>、<、>=、<=、=、!= 及一些其他運算子。TCPDump 能運用很複雜的算術運算子和封包的偏移量來搜尋封包。在這裡我將其留給讀者自己練習，瞭解這些運算子能做什麼。

broadcast 原語，當其和 ip 關鍵字或 ether 關鍵字預先一起定義後，儘管 ether 是預設搜尋的封包，但 TCPDump 將分別捕獲 IP 或乙太網的廣播封包。例如，TCPDump 表達式 ip broadcast 指定了搜尋一個 IP 網路中的廣播封包。然而，如果 TCPDump 監聽的網路介面卡沒有子網路遮罩或者所有網路介面都正在被使用，則該 broadcast 原語將無效。

原語 greater 和 less 用來搜尋長度大於、等於或小於給定長度的封包。這些原語與使用算術運算子的功能相同。例如，語句：

```
len>= 1500
```

相當於：

```
greater 1500
```

13.2.4 TCPDump 進階功能

現在，您應該已經對 TCPDump 的基礎語法，包括選項、語法和 TCPDump 表達式有了一定的瞭解。只需要掌握基本的 TCPDump 語法就可以進行很多的故障修理和診斷，TCPDump 的這種特性使其成為了管理聯網電腦的重要工具。然而，想要檢查更複雜的問題，您會發現自己需要瞭解 TCPDump 更進階的功能。

掌握 TCPDump 的進階功能要求對協定本身有更深的理解。瞭解 TCP 的旗標或 ICMP 的類型有助於將注意力集中到感興趣的封包。雖然瞭解這些知識同時知道怎樣去使用這些知識，對使用 TCPDump 並不是必需的，但是當需要的時候就能用上這些知識是絕對有益的。請花些時間去熟悉 TCPDump 的更多語法。如測試一個封包過濾表達式，觀察其在不同的網路條件下是怎樣執行的，這些僅需要您花些時間而已。

13.3 使用 TCPDump 捕獲特定的協定

在這一節中，以監控為目的的前提下，我將舉例講解怎樣捕獲不同類型的網路資料流。在這些例子中，您將透過 TCPDump 觀察到 DNS 查詢是怎樣進行的、一些 ICMP 的例子，以及許多基於 TCP 和基於 UDP 的協定。當您瞭解了正常的資料流是怎樣的之後，我將給您示範一些很有趣的東西。特別是我將透過 TCPDump 示範一些類型的攻擊，這樣當這些攻擊進入或離開您的網路時您便能很快檢測到。

在這一節，我將用幾個不同的程式生成用來給 TCPDump 捕獲的資料流。生成與 TCP 相關的資料流的主要工具是 telnet。我將使用 telnet 來產生資料流，並反映現實環境中真正的協定（或接近真實的協定）的表現。DNS 查詢的生成工具是透過 dig 命令和 host 命令實作的。ping 和 traceroute 命令也會用到。最後，hping3 命令將被用於生成 ICMP 流量和其他有趣的封包，尤其是在攻擊的部分。除了 hping3，所有其他的程式都已被安裝在大多數的 Linux 發行版中。

13.3.1 在現實中使用 TCPDump

在這一章中，您已看到許多使用 TCPDump 來捕獲各種資料流的範例了。這些例子用於示範 TCPDump 相關表達式及其他選項的用法。現在將列舉現實生活中使用 TCPDump 捕獲特定類型資料流的例子。您使用這些例子的情況可能很不同，但我將儘量讓您瞭解為什麼您可以用這樣的例子。當在現實世界中試圖去捕獲資料流時，瞭解怎樣建立一個過濾表達式很有用。我在前面簡要地介紹了這個話題。但在提出訣竅性的解決方案之前，我將透過捕獲一個 HTTP session 這個特定目標，向您示範怎樣建立一個過濾規則。

• 建立一個捕獲 HTTP session 的過濾規則

HTTP 是 Web 的語言。HTTP 通常以依賴於 TCP，而 TCP 依賴於 IP。我選擇 HTTP 作為現實中捕獲資料流的第一個例子，僅僅是因為人們往往熟悉用瀏覽器來瀏覽網頁，但是他們可能不知道底層的協定。

IP 協定是一個非連接的協定，而 TCP 是一個連接導向的協定。TCP 使用三次握手來開始一個 session。HTTP 利用 TCP 連接導向的特性，但實際上並不知道更底層的（回想下 OSI 模型）協定。HTTP 所需要做的僅僅是將資料傳遞到下一層。當一個 HTTP session 開始後，透過 TCPDump 您首先看到的就是 TCP 的三次握手及緊接的特定協定資料。

在大多數情況下，HTTP 資料流都是流向埠 80 的。

注意

透過查看 /etc/services檔案可以瞭解到通常使用的服務執行在哪個埠上。請記住，埠號的資源分配工作一直由 IANA負責。您可以從 http://www.iana.org/assignments/port-numbers獲得最新、最完整的正式埠號的分配列表。然而，謹記一點，沒有什麼原因可以使人們將一個服務執行在別的埠上，而不選擇執行在正式的埠上！

由於 HTTP 通常執行在 80 埠，知道這個概念後，讓我們使用基本 TCPDump 表達式來觀測埠 80 上的資料流作為開始，如這樣的表達式：

```
tcpdump 'port 80'
```

執行該命令，當瀏覽一個網頁時，將生成這樣的資料流：

```
tcpdump: verbose output suppressed, use -v or -vv for full protocol
decode
listening on eth0, link-type EN10MB (Ethernet), capture size 96 bytes

17:15:38.934337 IP client.braingia.org.4485 > test.example.com.www: \
        S 523004834:523004834(0) win 5840 \
                <mss 1460,sackOK,timestamp 249916003 0,nop,wscale 0>

17:15:38.984650 IP test.example.com.www > client.braingia.org.4485: S \
        2810959978:2810959978(0) ack 523004835 win 5792 \
                <mss 1460,sackOK,timestamp 1320060704
249916003,nop,wscale 0>

17:15:38.984684 IP client.braingia.org.4485 > test.example.com.www: \
        . ack 1 win 5840 <nop,nop,timestamp 249916008 1320060704>

17:15:38.985326 IP client.braingia.org.4485 > test.example.com.www: \
        P 1:462(461) ack 1 win 5840 <nop,nop,timestamp 249916008
1320060704>

17:15:39.038067 IP test.example.com.www > client.braingia.org.4485: . \
        ack 462 win 6432 <nop,nop,timestamp 1320060710 249916008>

17:15:39.065141 IP test.example.com.www > client.braingia.org.4485: . \
        1:1449(1448) ack 462 win 6432 <nop,nop,timestamp 1320060712
249916008>

17:15:39.065183 IP client.braingia.org.4485 > test.example.com.www: . \
        ack 1449 win 8688 <nop,nop,timestamp 249916016 1320060712>
```

注意

為了增強可讀性，我已經將執行的結果進行了截取，在後面的章節中我將延續這種做法。

請注意 TCPDump 輸出的最前面兩行。這種情況下，第一行提示了如果想要顯示封包內部的資訊內容，需要使用更詳細的現實輸出模式；第二行顯示了 TCPDump 正在監聽的網路介面的狀態，同時還提供了捕獲的封包的長度。

下一行內容為捕獲到的結果，結果的第一行正是為建立 TCP 連接而進行的三次握手中發送的第一個封包（SYN）。這一行中首先引起您注意的可能是時間戳，而後是協定（IP）。接下來是發出封包的電腦主機名稱（client.braingia.org）和資料流的來源埠號（4485）。該來源電腦名稱和原埠號組合構成了能被識別的來源。大於號（>）示範了資料流的傳輸方向和資料流的目的位址，在這裡是 test.example.com.www。www 表示資料流發往的目的電腦的目的埠。

TCPDump 輸出的捕獲結果中下一個值得注意的就是旗標（Flags）項目，旗標項目內容用大寫字母 S 表示。回憶一下第 1 章，TCP 標頭可以包含許多不同的旗標以表明封包的特定狀況。如果您猜測 S 表示設置了 SYN 旗標的封包，那麼恭喜您猜對了。跟在旗標後面的是封包的序列號碼間隔，它表明該封包內包含的資料容量。在這個例子中，序列號碼間隔（523004834:523004834(0)）的長度為零。這一行的下一項為窗口大小，在輸出中表示為 win 5840。最後，包含在括號內的是包含在封包中的選項。儘管這些選項有時候有用，但在現實中您幾乎不用關心它們。

現在，您已經透過 TCPDump 看到了 TCP 三次握手中的一個封包了。別著急，後面的比這精彩得多。捕獲內容的下一行包含了從 test.example.com 到來的響應封包。請注意時間戳已經增加了，並且協定仍是 IP。然而，現在的來源為主機 test.example.com 的埠 80，目的地為 client.braingia.org.4485。在來源 > 目的這個區域後面是標識 S，表示該封包中 SYN 旗標被設置。同時序列號碼間隔也與之前的不同，2810959978:2810959978(0)。這是因為 test.example.com 選擇了它自己的序列號碼。這個封包中我們未注意到的與之前不同的地方在於 ack 523004835。這是 TCP 三次握手的第二階段，通常稱為 SYN-ACK 封包。在封包中，最初的目的電腦正在針對特定埠的 TCP 連接請求進行應答。請注意 ack 之後的數字等於第一個封包中的來源序列號碼（523004834）加 1。這是協定進行的特徵。

捕獲的第三個封包，是建立 TCP 連接步驟的最後一部分，在這裡再次列出來以供參考：

```
17:15:38.984684 IP client.braingia.org.4485 > test.example.com.www: . \
        ack 1 win 5840 <nop,nop,timestamp 249916008 1320060704>
```

在封包中，來源電腦對連接的建立進行應答。注意在封包的輸出中有一個點（.）。這通常意謂著封包中沒有旗標被設置，但是一些像 ACK 這樣的旗標會在輸出行中的其他地方出現。來源電腦這端將 ACK 旗標設置，同時為該連接設置一個初始序列號碼。可以說在此時，TCP 連接已經建立。從上述看來好像是花費了很多的功夫來建立連接，您可能會疑問這一節不是要介紹 HTTP 嗎？當然是的，緊接著捕獲到的輸出就是 HTTP 連接的過程：

```
17:15:38.985326 IP client.braingia.org.4485 > test.example.com.www: \
      P 1:462(461) ack 1 win 5840 <nop,nop,timestamp 249916008
1320060704>

17:15:39.038067 IP test.example.com.www > client.braingia.org.4485: .ack \
      462 win 6432 <nop,nop,timestamp 1320060710 249916008>

17:15:39.065141 IP test.example.com.www > client.braingia.org.4485: . \
      1:1449(1448) ack 462 win 6432 <nop,nop,timestamp 1320060712
249916008>

17:15:39.065183 IP client.braingia.org.4485 > test.example.com.www: . \
      ack 1449 win 8688 <nop,nop,timestamp 249916016 1320060712>
```

來源端發送資料的開頭以進行通訊。請注意初始封包的 PUSH 旗標被設置，並且序列號碼正在遞增。通訊兩端交替對封包進行確認，同時資料被傳輸。但由於我所執行的 TCPDump 的命令（tcpdump 'port 80'）的原因，並不能看到更多的資訊。因此，我將透過添加我常用於查看封包內容的選項以改進該命令。在這裡我並不會對每個選項進行一一列舉，這些留給讀者自己去觀察每一個選項的實際功能，這些都在本章的前面進行過介紹。下面便是已經改進的命令：

```
tcpdump -vv -x -X -s 1500 'port 80'
```

透過執行這個命令的同時，我會生成額外的 Web 資料流。下面是兩個半封包中的內容，它們緊跟在三次握手之後：

```
18:18:51.986230 IP (tos 0x0, ttl 64, id 10907, offset 0, flags [DF], \
        length: 513) client.braingia.org.4564 > test.example.com.www: \
                P [tcp sum ok] 1:462(461) ack 1 win 5840
<nop,nop,timestamp
                              250295308 1320440053>
  0x0000: 0090 2741 78f0 00e0 1833 2ee8 0800 4500 ..'Ax....3....E.
  0x0010: 0201 2a9b 4000 4006 044b c0a8 010a 455d ..*.@.@..K....E]
  0x0020: 0302 11d4 0050 0c9b 1ea0 9627 33f8 8018 .....P..... '3...
  0x0030: 16d0 4915 0000 0101 080a 0eeb 340c 4eb4 ..I.........4.N.
  0x0040: 50f5 4745 5420 2f20 4854 5450 2f31 2e30 P.GET./.HTTP/1.0
  0x0050: 0d0a 486f 7374 3a20 7777 772e 6272 6169 ..Host:.text.exam
  0x0060: 6e67 6961 2e6f 7267 0d0a 4163 6365 7074 ple.com..Accept
  0x0070: 3a20 7465 7874 2f68 746d 6c2c 2074 6578 :.text/html,.tex
  0x0080: 742f 706c 6169 6e2c 2061 7070 6c69 6361 t/plain,.applica
  0x0090: 7469 6f6e 2f6d 7377 6f72 642c 2061 7070 tion/msword,.app
  0x00a0: 6c69 6361 7469 6f6e 2f70 6466 2c20 6170 lication/pdf,.ap
  0x00b0: 706c 6963 6174 696f 6e2f 6f63 7465 742d plication/octet-
  0x00c0: 7374 7265 616d 2c20 6170 706c 6963 6174 stream,.applicat
  0x00d0: 696f 6e2f 782d 7472 6f66 662d 6d61 6e2c ion/x-troff-man,
  0x00e0: 2061 7070 6c69 6361 7469 6f6e 2f78 2d74 .application/x-t
  0x00f0: 6172 2c20 6170 706c 6963 6174 696f 6e2f ar,.application/
  0x0100: 782d 6774 6172 2c20 6170 706c 6963 6174 x-gtar,.applicat
  0x0110: 696f 6e2f 7274 662c 2061 7070 6c69 6361 ion/rtf,.applica
  0x0120: 7469 6f6e 2f70 6f73 7473 6372 6970 742c tion/postscript,
  0x0130: 2061 7070 6c69 6361 7469 6f6e 2f67 686f .application/gho
  0x0140: 7374 7669 6577 2c20 7465 7874 2f2a 0d0a stview,.text/*..
  0x0150: 4163 6365 7074 3a20 6170 706c 6963 6174 Accept:.applicat
  0x0160: 696f 6e2f 782d 6465 6269 616e 2d70 6163 ion/x-debian-pac
  0x0170: 6b61 6765 2c20 6175 6469 6f2f 6261 7369 kage,.audio/basi
  0x0180: 632c 202a 2f2a 3b71 3d30 2e30 310d 0a41 c,.*/*;q=0.01..A
  0x0190: 6363 6570 742d 456e 636f 6469 6e67 3a20 ccept-Encoding:.
  0x01a0: 677a 6970 2c20 636f 6d70 7265 7373 0d0a gzip,.compress..
  0x01b0: 4163 6365 7074 2d4c 616e 6775 6167 653a Accept-Language:
  0x01c0: 2065 6e0d 0a55 7365 722d 4167 656e 743a .en..User-Agent:
  0x01d0: 204c 796e 782f 322e 382e 3472 656c 2e31 .Lynx/2.8.4rel.1
  0x01e0: 206c 6962 7777 772d 464d 2f32 2e31 3420 .libwww-FM/2.14.
  0x01f0: 5353 4c2d 4d4d 2f31 2e34 2e31 204f 7065 SSL-MM/1.4.1.Ope
  0x0200: 6e53 534c 2f30 2e39 2e36 630d 0a0d 0a nSSL/0.9.6c....
  18:18:52.039595 IP (tos 0x0, ttl 48, id 25346, offset 0, flags [DF], \
        length: 52) test.example.com.www > client.braingia.org.4564: .
```

```
                    [tcp sum ok] 1:1(0) ack 462 win 6432
<nop,nop,timestamp
                            1320440059 250295308>
  0x0000: 00e0 1833 2ee8 0090 2741 78f0 0800 4500 ...3....'Ax...E.
  0x0010: 0034 6302 4000 3006 ddb0 455d 0302 c0a8 .4c.@.0...E]....
  0x0020: 010a 0050 11d4 9627 33f8 0c9b 206d 8010 ...P...'3....m..
  0x0030: 1920 6799 0000 0101 080a 4eb4 50fb 0eeb ..g.......N.P...
  0x0040: 340c                                    4.
  18:18:52.047021 IP (tos 0x0, ttl 48, id 25347, offset 0, flags [DF], \
        length: 1500) test.example.com.www > client.braingia.org.4564:\
                    . 1:1449(1448) ack 462 win 6432 <nop,nop,timestamp \
                            1320440059 250295308>
  0x0000: 00e0 1833 2ee8 0090 2741 78f0 0800 4500 ...3....'Ax...E.
  0x0010: 05dc 6303 4000 3006 d807 455d 0302 c0a8 ..c.@.0...E]....
  0x0020: 010a 0050 11d4 9627 33f8 0c9b 206d 8010 ...P...'3....m..
  0x0030: 1920 b9f7 0000 0101 080a 4eb4 50fb 0eeb ..........N.P...
  0x0040: 340c 4854 5450 2f31 2e31 2032 3030 204f 4.HTTP/1.1.200.O
  0x0050: 4b0d 0a44 6174 653a 2054 7565 2c20 3237 K..Date:.Tue,.27
  0x0060: 204a 756c 2032 3030 3420 3233 3a31 393a .Jul.2004.23:19:
  0x0070: 3030 2047 4d54 0d0a 5365 7276 6572 3a20 00.GMT..Server:.
  0x0080: 4170 6163 6865 2f31 2e33 2e32 3620 2855 Apache/1.3.26.(U
  0x0090: 6e69 7829 2044 6562 6961 6e20 474e 552f nix).Debian.GNU/
  0x00a0: 4c69 6e75 7820 6d6f 645f 6d6f 6e6f 2f30 Linux.mod_mono/0
  0x00b0: 2e31 3120 6d6f 645f 7065 726c 2f31 2e32 .11.mod_perl/1.2
  0x00c0: 360d 0a43 6f6e 6e65 6374 696f 6e3a 2063 6..Connection:.c
  0x00d0: 6c6f 7365 0d0a 436f 6e74 656e 742d 5479 lose..Content-Ty
  0x00e0: 7065 3a20 7465 7874 2f68 746d 6c3b 2063 pe:.text/html;.c
  0x00f0: 6861 7273 6574 3d69 736f 2d38 3835 392d harset=iso-8859-
<output truncated>
```

請注意這份輸出包含了實際的請求（查看第一個封包，靠近 GET./.HTTP/1.0 的內容）並且包含了部分從 Web 伺服器到來的響應。所有的資料流都是以純文字的方式進行，因為 HTTP 未進行加密。這份輸出同時包含了十六進制和 ASCII。如果只想在輸出中顯示 ASCII 的話，請移除 `-x` 和 `-X` 選項並添加一個 `-A` 選項。我個人認為同時顯示十六進制和 ASCII 有些時候很有用。

用 TCPDump 捕獲 HTTP 資料流就介紹到這裡。對命令進行改進後擴展表達式，可以過濾出特定的來源或目的地的封包。切記使用上述命令只能捕獲埠 80 上的資料流。如果您將 HTTP 資料流執行在了另外的埠上，請用該埠號替換（或添加到其中）範例命令中的埠號。

• 捕獲一個 SMTP 會話

捕獲一個 SMTP 與捕獲一個 HTTP session 的方式不同。開始您需要使用基礎的 TCPDump 選項，接下來建構表達式來捕獲適當類型的資料，表達式中包括協定、埠和源或目的主機。例如，下面是一個使用 TCPDump 常用選項來捕獲埠 25 上資料流的例子：

```
tcpdump -vv -x -X -s 1500 'port 25'
```

TCP 連接的三次握手建立程序與前面一樣，如以下所示：

```
20:40:08.638690 murphy.debian.org.45772 > test.example.com.smtp: \
         S [tcp sum ok] 1485971964:1485971964(0) win 5840 <mss 1460,
                   sackOK,timestamp 795074473 0,nop,wscale 0> (DF) \
                             (ttl 57, id 65109, len 60)
0x0000 4500 003c fe55 4000 3906 deae 9252 8a06 E..<.U@.9....R..
0x0010 455d 0302 b2cc 0019 5892 21fc 0000 0000 E]......X.!.....
0x0020 a002 16d0 8ffe 0000 0204 05b4 0402 080a ................
0x0030 2f63 dfa9 0000 0000 0103 0300           /c..........
20:40:08.638769 test.example.com.smtp > murphy.debian.org.45772: S \
          [tcp sum ok] 2853594323:2853594323(0) ack 1485971965 win 5792 \
                   <mss 1460,sackOK,timestamp 132 1286843
795074473,nop,wscale 0> \
                             (DF) (ttl 64, id 0, len 60)
0x0000 4500 003c 0000 4000 4006 d604 455d 0302     E..<..@.@...E]..
0x0010 9252 8a06 0019 b2cc aa16 64d3 5892 21fd     .R........d.X.!.
0x0020 a012 16a0 f5b6 0000 0204 05b4 0402 080a     ................
0x0030 4ec1 3cbb 2f63 dfa9 0103 0300           N.<./c......
20:40:08.640600 murphy.debian.org.45772 > test.example.com.smtp: . \
           [tcp sum ok] 1:1(0) ack 1 win 5840 <nop,nop,timestamp \
                   795074473 1321286843> (DF) (ttl 57, id 65110, len 52)
0x0000 4500 0034 fe56 4000 3906 deb5 9252 8a06     E..4.V@.9....R..
0x0010 455d 0302 b2cc 0019 5892 21fd aa16 64d4     E]......X.!...d.
0x0020 8010 16d0 244c 0000 0101 080a 2f63 dfa9     ....$L....../c..
0x0030 4ec1 3cbb                         N.<.
```

三次握手程序中實在沒有什麼新的東西好介紹。同時在三次握手程序中，ASCII 輸出也沒有那麼有用。

如 HTTP 一樣，在初始化 TCP 握手後，SMTP 會話將開始：

```
20:40:08.683352 test.example.com.smtp > murphy.debian.org.45772: P \
         [tcp sum ok] 1:51(50) ack 1 win 5792 <nop,nop,timestamp \
                1321286848 795074473> (DF) (ttl 64,id 22639, len 102)
0x0000 4500 0066 586f 4000 4006 7d6b 455d 0302    E..fXo@.@.}kE]..
0x0010 9252 8a06 0019 b2cc aa16 64d4 5892 21fd    .R........d.X.!.
0x0020 8018 16a0 bd07 0000 0101 080a 4ec1 3cc0    ............N.<.
0x0030 2f63 dfa9 3232 3020 6466 7730 2e69 6367    /c..220.test.exa
0x0040 6d65 6469 612e 636f 6d20 4553 4d54 5020    mple.com.ESMTP.
0x0050 506f 7374 6669 7820 2844 6562 6961 6e2f     Postfix.(Debian/
0x0060 474e 5529 0d0a                            GNU)..
20:40:08.684581 murphy.debian.org.45772 > test.example.com.smtp: . [tcp
sum ok]
  1:1(0) ack 51 win 5840 <nop,nop,timestamp 795074478 1321286848> (DF)
(ttl 57, i
d 65111, len 52)
0x0000 4500 0034 fe57 4000 3906 deb4 9252 8a06     E..4.W@.9....R..
0x0010 455d 0302 b2cc 0019 5892 21fd aa16 6506     E]......X.!...e.
0x0020 8010 16d0 2410 0000 0101 080a 2f63 dfae     ....$......./c..
0x0030 4ec1 3cc0                              N.<.
20:40:08.685428 murphy.debian.org.45772 > test.example.com.smtp: P [tcp
sum ok]
  1:25(24) ack 51 win 5840 <nop,nop,timestamp 795074478 1321286848> (DF)
(ttl 57,
  id 65112, len 76)
0x0000 4500 004c fe58 4000 3906 de9b 9252 8a06      E..L.X@.9....R..
0x0010 455d 0302 b2cc 0019 5892 21fd aa16 6506      E]......X.!...e.
0x0020 8018 16d0 3cc4 0000 0101 080a 2f63 dfae      ....<......./c..
0x0030 4ec1 3cc0 4548 4c4f 206d 7572 7068 792e      N.<.EHLO.murphy.
0x0040 6465 6269 616e 2e6f 7267 0d0a               debian.org..
```

• 捕獲一個 SSH 會話

雖然不可能真正地捕獲一個 SSH 會話，但可以觀察到該協定連接建立的一部分。由於 SSH 是被加密的，因此在實際 session 過程中您看不到 SSH 的認證和其他資料資訊。還有一點值得注意，如果您能存取伺服器的私有密鑰，理論上來說您就可能對 SSH 連接的內容進行解密。這麼做則完全超出了本書討論的範圍。

在這裡，我將怎麼捕獲 SSH 連接（包括建立）留給讀者自己去練習，透過練習，您可以看到 SSH 的連接程序。

• 捕獲其他基於 TCP 的協定

捕獲其他基於 TCP 的協定的程序與前面列舉的例子很相似。例如，TCPDump 能夠捕獲 POP3 連接，可以捕獲全部的資料流，因為 POP3 像 SMTP 一樣是使用明文傳輸的。但是還有一個協定值得瞭解，因為它困擾了網路管理員很長時間，這個協定就是 FTP。

FTP 使用兩個 TCP 埠 20 和 21。埠 21 通常用於傳輸命令，有時被稱為控制通道（control channel）。埠 20 被 FTP 用於傳輸資料，它有時被稱為資料通道（data channel）。因此，如果您想要使用 TCPDump 捕獲 FTP 的資料流，您需要同時捕獲埠 20 和 21。

近兩年來有這樣一種趨勢，協定使用非標準的埠進行連接，透過這種方式來繞開防火牆、封包的捕獲和過濾工具。這樣的程式包括許多點對點軟體，這種程式的封包將很難捕獲。

因為大多數在會話過程中的資料都是二進制，不具備可讀性。

• 捕獲一個 DNS 查詢

TCPDump 處理 DNS 查詢的方式與處理簡單 TCP 封包的方式稍有不同。由於只需要從捕獲的初始封包就能收集很多資訊，所以不需要添加 -s 選項來增大捕獲封包的長度（snaplen）。例如，下面是一個對簡單 DNS 查詢的追蹤，該例子用來查詢名為 www.braingia.org 的主機的 IP 位址：

```
21:18:39.289121 192.168.1.10.1514 > 192.168.1.1.53: 60792+ A? www.
braingia.org. (34) (DF)
21:18:39.289568 192.168.1.1.53 > 192.168.1.10.1514: 60792*- 1/2/2 A
192.168.1.50 (118) (DF)
```

在對該封包的追蹤中，我們可以看到主機 192.168.1.10 用臨時埠與目的主機 192.168.1.1 的 53 埠進行了通訊。其中提出了查詢的 ID，本例中為 60792。您可以看到查詢 ID 後跟著一個「+」號。這個符號表示查詢者要求對該位址進行遞迴查詢。緊跟在後面的「A?」表明這是一個位址查詢。從輸出可以看到是對位址 www.braingia.org 的查詢，查詢的大小為 34 位元組，這不包括 IP 或 UDP 標頭在內。

應答也很快到來，我們可以在輸出的下一行中看到，來源為 192.168.1.1，目的地為 192.168.1.10。如您所見，應答資料中包含著同一個查詢 ID：60792；然而，這時有兩個額外的字元：「*」和「-」。「*」表明這個應答是一個授權的回答，「-」表明伺服器支援遞迴查詢但未設置。響應後面的部分「1/2/2」表明應答報文中包含了一條解答記錄（1），兩條域名伺服器記錄（2）以及兩條附加記錄（2）。第一個解答記錄中提出的位址為 192.168.1.50。最後，得出了響應資訊的長度為 118 位元組。

- **捕獲 ping**

儘管 ping 本身看上去是無害的，但 ICMP（ping 所根據的協定）卻經常被攻擊者用來作為攻擊主機或造成嚴重破壞的一種方法。因此，不論是作為一個安全分析員、一個管理員或者一個好奇的人，您都應該透過 TCPDump 查看正常的 ICMP 活動，以便往後能夠找出異常。

ping 程式的 ICMP 通常情況下用於進行簡單的 echo 請求（echo request）和 echo 應答（echo reply）。然而，ICMP 還有更多的用法，包括通知較快的發送者何時放慢速度（來源抑制，Source Quench）、何時重新導向到其他主機（重新導向，Redirect）和其他的領域。有關 ICMP 的更多資訊可以參考第 1 章，或者採取最常用的方法，參考 ICMP 原始的 RFC 檔案以獲得該協定權威的資訊。

13.3.2 透過 TCPDump 檢測攻擊

您已經使用 TCPDump 瞭解了正常的 TCP 和 UDP 封包的蹤跡，但是怎樣才能發現不正常的行為呢？不幸的是，找到有害的行為是一件困難的事。某人在嘗試攻擊您的伺服器的時候很有可能將其攻擊隱藏在正常的封包蹤跡中。他們會試圖偽裝或混淆其行為，這往往給攻擊的檢測增加了難度。您不僅僅需要費力地在封包追蹤中完成對正常資料流的分析，還需要在柴火堆中找到那根針，它可能是一次攻擊嘗試，甚至是正在進行的攻擊。

在第 11 章講到，並不是所有的異常活動都稱為攻擊。有些不正常的行為是由於設備故障或設定不正確引起的。很多時候，封包中的異常活動是由於發現了別的形式的探測行為。大部分探測工作都是自動進行的。與其說花費很多徒勞的時間去搜尋一台有漏洞的主機，攻擊者更常利用一個程式來進行自動搜尋，當該程式發現一個脆弱的主機時向攻擊者發出警報。

並非所有行為都是自動的。攻擊是針對您的伺服器和網路有指導地進行的行為。在攻擊之前，通常有一些探測行為發生。這可能包括攻擊者手工製作的一些封包試圖去找出伺服器或網路中可能的弱點。但是很多時候，攻擊者也會有一些自動生成的探測資料，引導他們進入您的區域。如果攻擊者收到了自動掃描的提示，這個提示顯示了您的伺服器可能對某一特定類型攻擊存在弱點，那麼所有主機或整個子網都將處於攻擊者的可攻擊範圍內。

置一個主機弱點於不顧或使主機暴露其弱點，然後在這個「蜜罐（honeypot）」後觀察攻擊者對其怎樣進行攻擊。「蜜罐」是一台向攻擊者顯示弱點的主機或設備，因此看起來像是攻擊的目標。透過觀察攻擊者利用漏洞的方法或觀察他們為攻擊主機所做的，觀察者可以從中學習到如何抵禦這種行為。

如果上述所有對異常活動進行觀察的原因都不夠，這裡還有一個原因：您可能會遇到一些突發的連接。換句話說，有時候某人在連接他或她的伺服器時會錯誤地輸入 IP 位址。這種情況就像打錯了電話，而某人接通了電話後，才知道打電話的人錯誤地撥打了這個號碼。

總之，下面列出了一些異常行為的分類：

- 全自動或半自動的探測掃描；
- 受控（Directed）攻擊；
- 錯誤設定的設備；
- 錯誤的位址；
- 發生故障的設備。

掌握了上述這些種類的異常行為後，下面將對一些異常的封包蹤跡或您在正常情況下不可能看到的蹤跡進行分析。本節絕不可能包含所有可能的手工製作和異常的封包。只是希望您在執行調查時能瞭解到一些異常行為的表現。

- **正常掃描（Nmap）**

有些時候攻擊者會透過對您的子網或獨立的 IP 位址進行掃描以尋找開放埠。這種掃描可能是無罪的嘗試或者是為查看可以攻擊的服務而進行的探測行為。很多時候這種掃描基本上都是完全自動的，攻擊者安裝一個或多個自動程式（bot），自動地掃描可被利用的軟體版本的弱點。

使用 Nmap 程式的下列命令就可以模擬建立一個這樣的掃描：

```
nmap -sT 192.168.1.2
```

使用 TCPDump 捕獲的 Nmap 埠掃描的結果在下面得出；請注意我已經截斷了輸出，因為 Nmap 掃描了多達 1650 個埠。我已經對捕獲的結果做了分割，以更容易地對其進行講解。

Nmap 的掃描從發往目標主機的 ICMP 的 echo 請求開始，如以下所示。請注意，因為該 ICMP 交換可以人為地在執行 Nmap 掃描時禁用，所以下面的資訊可能有時不顯示：

```
12:31:21.834284 IP 192.168.1.10 > 192.168.1.2: icmp 8: echo request seq
27074
12:31:21.834508 IP 192.168.1.2 > 192.168.1.10: icmp 8: echo reply seq
27074
```

接著 Nmap 尋找預設的 HTTP 埠：80 埠。可以看到該掃描從掃描者主機的一個臨時埠發起，而目標是接收方的 80 埠。這種情況下，接收方主機 192.168.1.2 正在監聽埠 80，其會返回一個 TCP 響應給掃描主機，該響應訊息的 TCP RST 旗標位元被設置的同時序列號碼被設置：

```
12:31:21.834318 IP 192.168.1.10.60034 > 192.168.1.2.80: .ack 2624625246
win 4096
12:31:21.834363 IP 192.168.1.2.80 > 192.168.1.10.60034: R \
        2624625246:2624625246(0) win 0
```

下一步，Nmap 掃描 telnet 埠：tcp/23。請注意它和前一個掃描的區別。掃描的埠不同，響應的封包也不同。在這種情況下，接收主機並沒有在 TCP 埠 23 上進行監聽，因此其響應的封包只是將 TCP RST 旗標位元設置，但是 TCP 序列號碼設置為 0：

```
12:31:21.935005 IP 192.168.1.10.3171 > 192.168.1.2.23: S
752173650:752173650(0) \
        win 5840 <mss 1460,sackOK,timestamp 1421906912 0,nop,wscale 0>
12:31:21.935046 IP 192.168.1.2.23 > 192.168.1.10.3171: R 0:0(0) ack
752173651 win 0
```

下面輸出的這些封包基本上和前面的 telnet 埠掃描相同，在這些掃描埠上接收主機都沒有進行監聽：

```
12:31:21.935129 IP 192.168.1.10.3172 > 192.168.1.2.554: S
758180552:758180552(0) \
        win 5840 <mss 1460,sackOK,timestamp 1421906912 0,nop,wscale 0>
12:31:21.935186 IP 192.168.1.2.554 > 192.168.1.10.3172: R 0:0(0) ack
758180553 win 0
12:31:21.935149 IP 192.168.1.10.3174 > 192.168.1.2.21: S
751983738:751983738(0) \
        win 5840 <mss 1460,sackOK,timestamp 1421906912 0,nop,wscale 0>
12:31:21.935289 IP 192.168.1.2.21 > 192.168.1.10.3174: R 0:0(0) ack
751983739 win 0
12:31:21.935255 IP 192.168.1.10.3175 > 192.168.1.2.1723: S
757954867:757954867(0) \
        win 5840 <mss 1460,sackOK,timestamp 1421906912 0,nop,wscale 0>
12:31:21.935320 IP 192.168.1.2.1723 > 192.168.1.10.3175: R 0:0(0) \
        ack 757954868 win 0
```

最後，找到了一個開放的埠 tcp/25，即眾所周知的 SMTP 埠：

```
12:31:21.935381 IP 192.168.1.10.3176 > 192.168.1.2.25: S
762467904:762467904(0) \
        win 5840 <mss 1460,sackOK,timestamp 1421906912 0,nop,wscale 0>
12:31:21.935448 IP 192.168.1.2.25 > 192.168.1.10.3176: S
2645882457:2645882457(0)\
        ack 762467905 win 5792 <mss 1460,sackOK,timestamp \
                921140115 1421906912,nop,wscale 7>
```

正如前面提到的那樣，Nmap 將繼續掃描其餘的 1650 個埠。在這裡我就不一一列舉了，剩下的那些肯定和已經示範的大同小異。

當遇到埠掃描時，您的響應取決於您的安全策略。如果我注意到大範圍的埠掃描，我通常會將發起掃描的主機的位址阻塞。然而，因為我並沒有每天 24 小時守在電腦前，所以我使用了一個叫做 PortSentry 的工具來監控這種類型的活動。然而，還有其他的反埠掃描軟體，包括 Snort 的插件。

• Smurf 攻擊

Smurf 攻擊屬於 DoS 攻擊，該攻擊是攻擊者使用偽造的來源位址向一個或多個廣播位址發送 ICMP 的 echo 請求。這個偽造的來源位址正是被攻擊的物件，它將被來自其他網路的廣播位址主機的 echo 應答資訊淹沒。想像一下一台擁有很窄且很慢的網際網路連接的電腦接收來自 254 個主機的 echo 應答的場景。現在再想像一下接收的是來自 100 個網路，且每個網路都擁有 254 台主機的 echo 應答資訊的情景。這樣不斷地接收 ICMP 應答資訊，不需多時整個網路將癱瘓。

用 hping3 命令建立上述攻擊行徑：

```
hping3 -1 -a 192.168.1.2 192.168.1.255
```

在受到攻擊的網路中，只有一個主機響應該廣播 ping；但是無法確保其他網路中沒有大數量的主機會對該廣播 ping 進行響應：

```
12:57:06.871156 IP 192.168.1.2 > 192.168.1.255: icmp 8: echo request seq 0
12:57:06.871637 IP 192.168.1.8 > 192.168.1.2: icmp 8: echo reply seq 0
12:57:07.870259 IP 192.168.1.2 > 192.168.1.255: icmp 8: echo request seq 256
12:57:07.871008 IP 192.168.1.8 > 192.168.1.2: icmp 8: echo reply seq 256
12:57:08.870132 IP 192.168.1.2 > 192.168.1.255: icmp 8: echo request seq 512
12:57:08.870880 IP 192.168.1.8 > 192.168.1.2: icmp 8: echo reply seq 512
```

現在還沒有一個很好的基於主機的防禦方法來抵禦 Smurf 攻擊。即使是 ICMP 響應被獨立主機所禁用，網路頻寬仍將被大量進入網路的應答資訊所消耗。

當發現一個 Smurf 攻擊時，最有效的方法就是禁止發往廣播位址的 ICMP echo 請求透過邊界路由器。這意謂著您不能只依賴別人是好網友。另外，ICMP 的 echo

應答必須在距您盡可能遠的上游被過濾。然而，我並不支援過濾掉所有的 ICMP echo 應答。一個更好的解決方案是在距您盡可能遠的上游對 echo 應答進行限速，同時允許為了診斷問題而進行的正當應答。

• Xmas Tree 攻擊和 TCP 標頭旗標

Xmas Tree 攻擊這樣被命名是因為，TCP 標頭的所有位元旗標都被設置。該攻擊方式將引起接收主機對其進行響應，因此導致拒絕服務。回想下第 1 章匯整體 TCP 旗標 SYN、RST、ACK、URG 等。這些位元從不會同時被設置，如果看見這些旗標同時出現，那麼這肯定是一個手工製作的封包。

Xmas Tree 攻擊很罕見。然而，在檢查封包時，考慮 TCP 旗標很重要。被錯誤設置的這些旗標的組合幾乎總表明這是一個手工製作的封包（儘管有時候這可能表明存在軟體錯誤或設定錯誤）。手工製作的封包的目標可能是探測或者是一次活動的攻擊，例如繞過防火牆。

下面將示範捕獲 TCP 旗標 SYN、FIN、RST 和 PUSH 同時被設置的封包，這種情況永遠不可能出現在一個現實的封包中。它是用 hping3 命令製作的：

```
hping3 -SFRP 192.168.1.2
```

下面是用 TCPDump 捕獲的三個封包。可以看到來源埠依次增加但目的埠都是 0。SFRP 顯示了 TCP 旗標都被設置。當看到這種情況時，入侵檢測員應該立刻著手根據安全策略調查封包。

```
13:20:03.989780 IP (tos 0x0, ttl 64, id 2270, offset 0, flags [none],
length: \
           40) 192.168.1.10.2687 > 192.168.1.2.0: SFRP [tcp sum ok] \
                   925164686:925164686(0) win 512
13:20:04.989734 IP (tos 0x0, ttl 64, id 9285, offset 0, flags [none], \
         length: 40) 192.168.1.10.2688 > 192.168.1.2.0: SFRP [tcp sum ok] \
                   1113258177:1113258177(0) win 512
13:20:05.989731 IP (tos 0x0, ttl 64, id 26951, offset 0, flags [none], \
          length: 40) 192.168.1.10.2689 > 192.168.1.2.0: SFRP [tcp sum ok] \
                     2097818687:2097818687(0) win 512
```

- **LAND 攻擊**

LAND 攻擊是專門針對執行微軟 Windows 系統的電腦進行的 DoS 攻擊。該攻擊在 1997 年被最先報導，它會影響 Windows 95 和 Windows NT。微軟透過對其操作系統打修補程式修補了該漏洞。然而，該漏洞又出現在了微軟的新一代操作系統中，包括 Windows XP Pack2 甚至是 Windows Server 2003。

LAND 攻擊很簡單，只需要來源和目的位址和埠都設置成接收主機的，同時將封包的 SYN 旗標置位，就實作了 LAND 攻擊。

hping3 也提供了製作這種封包的方法以便用來測試：

```
hping3 -k -S -s 25 -p 25 -a 192.168.1.2 192.168.1.2
```

使用 TCPDump 捕獲的結果如以下所示。請注意，來源和目的位址和埠都是相同的，來源埠並沒有遞增，同時埠都是臨時埠：

```
13:42:28.079339 IP 192.168.1.2.25 > 192.168.1.2.25: S
764505725:764505725(0) win 512
13:42:29.079462 IP 192.168.1.2.25 > 192.168.1.2.25: S
2081780101:2081780101(0) \win 512
13:42:30.079461 IP 192.168.1.2.25 > 192.168.1.2.25: S
390202112:390202112(0) win 512
```

13.3.3 使用 TCPDump 記錄流量

當我為小型網際網路服務供應商做諮詢時，我注意到在每天早上 3:00 的時候，網路流量都會出現常規的、明顯的峰值，並且持續 15 分鐘到 1 小時。我的目標就是搞清楚為什麼會出現這個流量峰值。因為該流量是有規律地發生並且發生時間很怪異，我最先想到的是由於網路中的伺服器會在這個時段進行自動更新，這才導致了這個結果。

網路中的大部分伺服器都執行著 Debian Linux 並使用 apt-proxy。這意謂著只有一個本地伺服器會與外部的 Debian 更新伺服器聯繫並獲得更新所需的資訊。所有本地網路中其他的伺服器將與這個本地主伺服器進行通訊。這種方式極大地減少了網際網路使用。

儘管主伺服器可能會是導致峰值的一個因素，但我不認為其每晚更新的流量能夠達到如此大的峰值。當我查看主伺服器上的更新時間表時，我的假設得到了肯定，我發現主伺服器實際上是在另一個時間進行更新，所以根本不可能引起早晨 3:00 的峰值。

排除這個原因後，我需要做的就是在 3:00 的時候查看該流量本身。然而，我不願意熬到出現峰值的那個時間，而且儘管我醒著，我可能無法閱讀封包的蹤跡了。所以我選擇 cron。透過使用 cron 來啟動 TCPDump，我可以將封包捕獲到一個檔案中，以供稍後進行分析。這裡並沒有什麼驚喜，我並沒有什麼突破，這似乎是該問題的一個合理的解決方案。我還將交換機設定成將所有的封包複製併發往一個特定的埠，該埠連接著執行 TCPDump 的監控電腦。

TCPDump 針對這種追蹤提供了兩種方便的功能。第一種功能就是它可以將捕獲封包的輸出寫到一個檔案中，然後在以後要用時再從檔案中讀取；第二個有用的功能就是當期捕獲到設定數量的封包以後將自動退出。誠然，我可以採用其他方式來停止封包的追蹤，例如設定另一個 cron 任務以終止 TCPDump 捕獲處理序，但我認為使用 TCPDump 自帶的功能是最快和最容易的解決方案。

本章前面列舉的所有 TCPDump 命令都使用了如 port 80 或 host <n>.<n>.<n>.<n> 這樣的表達式。當您查看特定的、已知的資料流時表達式將很有用。然而，當您不確定您要尋找的是什麼時，表達式就不那麼有用了。這種情況下，最好的選擇就是將所有的資料流都捕獲並儲存下來，在回放處理期間對其進行過濾。

TCPDump 還有兩個很有用的選項未在本章提及，那就是 -w 和 -c 選項。-w 選項指示 TCPDump 將捕獲的原始報文轉儲到一個特定的檔案中，以便稍後能夠被 TCPDump 重放。特定檔案中的內容是以 TCPDump 固有格式儲存的，所以其不能用 cat、less 或 more 這樣的普通文字程式瀏覽。-c 選項會通知 TCPDump 捕獲設定的 <N> 個封包以後退出。正確設置 <N> 的值是捕獲程序中最有難度的一個環節。

捕獲的結果只需要顯示一些基本的封包資訊，包括來源位址和目的位址，以及封包的小部分位元組。為此，TCPDump 的命令可以這樣：

```
/usr/sbin/tcpdump -c 25000 -w dumpfile-n
```

在該命令中，我設置了 TCPDump 在捕獲到 25,000 個封包之後退出，並將捕獲的內容寫入到一個名為 dumpfile 的檔案，且不對來源和目的位址執行 DNS 查詢。使用該命令前需要先測試一下捕獲 25,000 個封包需要的時間以及能捕獲什麼樣的資訊。在對其進行測試後，我將該命令添加到了 cron 任務中：

```
5 3 * * * /usr/sbin/tcpdump -c 25000 -w dumpfile-n
```

這樣，捕獲將從每天早上 3:05 開始。然後在一個方便的時間，例如 11:00，當我起床之後，我會去查看 dumpfile 來確定在那個時段是否確實有資料流記錄下來。如果有資料流，我將登錄至伺服器並執行命令讀取 dumpfile：

```
tcpdump -r dumpfile -X-vv
```

執行該命令我可以看到捕獲的資料流。混在正常資料流中的有一個 FTPsession，該 session 是屬於一個網際網路上的主機和該 ISP 的大客戶主機的。在捕獲的封包中該 FTP 資料流佔據了絕大部分。我又在另一個夜晚進行了測試，同樣還是它。我已經告知了該 ISP，然後該 ISP 聯繫了其用戶，已確認是否這個 FTP 資料流是在已知的情況下進行的。如果答案是肯定的，那麼提醒用戶，這樣做將導致其用量超過每月為其分配的頻寬。

這個例子是一個典型的安全分析員的任務。找到一個異常，調查這個異常，然後針對該異常進行調查研究以排除所有的可能性，然後根據調查結果採取相應的措施。儘管最後調查的原因可能並不是任何一種未授權的攻擊，但是該調查結果仍會對用戶有幫助，使用戶在超出其每月分配的頻寬之前，糾正其網路的使用。

13.4 使用 Snort 進行自動入侵檢測

Snort 是一個非常優秀的入侵檢測軟體包，它整合了一流的技術和開源的可設定性。Snort 實際上有幾個不同的操作模式，包括嗅探器模式、封包記錄模式、入侵檢測模式和內聯模式。本節將介紹的是它的入侵檢測模式。然而，內聯模式也值得重視，因為它可以設定 Snort 和 iptables 共同工作以基於 Snort 規則動態地接受或拒絕封包。由於本章的主題的原因，當我談到 Snort 的時候，我指的是 Snort 的入侵檢測模式。

當處於入侵檢測模式下時，Snort 透過使用其定義的許多的異常流量規則來工作。這些規則中的大部分都是由您透過 Sourcefire（Snort 的製造器）預先定義的。許多其他可用的規則來源於社群，當然，您也可以在必要時編寫您自己的規則。

除了規則外，Snort 還有許多預處理程式，它們使得模組可以在封包被軟體的入侵檢測引擎處理之前查看和修改封包。儘管已有的預處理程式已經很有用了，但是您仍可以根據需要開發您自己的預處理程式。這些預先存在的預處理程式包括兩種類型的埠掃描檢測器，以幫助檢測埠掃描和在檢測到埠掃描後採取行動。還有一些預處理程式用於對 TCP 資料流進行重組以便於狀態位的分析，同時預處理程式還可以解讀 RFC 資料流以及檢查 HTTP 資料流。其他預處理程式在 Snort 的檔案中有詳細的描述，您可以從 http://www.snort.org/documents 處線上獲得它。

Snort 基於事件的檢測和報告進行工作。在 Snort 中可透過事件處理程式對事件的報告機制進行設定。事件處理程式的設定是基於臨界值的。Snort 的這種高度可設定性可以防止由於日誌記錄條目和警報引起的資料氾濫。

通常情況下您可能希望在特定的 Snort 規則被觸發時以某種方式來通知您。Snort 使用的輸出模組可以被設定為輸出到不同的位置。一個最常用的輸出模組是 alert_syslog 模組，該模組將發送警報到本地的系統日誌（syslog）中。其他的輸出模組包括 alert_fast 和 alert_full。前者將輸出簡要（fast）條目到指定的檔案，後者在事件訊息中發送整個封包標頭。除了上述幾種模組外，還有其他的輸出模組，關於它們的更多資訊您可以在 Snort 的檔案中找到。

還有一個很有趣的輸出模組是資料庫輸出模組。資料庫模組使得 Snort 可以將警報訊息發送到一個 SQL 資料庫。透過這個輸出模組的使用，您可以利用一些透過 Snort 的警報和事件產生報告的軟體。

Snort 有許多的附加功能和細微之處，這些都使得 Snort 功能更強大。如果不是最好的，那麼 Snort 也是用於入侵檢測的最好的軟體之一。

13.4.1 獲取和安裝 Snort

很多 Linux 發行版都將 Snort 作為附加軟體包包含在其中了，同時大多數發行版還包括了 Snort 規則，要麼直接包含在 Snort 軟體包中，要麼作為一個附加的軟體包。您還可以從 http://www.snort.org/ 下載 Snort。

安裝 Snort 和一些預設的規則通常可以透過在您的發行版中安裝該軟體包完成。如果您的發行版中沒有 Snort 或者可用的軟體包中不包括您需要的選項，您可以透過從原始程式碼編譯來安裝 Snort。

Snort 的軟體包是經過壓縮且歸檔的，因此在編譯之前需要解壓縮和解歸檔：

```
tar -zxvf snort-<version>.tar.gz
```

在解壓縮和解歸檔之後，您可以使用 cd 命令進入到 Snort 的來源檔案夾，然後執行設定腳本：

```
cd snort-<version>
./configure
```

執行設定腳本時可以設置很多的編譯選項。要獲得一個這些選項的列表，尤其是那些啟用資料庫或其他特定功能的選項，可以透過鍵入以下命令完成：

```
./configure --help
```

另外，在 INSTALL 檔案和其他 `<snort-source>/doc` 檔案夾下的其他檔案中也會解釋在編譯 Snort 原始程式碼時可用的選項。

執行設定腳本時，加上任何選項，則 Snort 將會搜尋不同的依賴。例如，當從原始程式碼編譯 Snort 時，您可能會收到一個錯誤，表示一個或多個依賴無法被找到，例如這樣的錯誤：

```
checking for pcre.h... no
   ERROR! Libpcre header not found, go get it from
   http://www.pcre.org
```

瞭解上述錯誤後，我就能夠安裝 pcre 開發檔案，再重新執行設定腳本，然後繼續。

在設定腳本成功地執行之後，可以用下面的命令編譯軟體：

```
make
```

執行該命令將開始軟體的編譯。如果您在編譯程序中遇到了錯誤資訊，可以查看 Snort 檔案及郵件列表檔案，看看是否是由於您的電腦體系結構而產生的錯誤訊息，以及是否是一個已知的錯誤。

最後，在軟體成功編譯後，執行下面的命令進行安裝：

```
make install
```

現在，軟體應該已經被安裝，您可以開始使用了。預設情況下，軟體會被安裝到 `/usr/local/bin`。您可以透過使用 Snort 的基本命令來進行測試，命令如下：

```
/usr/local/bin/snort -?
```

執行說明幫助選項時，輸出的內容類似下面這樣：

```
    ,,_ -*> Snort! <*-
o" )~ Version 2.3.3 (Build 14)
    '''' By Martin Roesch & The Snort Team: http://www.snort.org/team.
html
        (C) Copyright 1998-2004 Sourcefire Inc., et al.

USAGE: ./snort [-options] <filter options>
Options:
    -A   Set alert mode: fast, full, console, or none (alert file alerts
only)
         “unsock" enables UNIX socket logging (experimental).
...
<output truncated>
```

13.4.2 設定 Snort

在 Snort 的原始程式碼中包括一份範例設定檔。如果您是從您的發行版的安裝包處安裝的，同樣也會包含該設定檔。該檔案通常名為 snort.conf。在一些最流行的發行版，包括 Debian 中，該檔案（和許多 Snort 規則）位於 /etc/snort/。

如果您使用原始程式碼進行的安裝，該設定檔樣本 snort.conf 被放在 <snort-source>/etc/，而規則樣本檔案位於 <snort-source>/rules/。對於那些使用原始程式碼版本的人，我建議在 /etc/ 或 /usr/local/etc/ 處建立一個叫作 snort 的檔案夾，並將 snort.conf 設定檔和 Snort 規則放到該檔案夾下。另外，預設的 Snort 設定檔還會呼叫多個映射表以及額外的設定檔。這些檔案也可以在 <snort-source>/etc/ 檔案夾中找到。可以使用下面的命令來建立該目錄及複製所有的 Snort 檔案到該目錄下（這種方法只適用於從原始程式碼編譯安裝的 Snort）：

```
mkdir /etc/snort
cp<snort-source>/etc/snort.conf /etc/snort/
cp<snort-source>/etc/*.map /etc/snort/
cp<snort-source>/etc/*.config /etc/snort/
cp<snort-source>/rules/*.rules  /etc/snort/
```

另一個重要的修改是對 snort.conf 設定檔進行的。在您將它複製到 /etc/snort 檔案夾後，編輯該檔案並將 RULE_PATH 變數從預設的 ../rules 改為 /etc/snort。經過修改後，這個行應為：

```
var RULE_PATH /etc/snort
```

最後，用下面的命令建立 Snort 的日誌目錄：

```
mkdir /var/log/snort
```

做好所有的基礎工作後，就可以正式地開始使用 Snort 了。如果您是從您的發行版軟體包中安裝的，您可以執行如 /etc/init.d/snort start 這樣的執行控制機制來啟動 Snort。如果您是由原始程式碼編譯安裝的，您需要手動啟動 Snort，同時還要指明其設定檔的具體位置：

```
/usr/local/bin/snort -c /etc/snort/snort.conf
```

如果您得到了錯誤資訊，有可能是因為丟失了檔案。在 Snort 來源檔案夾結構中檢查丟失的檔案，並基於設定檔將其複製到適當的位置。

如果一切正常，您應該會在輸出的末尾看到這樣的訊息：

```
--== Initialization Complete ==--
```

如您所看到的，shell 提示符沒有返回。這是因為 Snort 沒有被 fork 成為常駐程式。您可以使用 Ctrl+C 結束 Snort，並在命令行中添加 -D 選項。啟動命令如下：

```
/usr/local/bin/snort -c /etc/snort/snort.conf-D
```

這時 Snort 將重新啟動並在背景執行，同時返回 shell 提示符。

除了讓 Snort 以預設的選項和規則集執行外，還有很多的 Snort 設定可用。如果要獲得更多關於 Snort 設定的資訊，請參考 Snort 檔案。

13.4.3 測試 Snort

當 Snort 在背景執行時，您可以假設它正在正常地執行，並且日誌將會被記錄到 `/var/log/snort`。然而，我不會假設任何事情，尤其是關於電腦安全的事。因此，我將使用手邊的 hping3 工具製作一兩個封包並將它們發送到執行 Snort 的主機，以此對 Snort 的安裝進行測試。

在這裡，我只是想確認 Snort 是否在正常執行和正常監控。Snort 的預設規則會檢測有害的封包，因此製作一個這樣的封包對 hping3 來說是小事一樁。在網路（192.168.1.10）的另一台主機上，我執行了下面的 hping3 命令，發送有害封包到執行著 Snort 的主機（192.168.1.2）：

```
hping3 -X 192.168.1.2
```

`-X` 選項啟動了一個 Xmas 掃描。然後讓我們查看執行 Snort 的主機中的 `/var/log/snort` 檔案，該檔案是一個警報日誌檔案，其中記錄了接收到的一些資訊，同時在該目錄下還有一個名為 192.168.1.10 的新目錄，在該目錄儲存了測試封包的原始資料。該目錄中有對我發送的封包響應的檔案，內容如下：

```
[**] BAD-TRAFFIC tcp port 0 traffic [**]
06/07-16:19:00.712543 192.168.1.10:1984 -> 192.168.1.2:0
TCP TTL:64 TOS:0x0 ID:48557 IpLen:20 DgmLen:40
*2****** Seq: 0xED1609B Ack: 0x13E893C5 Win: 0x200 TcpLen: 20
=+=+=+=+=+=+=+=+=+=+=+=+=+=+=+=+=+=+=+=+=+=+=+=+=+=+=+=+=+=+=+=+=+=+=+=+
[**] BAD-TRAFFIC tcp port 0 traffic [**]
06/07-16:19:00.712610 192.168.1.2:0 -> 192.168.1.10:1984
TCP TTL:64 TOS:0x0 ID:10034 IpLen:20 DgmLen:40 DF
***A*R** Seq: 0x0 Ack: 0xED1609B Win: 0x0 TcpLen: 20
=+=+=+=+=+=+=+=+=+=+=+=+=+=+=+=+=+=+=+=+=+=+=+=+=+=+=+=+=+=+=+=+=+=+=+=+
```

從這些輸出中可以看出，Snort 已經捕獲到了它認為有害的（實際上也是）TCP 封包。警報日誌檔案 `/var/log/snort/alert` 也包含對於警報分類很有用的資訊。下面列舉的是與前面的主機檔案相關的警報日誌檔案中的相應內容：

```
[**] [1:524:8] BAD-TRAFFIC tcp port 0 traffic [**]
[Classification: Misc activity] [Priority: 3]
06/07-16:19:00.712543 192.168.1.10:1984 -> 192.168.1.2:0
TCP TTL:64 TOS:0x0 ID:48557 IpLen:20 DgmLen:40
*2****** Seq: 0xED1609B Ack: 0x13E893C5 Win: 0x200 TcpLen: 20

[**] [1:524:8] BAD-TRAFFIC tcp port 0 traffic [**]
[Classification: Misc activity] [Priority: 3]
06/07-16:19:00.712610 192.168.1.2:0 -> 192.168.1.10:1984
TCP TTL:64 TOS:0x0 ID:10034 IpLen:20 DgmLen:40 DF
***A*R** Seq: 0x0 Ack: 0xED1609B Win: 0x0 TcpLen: 20
```

從上述的條目中我們可以看出，與特定主機檔案內容相比，該檔案中包含了更多的內容，如分類（Classification）和優先級（Priority）等，這些條目可以用來對這些警報進行分類，以及設定其優先級。分類和設定優先級都可以在警報日誌檔案中進行設定。

13.4.4 接收警報

我推薦在設定 Snort 用郵件或其他方式發送警報之前，應先使用 Snort 以獲得運用規則和設定選項方面的經驗。根據您的網路佈局，您可能很容易地發現自己被 Snort 預設規則的警報所淹沒。

回憶一下第 11 章，其中介紹了監控日誌檔案的軟體，並提到了使用 Swatch 軟體可以針對特定事件監控日誌檔案，當每一次事件發生時它將發送一封警報郵件。如果您看到我在哪裡使用它的話，恭喜您！

• 使用 Swatch 監控 Snort 警報

根據 Snort 的預設設定，Snort 將其日誌記錄在 /var/log/snort/alert。因此，建立一個 Swatch 的設定來監控這個檔案是很容易的。再次強調，Swatch 透過郵件或者警報方式發出的警報很容易使您和您的系統不堪重負，因此您應該小心地設定 Snort 警報的動作，直到您有機會再次對 Snort 做進一步的設定。

Snort 會記錄一些優先級資料在 /var/log/snort/alert 中。因此，您可以設置 Swatch 規則以監控任何優先級的資料，例如說監控優先級 3 的資料，在看到優先級 3 的資料時發送郵件。規則需要在 Swatch 的設定檔中進行設置，預設情況下，該檔案為～ /.swatchrc。下面是設定的條目：

```
watchfor /Priority:3/
    mail
```

啟動 Swatch 並將它指向 Snort 的警報檔案 /var/log/snort/alert，命令如下：

```
swatch  --tail-file=/var/log/snort/alert
```

現在，當一個優先級為 3 的警報發生時，Swatch 就將發送一封郵件。

13.4.5 關於 Snort 的最後思考

Snort 是進行自動入侵檢測的一個很好的工具。在這裡我只涉及了 Snort 很基礎的運用，發揮一個引導入門的作用。您還可以將 Snort 和 MySQL 和 ACID 結合使用，建立一個企業級的入侵檢測系統。Snort 可以按您的需求設定並且可以擴展以適應任意大小規模的機構。

13.5 使用 ARPWatch 進行監控

ARPWatch 是一個常駐程式，它監視網路中出現的新的乙太網介面。如果發現了一個新的 ARP 條目，這就表示一個電腦已經接入了網路。

ARPWatch 使用 PCap 函式庫，您可能還未將其安裝在系統中。如果還未安裝，在您設定 ARPWatch 時將會注意到這點。PCap 函式庫也叫做 libpcap，可以從 http://www.tcpdump.org/ 下載。PCap 還被如 TCPDump 這樣的網路和安全相關的程式使用。因為 TCPDump 已經介紹過了，在這裡我就不重覆 libpcap 的安裝步驟了，如果有需要您可參考「TCPDump：簡單介紹」這一節。

安裝 ARPWatch 包括對下載的 ARPWatch 解歸檔，通常情況下可以使用命令 tar -zxvf arpwatch.tar.Z。然後，將進入 ARPWatch 檔案夾，執行設定腳本：

```
./configure
```

您將看到類似下面的一系列輸出：

```
creating cache ./config.cache
checking host system type... i686-pc-linux-gnu
checking target system type... i686-pc-linux-gnu
checking build system type... i686-pc-linux-gnu
checking for gcc... gcc
checking whether the C compiler (gcc ) works... yes
... (output truncated) ...
```

如果出現了下面列出的錯誤訊息，則您需要安裝 libpcap：

```
checking for main in -lpcap... no
configure: error: see the INSTALL doc for more info
```

請參考本章前面的 TCPDump 一節，以獲得怎樣安裝 PCap 函式庫的資訊。

如果沒有出錯，或者已經安裝完了 PCap 的話，下一步就是使用 make 命令來編譯 ARPWatch 了。在 ARPWatch 的原始程式碼目錄中執行下列命令：

```
make
```

ARPWatch 將開始編譯，您會看到編譯程序的訊息，同時還有可能看到一兩個警告：

```
report.o(.text+0x409): the use of 'mktemp' is dangerous, better use
'mkstemp'
gcc -O2 -DDEBUG -DHAVE_FCNTL_H=1 -DHAVE_MEMORY_H=1 -DTIME_WITH_SYS_TIME=1 \
        -DHAVE_BCOPY=1 -DHAVE_STRERROR=1 -DRETSIGTYPE=void -DRETSIGVAL= \
                -DHAVE_SIGSET=1 -DDECLWAITSTATUS=int -DSTDC_HEADERS=1 \
                        -DARPDIR=\"/usr/local/arpwatch\" -DPATH \
                                _SENDMAIL=\"/usr/sbin/sendmail\" -I.\
                                        -Ilinux-include -c ./
arpsnmp.c
gcc -O2 -DDEBUG -DHAVE_FCNTL_H=1 -DHAVE_MEMORY_H=1 -DTIME_WITH_SYS_TIME=1 \
        -DHAVE_BCOPY=1 -DHAVE_STRERROR=1 -DRETSIGTYPE=void -DRETSIGVAL= \
                -DHAVE_SIGSET=1 -DDECLWAITSTATUS=int -DSTDC_HEADERS=1 \
                        -DARPDIR=\"/usr/local/arpwatch\" \
                                -DPATH_SENDMAIL=\"/usr/sbin/
sendmail\" \
                                        -I. -Ilinux-include -o
arpsnmp \
                                                arpsnmp.o db.o dns.o \
                                                        ec.o file.
o intoa.o \
        machdep.o util.o report.o setsignal.o version.o
report.o: In function 'report':
report.o(.text+0x409): the use of 'mktemp' is dangerous, better use
'mkstemp'
```

在編譯完成後，使用下面的命令安裝 ARPWatch：

```
make install
```

ARPWatch 預設將被安裝到 `/usr/local/sbin`。這個目錄通常在 root 路徑下，但是如果您鍵入 arpwatch 但卻收到了錯誤訊息 command not found，這時您需要在命令中提出具體目錄，如下：

```
/usr/local/bin/arpwatch
```

執行 ARPWatch 時，當其在網路中發現新的 MAC 位址時，它將向 SYSLOG 常駐程式報告。這意謂著 ARPWatch 通常會將資訊輸出到 `/var/log/messages`，因此您可以執行 grep 命令來找到 ARPWatch 發現的新主機：

```
grep arpwatch /var/log/messages
```

ARPWatch 也會發送郵件到 root 用戶，以報告新發現主機的細節資訊。郵件中包含時間、IP 位址、MAC 位址資訊：

```
   hostname: client.example.com
  ip address: 192.168.1.10
ethernet address: 0:e1:18:34:2f:e8
  ethernet vendor: <unknown>
     timestamp: Saturday, May 22, 2004 11:25:59 -0500
```

透過上面的方法，使即時地瞭解網路中出現的新主機成為了可能。這些資訊對於安全管理員監控未授權的網路的使用很有幫助。

ARPWatch 將作為常駐程式執行在背景，靜默地執行，同時根據您的需要進行報告。如果由於某些原因導致 ARPWatch 關閉，那麼可能是因為電腦進行了重啟，已存在的條目將被寫入到一個叫作 arp.dat 的檔案中（這個檔案的位置在各個系統中有所不同，如果您想要找它，可以執行 `find/-name "arp.dat"` 進行搜尋）。如果您需要重置 ARPWatch 的監控資料庫，以便它能重新獲得網路中所有主機的位址，可以在 ARPWatch 的目錄中執行下面這個命令：

```
rm arp.dat
touch arp.dat
```

這裡有一個使用 ARPWatch 的建議：確定 ARPWatch 資料檔案 arp.dat 正在監控未授權的更改。如果攻擊者可以修改這個檔案並手動地添加他或她的條目，ARPWatch 將無法在新的主機出現時警報。因此請確保 arp.dat 檔案被 AIDE（將在第 14 章「檔案系統完整性」中介紹）或其他相似的方法所監控。

13.6 小結

本章示範了一些用於入侵檢測的工具。旨在瞭解前面章節中介紹的概念的基礎上，介紹一些實際的經驗。您已經學習到了網路嗅探器的知識，特別是TCPDump，還透過 TCPDump 查看了封包和一些攻擊類型。

其他在本章中介紹的工具包括 Snort，它是一個非常優秀的入侵檢測系統。最後，還介紹了使用 ARPWatch 來監控網路中新的和非預期的 ARP 條目。

下一章將透過使用一個檔案完整性檢驗器——AIDE 來檢測檔案系統的完整性。

MEMO

14 檔案系統完整性

完整性是電腦安全的三個常用的原則之一，保密性和可用性是另外兩個原則。純粹意義上的這三個原則中，完整性意謂著確保資料是可信的，沒有以任何方式被篡改或損害。確保資料完整性的一個方面，就是確保保存資料系統的完整性。

本章介紹了一些方法，這些專門的方法可以用來確保 Linux 系統中資料的完整性。這些方法包括了檢查 Linux 系統上的檔案，確保它們沒有在您不知情的情況下被修改，還包括尋找異常，它們表示系統中存在著入侵者。

14.1 檔案系統完整性的定義

維護系統完整性是安全中的另一層次，作為安全管理員可以深切體會到這點。本章中，檔案系統完整性是指電腦系統和保存在其中的內容處於已知的正常狀態。儘管這是一個非常廣泛的定義，本章中的檔案系統完整性要求確保儲存在電腦上的檔案沒有被篡改或損害。因此，本章將專注於介紹能夠幫助您檢測檔案的工具。

14.1.1 實用的檔案系統完整性

有很多不同的工具可以用來檢測系統中檔案的完整性。在本章中，我將介紹 AIDE（進階入侵檢測環境，Advanced Intrusion Detection Environment）。AIDE 是一個開源的檔案系統完整性檢測工具。

基本的檔案完整性檢測經常使用的方法是：獲得電腦上檔案的校驗和然後將其與已知的校驗和進行比較。校驗和有時會使用雜湊值或者簽名。大多數複雜的檢測是透過 AIDE 這樣的工具完成的，本章將會對此進行介紹。

校驗和通常用於驗證下載檔案的完整性。例如，許多 Linux FTP 倉庫包含一個叫做 sha1sums 的檔案。sha1sums 檔案內含儲存於 FTP 伺服器中的檔案的校驗和。當您下載檔案時，您可以對已下載的檔案驗證校驗和。如果校驗和與伺服器上的校驗和相匹配，就說明該檔案是完好的。如果該值不匹配，就說明下載可能出現了問題，這可以節省您的時間，您無需再使用受損的檔案或浪費一張 CD-R 了。

下面的例子非常有幫助。請在控制台鍵入下面的命令：

```
sha1sum /etc/passwd
```

您會看到類似這樣的值：

```
dbf758aecfc31b789336d019f650d404fc280d64 /etc/passwd
```

請注意您的值應當與我的值完全不同，除非您用我的 password 檔案來執行該命令，否則不可能得到一樣的值。

如果您添加了用戶、刪除了用戶或執行了任何有可能影響 password 檔案的更改，生成的 sha1sum 的值都會改變。例如，如果您在 passwd 檔案中修改了某人的名字，passwd 檔案的 sha1sum 值會改變，因為檔案的內容已經不同了。接著前面的例子，您可以執行下面的命令修改 root 用戶的名字：

```
chfn root
```

您有很多不同的選項可以用來修改該用戶的帳號資訊，首先是全名（Full Name）。您可以將全名修改為您想要的值，然後對其他值做一些修改。再對 `/etc/passwd` 檔案執行 sha1sum，這時您將會得到一個不同的校驗和：

```
sha1sum /etc/passwd
a22e91a7bb7a21ca6c2b9d4f32e03f4ed3eeec37 /etc/passwd
```

14.2 安裝 AIDE

AIDE 是一個檔案完整性檢查工具，它提供許多您期望此類軟體提供的功能。更多關於 AIDE 的資訊，包括下載連結，可以從 http://aide.sourceforge.net/ 處找到。

與本書中其他的軟體一樣，AIDE 在很多發行版上都有軟體包可用，或者可以被下載和編譯。然而，在編譯 AIDE 之前您可能還需要解決一些依賴。在這種情況下，AIDE 的設定腳本將通知您需要解決的依賴，您需要下載和編譯它們（或者從系統的安裝包進行安裝），然後繼續 AIDE 的編譯。對 AIDE 的編譯與 Linux 中其他軟體的編譯基本相同，命令如下：

```
tar -zxvf aide-<NNNN>.tar.gz
cd aide-<NNNN>
./configure
make
make install
```

本章的其餘部分介紹了對編譯而成的 AIDE 的使用，而不是針對已打包的版本；如果您使用的是已打包的版本，那麼特定的目錄和命令可能會有些許不同，但基本的概念是相同的。

14.3 設定 AIDE

AIDE 與其他 Linux 應用一樣，都是透過設定檔案來執行的。設定檔案是基於文字的，其中包含了一些程式用來決定其執行特性的資訊。在您第一次執行 AIDE 時，您將建立並初始化資料庫，該資料庫將用於未來對檔案系統完整性的檢測。該資料庫會被手動地檢查以確保完整性，您還會執行一個更新處理序，用於尋找檔案系統中的改變。

14.3.1 建立 AIDE 設定檔案

在 AIDE 被安裝後，您要做的第一件事就是建立一個設定檔案。AIDE 設定檔案通常被稱為 aide.conf 並且位於 /etc/，在透過軟體包安裝的版本中位於 /etc/aide/。AIDE 設定檔案中的註解以「#」號開始。在 AIDE 的設定檔案中有三類語句：設定語句、巨集語句和選擇語句。在 Debian 系統中，AIDE 設定檔案位於 /etc/aide，並且分別被分割開來位於多個目錄下，包括一個通用的 aide.conf 檔案、一個包含特定規則的檔案夾和包含其他設置的檔案夾。

AIDE 設定檔案的核心是選擇語句，您可以使用它來決定要監控的檔案系統中的內容。設定語句也很重要，它們決定了 AIDE 如何進行操作，巨集語句可以用於建立進階的設定。AIDE 使用一系列的「參數 = 值」的格式來表明對一個給定物件執行的檢測類型。表 14.1 列出了這些描述子。

表 14.1 AIDE 設定描述子

描述子	描述
p	權限
i	索引節點（inode）
n	連結數
u	用戶
g	用戶群組
s	大小
b	塊計數
m	最後一次修改時間（mtime）
a	最後一次存取時間（atime）
c	建立時間（ctime）
ftype	檔案類型
S	檢測增長大小
sha1	Sha1 校驗和
sha256	Sha256 校驗和
rmd160	Rmd160 校驗和
tiger	Tiger 校驗和
R	p+i+n+u+g+s+m+c+md5

描述子	描述
L	p+i+n+u+g
E	空群組
>	增長的日誌檔案 p+u+g+i+n+S
haval	haval 校驗和
gost	gost 校驗和
crc32	crc32 校驗和

AIDE 還允許管理員建立可以包括預設組在內的自定義群組。這樣做既可以節省時間也可以增強設定檔案的可讀性。您可以將常用的檢測類型進行組合，作為一個自定義的群組。舉例來說，可以用幾個常用的檢測類型建立一個名為 MyGroup 的群組：

```
MyGroup p+i+n+m+md5
```

這些分組中，無論是預設的群組還是自定義的群組，都是用來確定在一個給定選擇上進行檢測的類型。您還需要在設定檔案中使用選擇語句以設定所要被檢測的檔案和目錄。選擇語句由被檢測的物件和要執行的檢測類型組成。檢測的物件可以是一個檔案、一個目錄、一個表達式或者是（更常用的）一個檔案和一些正則表達式的組合。我將在後面的小節中簡要介紹正則表達式，現在只對選擇語句舉幾個簡單的例子。

下面的選擇語句將檢測 /etc 目錄下的所有內容，尤其是查看連結數、擁有該檔案的用戶、擁有該檔案的用戶群組以及檔案的大小：

```
/etcn+u+g+s
```

如果那些屬性中的某一個意外地發生了變化，就表明它被篡改了。下面的例子使用 MyGroup 這個自定義群組來檢測 /bin 目錄下的檔案：

```
/bin MyGroup
```

可以使用「!」來忽略或跳過某一個檢測物件，以下面的例子，AIDE 忽略了 /var/log 中的所有內容：

```
!/var/log/.*
```

忽略那些會頻繁改變的內容，可以極大地減少 AIDE 報告中出現的無關緊要的資訊的行數。然而，您應該注意不要忽略得太多；否則，您可能會漏掉重要的檔案系統的更改。

設定檔案中的規則行使用正則表達式來啟用強大的匹配功能。如果您對正則表達式不太熟悉也不要太擔心，我會在這裡提供一些幫助。

使用 AIDE 來匹配檔案存在著一個主要的問題，那就是攻擊者可以繞過檔案完整性檢查。當您沒有指定一個完整的檔案名稱時，上述情況就有可能發生。例如，由於 `/var/log/` 目錄下的檔案經常改變，您想要使用下面的語法（看上去正確）跳過這些檔案：

```
!/var/log/maillog
```

然而，根據正則表達式的匹配，攻擊者可能會建立一個這樣的檔案：

```
/var/log/maillog.crack
```

由於您已經排除了 `/var/log/maillog`，AIDE 將不會檢測任何以 `/var/log/maillog` 開頭的內容。要解決這個問題您可以在檔案的末尾添加一個「`$`」符號。在正則表達式中，「`$`」代表著行末。因此，透過更改您想要排除在外的檔案的語法並且添加「`$`」符號，就可以對攻擊者的檔案進行檢測了：

```
!/var/log/maillog$
```

預設情況下，AIDE 將建立一個基於檔案的資料庫，名為 aide.db.new。這個檔案會被（手動地）轉移，以便於以後的檢測。因此，不需要在設定檔案中對資料庫名及其路徑進行修改；然而，您也可以使用下面的設定選項修改該檔案的路徑和名稱：

```
database=file:<filename>
database_out=file:<filename>
```

AIDE 還可以使用 SQL 資料庫（例如 PostgreSQL）來儲存資料庫內容，本書中不對這些設定進行介紹。

14.3.2 AIDE 設定檔案的範例

在設定時，您至少需要告訴 AIDE 檢測檔案系統的哪些部分，以及檢測使用的規則。您可以添加許多其他設定來改變 AIDE 的操作。本節將介紹一個非常基本的設定，您絕對應該將其加入您的設定，這些設定對您的 Linux 來說非常重要。

如果您是編譯的 AIDE，請打開 /usr/local/etc/aide.conf 檔案。如果該檔案不存在，請新建一個，並將下面的幾行加入到檔案中：

```
/bin R
/sbin R
/etcR+a
/lib R
/usr/lib R
```

如果您在使用從發行版（例如 Debian）獲得的軟體包的安裝版本，則設定檔案和一些包裝腳本已經存在了，您可以簡單地跳過這個部分。

14.3.3 初始化 AIDE 資料庫

擁有一個簡單的設定檔案後，需要初始化 AIDE 資料庫。這個程序所需要的時間長短不定，取決於您要檢測的檔案的數量和您電腦的可用資源。在編譯的版本中，可以簡單地使用下面的腳本初始化 AIDE 資料庫：

```
/usr/local/bin/aide --init
```

或者，如果您使用的是 Debian 中的軟體包的版本，您應該執行：

```
aideinit
```

AIDE 現在將基於您在設定檔案中選擇的準則初始化資料庫。當這一切完成之後，您將會看到類似下面的輸出：

```
AIDE, version 0.15.1
### AIDE database initialized.
```

下一步是重新命名（或移動）新建立的資料庫為 aide.db，使它成為預設資料庫或主資料庫：

```
mv /usr/local/etc/aide.db.new /usr/local/etc/aide.db
```

然後您就可以用資料庫進行檢測，看檔案系統的運轉是否正常：

```
/usr/local/bin/aide --check
```

如果一切正常，您將看到類似下面的輸出：

```
AIDE, version 0.15.1
### All files match AIDE database.Looks okay!
```

在 AIDE 資料庫初始化後，您應該立刻複製資料庫到另一個磁碟上，最好是唯讀的介質（例如 CR-R），或者安全起見，您應該將其複製到另一台電腦。如果您將 AIDE 資料庫留在該電腦上，攻擊者可以簡單地修改 AIDE 資料庫以在替換掉系統檔案後覆蓋它們的蹤跡。因此，每次更新 AIDE 資料庫之後，您都應該將資料庫複製到安全的介質。

14.3.4 調度 AIDE 自動地執行

最好用 cron 作業（調度任務）來執行 AIDE。因此，您應該調度 AIDE 自動地執行而無須人為干涉。AIDE 通常是每天執行一次，但您最好根據您的安全策略進行調度。每天執行 AIDE 最容易快捷的方法就是建立一個 crontab 條目。

可以在 root 權限下用下面的方法來建立一個 crontab 條目：

```
crontab-e
```

想要在每晚凌晨 2:00 執行 AIDE，請在 crontab 中輸入下面的語句：

```
0 2 * * * /usr/local/bin/aide-check
```

要獲得更多關於 crontab 的資訊，請參閱您所用發行版的參考檔案。

14.4 用 AIDE 監控一些壞事

現在您已經安裝並執行了檔案系統完整性檢測工具。現在該做什麼呢？現在您應該坐下來，然後等待某些事情發生嗎？通常不會發生什麼事，即使發生了一些事看上去像壞事，但很多時候並不是。

AIDE 將根據您設定的規則來監控檔案系統。使用了 cron 作業後，您將在每晚收到一份報告，包含自資料庫上一次更新後發生了變化的那些檔案的屬性。大多數情況下，這些改變都是良性的。回憶本章開頭的例子。如果您添加了一個用戶，/etc/passwd 和 /etc/shadow 等相關的檔案都會發生改變。如果您檢查 /etc 的話，AIDE 將發現其變化並做出相應的報告。然而，如果您沒有添加用戶或者沒有對 /etc/passwd 或 /etc/shadow 檔案做其他的修改，您可能需要進一步檢查，確保沒有攻擊者修改過這些重要的檔案。

當然，AIDE 還會對其他的檔案做出報告，您應該用 AIDE 密切地監控那些不希望被修改的檔案。例如，檔案 /bin/su 或 /usr/bin/passwd 只可能在一些軟體更新時被修改，一般情況下是不應該被修改的。因此，當 /bin/su 這類檔案出現在 AIDE 的報告中時，您就應該立即對檔案進行檢查，看是否真地被修改過。舉例講，假如某晚 AIDE 按正常的程序執行。早上您發現一封以下內容的郵件：

```
AIDE 0.15.1 found differences between database and filesystem!!
Start timestamp: 2014-07-31 23:50:17

Summary:
  Total number of files:          16112
  Added files:                    0
  Removed files:                  0
  Changed files:                  1
---------------------------------------------------
Changed files:
---------------------------------------------------


changed: /etc/adjtime
```

```
--------------------------------------------------
Detailed information about changes:
--------------------------------------------------

File: /etc/adjtime
 Atime：2014-07-11 05:43:38 ,        2014-07-31 23:36:06
```

預先調度好的 AIDE 在例行檢查中發現了一些東西。從上面的報告中可以很快看出問題所在：

```
Summary:
  Total number of files:    16112
  Added files:              0
  Removed files:            0
  Changed files:            1
```

下面是更為詳細的報告，報告自資料庫初始化或上次更新後增加的、發生變化的或是被移除的檔案。本例中，只有一個檔案發生了變化：

```
File:/etc/adjtime
 Atime:2014-07-11 05:43:38         , 2014-07-31 23:36:06
```

根據該報告，可以很容易地注意到 /etc/adjtime 發生了改變。

14.5 清除 AIDE 資料庫

經過一段時間後，您將發現 AIDE 檢測報告變得越來越長。這通常是由於伺服器上的正常活動產生的，例如添加或刪除用戶、更新軟體和更改設定檔案中的設置。您應該定期地更新 AIDE 資料庫，不僅僅是為了獲得更短的報告，而且也是為了更好地追蹤非預期的更改的出現。如果您沒有定期更新 AIDE 資料庫，您可能會漏掉一些由攻擊引起的改變。

您可能會問「我應該多久更新一次 AIDE 資料庫呢？」這個問題的答案很大程度上取決於您的需要和您的安全策略。當您最開始使用 AIDE 時，至少應該對最初的幾次執行都做更新（這當然也取決於安全策略），並且要一再地完善設定檔案。

您會發現一些特定檔案的更改過於頻繁，這時就需要完全排除這些檔案，或者是修改對這類檔案的檢測類型。

修改檢測類型這種做法比完全排除這些檔案要好得多。對某些檔案，AIDE 的輸出報告中的某些屬性不會經常改變，甚至不變。例如索引節點（inode）和建立時間（ctime），這些屬性是不會變化的。因此，如果您注意到特定的檔案總是出現在報告中，如果可以完全確保其安全，就可以在 AIDE 設定檔案中修改對這些檔案的檢測類型，不報告那些屬性。

在某些系統中，一個經常變化的檔案是 Samba password 檔案，`/etc/samba/smbpasswd`。對於這些系統，一般都是用 R 類型檢測（見表 14.2）對所有 `/etc/` 目錄下的檔案進行報告。對這些檔案更合適的檢測類型包括那些不經常改變的屬性，例如 inode 和 ctime。這樣的檢測在 AIDE 設定檔案中設置如下：

```
/etc/samba/smbpasswd$ c+i
```

請注意範例檔案名稱末尾的「`$`」，它表明行末。

AIDE 的報告可以為要檢測的檔案和檢測程序本身提供更詳細的列表。在更新 AIDE 設定檔案後，您需要更新資料庫，以使更改生效。下面的命令可以完成這個程序：

```
/usr/local/bin/aide --update
```

完成更新後，您將得到一個新的資料庫檔案，預設是 `/usr/local/etc/aide.db.new`。這個檔案應該被移動以覆蓋已存在的資料庫。

```
mv /usr/local/etc/aide.db.new /usr/local/etc/aide.db
```

現在執行 `aide--check` 將得到一個乾淨的結果：

```
AIDE, version 0.15.1
### All files match AIDE database.Looks okay!
```

在您更新資料庫之後，您應該將資料庫檔案複製到安全的介質或另一台電腦，以確保資料庫的完整性。

在更新了 AIDE 設定檔案和資料庫，並調度 AIDE 每晚執行後，您就已經為確保檔案系統完整性打好了基礎。您可以繼續學習下面的章節中關於 AIDE 的更進階的設置，也可以轉到第 12 章學習 Chkrootkit 這款 rootkit 檢測工具。

14.6 更改 AIDE 報告的輸出

您可能希望更靈活地設置 AIDE 報告的位置。例如，如果 AIDE 報告中所有檔案都完好無損時就不發送郵件，或者想把 AIDE 報告寫入檔案中而不是僅僅作為標準輸出。AIDE 有四個基礎的選項，用於在 AIDE 設定檔案中設定輸出。

> 注意
>
> **Linux 輸出串流**
>
> Linux 在程式執行時會產生三種輸出串流。它們是 STDIN、STDOUT 和 STDERR，分別是標準輸入、標準輸出和標準錯誤輸出的縮寫。當涉及 STDOUT 時，表示輸出到顯示器，STDERR 表示該輸出是錯誤情況產生的結果。STDIN 是指從標準輸入檔案描述子中讀取輸入的方法。

一般的 AIDE 設定選項為 `report_url`，用於設置輸出方式。預設情況下，輸出顯示在 `STDOUT` 中。輸出方式可以在下面的方式中選擇：

- STDOUT（預設）；
- STDERR；
- 文字檔案；
- 檔案描述子。

上面的四種選擇中，`STDOUT`、`STDERR` 和文字檔案較為常用。AIDE 以後的版本可能會包括一些輸出設定，實作自動發送郵件和自動輸出到 `SYSLOG` 設備。

這裡特別關注一下 AIDE 的文字檔案輸出。這種輸出可以用下面的方式指定：

```
report_url=file:/<path>/<filename>
```

例如，要設定 AIDE 將報告輸出到一個位於 /var/log/aide 目錄下自己建立的名為 aidereport.txt 的檔案中，您可以在 AIDE 設定檔案中使用這個設定選項：

```
report_url=file:/var/log/aide/aidereport.txt
```

然而，report_url 設定選項只是輸出到檔案的一種方法。因為 AIDE 的報告是由 cron 作業控制的，您可以簡單地重定義輸出到一個檔案。例如，前面有一個 crontab 的例子：

```
0 2 * * * /usr/local/bin/aide-check
```

您可以修改 cron 條目以重新導向輸出到一個檔案。這樣做將導致所有的輸出重新導向到該檔案，並且會啟用其他功能，例如命名是基於日期的。可以使用「`」（runquotes 即反引號，通常位於鍵盤裡「～」符號的按鍵處）呼叫 shell 命令來實作。cron 條目如以下所示：

```
0 2 * * * /usr/local/bin/aide --check >/var/log/aide/aidereport-'date
+%m%d%Y'.txt
```

現在 AIDE 的報告會被重新導向 STDOUT 到檔案中，檔案名稱為：

```
/var/log/aide/aidereport-<date>.txt
```

例如，對 2014 年 3 月 12 日的報告，檔案為：

```
/var/log/aide/aidereport-03122014.txt
```

如上所示設置了重新導向的設定，您將不會在 AIDE 透過 cron 作業正常執行時接收郵件。只有在 AIDE 的 cron 作業出現錯誤時才會收到郵件。因為您不會再收到郵件了，您可能會因此忘掉您監控的職責，把 AIDE 的報告丟在一邊。然而，您仍然應該按時查看這些報告，對檔案進行監控，並在合適的時候進行清理。

14.6.1 獲得更詳細的輸出

可以設定 AIDE 的報告使輸出更加詳細。在解決規則匹配的問題時，添加冗余性是非常有價值的。例如，當您設置了詳細設定選項時，您可以觀察到 AIDE 是如何建構要檢測的檔案的列表的。如果出現了不希望看到的結果或者檔案莫名其妙地被包括或排除，添加這個選項到設定或者到命令行的選項就會有所幫助。

提供詳細資訊的設定選項如下：

```
verbose=<N>
```

這裡，<N> 是一個正整數，最大值為 255。實際上，只有大於 200 的數才會對大多數檢測輸出添加額外的除錯資訊。因此，要獲得最高等級的詳細報告，請用下面的設定：

```
verbose=255
```

設置完成後，您會看到 AIDE 執行時額外輸出了很多資訊：

```
Handling / with s "/bin" with node "/"
Handling / with s "/sbin" with node "/"
Handling / with s "/etc" with node "/"
Handling / with s "/lib" with node "/"
Handling /usr with s "/usr/lib" with node "/usr"
tree: "/"
2                                  ^/bin
3                                  ^/sbin
4                                  ^/etc
5                                  ^/lib
tree: "/usr"
6                                  ^/usr/lib

AIDE, version 0.15.1

### All files match AIDE database. Looks okay!
```

輸出非常詳細（甚至超過您的預期）並且包括了 AIDE 程式本身中被呼叫的函數，以及在檢測檔案時搜尋出的檔案的細節資訊。當需要搜尋 AIDE 的設定問題時，這些輸出是非常有價值的。

14.7 在 AIDE 中定義巨集

AIDE 使用巨集來定義常用的物件以及在設定檔案中作為變數使用的物件。您也可以使用 AIDE 巨集來定義在設定檔案中使用的頂級目錄。接下來，您便可以在選擇語句中使用該巨集，它會在選擇語句中像變數一樣被替換。您還可以基於特定標準使用巨集來設置變數。巨集還可以在 AIDE 設定的控制結構（決策程式碼區塊）中使用，依據控制結構的結果來改變 AIDE 的設定。

巨集用下面的語法進行定義：

```
@@define <macro><definition>
```

用下面的語句可以取消巨集定義：

```
@@undef<macro>
```

用下面的語法在設定中使用巨集：

```
@@{<macro>}
```

簡單地使用巨集的例子就是為複雜的目錄層次建立巨集，這樣就無需在設定檔案中反覆進行複雜地鍵入了。假設您想為電腦中某一個特定的目錄結構定義巨集：

```
@@define BASEDIR /usr/src/linux
```

這個巨集便可以在進行 AIDE 的選擇設定時使用：

```
@@{BASEDIR}/.config R
!@@{BASEDIR}/doc
```

巨集的更為強大的用途之一是根據某標準改變設定。舉例講，巨集可以被用於兩種控制結構中，一種基於巨集是否被定義，另一種基於 AIDE 程式執行的主機。

控制結構都是基本的 `if/then/else` 語句，也可以使用它們的否定形式。判斷一個巨集是否被定義的語法是：

```
@@ifdef<macro>
```

@@ifdef 的否定形式是：

```
@@ifndef<macro>
```

判斷目前主機的語句是：

```
@@ifhost<hostname>
```

@@ifhost 的否定形式是：

```
@@ifnhost<hostname>
```

不管使用哪種控制結構，必須以下面的宣告結尾：

```
@@endif
```

多重控制結構中還可以加入 else 類型結構，與 if 語句相呼應，語法為：

```
@@else
```

下面是控制結構的例子。第一個例子檢查名為 SOURCE 的巨集是否被定義，如果沒有被定義則定義之：

```
@@ifndef SOURCE
@@define SOURCE /usr/src
@@endif
```

第二個例子查看 AIDE 執行所在的電腦的主機名稱，根據結果對巨集進行設置。當涉及不同主機上面不同的目錄結構，而您只想在 AIDE 設定檔案中使用其中的一個時，該控制結構就非常有用。舉例如下：

```
@@ifhost cwa
@@define LOCALBINDIR /usr/local/sbin
@@endif
```

下面的例子用到了 else 語句：

```
@@ifhost cwa
@@define LOCALBINDIR /usr/local/sbin
@@else@@define LOCALBINDIR /usr/local/bin
@@endif
```

對上面所有的例子，需要用下面的語法在設定中呼叫巨集：

```
@@{<macro>}
```

14.8 AIDE 的檢測類型

您可能想知道 AIDE 可以執行的不同的檢測類型。表 14.2 中列出了一些檢測類型。請注意，這不是一個詳盡的列表，隨著時間的推移會有新的選項被加入。

表 14.2 AIDE 檢測類型

描述子	描述
p	權限
ftype	檔案類型
i	索引節點（inode）
n	連結數
l	連結名
u	用戶
g	用戶群組
s	大小
b	塊計數
m	最後一次修改時間（mtime）
a	最後一次存取時間（atime）

描述子	描述
c	建立時間（ctime）
S	檢測增長大小
md5	md5 校驗和
sha1	sha1 校驗和
sha256	sha256 校驗和
Sha512	sha512 校驗和
rmd160	rmd160 校驗和
tiger	tiger 校驗和
R	p+i+n+u+g+s+m+c+md5
L	p+i+n+u+g
E	空群組
>	增長的日誌檔案 p+u+g+i+n+S
haval	haval 校驗和
gost	gost 校驗和
crc32	crc32 校驗和

將 AIDE 檢測類型進行歸類是非常有幫助的。AIDE 的各種檢測類型分為三種基本分類，我分別將其稱為：標準檢測、分組檢測以及校驗和檢測。標準檢測搜尋從檔案或檔案描述子收集到的資訊。這類檢測見表 14.3。

表 14.3 AIDE 的標準檢測

描述子	描述
p	權限
i	索引節點（inode）
n	連結數
u	用戶
g	用戶群組
s	大小
b	塊計數
m	最後一次修改時間（mtime）
a	最後一次存取時間（atime）

描述子	描述
c	建立時間（ctime）
S	檢測增長大小

這些標準檢測都是透過 Linux 內建的檔案系統函數進行的，這些函數都可以從檔案的 inode 條目處找到。因此，執行標準檢測比校驗和檢測更節約資源。應該對一些特定檔案的應用這種檢測，而對其他檔案使用別的檢測，以在報告中顯示更詳細的資訊。例如，一個給定檔案的 ctime（建立時間）永遠不會改變，除非它被刪除或替換。

標準檢測實際上做了什麼可能並不顯而易見。表 14.4 介紹了一些較難理解的檢測類型。

表 14.4 對幾個標準檢測的解釋說明

檢測名稱	說明
inode	在 Linux 中，Inode 保持著指定檔案的資訊。如檔案位置、權限、用戶和用戶群組以及其他有用的指示位元
連結數	連結（link）與 Windows 中的快捷方式類似。這個類型檢測可以找出給定檔案存在多少連結
mtime	mtime 指定檔案最後一次被修改的時間
atime	atime 指定檔案最後一次被存取的時間
ctime	ctime 指檔案建立的時間

另一方面，分組檢測結合了一些常用的標準檢測，見表 14.5。

表 14.5 AIDE 分組檢測

描述子	描述
R	p+ftype+i+l+n+u+g+s+m+c+md5
L	p+ftype+i+l+n+u+g
E	空群組
>	增長的日誌檔案 p+u+g+i+n+S

最後，校驗和檢測使用該檔案的加密的校驗和，本章之前對其進行了介紹，如表 14.6 所示。

表 14.6 AIDE 校驗和檢測

描述子	描述
md5	md5 校驗和
sha1	sha1 校驗和
sha256	sha256 校驗和
Sha512	sha512 校驗和
rmd160	rmd160 校驗和
tiger	tiger 校驗和
haval	haval 校驗和
gost	gost 校驗和
crc32	crc32 校驗和

不同的校驗和檢測類型之間的區別是由於生成校驗和的加密演算法的不同導致的。關於 AIDE 使用的加密演算法，就留給讀者做進一步的研究了。這裡推薦 Bruce Schneier 的 Applied Cryptography 一書，可以作為參考。

14.9 小結

本章介紹了檔案系統完整性的概念，以及它如何幫助您確保檔案沒有被意外地篡改。本章開頭先介紹了怎樣用校驗和來檢測檔案。然後進一步引出了檔案系統完整性檢測軟體包 AIDE。介紹了如何在您的系統中安裝、設定和使用 AIDE。

A 安全資源

本附錄列出了一些目前網際網路上通用的與安全相關的通知、資訊、工具、更新以及安全修補程式。網際網路上存在很多站點，而且每天都有新的站點建立，所以下面的列表只是一個起點，而不是一份完整的列表。同時附錄也是本書的通用參考區。

A.1 安全資訊資源

所有類型的安全資訊，包括通知、警告、白皮書、教程等，都可以在下面的資源中找到：

- BugTraq:

  http://www.securityfocus.com/archive/1

- CERT Coordination Center:

  https://www.us-cert.gov

- Internet Engineering Task Force (IETF):

  http://www.ietf.org/

- Packet Storm:

  http://packetstormsecurity.org/

- RFC Editor:

  http://www.rfc-editor.org/

- SANS Institute:

  http://www.sans.org/

- Security Focus:

  http://www.securityfocus.com/

A.2 參考資料和常見問題解答（FAQ）

一些有用的資料，其中一部分已經在本書中引用，可以在下面的站點中找到：

- Help Defeat Denial of Service Attacks: Step-by-Step:

  http://www.sans.org/dosstep/

- Internet Firewalls: Frequently Asked Questions:

  http://www.interhack.net/pubs/fwfaq/

- Service Name and Transport Protocol Port Number Registry (IANA):

  http://www.iana.org/assignments/port-numbers

B 防火牆範例與支援腳本

第 5 章描述了用於獨立系統的防火牆。第 6 章對該範例進行了最佳化。該範例更在第 7 章中被進一步擴展，透過對外部公用介面和內部本地網路介面，運用全套的防火牆規則，使它既可以作為閘道器也可以作為隔斷防火牆（choke firewall）。閘道器是網際網路，與包含公用伺服器的 DMZ 網路之間的連接。隔斷防火牆是私有 LAN 和 DMZ 之間的連接。

防火牆範例分散地出現在第 5、6、7 章中。附錄提供相同的防火牆範例，它們將出現在防火牆腳本之中。

B.1 第 5 章為獨立系統建構的 iptables 防火牆

第 5 章介紹了獨立的 Linux 主機中，各種服務的應用程式協議和防火牆規則。此外，儘管並不是每個人都會使用這些服務，但所有用於服務的客戶端和伺服器規則，都將在這裡進行介紹。本節首先列出的是 iptables 腳本，然後是 nftables 腳本。

完整的 iptables 防火牆腳本，應該存放在 /etc/rc.d/rc.firewall 或 /etc/init.d/firewall，如以下所示：

```
#!/bin/sh

/sbin/modprobe ip_conntrack_ftp

CONNECTION_TRACKING="1"
ACCEPT_AUTH="0"
```

```
SSH_SERVER="0"
FTP_SERVER="0"
WEB_SERVER="0"
SSL_SERVER="0"
DHCP_CLIENT="1"
IPT="/sbin/iptables"                    # Location of iptables on your system
INTERNET="eth0"                         # Internet-connected interface
LOOPBACK_INTERFACE="lo"                 # However your system names it
IPADDR="my.ip.address"                  # Your IP address
SUBNET_BASE="my.subnet.base"            # ISP network segment base address
SUBNET_BROADCAST="my.subnet.bcast"      # Network segment broadcast address
MY_ISP="my.isp.address.range"           # ISP server & NOC address range

NAMESERVER="isp.name.server.1"          # Address of a remote name server
POP_SERVER="isp.pop.server"             # Address of a remote pop server
MAIL_SERVER="isp.mail.server"           # Address of a remote mail gateway
NEWS_SERVER="isp.news.server"           # Address of a remote news server
TIME_SERVER="some.time.server"          # Address of a remote time server
DHCP_SERVER="isp.dhcp.server"           # Address of your ISP dhcp server

LOOPBACK="127.0.0.0/8"                  # Reserved loopback address range
CLASS_A="10.0.0.0/8"                    # Class A private networks
CLASS_B="172.16.0.0/12"                 # Class B private networks
CLASS_C="192.168.0.0/16"                # Class C private networks
CLASS_D_MULTICAST="224.0.0.0/4"         # Class D multicast addresses
CLASS_E_RESERVED_NET="240.0.0.0/5"      # Class E reserved addresses
BROADCAST_SRC="0.0.0.0"                 # Broadcast source address
BROADCAST_DEST="255.255.255.255"        # Broadcast destination address

PRIVPORTS="0:1023"                      # Well-known, privileged port range
UNPRIVPORTS="1024:65535"                # Unprivileged port range

SSH_PORTS="1024:65535"

###############################################################

# Enable broadcast echo Protection
echo 1 > /proc/sys/net/ipv4/icmp_echo_ignore_broadcasts

# Disable Source Routed Packets
```

```
for f in /proc/sys/net/ipv4/conf/*/accept_source_route; do
    echo 0 > $f
done

# Enable TCP SYN Cookie Protection
echo 1 > /proc/sys/net/ipv4/tcp_syncookies

# Disable ICMP Redirect Acceptance
for f in /proc/sys/net/ipv4/conf/*/accept_redirects; do
    echo 0 > $f
done

# Don't send Redirect Messages
for f in /proc/sys/net/ipv4/conf/*/send_redirects; do
    echo 0 > $f
done

# Drop Spoofed Packets coming in on an interface, which, if replied to,
# would result in the reply going out a different interface
for f in /proc/sys/net/ipv4/conf/*/rp_filter; do
    echo 1 > $f
done

# Log packets with impossible addresses.
for f in /proc/sys/net/ipv4/conf/*/log_martians; do
    echo 1 > $f
done

###############################################################

# Remove any existing rules from all chains
$IPT --flush
$IPT -t nat --flush
$IPT -t mangle --flush
$IPT -X
$IPT -t nat -X
$IPT -t mangle -X
$IPT --policy INPUT              ACCEPT
$IPT --policy OUTPUT             ACCEPT
$IPT --policy FORWARD            ACCEPT
```

```
$IPT -t nat --policy PREROUTING ACCEPT
$IPT -t nat --policy OUTPUT ACCEPT
$IPT -t nat --policy POSTROUTING ACCEPT
$IPT -t mangle --policy PREROUTING ACCEPT
$IPT -t mangle --policy OUTPUT ACCEPT
if [ "$1" = "stop" ]
then
echo "Firewall completely stopped! WARNING: THIS HOST HAS NO FIREWALL
RUNNING."
exit 0
fi
# Unlimited traffic on the loopback interface
$IPT -A INPUT   -i lo -j ACCEPT
$IPT -A OUTPUT -o lo -j ACCEPT

# Set the default policy to drop
$IPT --policy INPUT              DROP
$IPT --policy OUTPUT             DROP
$IPT --policy FORWARD DROP

###############################################################
# Stealth Scans and TCP State Flags
# All of the bits are cleared
$IPT -A INPUT -p tcp --tcp-flags ALL NONE -j DROP
# SYN and FIN are both set
$IPT -A INPUT -p tcp --tcp-flags SYN,FIN SYN,FIN -j DROP
# SYN and RST are both set
$IPT -A INPUT -p tcp --tcp-flags SYN,RST SYN,RST -j DROP
# FIN and RST are both set
$IPT -A INPUT -p tcp --tcp-flags FIN,RST FIN,RST -j DROP
# FIN is the only bit set, without the expected accompanying ACK
$IPT -A INPUT -p tcp --tcp-flags ACK,FIN FIN -j DROP
# PSH is the only bit set, without the expected accompanying ACK
$IPT -A INPUT -p tcp --tcp-flags ACK,PSH PSH -j DROP
# URG is the only bit set, without the expected accompanying ACK
$IPT -A INPUT -p tcp --tcp-flags ACK,URG URG -j DROP

###############################################################
# Using Connection State to Bypass Rule Checking
if [ "$CONNECTION_TRACKING" = "1" ]; then
```

```
    $IPT -A INPUT    -m state --state ESTABLISHED,RELATED -j ACCEPT
    $IPT -A OUTPUT -m state --state ESTABLISHED,RELATED -j ACCEPT

    $IPT -A INPUT -m state --state INVALID -j LOG \
            --log-prefix "INVALID input: "
    $IPT -A INPUT -m state --state INVALID -j DROP

    $IPT -A OUTPUT -m state --state INVALID -j LOG \
            --log-prefix "INVALID output: "
    $IPT -A OUTPUT -m state --state INVALID -j DROP
fi

###############################################################
# Source Address Spoofing and Other Bad Addresses

# Refuse spoofed packets pretending to be from
# the external interface's IP address
$IPT -A INPUT -i $INTERNET -s $IPADDR -j DROP

# Refuse packets claiming to be from a Class A private network
$IPT -A INPUT -i $INTERNET -s $CLASS_A -j DROP

# Refuse packets claiming to be from a Class B private network
$IPT -A INPUT -i $INTERNET -s $CLASS_B -j DROP

# Refuse packets claiming to be from a Class C private network
$IPT -A INPUT -i $INTERNET -s $CLASS_C -j DROP
# Refuse packets claiming to be from the loopback interface
$IPT -A INPUT -i $INTERNET -s $LOOPBACK -j DROP

# Refuse malformed broadcast packets
$IPT -A INPUT -i $INTERNET -s $BROADCAST_DEST -j LOG
$IPT -A INPUT -i $INTERNET -s $BROADCAST_DEST -j DROP

$IPT -A INPUT -i $INTERNET -d $BROADCAST_SRC -j LOG
$IPT -A INPUT -i $INTERNET -d $BROADCAST_SRC -j DROP

if [ "$DHCP_CLIENT" = "0" ]; then
    # Refuse directed broadcasts
    # Used to map networks and in Denial of Service attacks
```

```
    $IPT -A INPUT -i $INTERNET -d $SUBNET_BASE -j DROP
    $IPT -A INPUT -i $INTERNET -d $SUBNET_BROADCAST -j DROP

    # Refuse limited broadcasts
    $IPT -A INPUT -i $INTERNET -d $BROADCAST_DEST -j DROP
fi

# Refuse Class D multicast addresses
# illegal as a source address
$IPT -A INPUT -i $INTERNET -s $CLASS_D_MULTICAST -j DROP

$IPT -A INPUT -i $INTERNET ! -p UDP -d $CLASS_D_MULTICAST -j DROP

$IPT -A INPUT -i $INTERNET -p udp -d $CLASS_D_MULTICAST -j ACCEPT
# Refuse Class E reserved IP addresses
$IPT -A INPUT -i $INTERNET -s $CLASS_E_RESERVED_NET -j DROP

if [ "$DHCP_CLIENT" = "1" ]; then
    $IPT -A INPUT -i $INTERNET -p udp \
            -s $BROADCAST_SRC --sport 67 \
            -d $BROADCAST_DEST --dport 68 -j ACCEPT
fi

# refuse addresses defined as reserved by the IANA
# 0.*.*.*                    - Can't be blocked unilaterally with DHCP
# 169.254.0.0/16             - Link Local Networks
# 192.0.2.0/24               - TEST-NET

$IPT -A INPUT -i $INTERNET -s 0.0.0.0/8 -j DROP
$IPT -A INPUT -i $INTERNET -s 169.254.0.0/16 -j DROP
$IPT -A INPUT -i $INTERNET -s 192.0.2.0/24 -j DROP

###############################################################
# DNS Name Server

# DNS Forwarding Name Server or client requests

if [ "$CONNECTION_TRACKING" = "1" ]; then
    $IPT -A OUTPUT -o $INTERNET -p udp \
            -s $IPADDR --sport $UNPRIVPORTS \
```

```
            -d $NAMESERVER --dport 53 \
            -m state --state NEW -j ACCEPT
fi

$IPT -A OUTPUT -o $INTERNET -p udp \
        -s $IPADDR --sport $UNPRIVPORTS \
        -d $NAMESERVER --dport 53 -j ACCEPT

$IPT -A INPUT -i $INTERNET -p udp \
        -s $NAMESERVER --sport 53 \
        -d $IPADDR --dport $UNPRIVPORTS -j ACCEPT

#................................................................
# TCP is used for large responses

if [ "$CONNECTION_TRACKING" = "1" ]; then
    $IPT -A OUTPUT -o $INTERNET -p tcp \
            -s $IPADDR --sport $UNPRIVPORTS \
            -d $NAMESERVER --dport 53 \
            -m state --state NEW -j ACCEPT
fi

$IPT -A OUTPUT -o $INTERNET -p tcp \
        -s $IPADDR --sport $UNPRIVPORTS \
        -d $NAMESERVER --dport 53 -j ACCEPT

$IPT -A INPUT -i $INTERNET -p tcp ! --syn \
        -s $NAMESERVER --sport 53 \
        -d $IPADDR --dport $UNPRIVPORTS -j ACCEPT
#................................................................
# DNS Caching Name Server (local server to primary server)

if [ "$CONNECTION_TRACKING" = "1" ]; then
    $IPT -A OUTPUT -o $INTERNET -p udp \
            -s $IPADDR --sport 53 \
            -d $NAMESERVER --dport 53 \
            -m state --state NEW -j ACCEPT
fi

$IPT -A OUTPUT -o $INTERNET -p udp \
```

```
        -s $IPADDR --sport 53 \
        -d $NAMESERVER --dport 53 -j ACCEPT

$IPT -A INPUT -i $INTERNET -p udp \
        -s $NAMESERVER --sport 53 \
        -d $IPADDR --dport 53 -j ACCEPT

#................................................................
# Incoming Remote Client Requests to Local Servers

if [ "$ACCEPT_AUTH" = "1" ]; then
    if [ "$CONNECTION_TRACKING" = "1" ]; then
    $IPT -A INPUT -i $INTERNET -p tcp \
            --sport $UNPRIVPORTS \
            -d $IPADDR --dport 113 \
            -m state --state NEW -j ACCEPT
    fi

$IPT -A INPUT -i $INTERNET -p tcp \
        --sport $UNPRIVPORTS \
        -d $IPADDR --dport 113 -j ACCEPT

$IPT -A OUTPUT -o $INTERNET -p tcp ! --syn \
        -s $IPADDR --sport 113 \
        --dport $UNPRIVPORTS -j ACCEPT
else
$IPT -A INPUT -i $INTERNET -p tcp \
        --sport $UNPRIVPORTS \
        -d $IPADDR --dport 113 -j REJECT --reject-with tcp-reset
fi

################################################################
# Sending Mail to Any External Mail Server
# Use "-d $MAIL_SERVER" if an ISP mail gateway is used instead

if [ "$CONNECTION_TRACKING" = "1" ]; then
    $IPT -A OUTPUT -o $INTERNET -p tcp \
            -s $IPADDR --sport $UNPRIVPORTS \
            --dport 25 -m state --state NEW -j ACCEPT
fi
```

```
$IPT -A OUTPUT -o $INTERNET -p tcp \
         -s $IPADDR --sport $UNPRIVPORTS \
         --dport 25 -j ACCEPT
$IPT -A INPUT -i $INTERNET -p tcp ! --syn \
         --sport 25 \
         -d $IPADDR --dport $UNPRIVPORTS -j ACCEPT

###############################################################
# Retrieving Mail as a POP Client (TCP Port 110)

if [ "$CONNECTION_TRACKING" = "1" ]; then
    $IPT -A OUTPUT -o $INTERNET -p tcp \
             -s $IPADDR --sport $UNPRIVPORTS \
             -d $POP_SERVER --dport 110 -m state --state NEW -j ACCEPT
fi

$IPT -A OUTPUT -o $INTERNET -p tcp \
         -s $IPADDR --sport $UNPRIVPORTS \
         -d $POP_SERVER --dport 110 -j ACCEPT

$IPT -A INPUT -i $INTERNET -p tcp ! --syn \
         -s $POP_SERVER --sport 110 \
         -d $IPADDR --dport $UNPRIVPORTS -j ACCEPT

###############################################################
# ssh (TCP Port 22)

# Outgoing Local Client Requests to Remote Servers

if [ "$CONNECTION_TRACKING" = "1" ]; then
    $IPT -A OUTPUT -o $INTERNET -p tcp \
             -s $IPADDR --sport $SSH_PORTS \
             --dport 22 -m state --state NEW -j ACCEPT
fi

$IPT -A OUTPUT -o $INTERNET -p tcp \
         -s $IPADDR --sport $SSH_PORTS \
         --dport 22 -j ACCEPT
```

```
$IPT -A INPUT -i $INTERNET -p tcp ! --syn \
          --sport 22 \
          -d $IPADDR --dport $SSH_PORTS -j ACCEPT

#...............................................................
# Incoming Remote Client Requests to Local Servers

if [ "$SSH_SERVER" = "1" ]; then
     if [ "$CONNECTION_TRACKING" = "1" ]; then
     $IPT -A INPUT -i $INTERNET -p tcp \
               --sport $SSH_PORTS \
               -d $IPADDR --dport 22 \
               -m state --state NEW -j ACCEPT
     fi

$IPT -A INPUT -i $INTERNET -p tcp \
          --sport $SSH_PORTS \
          -d $IPADDR --dport 22 -j ACCEPT
$IPT -A OUTPUT -o $INTERNET -p tcp ! --syn \
          -s $IPADDR --sport 22 \
          --dport $SSH_PORTS -j ACCEPT
fi

###############################################################
# ftp (TCP Ports 21, 20)

# Outgoing Local Client Requests to Remote Servers

# Outgoing Control Connection to Port 21
if [ "$CONNECTION_TRACKING" = "1" ]; then
     $IPT -A OUTPUT -o $INTERNET -p tcp \
               -s $IPADDR --sport $UNPRIVPORTS \
               --dport 21 -m state --state NEW -j ACCEPT
fi

$IPT -A OUTPUT -o $INTERNET -p tcp \
          -s $IPADDR --sport $UNPRIVPORTS \
          --dport 21 -j ACCEPT

$IPT -A INPUT -i $INTERNET -p tcp ! --syn \
```

```
        --sport 21 \
        -d $IPADDR --dport $UNPRIVPORTS -j ACCEPT

# Incoming Port Mode Data Channel Connection from Port 20
if [ "$CONNECTION_TRACKING" = "1" ]; then
    # This rule is not necessary if the ip_conntrack_ftp
    # module is used.
    $IPT -A INPUT -i $INTERNET -p tcp \
            --sport 20 \
            -d $IPADDR --dport $UNPRIVPORTS \
            -m state --state NEW -j ACCEPT
fi

$IPT -A INPUT -i $INTERNET -p tcp \
        --sport 20 \
        -d $IPADDR --dport $UNPRIVPORTS -j ACCEPT

$IPT -A OUTPUT -o $INTERNET -p tcp ! --syn \
        -s $IPADDR --sport $UNPRIVPORTS \
        --dport 20 -j ACCEPT

# Outgoing Passive Mode Data Channel Connection Between Unprivileged Ports
if [ "$CONNECTION_TRACKING" = "1" ]; then
    # This rule is not necessary if the ip_conntrack_ftp
    # module is used.
    $IPT -A OUTPUT -o $INTERNET -p tcp \
            -s $IPADDR --sport $UNPRIVPORTS \
            --dport $UNPRIVPORTS -m state --state NEW -j ACCEPT
fi

    $IPT -A OUTPUT -o $INTERNET -p tcp \
            -s $IPADDR --sport $UNPRIVPORTS \
            --dport $UNPRIVPORTS -j ACCEPT
    $IPT -A INPUT -i $INTERNET -p tcp ! --syn \
            --sport $UNPRIVPORTS \
            -d $IPADDR --dport $UNPRIVPORTS -j ACCEPT

#...............................................................
# Incoming Remote Client Requests to Local Servers
```

```
if [ "$FTP_SERVER" = "1" ]; then

     # Incoming Control Connection to Port 21
     if [ "$CONNECTION_TRACKING" = "1" ]; then
     $IPT -A INPUT -i $INTERNET -p tcp \
               --sport $UNPRIVPORTS \
               -d $IPADDR --dport 21 \
               -m state --state NEW -j ACCEPT
     fi

$IPT -A INPUT -i $INTERNET -p tcp \
          --sport $UNPRIVPORTS \
          -d $IPADDR --dport 21 -j ACCEPT

$IPT -A OUTPUT -o $INTERNET -p tcp ! --syn \
          -s $IPADDR --sport 21 \
          --dport $UNPRIVPORTS -j ACCEPT

     # Outgoing Port Mode Data Channel Connection to Port 20
     if [ "$CONNECTION_TRACKING" = "1" ]; then
     $IPT -A OUTPUT -o $INTERNET -p tcp \
               -s $IPADDR --sport 20\
               --dport $UNPRIVPORTS -m state --state NEW -j ACCEPT
     fi

$IPT -A OUTPUT -o $INTERNET -p tcp \
          -s $IPADDR --sport 20 \
          --dport $UNPRIVPORTS -j ACCEPT

$IPT -A INPUT -i $INTERNET -p tcp ! --syn \
          --sport $UNPRIVPORTS \
          -d $IPADDR --dport 20 -j ACCEPT

     # Incoming Passive Mode Data Channel Connection Between Unprivileged Ports
if [ "$CONNECTION_TRACKING" = "1" ]; then
     $IPT -A INPUT -i $INTERNET -p tcp \
               --sport $UNPRIVPORTS \
               -d $IPADDR --dport $UNPRIVPORTS \
               -m state --state NEW -j ACCEPT
     fi
```

```
$IPT -A INPUT -i $INTERNET -p tcp \
         --sport $UNPRIVPORTS \
         -d $IPADDR --dport $UNPRIVPORTS -j ACCEPT

$IPT -A OUTPUT -o $INTERNET -p tcp ! --syn \
         -s $IPADDR --sport $UNPRIVPORTS \
         --dport $UNPRIVPORTS -j ACCEPT
fi

###############################################################
# HTTP Web Traffic (TCP Port 80)

# Outgoing Local Client Requests to Remote Servers

if [ "$CONNECTION_TRACKING" = "1" ]; then
     $IPT -A OUTPUT -o $INTERNET -p tcp \
              -s $IPADDR --sport $UNPRIVPORTS \
              --dport 80 -m state --state NEW -j ACCEPT
fi

$IPT -A OUTPUT -o $INTERNET -p tcp \
         -s $IPADDR --sport $UNPRIVPORTS \
         --dport 80 -j ACCEPT

$IPT -A INPUT -i $INTERNET -p tcp ! --syn \
         --sport 80 \
         -d $IPADDR --dport $UNPRIVPORTS -j ACCEPT

#..............................................................
# Incoming Remote Client Requests to Local Servers

if [ "$WEB_SERVER" = "1" ]; then
     if [ "$CONNECTION_TRACKING" = "1" ]; then
     $IPT -A INPUT -i $INTERNET -p tcp \
              --sport $UNPRIVPORTS \
              -d $IPADDR --dport 80 \
              -m state --state NEW -j ACCEPT
fi
```

```
$IPT -A INPUT -i $INTERNET -p tcp \
        --sport $UNPRIVPORTS \
        -d $IPADDR --dport 80 -j ACCEPT

$IPT -A OUTPUT -o $INTERNET -p tcp ! --syn \
        -s $IPADDR --sport 80 \
        --dport $UNPRIVPORTS -j ACCEPT
fi

###############################################################
# SSL Web Traffic (TCP Port 443)

# Outgoing Local Client Requests to Remote Servers

if [ "$CONNECTION_TRACKING" = "1" ]; then
    $IPT -A OUTPUT -o $INTERNET -p tcp \
            -s $IPADDR --sport $UNPRIVPORTS \
            --dport 443 -m state --state NEW -j ACCEPT
fi

$IPT -A OUTPUT -o $INTERNET -p tcp \
        -s $IPADDR --sport $UNPRIVPORTS \
        --dport 443 -j ACCEPT

$IPT -A INPUT -i $INTERNET -p tcp ! --syn \
        --sport 443 \
        -d $IPADDR --dport $UNPRIVPORTS -j ACCEPT

#............................................................
# Incoming Remote Client Requests to Local Servers

if [ "$SSL_SERVER" = "1" ]; then
    if [ "$CONNECTION_TRACKING" = "1" ]; then
    $IPT -A INPUT -i $INTERNET -p tcp \
            --sport $UNPRIVPORTS \
            -d $IPADDR --dport 443 \
            -m state --state NEW -j ACCEPT
fi

$IPT -A INPUT -i $INTERNET -p tcp \
```

```
        --sport $UNPRIVPORTS \
        -d $IPADDR --dport 443 -j ACCEPT

$IPT -A OUTPUT -o $INTERNET -p tcp ! --syn \
        -s $IPADDR --sport 443 \
        --dport $UNPRIVPORTS -j ACCEPT
fi

###############################################################
# whois (TCP Port 43)

# Outgoing Local Client Requests to Remote Servers

if [ "$CONNECTION_TRACKING" = "1" ]; then
    $IPT -A OUTPUT -o $INTERNET -p tcp \
            -s $IPADDR --sport $UNPRIVPORTS \
            --dport 43 -m state --state NEW -j ACCEPT
fi

$IPT -A OUTPUT -o $INTERNET -p tcp \
        -s $IPADDR --sport $UNPRIVPORTS \
        --dport 43 -j ACCEPT

$IPT -A INPUT -i $INTERNET -p tcp ! --syn \
        --sport 43 \
        -d $IPADDR --dport $UNPRIVPORTS -j ACCEPT


###############################################################
# Accessing Remote Network Time Servers (UDP 123)
# Note: Some client and servers use source port 123
# when querying a remote server on destination port 123.

if [ "$CONNECTION_TRACKING" = "1" ]; then
    $IPT -A OUTPUT -o $INTERNET -p udp \
            -s $IPADDR --sport $UNPRIVPORTS \
            -d $TIME_SERVER --dport 123 \
            -m state --state NEW -j ACCEPT
fi
```

```
$IPT -A OUTPUT -o $INTERNET -p udp \
         -s $IPADDR --sport $UNPRIVPORTS \
         -d $TIME_SERVER --dport 123 -j ACCEPT
$IPT -A INPUT -i $INTERNET -p udp \
         -s $TIME_SERVER --sport 123 \
         -d $IPADDR --dport $UNPRIVPORTS -j ACCEPT

###############################################################
# Accessing Your ISP's DHCP Server (UDP Ports 67, 68)

# Some broadcast packets are explicitly ignored by the firewall.
# Others are dropped by the default policy.
# DHCP tests must precede broadcast-related rules, as DHCP relies
# on broadcast traffic initially.

if [ "$DHCP_CLIENT" = "1" ]; then
     # Initialization or rebinding: No lease or Lease time expired.

$IPT -A OUTPUT -o $INTERNET -p udp \
         -s $BROADCAST_SRC --sport 68 \
         -d $BROADCAST_DEST --dport 67 -j ACCEPT

     # Incoming DHCPOFFER from available DHCP servers

$IPT -A INPUT -i $INTERNET -p udp \
         -s $BROADCAST_SRC --sport 67 \
         -d $BROADCAST_DEST --dport 68 -j ACCEPT

     # Fall back to initialization
     # The client knows its server, but has either lost its lease,
     # or else needs to reconfirm the IP address after rebooting.

$IPT -A OUTPUT -o $INTERNET -p udp \
         -s $BROADCAST_SRC --sport 68 \
         -d $DHCP_SERVER --dport 67 -j ACCEPT

$IPT -A INPUT -i $INTERNET -p udp \
         -s $DHCP_SERVER --sport 67 \
         -d $BROADCAST_DEST --dport 68 -j ACCEPT
```

```
    # As a result of the above, we're supposed to change our IP
    # address with this message, which is addressed to our new
    # address before the dhcp client has received the update.
    # Depending on the server implementation, the destination address
    # can be the new IP address, the subnet address, or the limited
    # broadcast address.

    # If the network subnet address is used as the destination,
    # the next rule must allow incoming packets destined to the
    # subnet address, and the rule must precede any general rules
    # that block such incoming broadcast packets.

$IPT -A INPUT -i $INTERNET -p udp \
        -s $DHCP_SERVER --sport 67 \
        --dport 68 -j ACCEPT

    # Lease renewal
$IPT -A OUTPUT -o $INTERNET -p udp \
        -s $IPADDR --sport 68 \
        -d $DHCP_SERVER --dport 67 -j ACCEPT
$IPT -A INPUT -i $INTERNET -p udp \
        -s $DHCP_SERVER --sport 67 \
        -d $IPADDR --dport 68 -j ACCEPT

    # Refuse directed broadcasts
    # Used to map networks and in Denial of Service attacks
    iptables -A INPUT -i $INTERNET -d $SUBNET_BASE -j DROP
    iptables -A INPUT -i $INTERNET -d $SUBNET_BROADCAST -j DROP

    # Refuse limited broadcasts
    iptables -A INPUT -i $INTERNET -d $BROADCAST_DEST -j DROP

fi
###############################################################
# ICMP Control and Status Messages

# Log and drop initial ICMP fragments
$IPT -A INPUT -i $INTERNET --fragment -p icmp -j LOG \
        --log-prefix "Fragmented ICMP: "
```

```
$IPT -A INPUT -i $INTERNET --fragment -p icmp -j DROP

$IPT -A INPUT -i $INTERNET -p icmp \
        --icmp-type source-quench -d $IPADDR -j ACCEPT

$IPT -A OUTPUT -o $INTERNET -p icmp \
        -s $IPADDR --icmp-type source-quench -j ACCEPT

$IPT -A INPUT -i $INTERNET -p icmp \
        --icmp-type parameter-problem -d $IPADDR -j ACCEPT

$IPT -A OUTPUT -o $INTERNET -p icmp \
        -s $IPADDR --icmp-type parameter-problem -j ACCEPT

$IPT -A INPUT -i $INTERNET -p icmp \
        --icmp-type destination-unreachable -d $IPADDR -j ACCEPT

$IPT -A OUTPUT -o $INTERNET -p icmp \
        -s $IPADDR --icmp-type fragmentation-needed -j ACCEPT

# Don't log dropped outgoing ICMP error messages
$IPT -A OUTPUT -o $INTERNET -p icmp \
        -s $IPADDR --icmp-type destination-unreachable -j DROP

# Intermediate traceroute responses
$IPT -A INPUT -i $INTERNET -p icmp \
        --icmp-type time-exceeded -d $IPADDR -j ACCEPT

# Allow outgoing pings to anywhere
if [ "$CONNECTION_TRACKING" = "1" ]; then
    $IPT -A OUTPUT -o $INTERNET -p icmp \
            -s $IPADDR --icmp-type echo-request \
            -m state --state NEW -j ACCEPT
fi
$IPT -A OUTPUT -o $INTERNET -p icmp \
        -s $IPADDR --icmp-type echo-request -j ACCEPT

$IPT -A INPUT -i $INTERNET -p icmp \
        --icmp-type echo-reply -d $IPADDR -j ACCEPT
```

```
# Allow incoming pings from trusted hosts
if [ "$CONNECTION_TRACKING" = "1" ]; then
     $IPT -A INPUT -i $INTERNET -p icmp \
               -s $MY_ISP --icmp-type echo-request -d $IPADDR \
               -m state --state NEW -j ACCEPT
fi

$IPT -A INPUT -i $INTERNET -p icmp \
          -s $MY_ISP --icmp-type echo-request -d $IPADDR -j ACCEPT

$IPT -A OUTPUT -o $INTERNET -p icmp \
          -s $IPADDR --icmp-type echo-reply -d $MY_ISP -j ACCEPT

################################################################
# Logging Dropped Packets
$IPT -A INPUT -i $INTERNET -p tcp \
          -d $IPADDR -j LOG

$IPT -A OUTPUT -o $INTERNET -j LOG

exit 0
```

B.2 第 5 章中為獨立系統建構的 nftables 防火牆

本節包含的 nftables 腳本是根據第 5 章中的範例。該腳本依賴於第 5 章的 setup-tables 檔，它可以在同一個目錄下找到。下面是 setup-tables 檔的內容：

```
table filter {
          chain input {
                    type filter hook input priority 0;
          }
          chain output {
                    type filter hook output priority 0;
          }
}
```

下面是防火牆腳本：

```
#!/bin/sh


NFT="/usr/local/sbin/nft"              # Location of nft on your system
INTERNET="eth0"                        # Internet-connected interface
LOOPBACK_INTERFACE="lo"                # However your system names it
IPADDR="my.ip.address"                 # Your IP address
MY_ISP="my.isp.address.range"          # ISP server & NOC address range
SUBNET_BASE="my.subnet.base"           # Your subnet's network address
SUBNET_BROADCAST="my.subnet.bcast"     # Your subnet's broadcast address
LOOPBACK="127.0.0.0/8"                 # Reserved loopback address range
NAMESERVER="isp.name.server.1"         # Address of a remote name server
SMTP_GATEWAY="isp.smtp.server"         # Address of a remote mail gateway
POP_SERVER="isp.pop.server"            # Address of a remote pop server
IMAP_SERVER="isp.imap.server"          # Address of a remote imap server
TIME_SERVER="time.nist.gov"            # Address of a remote NTP server
CLASS_A="10.0.0.0/8"                   # Class A private networks
CLASS_B="172.16.0.0/12"                # Class B private networks
CLASS_C="192.168.0.0/16"               # Class C private networks
CLASS_D_MULTICAST="224.0.0.0/4"        # Class D multicast addresses
CLASS_E_RESERVED_NET="240.0.0.0/5"     # Class E reserved addresses
BROADCAST_SRC="0.0.0.0"                # Broadcast source address
BROADCAST_DEST="255.255.255.255"       # Broadcast destination address
PRIVPORTS="0-1023"                     # Well-known, privileged port range
UNPRIVPORTS="1024-65535"               # Unprivileged port range

for i in `$NFT list tables | awk '{print $2}'`
do
        echo "Flushing ${i}"
        $NFT flush table ${i}
        for j in `$NFT list table ${i} | grep chain | awk '{print $2}'`
        do
                echo "...Deleting chain ${j} from table ${i}"
                $NFT delete chain ${i} ${j}
        done
        echo "Deleting ${i}"
        $NFT delete table ${i}
done
```

```
if [ "$1" = "stop" ]
then
echo "Firewall completely stopped! WARNING: THIS HOST HAS NO FIREWALL
RUNNING."
exit 0
fi

$NFT -f setup-tables

#loopback
$NFT add rule filter input iifname lo accept
$NFT add rule filter output oifname lo accept

#connection state
$NFT add rule filter input ct state established,related accept
$NFT add rule filter input ct state invalid log prefix \"INVALID input:
➥\" limit rate 3/second drop
$NFT add rule filter output ct state established,related accept
$NFT add rule filter output ct state invalid log prefix \"INVALID output:
➥\"limit rate 3/second drop

#source address spoofing
$NFT add rule filter input iif $INTERNET ip saddr $IPADDR

#invalid addresses
$NFT add rule filter input iif $INTERNET ip saddr $CLASS_A drop
$NFT add rule filter input iif $INTERNET ip saddr $CLASS_B drop
$NFT add rule filter input iif $INTERNET ip saddr $CLASS_C drop
$NFT add rule filter input iif $INTERNET ip saddr $LOOPBACK drop
#broadcast src and dest
$NFT add rule filter input iif $INTERNET ip saddr $BROADCAST_DEST log
➥limit rate 3/second drop
$NFT add rule filter input iif $INTERNET ip saddr $BROADCAST_SRC log
➥limit rate 3/second drop

#directed broadcast
$NFT add rule filter input iif $INTERNET ip daddr $SUBNET_BASE drop
$NFT add rule filter input iif $INTERNET ip daddr $SUBNET_BROADCAST drop
```

```
#limited broadcast
$NFT add rule filter input iif $INTERNET ip daddr $BROADCAST_DEST drop

#multicast
$NFT add rule filter input iif $INTERNET ip saddr $CLASS_D_MULTICAST drop
$NFT add rule filter input iif $INTERNET ip daddr $CLASS_D_MULTICAST ip
➥protocol!= udp drop
$NFT add rule filter input iif $INTERNET ip daddr $CLASS_D_MULTICAST ip
➥protocol udp accept

#class e
$NFT add rule filter input iif $INTERNET ip saddr $CLASS_E_RESERVED_NET
➥drop

#x windows
XWINDOW_PORTS="6000-6063"
$NFT add rule filter output oif $INTERNET ct state new tcp dport
➥$XWINDOW_PORTS reject
$NFT add rule filter input iif $INTERNET ct state new tcp dport $XWINDOW_
➥PORTS drop

NFS_PORT="2049"                     # (TCP) NFS
SOCKS_PORT="1080"                   # (TCP) socks
OPENWINDOWS_PORT="2000"             # (TCP) OpenWindows
SQUID_PORT="3128"                   # (TCP) squid

$NFT add rule filter output oif $INTERNET tcp dport {$NFS_PORT,$SOCKS_
➥PORT,$OPENWINDOWS_PORT,$SQUID_PORT} ct state new reject
$NFT add rule filter input iif $INTERNET tcp dport {$NFS_PORT,$SOCKS_
➥PORT,$OPENWINDOWS_PORT,$SQUID_PORT} ct state new drop

NFS_PORT="2049"                     # NFS
LOCKD_PORT="4045"                   # RPC lockd for NFS
$NFT add rule filter output oif $INTERNET udp dport {$NFS_PORT,$LOCKD_
➥PORT} reject
$NFT add rule filter input iif $INTERNET udp dport {$NFS_PORT,$LOCKD_
➥PORT} drop

#DNS
$NFT add rule filter output oif $INTERNET ip saddr $IPADDR udp sport
➥$UNPRIVPORTS ip daddr $NAMESERVER udp dport 53 ct state new accept
```

```
$NFT add rule filter input iif $INTERNET ip daddr $IPADDR udp dport
➥$UNPRIVPORTS ip saddr $NAMESERVER udp sport 53 accept

#tcp dns
$NFT add rule filter output oif $INTERNET ip saddr $IPADDR tcp sport
➥$UNPRIVPORTS ip daddr $NAMESERVER tcp dport 53 ct state new accept
$NFT add rule filter input iif $INTERNET ip daddr $IPADDR tcp dport
➥$UNPRIVPORTS ip saddr $NAMESERVER tcp sport 53 tcp flags != syn accept
#tcp smtp
$NFT add rule filter output oif $INTERNET ip daddr $SMTP_GATEWAY tcp
➥dport 25 ip saddr $IPADDR tcp sport $UNPRIVPORTS accept
$NFT add rule filter input iif $INTERNET ip saddr $SMTP_GATEWAY tcp sport
➥25 ip daddr $IPADDR tcp dport $UNPRIVPORTS tcp flags != syn accept

$NFT add rule filter output oif $INTERNET ip saddr $IPADDR tcp sport
➥$UNPRIVPORTS tcp dport 25 accept
$NFT add rule filter input iif $INTERNET ip daddr $IPADDR tcp sport 25
➥tcp dport $UNPRIVPORTS tcp flags != syn accept
$NFT add rule filter input iif $INTERNET tcp sport $UNPRIVPORTS ip daddr
➥$IPADDR tcp dport 25 accept
$NFT add rule filter output oif $INTERNET tcp sport 25 ip saddr $IPADDR
➥tcp dport $UNPRIVPORTS tcp flags != syn accept

#tcp pop3
$NFT add rule filter output oif $INTERNET ip saddr $IPADDR ip daddr $POP_
➥SERVER tcp sport $UNPRIVPORTS tcp dport 110 accept
$NFT add rule filter input iif $INTERNET ip saddr $POP_SERVER tcp sport
➥110 ip daddr $IPADDR tcp dport $UNPRIVPORTS tcp flags != syn accept

#tcp imaps
$NFT add rule filter output oif $INTERNET ip saddr $IPADDR tcp sport
➥$UNPRIVPORTS ip daddr $IMAP_SERVER tcp dport 993 accept
$NFT add rule filter input iif $INTERNET ip saddr $IMAP_SERVER tcp sport
➥993 ip daddr $IPADDR tcp dport $UNPRIVPORTS tcp flags != syn accept

#allowing clients to connect to your IMAPs server
$NFT add rule filter input iif $INTERNET ip saddr 0/0 tcp sport
➥$UNPRIVPORTS ip daddr $IPADDR tcp dport 993 accept
$NFT add rule filter output oif $INTERNET ip saddr $IPADDR tcp sport 993
➥ip daddr 0/0 tcp dport $UNPRIVPORTS tcp flags != syn accept
```

```
#ssh
SSH_PORTS="1020-65535"
$NFT add rule filter output oif $INTERNET ip saddr $IPADDR tcp sport
➥$SSH_PORTS tcp dport 22 accept
$NFT add rule filter input iif $INTERNET tcp sport 22 ip daddr $IPADDR
➥tcp dport $SSH_PORTS tcp flags != syn accept
$NFT add rule filter input iif $INTERNET tcp sport $SSH_PORTS ip daddr
➥$IPADDR tcp dport 22 accept
$NFT add rule filter output oif $INTERNET ip saddr $IPADDR tcp sport 22
➥tcp dport $SSH_PORTS tcp flags != syn accept

#ftp
$NFT add rule filter output oif $INTERNET ip saddr $IPADDR tcp sport
➥$UNPRIVPORTS tcp dport 21 accept
$NFT add rule filter input iif $INTERNET ip daddr $IPADDR tcp sport 21
➥tcp dport $UNPRIVPORTS accept
#assume use of ct state module for ftp

#dhcp (this machine does dhcp on two interfaces, so need more rules)
$NFT add rule filter output oif $INTERNET ip saddr $BROADCAST_SRC udp
➥sport 67-68 ip daddr $BROADCAST_DEST udp dport 67-68 accept
$NFT add rule filter input iif $INTERNET udp sport 67-68 udp dport 67-68
accept
$NFT add rule filter output udp sport 67-68 udp dport 67-68 accept
$NFT add rule filter input udp sport 67-68 udp dport 67-68 accept
#ntp
$NFT add rule filter output oif $INTERNET ip saddr $IPADDR udp sport
➥$UNPRIVPORTS ip daddr $TIME_SERVER udp dport 123 accept
SNFT add rule filter input iif $INTERNET ip saddr $TIME_SERVER udp sport
➥123 ip daddr $IPADDR udp dport $UNPRIVPORTS accept

#log anything that made it this far
$NFT add rule filter input log
$NFT add rule filter output log

#default policy:
$NFT add rule filter input drop
$NFT add rule filter output reject
```

B.3 第 6 章中經過最佳化的 iptables 防火牆

對於大多數以 DSL、cable modem 和租用低速線路連線的用戶來說，有可能會發生 Linux 網路處理資料包的速度，比網路本身的速度還快。特別是由於防火牆的規則是順序依賴（order dependent），它非常難以建構，因此為了增加可讀性來進行組織，比為了提高速度來組織更有用一些。

除了一般的規則排序外，iptables 支援用戶自定義規則列表或者規則鏈，您可以用它們來最佳化您的防火牆規則。基於資料包表頭中的值進行選擇，而後將資料包從一個規則鏈傳遞到另一個規則鏈，可以有選擇地針對 INPUT、OUTPUT 和 FORWARD 的一個子集進行檢測，而不是對列表中的每條規則依次進行測試，直到找到匹配項。

依據這些特定的腳本，在未被最佳化的防火牆腳本之中，一個來自 NTP 時間伺服器的輸入資料包，必須在資料包匹配其 ACCEPT 規則之前，通過防火牆腳本中許多輸入規則的測試。使用用戶自定義規則鏈來最佳化防火牆，同樣的輸入資料包在匹配到其 ACCEPT 規則前，所經過的測試遠少於從前。如果增加了連接狀態追蹤，同樣的輸入資料包在匹配其 ACCEPT 規則前，只會測試少量的規則。

使用用戶自定義規則鏈，規則被用於在規則鏈之間傳遞資料包，以及定義在什麼情況下接受或丟棄資料包。如果資料包不匹配用戶自定義規則鏈中的所有規則，控制權將重新返回到呼叫規則鏈。如果資料包未匹配一個頂層的規則鏈選擇規則，則資料包不會被傳遞到該規則鏈，以進行規則鏈內部規則的測試。資料包會簡單地進行下一條規則鏈選擇規則的測試。

下面是第 5 章的防火牆規則，使用用戶自定義規則鏈進行了最佳化：

```
#!/bin/sh

/sbin/modprobe ip_conntrack_ftp


CONNECTION_TRACKING="1"
ACCEPT_AUTH="0"
DHCP_CLIENT="0"
```

```
IPT="/sbin/iptables"                    # Location of iptables on your system
INTERNET="eth0"                         # Internet-connected interface
LOOPBACK_INTERFACE="lo"                 # However your system names it
IPADDR="my.ip.address"                  # Your IP address
SUBNET_BASE="network.address"           # ISP network segment base address
SUBNET_BROADCAST="directed.broadcast" # Network segment broadcast address
MY_ISP="my.isp.address.range"           # ISP server & NOC address range

NAMESERVER_1="isp.name.server.1"        # Address of a remote name server
NAMESERVER_2="isp.name.server.2"        # Address of a remote name server
NAMESERVER_3="isp.name.server.3"        # Address of a remote name server
POP_SERVER="isp.pop.server"             # Address of a remote pop server
MAIL_SERVER="isp.mail.server"           # Address of a remote mail gateway
NEWS_SERVER="isp.news.server"           # Address of a remote news server
TIME_SERVER="some.timne.server"         # Address of a remote time server
DHCP_SERVER="isp.dhcp.server"           # Address of your ISP dhcp server
SSH_CLIENT="some.ssh.client"

LOOPBACK="127.0.0.0/8"                  # Reserved loopback address range
CLASS_A="10.0.0.0/8"                    # Class A private networks
CLASS_B="172.16.0.0/12"                 # Class B private networks
CLASS_C="192.168.0.0/16"                # Class C private networks
CLASS_D_MULTICAST="224.0.0.0/4"         # Class D multicast addresses
CLASS_E_RESERVED_NET="240.0.0.0/5"      # Class E reserved addresses
BROADCAST_SRC="0.0.0.0"                 # Broadcast source address
BROADCAST_DEST="255.255.255.255"        # Broadcast destination address

PRIVPORTS="0:1023"                      # Well-known, privileged port range
UNPRIVPORTS="1024:65535"                # Unprivileged port range

# Traceroute usually uses -S 32769:65535 -D 33434:33523
TRACEROUTE_SRC_PORTS="32769:65535"
TRACEROUTE_DEST_PORTS="33434:33523"


USER_CHAINS="EXT-input                        EXT-output \
           tcp-state-flags                   connection-tracking \
           source-address-check              destination-address-check \
           local-dns-server-query            remote-dns-server-response \
           local-tcp-client-request          remote-tcp-server-response \
```

```
        remote-tcp-client-request          local-tcp-server-response \
        local-udp-client-request           remote-udp-server-response \
        local-dhcp-client-query            remote-dhcp-server-response \
        EXT-icmp-out                       EXT-icmp-in \
        EXT-log-in                         EXT-log-out \
        log-tcp-state"

###############################################################

# Enable broadcast echo Protection
echo 1 > /proc/sys/net/ipv4/icmp_echo_ignore_broadcasts

# Disable Source Routed Packets
for f in /proc/sys/net/ipv4/conf/*/accept_source_route; do
    echo 0 > $f
done

# Enable TCP SYN Cookie Protection
echo 1 > /proc/sys/net/ipv4/tcp_syncookies

# Disable ICMP Redirect Acceptance
for f in /proc/sys/net/ipv4/conf/*/accept_redirects; do
    echo 0 > $f
done

# Don't send Redirect Messages
for f in /proc/sys/net/ipv4/conf/*/send_redirects; do
    echo 0 > $f
done

# Drop Spoofed Packets coming in on an interface, which, if replied to,
# would result in the reply going out a different interface.
for f in /proc/sys/net/ipv4/conf/*/rp_filter; do
    echo 1 > $f
done

# Log packets with impossible addresses.
for f in /proc/sys/net/ipv4/conf/*/log_martians; do
    echo 1 > $f
done
```

```
##################################################################

# Remove any existing rules from all chains
$IPT --flush
$IPT -t nat --flush
$IPT -t mangle --flush
$IPT -X
$IPT -t nat -X
$IPT -t mangle -X

$IPT --policy INPUT ACCEPT
$IPT --policy OUTPUT ACCEPT
$IPT --policy FORWARD ACCEPT
$IPT -t nat --policy PREROUTING ACCEPT
$IPT -t nat --policy OUTPUT ACCEPT
$IPT -t nat --policy POSTROUTING ACCEPT
$IPT -t mangle --policy PREROUTING ACCEPT
$IPT -t mangle --policy OUTPUT ACCEPT
if [ "$1" = "stop" ]
then
echo "Firewall completely stopped! WARNING: THIS HOST HAS NO FIREWALL RUNNING."
exit 0
fi

# Unlimited traffic on the loopback interface
$IPT -A INPUT -i lo -j ACCEPT
$IPT -A OUTPUT -o lo -j ACCEPT

# Set the default policy to drop
$IPT --policy INPUT DROP
$IPT --policy OUTPUT DROP
$IPT --policy FORWARD DROP

# Create the user-defined chains
for i in $USER_CHAINS; do
    $IPT -N $i
done

##################################################################
```

```
# DNS Caching Name Server (query to remote, primary server)

$IPT -A EXT-output -p udp --sport 53 --dport 53 \
         -j local-dns-server-query

$IPT -A EXT-input -p udp --sport 53 --dport 53 \
         -j remote-dns-server-response

# DNS Caching Name Server (query to remote server over TCP)

$IPT -A EXT-output -p tcp \
         --sport $UNPRIVPORTS --dport 53 \
         -j local-dns-server-query

$IPT -A EXT-input -p tcp ! --syn \
         --sport 53 --dport $UNPRIVPORTS \
         -j remote-dns-server-response

###############################################################
# DNS Forwarding Name Server or client requests

if [ "$CONNECTION_TRACKING" = "1" ]; then
    $IPT -A local-dns-server-query \
             -d $NAMESERVER_1 \
             -m state --state NEW -j ACCEPT

    $IPT -A local-dns-server-query \
             -d $NAMESERVER_2 \
             -m state --state NEW -j ACCEPT

    $IPT -A local-dns-server-query \
             -d $NAMESERVER_3 \
             -m state --state NEW -j ACCEPT
fi

$IPT -A local-dns-server-query \
        -d $NAMESERVER_1 -j ACCEPT

$IPT -A local-dns-server-query \
        -d $NAMESERVER_2 -j ACCEPT
```

```
$IPT -A local-dns-server-query \
         -d $NAMESERVER_3 -j ACCEPT

# DNS server responses to local requests

$IPT -A remote-dns-server-response \
         -s $NAMESERVER_1 -j ACCEPT

$IPT -A remote-dns-server-response \
         -s $NAMESERVER_2 -j ACCEPT

$IPT -A remote-dns-server-response \
         -s $NAMESERVER_3 -j ACCEPT

###############################################################
# Local TCP client, remote server

$IPT -A EXT-output -p tcp \
         --sport $UNPRIVPORTS \
         -j local-tcp-client-request

$IPT -A EXT-input -p tcp ! --syn \
         --dport $UNPRIVPORTS \
         -j remote-tcp-server-response

###############################################################
# Local TCP client output and remote server input chains

# SSH client

if [ "$CONNECTION_TRACKING" = "1" ]; then
     $IPT -A local-tcp-client-request -p tcp \
              -d <selected host> --dport 22 \
              -m state --state NEW \
              -j ACCEPT
fi

$IPT -A local-tcp-client-request -p tcp \
         -d <selected host> --dport 22 \
```

```
        -j ACCEPT

$IPT -A remote-tcp-server-response -p tcp ! --syn \
        -s <selected host> --sport 22 \
        -j ACCEPT

#...............................................................
# Client rules for HTTP, HTTPS, AUTH, and FTP control requests

if [ "$CONNECTION_TRACKING" = "1" ]; then
    $IPT -A local-tcp-client-request -p tcp \
            -m multiport --destination-port 80,443,21 \
            --syn -m state --state NEW \
            -j ACCEPT
fi

$IPT -A local-tcp-client-request -p tcp \
        -m multiport --destination-port 80,443,21 \
        -j ACCEPT

$IPT -A remote-tcp-server-response -p tcp \
        -m multiport --source-port 80,443,21 ! --syn \
        -j ACCEPT

#...............................................................
# POP client

if [ "$CONNECTION_TRACKING" = "1" ]; then
    $IPT -A local-tcp-client-request -p tcp \
            -d $POP_SERVER --dport 110 \
            -m state --state NEW \
            -j ACCEPT
fi

$IPT -A local-tcp-client-request -p tcp \
        -d $POP_SERVER --dport 110 \
        -j ACCEPT

$IPT -A remote-tcp-server-response -p tcp ! --syn \
        -s $POP_SERVER --sport 110 \
```

```
        -j ACCEPT

#...............................................................
# SMTP mail client

if [ "$CONNECTION_TRACKING" = "1" ]; then
     $IPT -A local-tcp-client-request -p tcp \
              -d $MAIL_SERVER --dport 25 \
              -m state --state NEW \
              -j ACCEPT
fi

$IPT -A local-tcp-client-request -p tcp \
         -d $MAIL_SERVER --dport 25 \
         -j ACCEPT

$IPT -A remote-tcp-server-response -p tcp ! --syn \
         -s $MAIL_SERVER --sport 25 \
         -j ACCEPT

#...............................................................
# Usenet news client

if [ "$CONNECTION_TRACKING" = "1" ]; then
     $IPT -A local-tcp-client-request -p tcp \
              -d $NEWS_SERVER --dport 119 \
              -m state --state NEW \
              -j ACCEPT
fi
$IPT -A local-tcp-client-request -p tcp \
         -d $NEWS_SERVER --dport 119 \
         -j ACCEPT

$IPT -A remote-tcp-server-response -p tcp ! --syn \
         -s $NEWS_SERVER --sport 119 \
         -j ACCEPT

#...............................................................
# FTP client - passive mode data channel connection
```

```
if [ "$CONNECTION_TRACKING" = "1" ]; then
    $IPT -A local-tcp-client-request -p tcp \
            --dport $UNPRIVPORTS \
            -m state --state NEW \
            -j ACCEPT
fi

$IPT -A local-tcp-client-request -p tcp \
        --dport $UNPRIVPORTS -j ACCEPT

$IPT -A remote-tcp-server-response -p tcp ! --syn \
        --sport $UNPRIVPORTS -j ACCEPT

###############################################################
# Local TCP server, remote client

$IPT -A EXT-input -p tcp \
        --sport $UNPRIVPORTS \
        -j remote-tcp-client-request

$IPT -A EXT-output -p tcp ! --syn \
        --dport $UNPRIVPORTS \
        -j local-tcp-server-response

# Kludge for incoming FTP data channel connections
# from remote servers using port mode.
# The state modules treat this connection as RELATED
# if the ip_conntrack_ftp module is loaded.

$IPT -A EXT-input -p tcp \
        --sport 20 --dport $UNPRIVPORTS \
        -j ACCEPT

$IPT -A EXT-output -p tcp ! --syn \
        --sport $UNPRIVPORTS --dport 20 \
        -j ACCEPT

###############################################################
# Remote TCP client input and local server output chains
```

```
# SSH server

if [ "$CONNECTION_TRACKING" = "1" ]; then
     $IPT -A remote-tcp-client-request -p tcp \
               -s <selected host> --destination-port 22 \
               -m state --state NEW \
               -j ACCEPT
fi

$IPT -A remote-tcp-client-request -p tcp \
          -s <selected host> --destination-port 22 \
          -j ACCEPT

$IPT -A local-tcp-server-response -p tcp ! --syn \
          --source-port 22 -d <selected host> \
          -j ACCEPT

#...............................................................
# AUTH identd server

if [ "$ACCEPT_AUTH" = "0" ]; then
     $IPT -A remote-tcp-client-request -p tcp \
           --destination-port 113 \
           -j REJECT --reject-with tcp-reset
else
     $IPT -A remote-tcp-client-request -p tcp \
           --destination-port 113 \
           -j ACCEPT
     $IPT -A local-tcp-server-response -p tcp ! --syn \
               --source-port 113 \
               -j ACCEPT
fi

###############################################################
# Local UDP client, remote server

$IPT -A EXT-output -p udp \
          --sport $UNPRIVPORTS \
          -j local-udp-client-request
```

```
$IPT -A EXT-input -p udp \
         --dport $UNPRIVPORTS \
         -j remote-udp-server-response

###############################################################
# NTP time client

if [ "$CONNECTION_TRACKING" = "1" ]; then
     $IPT -A local-udp-client-request -p udp \
              -d $TIME_SERVER --dport 123 \
              -m state --state NEW \
              -j ACCEPT
fi
$IPT -A local-udp-client-request -p udp \
         -d $TIME_SERVER --dport 123 \
         -j ACCEPT

$IPT -A remote-udp-server-response -p udp \
         -s $TIME_SERVER --sport 123 \
         -j ACCEPT

###############################################################
# ICMP

$IPT -A EXT-input -p icmp -j EXT-icmp-in

$IPT -A EXT-output -p icmp -j EXT-icmp-out

###############################################################
# ICMP traffic

# Log and drop initial ICMP fragments
$IPT -A EXT-icmp-in --fragment -j LOG \
         --log-prefix "Fragmented incoming ICMP: "

$IPT -A EXT-icmp-in --fragment -j DROP

$IPT -A EXT-icmp-out --fragment -j LOG \
         --log-prefix "Fragmented outgoing ICMP: "
```

```
$IPT -A EXT-icmp-out --fragment -j DROP

# Outgoing ping
if [ "$CONNECTION_TRACKING" = "1" ]; then
     $IPT -A EXT-icmp-out -p icmp \
               --icmp-type echo-request \
               -m state --state NEW \
               -j ACCEPT
fi

$IPT -A EXT-icmp-out -p icmp \
          --icmp-type echo-request -j ACCEPT

$IPT -A EXT-icmp-in -p icmp \
          --icmp-type echo-reply -j ACCEPT

# Incoming ping

if [ "$CONNECTION_TRACKING" = "1" ]; then
     $IPT -A EXT-icmp-in -p icmp \
               -s $MY_ISP \
               --icmp-type echo-request \
               -m state --state NEW \
               -j ACCEPT
fi

$IPT -A EXT-icmp-in -p icmp \
          --icmp-type echo-request \
          -s $MY_ISP -j ACCEPT

$IPT -A EXT-icmp-out -p icmp \
          --icmp-type echo-reply \
          -d $MY_ISP -j ACCEPT

# Destination Unreachable Type 3
$IPT -A EXT-icmp-out -p icmp \
          --icmp-type fragmentation-needed -j ACCEPT

$IPT -A EXT-icmp-in -p icmp \
          --icmp-type destination-unreachable -j ACCEPT
```

```
# Parameter Problem
$IPT -A EXT-icmp-out -p icmp \
         --icmp-type parameter-problem -j ACCEPT

$IPT -A EXT-icmp-in -p icmp \
         --icmp-type parameter-problem -j ACCEPT

# Time Exceeded
$IPT -A EXT-icmp-in -p icmp \
         --icmp-type time-exceeded -j ACCEPT

# Source Quench
$IPT -A EXT-icmp-out -p icmp \
         --icmp-type source-quench -j ACCEPT

###############################################################
# TCP State Flags

# All of the bits are cleared
$IPT -A tcp-state-flags -p tcp --tcp-flags ALL NONE -j log-tcp-state

# SYN and FIN are both set
$IPT -A tcp-state-flags -p tcp --tcp-flags SYN,FIN SYN,FIN -j log-tcp-state

# SYN and RST are both set
$IPT -A tcp-state-flags -p tcp --tcp-flags SYN,RST SYN,RST -j log-tcp-state

# FIN and RST are both set
$IPT -A tcp-state-flags -p tcp --tcp-flags FIN,RST FIN,RST -j log-tcp-state

# FIN is the only bit set, without the expected accompanying ACK
$IPT -A tcp-state-flags -p tcp --tcp-flags ACK,FIN FIN -j log-tcp-state

# PSH is the only bit set, without the expected accompanying ACK
$IPT -A tcp-state-flags -p tcp --tcp-flags ACK,PSH PSH -j log-tcp-state

# URG is the only bit set, without the expected accompanying ACK
$IPT -A tcp-state-flags -p tcp --tcp-flags ACK,URG URG -j log-tcp-state
```

```
##############################################################
# Log and drop TCP packets with bad state combinations

$IPT -A log-tcp-state -p tcp -j LOG \
          --log-prefix "Illegal TCP state: " \
          --log-ip-options --log-tcp-options

$IPT -A log-tcp-state -j DROP

##############################################################
# Bypass rule checking for ESTABLISHED exchanges

if [ "$CONNECTION_TRACKING" = "1" ]; then
     # Bypass the firewall filters for established exchanges
     $IPT -A connection-tracking -m state \
               --state ESTABLISHED,RELATED \
               -j ACCEPT

     $IPT -A connection-tracking -m state --state INVALID \
               -j LOG --log-prefix "INVALID packet: "
     $IPT -A connection-tracking -m state --state INVALID -j DROP
fi

##############################################################
# DHCP traffic

# Some broadcast packets are explicitly ignored by the firewall.
# Others are dropped by the default policy.
# DHCP tests must precede broadcast-related rules, as DHCP relies
# on broadcast traffic initially.

if [ "$DHCP_CLIENT" = "1" ]; then

     # Initialization or rebinding: No lease or Lease time expired.

     $IPT -A local-dhcp-client-query \
               -s $BROADCAST_SRC \
               -d $BROADCAST_DEST -j ACCEPT

     # Incoming DHCPOFFER from available DHCP servers
```

```
    $IPT -A remote-dhcp-server-response \
              -s $BROADCAST_SRC \
              -d $BROADCAST_DEST -j ACCEPT

    # Fall back to initialization
    # The client knows its server, but has either lost its lease,
    # or else needs to reconfirm the IP address after rebooting.

    $IPT -A local-dhcp-client-query \
                   -s $BROADCAST_SRC \
                   -d $DHCP_SERVER -j ACCEPT

    $IPT -A remote-dhcp-server-response \
              -s $DHCP_SERVER \
              -d $BROADCAST_DEST -j ACCEPT

    # As a result of the above, we're supposed to change our IP
    # address with this message, which is addressed to our new
    # address before the dhcp client has received the update.
    # Depending on the server implementation, the destination address
    # can be the new IP address, the subnet address, or the limited
    # broadcast address.

    # If the network subnet address is used as the destination,
    # the next rule must allow incoming packets destined to the
    # subnet address, and the rule must precede any general rules
    # that block such incoming broadcast packets.

    $IPT -A remote-dhcp-server-response \
              -s $DHCP_SERVER -j ACCEPT

    # Lease renewal

    $IPT -A local-dhcp-client-query \
              -s $IPADDR \
              -d $DHCP_SERVER -j ACCEPT
fi
###############################################################
# Source Address Spoof Checks
```

```
# Drop packets pretending to be originating from the receiving interface
$IPT -A source-address-check -s $IPADDR -j DROP

# Refuse packets claiming to be from private networks

$IPT -A source-address-check -s $CLASS_A -j DROP
$IPT -A source-address-check -s $CLASS_B -j DROP
$IPT -A source-address-check -s $CLASS_C -j DROP
$IPT -A source-address-check -s $CLASS_D_MULTICAST -j DROP
$IPT -A source-address-check -s $CLASS_E_RESERVED_NET -j DROP
$IPT -A source-address-check -s $LOOPBACK -j DROP

$IPT -A source-address-check -s 0.0.0.0/8 -j DROP
$IPT -A source-address-check -s 169.254.0.0/16 -j DROP
$IPT -A source-address-check -s 192.0.2.0/24 -j DROP

###############################################################
# Bad Destination Address and Port Checks

# Block directed broadcasts from the Internet

$IPT -A destination-address-check -d $BROADCAST_DEST -j DROP
$IPT -A destination-address-check -d $SUBNET_BASE -j DROP
$IPT -A destination-address-check -d $SUBNET_BROADCAST -j DROP
$IPT -A destination-address-check ! -p udp \
         -d $CLASS_D_MULTICAST -j DROP

###############################################################
# Logging Rules Prior to Dropping by the Default Policy

# ICMP rules

$IPT -A EXT-log-in -p icmp \
         ! --icmp-type echo-request -m limit -j LOG

# TCP rules

$IPT -A EXT-log-in -p tcp \
         --dport 0:19 -j LOG
```

```
# Skip ftp, telnet, ssh
$IPT -A EXT-log-in -p tcp \
         --dport 24 -j LOG

# Skip smtp
$IPT -A EXT-log-in -p tcp \
         --dport 26:78 -j LOG

# Skip finger, www
$IPT -A EXT-log-in -p tcp \
         --dport 81:109 -j LOG

# Skip pop-3, sunrpc
$IPT -A EXT-log-in -p tcp \
         --dport 112:136 -j LOG

# Skip NetBIOS
$IPT -A EXT-log-in -p tcp \
         --dport 140:142 -j LOG

# Skip imap
$IPT -A EXT-log-in -p tcp \
         --dport 144:442 -j LOG

# Skip secure_web/SSL
$IPT -A EXT-log-in -p tcp \
         --dport 444:65535 -j LOG

#UDP rules

$IPT -A EXT-log-in -p udp \
         --dport 0:110 -j LOG

# Skip sunrpc
$IPT -A EXT-log-in -p udp \
         --dport 112:160 -j LOG

# Skip snmp
$IPT -A EXT-log-in -p udp \
         --dport 163:634 -j LOG
```

```
# Skip NFS mountd
$IPT -A EXT-log-in -p udp \
         --dport 636:5631 -j LOG

# Skip pcAnywhere
$IPT -A EXT-log-in -p udp \
         --dport 5633:31336 -j LOG

# Skip traceroute's default ports
$IPT -A EXT-log-in -p udp \
         --sport $TRACEROUTE_SRC_PORTS \
         --dport $TRACEROUTE_DEST_PORTS -j LOG

# Skip the rest
$IPT -A EXT-log-in -p udp \
         --dport 33434:65535 -j LOG

# Outgoing Packets

# Don't log rejected outgoing ICMP destination-unreachable packets
$IPT -A EXT-log-out -p icmp \
         --icmp-type destination-unreachable -j DROP

$IPT -A EXT-log-out -j LOG

###############################################################
# Install the User-defined Chains on the built-in
# INPUT and OUTPUT chains

# If TCP: Check for common stealth scan TCP state patterns
$IPT -A INPUT -p tcp -j tcp-state-flags
$IPT -A OUTPUT -p tcp -j tcp-state-flags

if [ "$CONNECTION_TRACKING" = "1" ]; then
     # Bypass the firewall filters for established exchanges
     $IPT -A INPUT -j connection-tracking
     $IPT -A OUTPUT -j connection-tracking
fi
```

```
if [ "$DHCP_CLIENT" = "1" ]; then
     $IPT -A INPUT -i $INTERNET -p udp \
              --sport 67 --dport 68 -j remote-dhcp-server-response
     $IPT -A OUTPUT -o $INTERNET -p udp \
              --sport 68 --dport 67 -j local-dhcp-client-query
fi

# Test for illegal source and destination addresses in incoming packets
$IPT -A INPUT ! -p tcp -j source-address-check
$IPT -A INPUT -p tcp --syn -j source-address-check
$IPT -A INPUT -j destination-address-check

# Test for illegal destination addresses in outgoing packets
$IPT -A OUTPUT -j destination-address-check

# Begin standard firewall tests for packets addressed to this host
$IPT -A INPUT -i $INTERNET -d $IPADDR -j EXT-input

# Multicast traffic
#### CHOOSE WHETHER TO DROP OR ACCEPT!
$IPT -A INPUT -i $INTERNET -p udp -d $CLASS_D_MULTICAST -j [ DROP |
ACCEPT ]
$IPT -A OUTPUT -o $INTERNET -p udp -s $IPADDR -d $CLASS_D_MULTICAST \
-j [ DROP | ACCEPT ]

# Begin standard firewall tests for packets sent from this host.
# Source address spoofing by this host is not allowed due to the
# test on source address in this rule.
$IPT -A OUTPUT -o $INTERNET -s $IPADDR -j EXT-output

# Log anything of interest that fell through,
# before the default policy drops the packet.
$IPT -A INPUT -j EXT-log-in
$IPT -A OUTPUT -j EXT-log-out

exit 0
```

B.4 第 6 章的 nftables 防火牆

回想我們在第 6 章建構了一個最佳化的 nftables 防火牆，它使用數個不同的檔案來定義變數和建構規則。本節揭示了這些檔案的內容。其中唯一需要執行的就是主要檔案 rc.firewall。其餘檔案需要與主要檔案在同一個目錄下。

下面是 rc.firewall 的內容：

```
#!/bin/sh

NFT="/usr/local/sbin/nft"          # Location of nft on your system

# Enable broadcast echo Protection
echo 1 > /proc/sys/net/ipv4/icmp_echo_ignore_broadcasts
# Disable Source Routed Packets
for f in /proc/sys/net/ipv4/conf/*/accept_source_route; do
     echo 0 > $f
done
# Enable TCP SYN Cookie Protection
echo 1 > /proc/sys/net/ipv4/tcp_syncookies
# Disable ICMP Redirect Acceptance
for f in /proc/sys/net/ipv4/conf/*/accept_redirects; do
     echo 0 > $f
done

# Don't send Redirect Messages
for f in /proc/sys/net/ipv4/conf/*/send_redirects; do
     echo 0 > $f
done
# Drop Spoofed Packets coming in on an interface, which, if replied to,
# would result in the reply going out a different interface.
for f in /proc/sys/net/ipv4/conf/*/rp_filter; do
     echo 1 > $f
done
# Log packets with impossible addresses.
for f in /proc/sys/net/ipv4/conf/*/log_martians; do
     echo 1 > $f
done
```

```
for i in `$NFT list tables | awk '{print $2}'`
do
        echo "Flushing ${i}"
        $NFT flush table ${i}
        for j in `$NFT list table ${i} | grep chain | awk '{print $2}'`
        do
                echo "...Deleting chain ${j} from table ${i}"
                $NFT delete chain ${i} ${j}
        done
        echo "Deleting ${i}"
        $NFT delete table ${i}
done

if [ "$1" = "stop" ]
then
echo "Firewall completely stopped! WARNING: THIS HOST HAS NO FIREWALL RUNNING."
exit 0
fi
$NFT -f setup-tables
$NFT -f localhost-policy
$NFT -f connectionstate-policy

$NFT -f invalid-policy
$NFT -f dns-policy

$NFT -f tcp-client-policy
$NFT -f tcp-server-policy

$NFT -f icmp-policy

$NFT -f log-policy
#default drop
$NFT -f default-policy
```

下面是 nft-vars 的內容：

```
define int_loopback = lo
define int_internet = ethN
define ip_external =
```

```
define subnet_external =
define subnet_bcast =
define net_loopback = 127.0.0.0/8
define net_class_a = 10.0.0.0/8
define net_class_b = 172.16.0.0/16
define net_class_c = 192.168.0.0/16
define net_class_d = 224.0.0.0/4
define net_class_e = 240.0.0.0/5
define broadcast_src = 0.0.0.0
define broadcast_dest = 255.255.255.255
define ports_priv = 0-1023
define ports_unpriv = 1024-65535

define nameserver_1 =
define nameserver_2 =
define nameserver_3 =

define server_smtp =
```

下面是 connectionstate-policy 的內容：

```
table filter {
        chain input {
                ct state established,related accept
                ct state invalid log prefix "INVALID input: " limit
➡rate 3/second drop
        }
        chain output {
                ct state established,related accept
                ct state invalid log prefix "INVALID output: " limit
➡rate 3/second drop
        }
}
```

下面是 default-policy 的內容：

```
table filter {
        chain input {
                drop
        }
```

```
        chain output {
                drop
        }
}
table nat {
        chain postrouting {
            drop
        }
        chain prerouting {
            drop
        }
}
```

下面是 dns-policy 的內容：

```
include "nft-vars"
table filter {
        chain input {
                ip daddr { $nameserver_1,$nameserver_2,$nameserver_3 }
➥udp sport 53 udp dport 53 accept
                ip daddr { $nameserver_1,$nameserver_2,$nameserver_3 }
➥tcp sport 53 tcp dport $ports_unpriv accept
                ip daddr { $nameserver_1,$nameserver_2,$nameserver_3 }
➥udp sport 53 udp dport $ports_unpriv accept
        }
        chain output {
                ip daddr { $nameserver_1,$nameserver_2,$nameserver_3 }
➥udp sport 53 udp dport 53 accept
                ip daddr { $nameserver_1,$nameserver_2,$nameserver_3 }
➥tcp sport $ports_unpriv tcp dport 53 accept
                ip daddr { $nameserver_1,$nameserver_2,$nameserver_3 }
➥udp sport $ports_unpriv udp dport 53 accept
        }
}
```

下面是 icmp-policy 的內容：

```
include "nft-vars"
table filter {
        chain input {
```

```
                icmp type { echo-reply,destination-
➡unreachable,parameter-problem,source-quench,time-exceeded} accept
        }
        chain output {
                icmp type { echo-request,parameter-problem,source-
➡quench} accept
        }
}
```

下面是 invalid-policy 的內容：

```
include "nft-vars"
table filter {
        chain input {
                iif $int_internet ip saddr $ip_external drop
                iif $int_internet ip saddr $net_class_a drop
                iif $int_internet ip saddr $net_class_b drop
                iif $int_internet ip saddr $net_class_c drop
                iif $int_internet ip protocol udp ip daddr $net_
➡class_d accept
                iif $int_internet ip saddr $net_class_e drop
                iif $int_internet ip saddr $net_loopback drop
                iif $int_internet ip daddr $broadcast_dest drop
        }
        chain output {
        }
}
```

下面是 localhost-policy 的內容：

```
include "nft-vars"
table filter {
        chain input {
                iifname $int_loopback accept
        }
        chain output {
                oifname $int_loopback accept
        }
}
```

下面是 log-policy 的內容：

```
include "nft-vars"
table filter {
        chain input {
                log prefix "INPUT packet dropped: " limit rate 3/
➥second
        }
        chain output {
                log prefix "OUTPUT packet dropped: " limit rate 3/
➥second
        }
}
```

下面是 setup-tables 的內容：

```
include "nft-vars"
table filter {
        chain input {
                type filter hook input priority 0;
        }
        chain output {
                type filter hook output priority 0;
        }
}
```

下面是 tcp-client-policy 的內容：

```
include "nft-vars"
table filter {
        chain input {
        }
        chain output {
                tcp dport {21,22,80,110,143,993,995,443} tcp sport
➥$ports_unpriv accept
                ip daddr $server_smtp tcp dport 25 tcp sport $ports_
➥unpriv accept
        }
}
```

下面是 tcp-server-policy 的內容：

```
include "nft-vars"
table filter {
          chain input {
                    #CHOOSE WHETHER TO ACCEPT OR DROP!
                    ip daddr $ip_external tcp sport $ports_unpriv tcp
➥dport {22} [ accept | drop ]
          }
          chain output {
          }
}
```

C

術語表

本術語表包含了一些書中的術語和縮寫。複合詞語的術語以當中主要名詞的字母順序排列，然後是逗號和其餘的名詞。

ACCEPT（接受）：一個防火牆過濾規則的決策，允許將封包傳遞到它的下一個目的地。

accept-everything-by-default policy（預設接受一切的策略）：一種策略，用於接受所有的封包，而該封包並未匹配規則鏈中的防火牆規則。因此防火牆中的規則大多都是 DENY 規則，並對預設的 `ACCEPT` 規則定義了例外。

ACK：TCP 旗標，用於確認已收到前一個 TCP 資料區段。

application-level gateway（應用層閘道）：參閱 proxy，application-level。它通常指 ALG，應用層閘道是一個有多重涵義的術語。在防火牆術語中，ALG 通常指應用程式相關的支援模組，它可以檢查應用層資料中的位址和埠等負載，並識別本次 session 中隨後的資料串流。

AUTH：TCP 服務埠 113，與 `identd` 用戶身份認證伺服器相關。

authentication（認證）：確定一個實體身份的程序。

authorization（授權）：確定一個實體可以使用的服務和資源的程序。

bastion（堡壘）：參閱 firewall，bastion，即堡壘防火牆。

BIND：Berkeley Internet Name Domain（伯克利網際網路名稱網域）的縮寫，伯克利對 DNS 協定的實作。

BOOTP：Bootstrap 協定，用於無硬碟工作站找到其 IP 位址、boot 伺服器位置，並在系統啟動之前使用 TFTP 下載系統。BOOTP 是為了取代 RARP 而開發。

BOOTPC：UDP 服務埠號 68，與 BOOTP 和 DHCP 客戶端相關。

bootpd：BOOTP 的伺服器程式。

BOOTPS：UDP 服務埠號 67，與 BOOTP 和 DHCP 伺服器相關。

border router（邊界路由器）：路由位於網路邊界點之封包的設備。

broadcast（廣播）：一個被發送到所在網路，或子網中所有介面的 IP 封包。

CERT：Computer Emergency Response Team（計算機應急響應小組）的縮寫。1988 年網際網路蠕蟲事件出現後，在卡內基 - 梅隆大學（Carnegie Mellon University）軟體工程研究院成立的一個資訊協調，和網際網路安全緊急情況預防中心。

chain（規則鏈）：定義封包進出一個網路介面的規則列表。

checksum（校驗和）：透過對檔案或封包的所有位元組，執行一些數學計算而產生的數字。如果檔案發生改變，或者封包被修改，那麼經此計算所得到的第二個校驗和，將不會和原先相同。

choke（隔斷）：參閱 firewall，choke，即隔斷防火牆。

chroot：既是一個程式，也是一個系統呼叫，用於將一個目錄定義為檔案系統的根目錄，然後將程式執行限制在這個虛擬檔案系統的範圍內。

circuit gateway（電路級閘道器）：參閱 proxy，circuit-level，即電路層代理。

class, network address（網路位址類別）：由於歷史原因，目前包含五大類網路位址。IPv4 網路位址為 32 位元的數值。根據 IP 位址的前 4 位，位址空間被劃分為 A ～ E 類位址。A 類網路位址空間映射到 128 個獨立的網路，每個網路可以擁有 1,600 多萬個主機。B 類網路位址空間映射到 16,384 個網路，每個網路可以擁有多達 64,534 個主機。C 類網路位址空間映射到約 200 萬個網路，每個網路最多可以擁有 254 個主機。D 類網路位址空間用於多播位址。E 類網路位址是空間預留或用於實驗目的。隨著 CIDR 的引入，網路的分類已經逐漸失去了實際意義。人們還常常參照網路的分類，其主要原因是對網路位址類別已經十分熟悉，也由於這種按照位元組來區分位址類別的方法很容易應用在各種範例中。

Classless Inter-Domain Routing（無類別域間路由）：簡稱 CIDR，CIDR 使用長度可變的網路域，來進行網路位址分配且取代了網路位址類別。作為長度可變的子網路遮罩的概念延伸，CIDR 用於提高路由表的可擴展性，並解決了中等規模機構中，分類位址空間耗盡的問題。

client/server model（客戶端 / 伺服器模型）：這是分散式網路服務的模型，中心化程式（centralized program），即伺服器，向請求服務的遠端客戶端程式提供服務，不論該服務是得到一份網頁、從中央倉庫下載一個檔案、執行一個資料庫查詢、發送或接收電子郵件、對客戶端提供的資料進行計算，或是在兩人或多人之間建立人類通訊連接。

daemon（常駐程式）：一個執行在伺服器背景的基本系統服務。

DARPA：Defense Advanced Research Projects Agency（國防高等研究計劃署）的縮寫。

Datalink layer（資料連結層）：OSI 參考模型中的第二層，它代表了在相鄰網路設備間，進行的點到點資料訊號傳輸，例如從一個電腦傳輸的乙太網幀，到一個外部路由器。（在 TCP/IP 參考模型中，該功能被包含在第一層，即子網層中。）

default policy（預設策略）：防火牆規則集的一種策略，用於 `filter` 表的 `INPUT`、`OUTPUT`、`FORWARD` 規則鏈，它定義了當封包沒有任何規則與之匹配時的處理方法。參閱 accept-everything-by-default policy 和 deny-everything-by-default policy。

denial-of-service (DoS) attack（拒絕服務攻擊）：一種攻擊，透過發送非預期的資料或使用封包對系統進行洪流攻擊，以破壞服務或使服務降級，使得合法的請求不能被響應或更糟糕地，使系統崩潰。

deny-everything-by-default policy（預設拒絕一切的策略）：如果封包並未匹配規則鏈中防火牆的規則，就一律默默將它丟棄的策略。因此，防火牆中的規則大多都是 `ACCEPT` 規則，並定義與預設 `DENY` 規則的例外。

DHCP：Dynamic Host Configuration Protocol（動態主機設定協定）的縮寫，用於動態地分配 IP 位址，並對沒有註冊 IP 位址的客戶機提供伺服器和路由資訊。

DHCP 協定用於取代 BOOTP 協定。

DMZ：demilitarized zone（非軍事化區域）的縮寫，是一種邊界網路，包含提供公用服務的機器，與隔開本地、私人的網路。對安全性較低的公用伺服器與私有 LAN 進行隔離。

DNS：Domain Name Service（域名解析服務）的縮寫。一個全球化的網際網路資料庫服務，主要提供主機到 IP 以及 IP 到主機的映射。

DROP（丟棄）：一種防火牆過濾規則，來決定默默丟棄封包，而不向發送者返回任何通知。在早期的 Linux 防火牆技術中，`DROP` 與 `DENY` 具有相同的涵義。

dual-homed（雙宿主）：具有兩個網路介面的電腦。參閱 multihomed。

dynamically assigned address（動態分配位址）：透過一個中央伺服器，如 DHCP 伺服器，把 IP 位址臨時分配給一個客戶端的網路介面。

Ethernet frame（乙太網幀）：在乙太網中，IP 資料報（datagram）被封裝在乙太網幀中。

filter, firewall（封包過濾防火牆）：防火牆定義的封包過濾規則，透過判斷封包的 IP 位址或傳輸層表頭的資訊特徵是否匹配，來決定是否允許某封包通過網路介面，或是將其丟棄。過濾規則的定義可以根據諸如封包的來源或目的 IP 位址、來源或目的埠、協定類型、TCP 連接狀態或是 ICMP 訊息類別。

finger：用戶資訊查詢命令。

firewall（防火牆）：在網路之間設置的一個或一組設備，用於執行網路間的存取控制策略。

firewall, bastion（堡壘防火牆）：通常來說，包含兩個或多個網路介面並且充當閘道器或作為網路間的連接點，通常是本地站點和網際網路的連接點。因為堡壘防火牆是網路間的單個連接點，所以堡壘防火牆被施以最充分的安全保護。通常，堡壘是一台可以從遠端的站點直接進行存取的防火牆，不論該主機是用來連接網路，或是保護提供公用服務的伺服器。

firewall, choke（隔斷防火牆）：擁有兩個或多個網路介面，是這些網路間的閘道器或連接點的 LAN 防火牆。其中一個網路介面連接到 DMZ（其一端連接到隔斷防火牆，另一端連接到堡壘防火牆），另一個網路介面連接到內部的私有 LAN。

firewall, dual-homed（雙宿主主機防火牆）：一個單主機閘道器防火牆，要求內部 LAN 用戶連接到此防火牆以實作存取網際網路，或者是作為此內部 LAN 可以存取的所有網際網路網站的代理。在使用了雙宿主主機防火牆的網路系統中，所有的內部 LAN 和網際網路之間的資訊傳輸都必須經過此雙宿主主機防火牆。

firewall, screened-host（屏蔽主機防火牆）：與雙宿主主機防火牆相似，單屏蔽主機防火牆並不是直接被置於外網和內網之間。屏蔽主機防火牆透過一個中間路由器，和一個封包過濾器與外部公網相隔開。內部用戶透過與屏蔽主機防火牆相連接，或者透過防火牆提供的代理服務才能存取外部的網際網路。屏蔽路由器確保所有的網路流量，或者至少某些特定類型的網路流量必須經過屏蔽主機防火牆。屏蔽主機防火牆和雙宿主主機防火牆的不同之處在於，它們在本地網路中所處的位置不同。

firewall, screened-subnet（屏蔽子網防火牆）：一個由閘道器防火牆、包含公用伺服器的 DMZ 網路，以及隔斷防火牆共同組成的防火牆系統。在屏蔽防火牆中，隔斷防火牆不能託管公用服務。

flooding, packet（封包洪流攻擊）：一種拒絕服務攻擊的方式，向被攻擊主機發送大量特定類型的封包，以使它超過可承受的能力。

forward（轉發）：在封包從一台電腦向另一台電腦傳輸封包的過程中，將封包從一個網路，路由到另一個網路。

fragment（分片）：含有一個 TCP 分段的 IP 封包。

FTP：File Transfer Protocol（檔案傳輸協定）的縮寫。該協定用於在網路電腦之間傳送檔案。

FTP, anonymous（匿名 FTP）：一種 FTP 服務，可以接受任何客戶端的請求。

FTP, authenticated（認證 FTP）：一種 FTP 服務，只接受預定義帳戶的請求，用戶在使用服務前需要進行認證。

gateway（閘道器）：作為網路傳輸的中間，或終端結點的電腦硬體或軟體。

hosts.allow, hosts.deny：TCP 封裝的設定檔案為 /etc/hosts.allow 和 /etc/hosts.deny。

HOWTO：線上 HOWTO 檔案。在原有的標準手冊頁面基礎上增加的 Linux 用戶線上支援檔案，主題眾多，用多種語言和文字書寫。HOWTO 檔案由 Linux Documentation Project 負責收集和維護。

HTTP：Hypertext Transfer Protocol（超文字傳輸協定）的縮寫。用於 Web 伺服器和瀏覽器之間的傳輸。

hub（集線器）：信號轉發器硬體，用於連接多個網段、延伸網路的物理距離或連接不同物理類型的網路。

IANA：Internet Assigned Numbers Authority（網際網路號碼分配機構）的縮寫。

ICMP：Internet Control Message Protocol（網際網路控制訊息協定）的縮寫。用於提供網路層 IP 狀態和控制訊息。

identd：用戶認證（AUTH）伺服器。

IMAP：Internet Message Access Protocol（網際網路資訊存取協定）的縮寫。用於從執行 IMAP 伺服器的主機獲取郵件。

inetd：inetd 處理序。用於監聽外界對其管理的本地服務埠的連接。當一個連接請求到達時，inetd 處理序使用所請求的伺服器的一個副本，來處理該連接請求。預設狀態下，`inetd` 會被一個擴展版本 `xinetd` 所取代。

IP datagram：IP 網路層資料報。

ipchains：在 Linux 系統中新版的 IPFW 防火牆機制實作中用來取代 `ipfwadm`。Iptables 為那些想使用已有防火牆腳本的站點，提供了用來與 `ipfwadm` 兼容的模組。

IPFW：IP 防火牆機制，現已被 Netfilter 所取代。

ipfwadm：在 ipchains 被推出之前，Linux 系統所使用的 IPFW 防火牆的管理程式。Iptables 為那些想使用已有防火牆腳本的站點，提供了用於與 ipfwadm 兼容的模組。

iptables：從 2.4 系列的核心開始，作為 Linux 系統中的防火牆管理程式。

klogd：核心日誌常駐程式，它從核心緩衝區收集系統的錯誤和狀態資訊，並與 syslogd 共同工作，將收集到的訊息寫入系統日誌之中。

LAN：Local Area Network（區域網路）的縮寫。

Localhost：符號名稱，常被用來定義於 `/etc/hosts` 之中，本機的迴路介面。

loopback interface（迴路介面）：一個特殊的軟體網路介面，用於系統傳輸本機為本機所產生的網路訊息，使其繞過硬體網路介面以及相關的網路驅動程式。

man page（手冊頁面）：標準的 Linux 線上檔案格式。手冊頁面涵蓋了所有的用戶和系統管理程式，以及系統呼叫程式、函式庫呼叫程式、設備型號、系統檔案格式。

masquerading（偽裝）：將傳出的封包的原 IP 位址，替換為防火牆或閘道器 IP 位址的過程，以此來隱藏 LAN 的真實 IP 位址。在 Linux 的 IPFW 防火牆機制中，偽裝用來描述對來源位址進行 NAT 的功能。在 Netfilter 中，偽裝用來描述一種特殊形式的來源位址 NAT，用於動態地分配臨時 IP 位址，而且 IP 位址容易因為連接而改變。

MD5：一種加密校驗和演算法，為資料物件生成數位簽章（稱為訊息摘要）以確保資料的完整性。

MTU：Maximum Transmission Unit（最大傳輸單元）的縮寫，底層網路中傳輸的封包之最大長度。

multicast（多播）：一個發送到 D 類多播 IP 位址的 IP 封包。多播客戶端只要註冊到中間路由器上，就可以收到發送到特定多播位址的封包。

multihomed（多宿主）：一台具有兩個或多個網路介面的電腦。參閱 dual-homed。

name server, primary（主域名伺服器）：一個授權為一個網域，或一個網域的某個區提供域名解析的權威伺服器。該伺服器維護了一個包含了本區網域內主機名稱，和 IP 位址的完整的資料庫。

name server, secondary（輔域名伺服器）：作為主域名伺服器的備份或協同主機。

NAT：Network Address Translation（網路位址轉換）的縮寫，將封包的來源或目的位址替換為另一個網路介面位址的過程。NAT 主要用於解決非兼容網路位址空間之間的資料流量，例如在網際網路和使用了私有位址的 LAN 之間的資料傳輸。

Netfilter：從 Linux 核心 2.4 版本開始引入的防火牆機制。

nft：nftables 防火牆的管理程式。

nftables：從 Linux 核心 3.13 版本開始引入的防火牆機制。

netstat：根據各種不同的網路相關的核心表（kernel table），顯示不同網路狀態訊息的程式。

Network layer（網路層）：OSI 參考模型中的第三層，它代表兩台電腦之間進行的端到端通訊，例如從來源電腦路由，和傳輸 IP 資料報至一台外部目的電腦。在 TCP/IP 參考模型中，它代表了第二層，即 Internet 層。

NFS：Network File System（網路檔案系統）的縮寫，用於在網路電腦之間共享檔案系統。

NMap：一個網路安全稽核工具（即埠掃描工具），它包括了很多當今常用的掃描技術。

NNTP：Network News Transfer Protocol（網路新聞傳輸協定）的縮寫，被 Usenet 所使用。

NTP：Network Time Protocol（網路時間協定）的縮寫，被 `ntpd` 和 `ntpdate` 所使用。

OSI (Open System Interconnection) reference model（開放系統互連參考模型）：由國際標準化組織（ISO）制定的一個七層模型，為網路互連標準提供了一個框架和導引。

OSPF：Open Shortest Path First（開放式最短路徑優先）的縮寫，是 TCP/IP 協定中的開放式最短路徑優先路由協定，也是目前應用最為普遍的路由協定。

packet（封包）：一個 IP 網路資料報。

packet filtering（封包過濾）：參閱 firewall。

PATH：一個 shell 環境變數，定義了 shell 在執行沒有完整定義的命令時，應當搜尋的目錄以及搜尋目錄的順序。

peer-to-peer（點對點）：一種用於兩個伺服器程式，直接進行通訊的模式。雖然不一定總是如此，但點對點通訊協定，通常與用於伺服器和客戶端之間進行通訊的協定不同。

Physical layer（實體層）：在 OSI 參考模型中的第一層，它代表在相鄰網路設備之間用來攜帶訊號的物理介質，例如銅線、光纖、分組電波或紅外線。在 TCP/IP 參考模型中，該層被包含在第一層（即子網層）中。

PID：Process ID（處理序 ID）的縮寫，是系統中處理序的唯一數字識別子，通常與處理序在系統處理序表中所獲得的位置相關。

ping：一個簡單的網路分析工具，用於確定一個遠端主機是否可到達，並會做出響應。ping 發送 ICMP echo 請求訊息。接收的主機返回一個 ICMP echo reply 訊息作為響應。

POP：Post Office Protocol（郵局協定）的縮寫，用於從執行 POP 伺服器的主機收取郵件。

port（埠）：在 TCP 或 UDP 中，代表特定網路通訊通道的數字。埠的分配由 IANA 管理。一些埠被分配給特定的應用通訊協定，作為協定標準的一部分。一些埠因為慣例被一些特定的服務所使用而被註冊。一些埠未被分配並且可以自由使用，可以自由地、動態地分配給客戶端和用戶程式。

- Privileged（特權埠號）從 0 ～ 1023 範圍內的埠。許多這些埠依據國際標準被分配給應用程式協定。在 Linux 系統中，存取特權埠需要系統級的權限。
- Unprivileged（非特權埠號）從 1024 ～ 65535 範圍內的埠。這些埠中的一部分依慣例被註冊為由特定的程式所使用。任何在該範圍內的埠可以被客戶端程式使用，以及在網路伺服器之間建立連接。

port scan（埠掃描）：探測某台電腦所有或部分服務埠，尤其是經常與安全漏洞相關的那些埠。

portmap（埠映射）：RPC（遠端處理序呼叫）的管理常駐程式，用於客戶端請求存取的 RPC 服務號碼，和相關伺服器的服務埠號之間進行映射。

probe（刺探）：向一台主機的服務埠發送某些特定的封包。刺探的目的是為了確定目標主機是否有響應。

proxy（代理）：一個程式為另一個程式建立和維護一個網路連接，在伺服器和客戶端之間提供一個應用層的通道。實際的客戶端和伺服器並沒有直接通訊。代理被客戶端程式看作伺服器，同時被伺服器程式看作客戶端。應用程式代理通常被分為應用層閘道，或電路層閘道器。

proxy, application-level（應用層代理）：用於提供特定服務的代理伺服器。應用層閘道代理能夠解析，它所代理的應用層協定。該代理可以檢查應用層負載中的資料，並且依據提供應用層中所包含的資訊進行決策，而不單純的依賴 IP 和傳輸層中所提供的資訊進行決策。

proxy, circuit-level（電路層代理）：這種代理伺服器有兩種實作方式：每一個被代理的服務有一個獨立的程式，或者作為一個通用的連接中繼。電路層代理並沒有應用層協定的相關特定知識。該代理與封包過濾防火牆一樣，根據 IP 和傳輸層資訊作出決策，還可能加入一些用戶認證的功能。

QoS：Quality of Service（服務品質）的縮寫。

RARP：Reverse Address Resolution Protocol（逆位址解析協定）的縮寫。用於使無磁碟的電腦可以根據其 MAC 硬體位址，向伺服器查詢其 IP 位址。

REJECT（駁回）：過濾防火牆的一種決定規則，用於將封包丟棄並且給發送者返回一個錯誤訊息。

resolver：DNS 客戶端程式。resolver 被實作為一個程式庫，請求網路存取的程式可以連結該程式庫。DNS 客戶端的設定檔案是 /etc/resolv.conf。

RFC：Request for Comments（回饋請求）的縮寫，由 Internet Society（網際網路社群）或 Internet Engineering Task Force（網際網路工程特別委員會）發佈的筆記或備忘錄。一些 RFC 成為了標準。RFC 所涉及的題目通常與網際網路或 TCP/IP 協定套組相關。

RIP：Routing Information Protocol（路由資訊協定）的縮寫。一個目前仍在使用的較老的路由協定，尤其是在較大的 LAN 中。`routed` 常駐程式使用的是 RIP。

RPC：Remote procedure call（遠端過程呼叫）的縮寫。

rule（規則）：參閱 firewall and filter, firewall。

runlevel（執行級）：來自於 UNIX 系統 V 中，關於啟動和系統狀態的一個概念。系統通常執行在執行級 2、3 或 5 其中的一個執行級。執行級 3 為預設，是正常的、多用戶系統狀態。執行級 2 類似於執行級 3，但不執行 `xinetd`、`portmap` 以及網路檔案系統服務。執行級 5 在執行級 3 的基礎上增加了 X Window Display Manager，它提供了基於 X 的登錄和主機選擇介面。

screened host（屏蔽主機）：參閱 firewall, screened-host。

screened subnet（屏蔽子網）：參閱 firewall, screened-subnet。

script（腳本）：一個包含了 shell 或 Linux 程式命令的 ASCII 檔案。這些腳本由 shell 程式進行直譯，例如 sh、csdh、bash、zsh、ksh 或者由程式進行直譯，例如 perl、awk、sed。

segment,TCP（TCP 段）：一個 TCP 訊息。

setgid：一個程式，當其執行時，取得此程式擁有者的群組 ID，而不是執行此程式的處理序所具有的群組 ID。

setuid：一個程式，當其執行時，取得此程式擁有者的用戶 ID，而不是執行此程式的處理序所具有的用戶 ID。

shell：一個命令直譯器，例如 sh、csh、bash、zsh 和 ksh。

SMTP：Simple Mail Transfer Protocol（簡單郵件傳輸協定）的縮寫。用於在郵件伺服器之間，或者郵件收發程式與郵件伺服器之間進行郵件交換。

SNMP：Simple Network Management Protocol（簡單網路管理協定）的縮寫。用來從一個遠端工作站對網路設備的設定進行管理。

socket：由一個 IP 位址與一個特定的 TCP 或 UDP 服務埠來定義的唯一網路連接點。

SOCKS：由 NEC 公司提供的一個電路層閘道器代理軟體。

spoofing, source address（來源位址欺騙）：透過在 IP 封包表頭中偽造來源位址，使此 IP 封包看上去來自於另一個 IP 位址。

SSH：Secure Shell protocol（安全 shell 協定）的縮寫。用於建立需要進行身份認證及加密的網路連接。

SSL：Secure Socket Layer protocol（安全套接層協定）的縮寫。用於加密通訊。SSL 通常應用於電子商務中 Web 伺服器和瀏覽器之間，涉及到用戶個人資訊的交換。

statically assigned address（靜態分配位址）：永久性分配的、不能隨意更改的 IP 位址，可以是公開註冊的位址，也可以是內部位址。

subnet layer（子網層）：在 TCP/IP 參考模型中的第一層，用來表達兩個相鄰網路設備之間，攜帶訊號的物理媒介以及點到點的訊號傳輸，例如將一個乙太網幀從一台電腦，傳輸到外部路由器。

SYN：TCP 連接同步請求旗標。SYN 訊息是一個程式為了建立與另一個網路程式的連接，所發送的第一個訊息。

syslog.conf：系統日誌常駐程式的設定檔案。

syslogd：系統日誌常駐程式，用於當系統程式使用 syslog() 的系統呼叫並發送訊息時，收集它所發生的錯誤和各種狀態資訊。

TCP：Transmission Control Protocol（傳輸控制協定）的縮寫。用於在兩個程式之間建立一個可靠的、即時進行的網路連接。

TCP/IP reference model（TCP/IP 參考模型）：一個非正式的網路通訊模型，產生於 20 世紀 70 年代末期和 80 年代早期，當時 TCP/IP 變成了 UNIX 電腦之間進行網路通訊的業界標準（de facto standard）。雖然不是正式的，在學術上也不是一個理想的模型，TCP/IP 參考模型的產生和發展，完全是依據製造商和開發者對網際網路通訊所取得的共識。

tcp_wrapper（TCP 包裝程式）：用來控制遠端主機存取本地伺服器的一個授權方案。

TFTP：Trivial File Transfer Protocol（簡單檔案傳輸協定）的縮寫，該協定用於下載引導鏡像到無硬碟工作站或路由器。此協定是一個基於 UDP 協定的簡化版 FTP。

three-way handshake（三次握手）：TCP 連接建立協定。當客戶端程式向伺服器發送第一條訊息時，連接請求訊息的 SYN 旗標被設置，同時伴隨著一個同步序列號碼，客戶端將這個序列號作為其以後所發送的其他訊息的起始計數值。伺服器發送 ACK 訊息對客戶端的 SYN 訊息進行響應，同時還伴隨著它發送給客戶端的同步請求（SYN）。伺服器發回給客戶端的 ACK 為所收到的客戶端發送給伺服器的 SYN 訊息中的序列號碼，加上伺服器所收到的資料位元組數，再加上一。確認的目的是為了確保，收到客戶端序列號碼所指示的訊息。SYN 旗標也伴隨著一個同步序列號碼，與客戶端發送第一條訊息時一樣。伺服器將自己的起始序列號碼發送給客戶端，來完成它自己這一端的連接。客戶端透過 ACK 訊息對伺服器的 SYN-ACK 做出響應，並將伺服器的序列號碼數值，加上它所收到的資料位元組數再加上一，表明接收到了訊息。至此，連接的建立完成。

TOS：Type of Service（服務類型）的縮寫。IP 封包表頭中的服務類型欄位，其目的是指出所希望得到的路由策略，或封包路由的偏好。

traceroute：一個網路分析工具，用於確定從一台電腦到另一台電腦的網路路徑。

Transport layer（傳輸層）：OSI 參考模型的第四層，它代表了兩個程式之間的端到端通訊，例如從一個客戶端程式傳輸封包，到一個伺服器程式。在 TCP/IP 參考模型中，傳輸層指的是第三層。然而，TCP/IP 參考模型中第三層的傳輸抽象，包含了 OSI 參考模型中的第五層會議層的概念，用以實作一種有序、同步的資訊交換概念。

TTL：Time to Live（生存期）的縮寫，是 IP 封包表頭中的生存期欄位，用來規定該封包在到達它的目的地之前，可以經過的路由器跳數的最大值。

UDP：User Datagram Protocol（用戶資料報協定）的縮寫，用於提供不保證能夠送達，以及送達順序的資料傳輸。

unicast（單播）：點對點，從一台電腦的網路介面，發送到另一電腦的網路介面的封包。

UUCP：UNIX 到 UNIX 的複製協定。

world-readable：系統中的任何用戶或者程式可讀取的檔案系統物件，包括檔案、目錄和整個檔案系統。

world-writable：系統中的任何用戶或者程式可寫入的檔案系統物件，包括檔案、目錄和整個檔案系統。

X Windows：Linux 用戶的圖形介面系統。

D
GNU 自由檔案許可證

版本 1.3　　2008 年 11 月 3 日

0．導言

本許可證的目的在於確保手冊、教程或者其他功能和用途的檔案的自由：確保任何人不管在商業領域還是非商業領域、不管是否修改了檔案，都擁有複製和重新發佈這些檔案的自由。其次，本許可證確保檔案作者和發佈者，可以經由他們的作品而獲得信譽，同時也不應對其他人所做出的修改而承擔責任。

本許可證是一種「copyleft」，其涵義是檔案的衍生物必須與原檔案一樣，保持同樣的自由。本檔案是 GNU 通用公共許可證的補充，該許可證是為自由軟體設計的一種 copyleft。

我們將本許可證設計為供自由軟體的手冊使用，因為自由軟體需要自由檔案：一個自由軟體附帶的手冊，應當提供與自由軟體同等的自由。但本許可證並不限於軟體手冊；它可以用於任何文字作品，不論其主題是什麼或者是否發佈為印刷本。我們推薦本許可證主要應用在指導性質或參考性質的作品上。

1．適用範圍和約定

本許可證適用於任何媒介上的任何手冊和其他作品，只需在作品中包含一份版權聲明，聲明使用本許可證的條款發佈即可。該聲明允許在後文中的規定下，在世界範圍、免版稅、無時限地使用該作品。以下的「檔案」都是指此類手冊或作品。只要是屬於公眾的，都是本協議的許可物件，這裡使用「你」來稱呼。如果你在版權法保護下複製、修改或發佈了這些作品，就表明你已經接受了本許可證。

檔案的「修正版」(Modified Version)指任何包含全部或部分檔案的作品,不論是逐字照抄、經過加工修改或是翻譯成其他語言。

「次要章節」(Secondary Section)是指定的附錄或者檔案的前序部分,專門描述檔案的發佈者或作者與檔案的主題(或涉及的內容)的聯繫,並包含檔案主題不會直接提及的內容。(因此,如果該檔案是數學教材的一部分,次要章節可能連一點數學也不會提到。)這些聯繫可以是與主題有關的歷史關聯、相關事物或者相關的法律、商業哲理、道德或政治立場。

「固定章節」(Invariant Sections)是某些指定了標題的次要章節,固定章節作為檔案的一部分也像聲明提到的那樣,在本許可證的保護之下。如果某章節不符合上面關於次要章節的定義,那麼它就不能被稱為固定章節。檔案可以不包含固定章節。如果看不出檔案中有固定章節,那麼就是沒有了。

「封面文字」(CoverTexts)是特定的簡短的小段文字列,如封面或封底的文字。封面文字作為檔案的一部分也像聲明所提到的那樣,在本許可證的保護下發佈。封面文字一般最多 5 個詞語,封底文字一般最多 25 個詞語。

檔案的「透明」(Transparent,此處之意為兼容)副本指電腦可讀的副本,所呈現的格式符合一般通用標準,這樣就適合在修改檔案的時候,直接用一般文字編輯器或一般繪畫程式(處理像素構成的圖片)或那些被廣泛應用的圖像編輯器(用於繪圖),並且其格式適合輸入於文字格式器(text formatter),或者可轉換為適合輸入於文字格式器的兼容格式。如果某副本以其他檔案格式製作,並且為了反對或防止讀者後續修正,而加入了標記或缺少標記,如此就是不兼容。如果圖片格式在使用上有任何實質性專利條文的限制,那麼該圖片格式就是不兼容。檔案副本的不「透明」我們稱為「不透明」(Opaque,意味不兼容)。

檔案副本適用的兼容格式,包括沒有標記的純 ASCII 碼、Texinfo 格式、LaTex 格式、SGML 格式或 XML 格式等,這些公認有效的檔案類型定義,還有與標準兼容的精簡 HTML、PostScript 或 PDF 這些便於編輯的格式。圖片適用的兼容格式包括 PNG、XCF 和 JPG。不兼容格式包括用專用檔案處理器才能閱讀編輯的專有格式、使用非公認的檔案格式定義和 / 或使用非公認的處理工具的 SGML 格式或 XML 格式,還有機器生成的 HTML 及某些檔案處理器產生的 PostScript 或 PDF 等只用於輸出的格式。

「扉頁」（Title Page）是為實體書籍而存在，它指的是扉頁本身，以及後續幾頁的空間可以用來容納本許可證需要出現的內容，並使其清晰易讀。對於那些格式中沒有扉頁的作品，「扉頁」是指在作品正文之前，離作品名稱最接近的文字。

「發佈者」（publisher）指的是發佈檔案複製給公眾的任何個人或實體。

「名稱為 XYZ」的章節（Entitled XYZ）是指檔案某指定片段的標題，剛好或者包含 XYZ，後面括號中用其他語言解釋 XYZ。（這裡的 XYZ 是指下面提及的特定章節的名稱，例如：致謝、獻給、註記、歷史。）當你修改檔案時，對此類章節要「維持標題」（Preserve the Title），亦即要依據這裡的定義，保留該章節的名稱為 XYZ。

檔案可能會在聲明本許可證適用於該檔案的公告後，接續免責聲明。這個免責聲明被納入本許可證的參考中，但僅僅關於免責：該免責聲明的任何其他可能的涵義是無效的，並對本許可證的涵義不造成影響。

2 · 原樣複製

在提供本許可證和版權聲明，同時在許可聲明中指明檔案及其所有副本，均在本許可證的保護之中，並且在不加入任何其他條件到檔案許可證的前提下，你可以使用任何媒介複製和發佈該檔案，不論是用於商業或非商業。你不可以對製作或發佈的副本進行技術處理，以妨礙或控制閱讀或再複製。不過，你可以因交換副本而接受他人給你的一些補償。如果你發佈的副本數量大到一定程度，你還必須看看下面的第 3 節。

在與上述相同的情形下，你還可以出借檔案副本和公開展示檔案副本。

3 · 大量複製

如果你發佈了實體的檔案副本（或一般印有封面的其他媒介）其數量超過 100 份，並且檔案的許可證通知需要封面文字，那麼你必須讓副本都帶有清晰易讀的封面。這些封面文字包括封面文字和封底文字。封面和封底還都必須寫明你是該副本的發佈者。封面必須印上完整的書名，書名的每個字都必須同樣明顯。你可以在封面添加一些其他素材作為補充。在滿足了遵循對封面變動的限制、維持檔案標題等這些條件下，副本在某方面上可以被視同原樣複製的副本。

如果封面或封底必要的文字太多而導致看起來不清晰明瞭，那麼你可以把優先的條目（儘量適合地）列在封面或封底，剩下的列在鄰近的頁面裡。

如果你出版或分發不兼容的檔案副本數量超過 100 份，那麼你要不是隨同每份不兼容副本帶一份電腦可讀的兼容副本，就是在每份不兼容副本裡或隨同該副本指明一個電腦網路的地址，讓大部分使用網路的民眾可以用一般網路通信協議，到該處下載完全兼容的沒有附加材料的檔案副本。如果你採用後一種辦法，你必須適當地採取一些慎重的措施：當你開始大量發行不兼容副本時，要確保這些兼容副本在你（直接或透過你的代理商或零售商）發佈最後一份對應版本的不兼容副本之後，至少一年內在指定的地址可以存取到。

在你對檔案副本進行大量再發佈前，要與檔案作者取得良好的聯繫，這雖然不是必須，但卻是有必要的，這樣你就有機會得到他們檔案的最新版本。

4．修正

你可以在上文 2、3 節的條件下複製和發佈檔案的修正版，只要你嚴格地在本許可證下發佈原來檔案的修正版，修正版可以充當原版的角色，這樣就允許任何持有該修正版副本的人對修正版進行發行和修改。而且，你必須對修正版做以下的事情：

A. 在扉頁（如果有封面，則包括封面）使用的書名要與原來檔案的書名，以及那些先前的版本，明顯地區分開來（哪些是需要區分的呢？如果原來檔案有歷史小節，那麼歷史小節中列出的都是）。如果最初的發行人允許的話，你也可以使用相同的書名。

B. 扉頁上必須列出作者、對修正版檔案的修改負責的個人或團體或機構、檔案的至少五個主要作者（如果主要作者少於五個，就全部寫上），除非他們允許你不這麼做。

C. 在扉頁內放上修正版檔案的發佈者的名字作為發佈者。

D. 保留原有檔案的所有版權聲明不變。

E. 在其他版權聲明附近為你所做的修正，添加適當的版權聲明。

F. 在版權聲明後面立即接上，允許公眾在本許可證下使用修正版檔案的許可聲明，其形式如下方附錄所示。

G. 在檔案的許可聲明裡保留，所有固定章節和許可聲明所要求的封面文字。

H. 包括此許可證的一份未修改的原件。

I. 保留標題為「歷史」的章節，並且給它添加一條包括修改版的書名、日期、新作者、修正版的發佈者的條目，就像扉頁裡所表示的那樣。如果原檔案沒有標題為「歷史」的章節，則建立一條包括原檔案的書名、日期、作者、發佈者的條目，如原檔案的扉頁裡提出的那樣，然後再像上面規定，添加一條描述修改版的條目。

J. 如果檔案中提出存取兼容檔案的連結，你應該確保網址的有效，並且該網址還應該提供該檔案的前承版本。這些連結可以在「歷史」章節中提出。如果前承檔案發佈已超過四年或者原作者在檔案中提到不必指明前承版本，那麼你可以在作品中略去其連結。

K. 原檔案中的任何標題為「致謝」或「獻給」的章節，都必須維持其標題和章節中對每位貢獻者的謝詞的原旨和感情。

L. 維持原檔案的固定章節的標題和內容不變。當然，章節標號不屬於章節標題的一部分（可以變動）。

M. 刪除原檔案中任何標題為「註記」的章節。這些章節可能只是針對原檔案的。

N. 不要把任何已有章節的標題改為「註記」，或改為與固定章節有衝突的標題。

O. 保留原文所有免責聲明。

如果檔案修正版包含了新的前序章節或附錄等次要章節，並沒有取材自原檔案，你可以自行選擇這些章節的全部或部分成為固定章節。如此一來，你需要將其標題添加到修正版的許可聲明中的固定章節列表中。這些標題必須與其他章節的標題明顯地區分開來。

你可以添加標題為「註記」的章節，只要包含各方面對你的修正版的評議，例如：綜合評論或文字被某組織認可為標準的權威定義。

你可以在修正版封面文字序列末尾添加 5 個詞左右的書名，和 25 個詞左右的封底文字。一個實體（進行出版的個人或組織）只能添加（或透過整理形成）一段封面文字和封底文字。如果檔案已經包含同樣用於封面的封面文字（先前由你添加或由你代表的實體整理），你就不要再另外添加了；不過在添加舊封面的原發佈者的明確許可下，你可以把舊的替換掉。

本許可證不允許檔案作者和發佈者用他們的名字，公開聲稱或暗示對任何修正版的認可。

5．合併檔案

你可以在本許可證下依據第 4 節裡對修正版定義的條款，把檔案與其他檔案合併起來發佈，只要你在合併檔案裡原封不動地包含所有原始檔案的所有固定章節，並在你的合併檔案的許可聲明中將其全部列為固定章節，而且保留其所有免責聲明。

合併後檔案只需包含一份本許可證，重複的多處固定章節應該合併為一章。如果多個固定章節只是標題相同，但內容是不同的，就在每一小段標題末端的括號裡添加已知的原作者或原發佈者（的名字），或給每小段一個唯一的標號。在合併檔案的許可聲明裡的固定章節，其章節標題也要做同樣的調整。

在合併檔案裡，你必須把不同於原檔案的「歷史」章節，合併成一個「歷史」章節；同樣需要合併的章節有「致謝」、「獻給」。你還必須把所有「註記」章節刪除。

6 · 檔案合集

只要你對每份檔案在所有方面都遵循了本許可證的原樣複製條款，那麼你可以在本許可證下發佈你用該檔案和其他檔案製作的合集，並以一個單獨的副本來替代合集中各檔案裡分別使用的本協議副本。

你可以從該合集中提取一個單獨的檔案，並在本許可證下單獨發佈它，只要你在該提取出的檔案中加入一份本許可證的副本，並在檔案的所有其他方面，都遵循本協議的原樣複製的條款。

7 · 獨立作品聚合體

檔案或檔案的衍生品，和其他與之分離的獨立檔案或作品編輯在一起，在單一的儲存空間中或大的發佈媒介上，如果其彙編導致的著作權對所編輯作品的使用者權利之限制，沒有超出原來獨立作品的許可範圍，稱為檔案的「聚合體」（aggregate）。當以本許可證發佈的檔案被包含在一個聚合體中的時候，本許可證不施加其他作品於聚合體中，如果它原本就不是該檔案的衍生作品。

如果第 3 節中的封面文字的要求適用於檔案的複製，那麼如果檔案在聚合體中所占的比重小於全文的一半，檔案的封面文字可以被放置在聚合體內，包含檔案的部分的封面上，或是電子檔案中的等效部分。否則，它必須位於整個聚合體的印刷封面上。

8 · 翻譯

翻譯被認為是一種修改，所以你可以按照第 4 節的規定發佈檔案的翻譯版本。如果要將檔案的固定章節用翻譯版取代，需要得到著作權人的授權，但你可以將部分或全部固定章節的翻譯版附加在原始版本的後面。你可以包含一個本許可證和所有許可證聲明、免責聲明的翻譯版本，只要你同時包含他們的原始英文版本即可。以防許可證或通知的翻譯版本和英文版發生衝突，這種情況下原始版本有效。

在檔案的特殊章節致謝、獻給、歷史版本章節中，第 4 節的保持標題的要求恰恰是要更換實際的標題的。

9．許可的終止

除非確實遵從本許可證，你不可以對遵從本許可證發佈的檔案進行複製、修改、附加許可證或發佈。任何其他的試圖複製、修改、附加許可證、發佈的行為都是無效的，並將自動終止本許可證所授予你的權利。

然而，如果你終止所有違反本許可證的行為，特定版權所有人會暫時恢復你的授權，直到此版權所有者明確並最後終止你的授權。或者特定版權所有人永久地恢復你的授權，如果此版權所有人在停止違反授權後的 60 天內，沒有透過合理的方式通知你違反授權的話。

此外，如果版權所有者透過適當的手段，通知你對許可證的違反，而這是你第一次從該版權所有者處收到違反該許可證的通知（對於任何作品），而你在收到通知的 30 天內改正了對許可證的違反，你從特定版權所有者處得到的許可證會永久恢復。

你在本節內的權利的終止，不會終止其他從你這裡依照本許可證得到複製的人（或組織）得到的許可證。如果你的權利被終止，但未被永久恢復，則你沒有權利使用收到的所有複製或同樣的材料。

10．本許可證的未來修訂版本

未來的某天，自由軟體基金會 (FSF) 可能會發佈 GNU 自由檔案許可證的修訂版本。這些新版本將會和現在的版本體現類似的精神，但可能在解決某些問題和利害關係的細節上有所不同。參見 http://www.gnu.org/copyleft/。

本許可證的每個版本都有一個唯一的版本號。如果檔案指定服從一個特定的本協議版本「或任何之後的版本」(or any later version)，你可以選擇遵循指定版本或自由軟體基金會的任何更新的已經發佈的版本（不是草案）的條款和條件來遵循。如果檔案沒有指定本許可證的版本，那麼你可以選擇遵循任何自由軟體基金會曾經發佈的版本（不是草案）。檔案指定的代理人可以決定使用哪個未來版本的許可證，代理人贊同某個版本的公用聲明永久地授權你選擇該版本的檔案。

11 · 重新授權

「MMC 網站」（Massive Multiauthor Collaboration Site）是指任何發佈有著作版權作品的網站伺服器，也為任何人提供卓越的設施去編輯一些作品。任何人都可編輯的公眾維基，就是這種伺服器的其中一個例子。包含這個網站在內的「MMC」是指任何一套在 MMC 網站上發佈的具有著作版權的作品。

「CC-BY-SA」是指 Creative Commons Attribution-Share Alike 3.0 許可證，它是被「知識共享組織」所頒佈。「知識共享組織」是一家非營利性的組織，在聖弗朗西斯科，加利福尼亞具有重要的商業地位。而且未來的「copyleft」版本的授權，也是被同一個組織發佈的。

「合併」是指以整體或作為另一個文件的一部分，來發佈或重新發佈一個文件。

MMC 有重新授權的資格，如果它在本許可證下進行授權；或者所有的作品首次以本許可證而不是 MMC 發佈，並且後來整體或部分合併到 MMC 下，它們沒有覆蓋性文字或不變的章節並且是在 2008 年 11 月 1 日之前合併的。

MMC 網站的操作者會在 2009 年 8 月 1 日之前的任何時間，在同一網站重新發佈包含在這個網站的經過 CC-BY-SA 授權的 MMC，只要該 MMC 有資格重新授權。

MEMO

博碩文化

DrMaster

深度學習資訊新領域

http://www.drmaster.com.tw